地震标准汇编2009

（第二册）

中国地震局

地震出版社

目　录

第一册

第二册

第三册

ICS 91.120.25
P 15
备案号：24249—2008

中华人民共和国地震行业标准

DB/T 1—2008
代替 DB/T 1—2000

地震行业标准体系表

Diagram of standard system for earthquake

2008-06-20 发布　　2008-09-01 实施

中国地震局 发布

前 言

本标准代替 DB/T 1—2000《地震行业标准体系表》。

本标准与 DB/T 1—2000 相比主要变化如下：

a）第二层主要做了如下变动：
   1）将原第二层中的七个专业分体系表改为五个专业分体系表；将原地震应急和地震救灾与震后重建专业标准分体系表合并为地震应急与救援专业标准分体系表；将原地震实验与测试专业分体系表分别合并到地震监测预报专业分体系表中的地震孕育环境探测与地震灾害预防专业分体系表中的工程性预防措施；
   2）将原“地震专用仪器仪表”修改为“地震仪器与装备”；将原“地震数据服务”修改为“地震数据”。

b）第三层主要做了如下变动：
   1）删除了“地震灾害预测”门类，相关业务提升为第二层专业通用标准；
   2）将原“地震发生环境探测”门类修改为“地震孕育环境探测”门类；将原“地震数据服务和质量监督”门类修改为“数据共享”门类；
   3）地震仪器与装备设定为地震(动)观测仪器、地电地磁观测仪器、地壳形变观测仪器、地下流体观测仪器、应急与救援装备五个门类。

c）第四层主要做了如下变动：
   1）将地震监测门类原来的地震台监测、前兆台监测及流动地震监测改为按学科设定的地震(动)观测、地电地磁观测、地壳形变观测及地下流体观测四类业务；
   2）工程性预防措施门类，除原设定的地震区划与重大工程抗震设防要求外，增设了工程预警及地震工程实验业务；
   3）将地震应急门类原设定的地震应急管理、地震救灾准备与地震应急救助改为应急预案、应急措施及现场应急三类业务；
   4）地震救援门类设定为救援组织与救援技术二类业务；
   5）地震仪器与装备的第四层按其业务分为仪器产品与计量检定二类业务；
   6）数据共享门类设定为数据存储、数据产品、数据服务及数据交换四类业务。

d）本标准中使用的“地震(动)观测”是“测震”与“强震动观测”的统称，也是为了避免“地震观测”一词存在的泛指所引起的歧义。

本标准由中国地震局提出。

本标准由全国地震标准化技术委员会(SAC/TC 225)归口。

本标准起草单位：中国地震台网中心、中国地震局地球物理研究所。

本标准主要起草人：孙士鋐、杜玮、黎益仕、冯义钧、李学良、李裕澈、侯建盛、余书明。

本标准于 2000 年 11 月 29 日首次发布，本次为第 1 次修订。

引　　言

促成 DB/T 1 — 2000《地震行业标准体系表》修订的主要原因是：

a)《地震行业标准体系表》已经颁布实施七年多，已不适应地震标准化的快速发展，在该体系表的适用性、动态性和可操作性方面需要进行重新定位和层次划分；

b）在该体系表实施期间，我国发布了一系列地震标准，这些地震标准与原体系表中的标准化对象存在一定的差异，需要对标准化对象进行优化和补充。

本标准的修订主要依据《中华人民共和国标准化法》、《中华人民共和国防震减灾法》、GB/T 13016 — 1991《标准体系表编制指南和要求》、《全国通用综合基础标准体系表》以及我国已发布的一系列防震减灾法规、地震标准，参考了国家防震减灾规划等文件和其他相关行业的标准体系表。

地震行业标准体系表

1 范围

本标准规定了地震行业标准化范围内的标准体系结构、标准组成，以及标准之间的内在联系。

本标准适用于编制地震标准制定、修订的规划和计划。

2 规范性引用文件

下列文件中的条款通过本标准的引用而成为本标准的条款。凡是注日期的引用文件，其随后所有的修改单(不包括勘误的内容)或修订版均不适用于本标准，然而，鼓励根据本标准达成协议的各方研究是否可使用这些文件的最新版本。凡是不注日期的引用文件，其最新版本适用于本标准。

GB/T 13016 — 1991 标准体系表编制原则和要求

3 地震行业标准体系表结构

3.1 地震行业标准体系表的结构形式

3.1.1 地震行业标准体系表采用 GB/T 13016 — 1991 中行业标准体系表的层次结构(图 1)。

3.1.2 第一层为地震行业通用标准。收入地震行业范围内普遍适用，具有行业指导意义的共性标准，主要是基础标准。

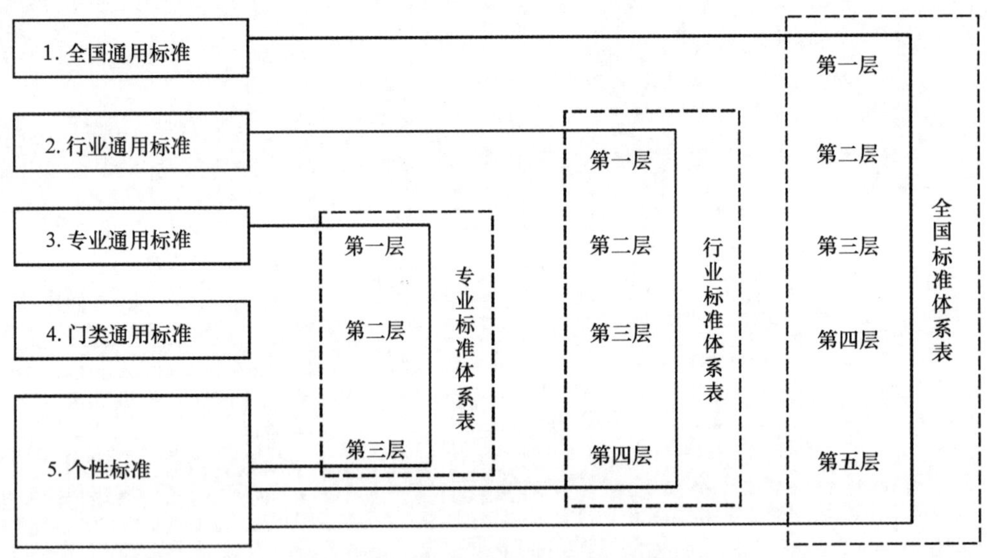

图 1 标准体系的层次结构示意图

3.1.3 第二层为地震行业专业通用标准。收入地震行业中特定专业范围内普遍适用，且未制定上层标准的共性标准。主要是基础标准。

3.1.4 第三层为地震行业门类通用标准。收入地震行业中小于专业的特定范围内普遍适用，且未制定上层标准的共性标准。

3.1.5 第四层为地震行业个性标准，即业务专用标准。

3.2 地震行业标准体系表中各层次标准之间的关系

3.2.1 前三层允许是国家标准、行业标准和地方标准，但不能是企业标准。第四层允许出现各级标准。

3.2.2　上层次标准指导和制约下层次标准，下层次标准不能违背上层次标准。

3.3　地震行业标准体系表的分解及其标准化范围

3.3.1　地震行业标准体系表由五个具有内在联系的专业标准分体系表(图2)组成。每个专业标准分体系表包括三个层次(图3～图7)。对应地震行业标准体系表的第二层至第四层。

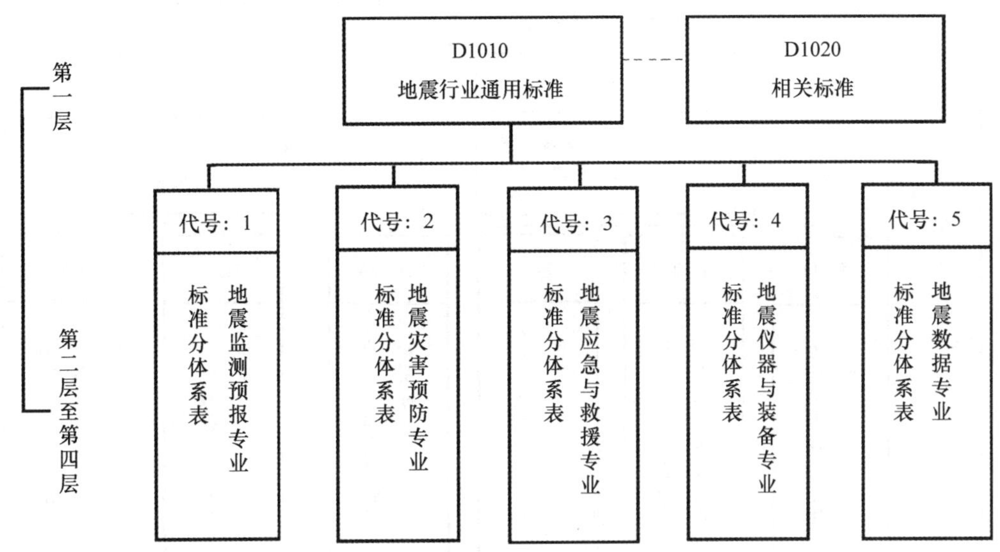

图2　地震行业标准体系表结构图

3.3.2　地震监测预报专业标准分体系表的标准化范围：地震监测台网建设和运行，包括流动观测、火山活动监测、水库地震监测的台网建设和运行；地震预测预报；深、浅地下结构探测；地震地质考察，实验等。其结构如图3。

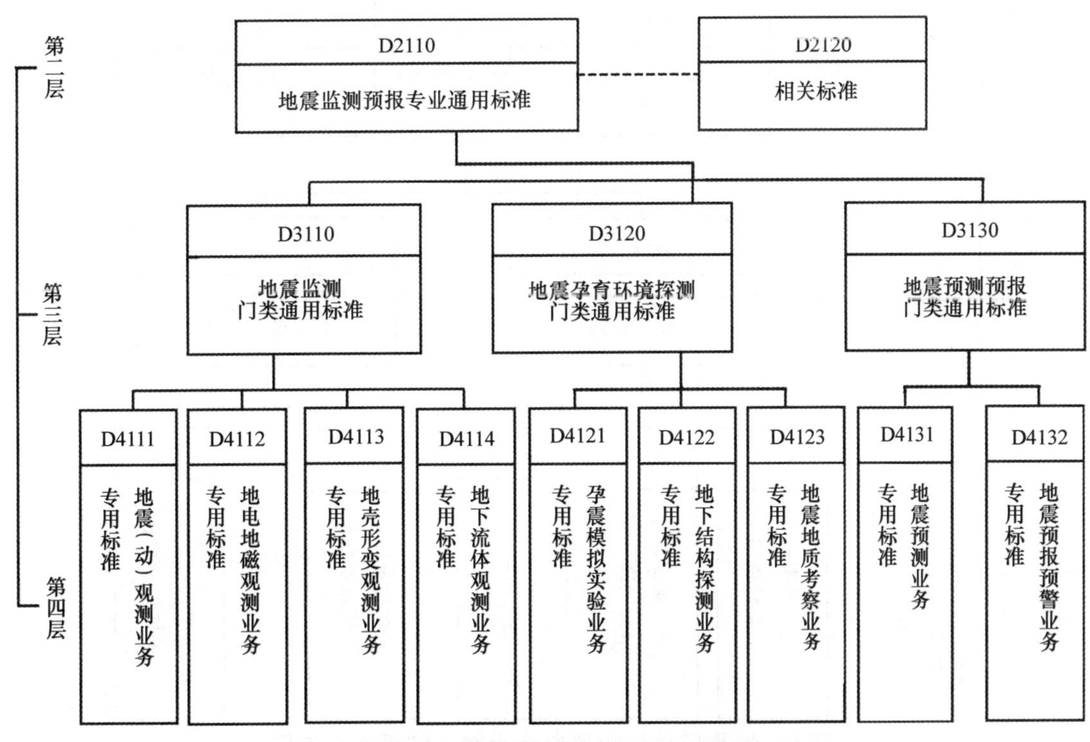

图3　地震监测预报专业标准分体系表结构图

3.3.3 地震灾害预防专业标准分体系表的标准化范围：地震灾害预测；地震区划；地震安全性评价；抗震设防要求；工程预警；防震减灾宣教；地震社会公共预防措施等。其结构如图4。

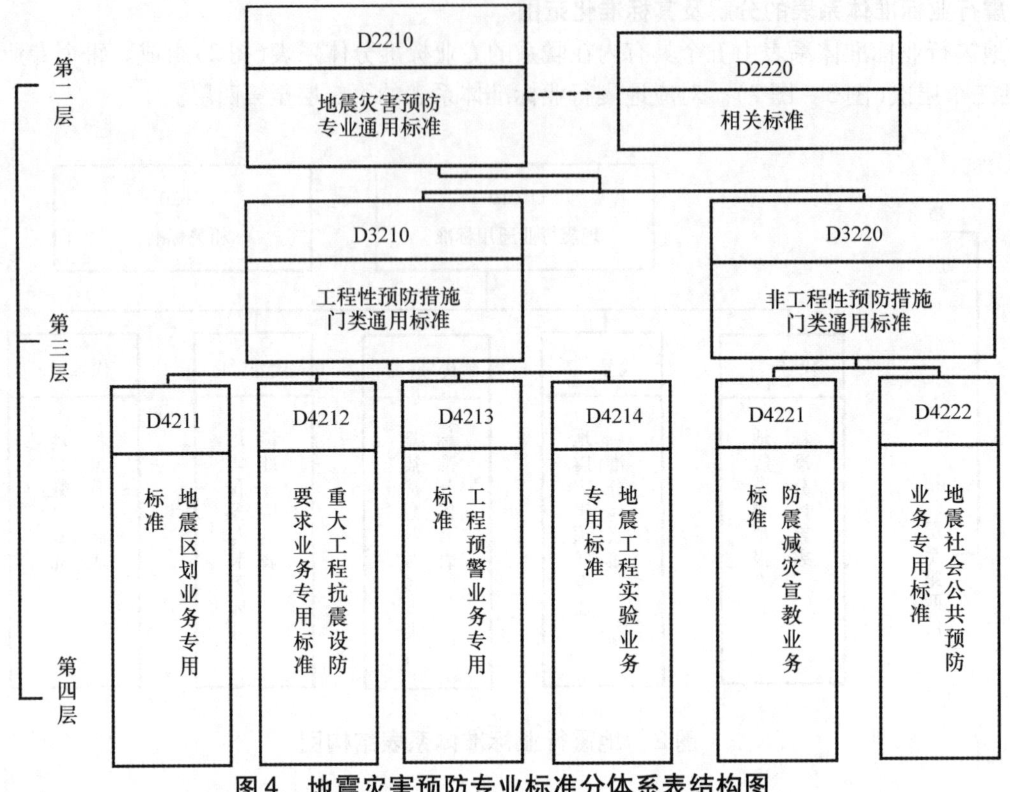

图4 地震灾害预防专业标准分体系表结构图

3.3.4 地震应急与救援专业标准分体系表的标准化范围：地震应急预案；地震应急措施；地震现场；地震紧急救援；抗震救灾指挥等。其结构如图5。

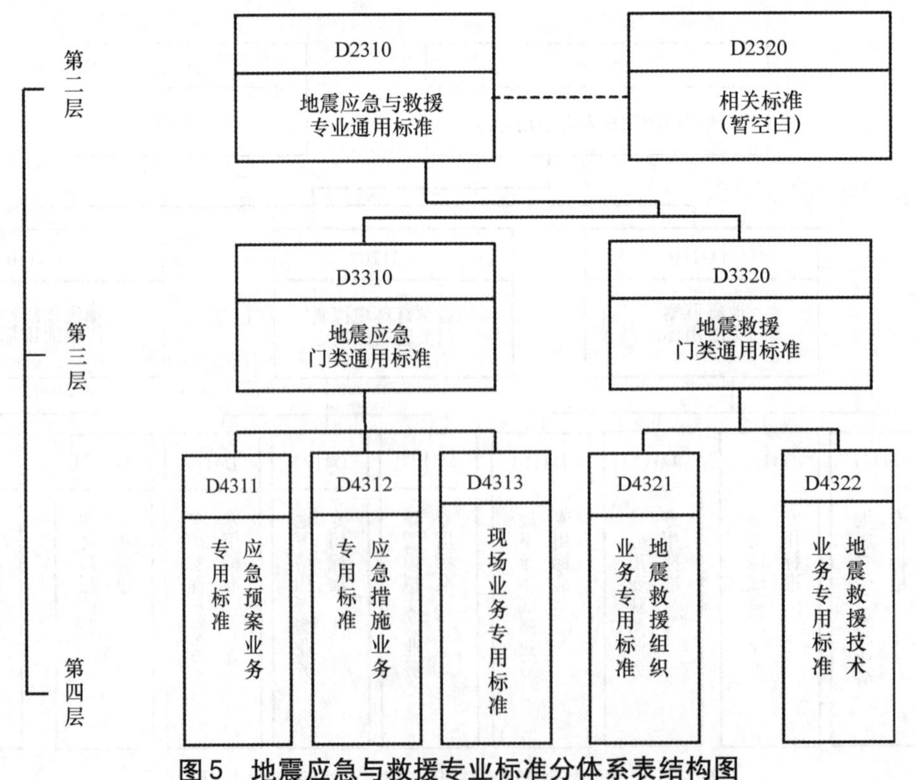

图5 地震应急与救援专业标准分体系表结构图

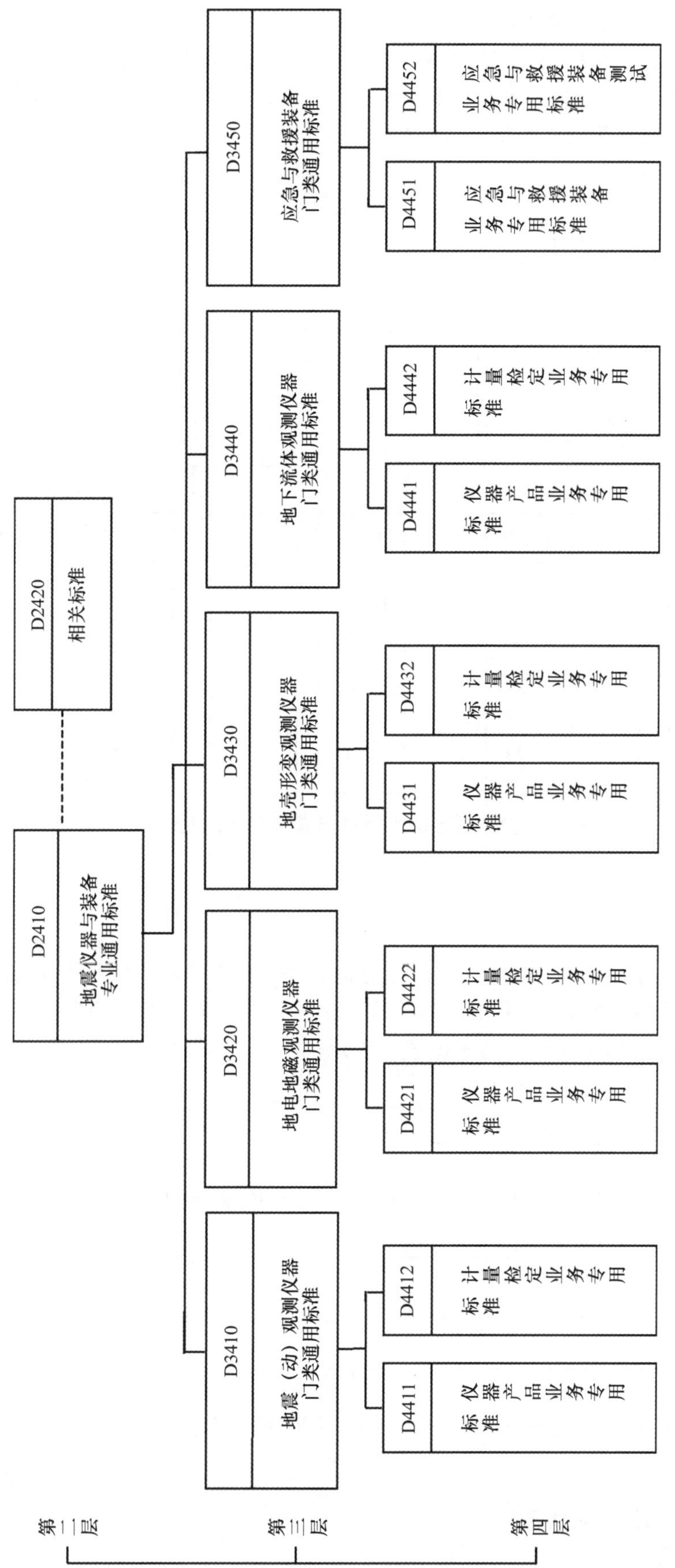

图6　地震仪器与装备专业标准分体系表结构图

3.3.5 地震仪器与装备专业标准分体系表的标准化范围：地震仪器与装备的设计、研制、中试、生产、包装运输、售后服务；质量控制；产品系列化；计量基准；检定等。其结构如图6。

3.3.6 地震数据服务专业标准分体系表的标准化范围：地震通讯；地震数据处理和传输；地震数据产品和服务；地震数据库；计算机互联网络；地震数据交换和共享等。其结构如图7。

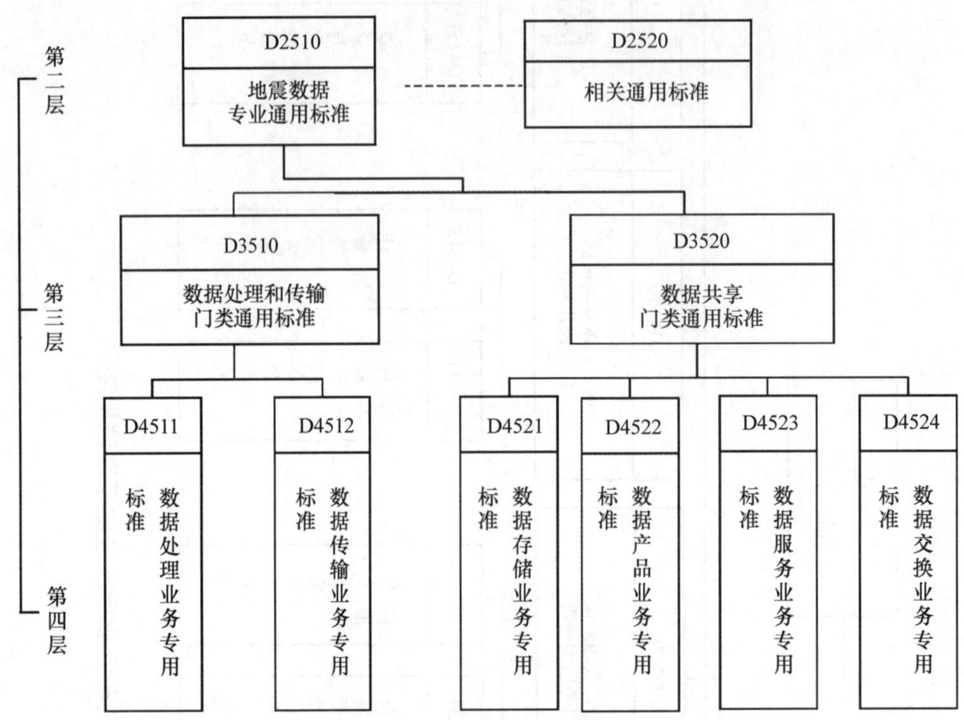

图7 地震数据专业标准分体系表结构图

4 标准代码说明

本标准体系表采用1位字母加4位数字的5位混合编码。自左至右，字母D代表地震行业符号，第1位数字表示体系表结构层次序号，第2位数字表示地震行业不同专业通用标准序号，第3位数字表示同一专业不同门类通用标准序号，第4位数字表示同一门类不同个性标准序号。具体编码结构如下：

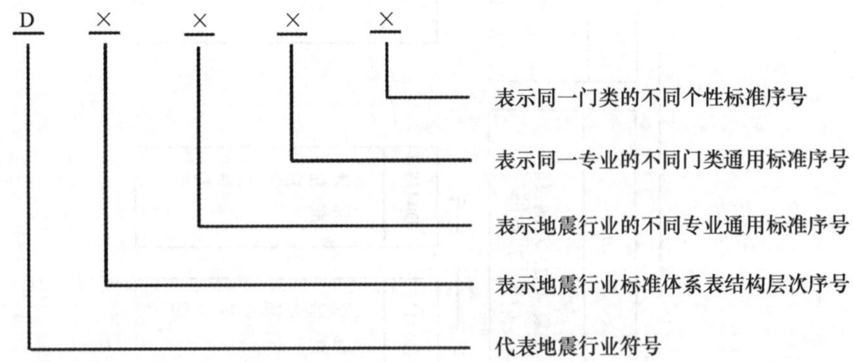

5 地震行业标准体系表的标准明细表

5.1 第一层通用标准明细表

第一层通用标准包括“地震行业通用标准”和“行业相关通用标准”，其明细表见表1和表2。

表 1　D1010“地震行业通用标准”明细表

序号	标准名称	标准编号	制定状况
1	地震行业标准体系表	DB/T 1 — 2008	本标准
2	地震震级的规定	GB 17740 — 1999	已发布
3	防震减灾术语　第 1 部分：基本术语	GB/T 18207. 1 — 2008	已发布
4	防震减灾术语　第 2 部分：专业术语	GB/T 18207. 2 — 2005	已发布
5	中国地震烈度表	GB/T 17742 — 1999	已发布
6	地震观测量和单位	DB/T 25 — 2008	已发布
7	地震公共信息图形符号标志		进行中
8	中国历史地震烈度和震级表		待制定
9	地震类型的划定		待制定
10	中国境内地震命名规则		待制定
11	中国地震目录编制原则与方法		待制定
12	地震重点监视防御区工作导则		待制定
13	地震行业专用软件管理规则		待制定
14			
注：涵盖地震行业标准体系建设中具有通用性、适用范围广的基础、通用标准。可直接应用，也可作为编制其他标准的基础。			

表 2　D1020“行业相关通用标准”明细表

序号	标准名称	标准编号	制定状况
1	标准化工作导则　第 1 部分：标准化的结构和起草规则	GB/T 1. 1 — 2000	已发布
2	标准化工作导则　第 2 部分：标准中规范性技术要素内容的确定方法	GB/T 1. 2 — 2002	已发布
3	标准化工作指南　第 1 部分：标准化和相关活动的通用词汇	GB/T 20000. 1 — 2002	已发布
4	标准化工作指南　第 2 部分：采用国际标准的规则	GB/T 20000. 2 — 2001	已发布
5	标准化工作指南　第 3 部分：引用文件	GB/T 20000. 3 — 2003	已发布
6	标准化工作指南　第 4 部分：标准中涉及安全的内容	GB/T 20000. 4 — 2003	已发布
7	标准编写规则　第 1 部分：基本术语	GB/T 20001. 1 — 2001	已发布
8	标准编写规则　第 2 部分：符号	GB/T 20001. 2 — 2001	已发布
9	标准编写规则　第 3 部分：信息分类编码	GB/T 20001. 3 — 2001	已发布
10	工程抗震术语标准	JGJ/T 97 — 1995	已发布
11			
注：不属于本行业归口管理，但属本行业需要采用的通用标准。			

5.2　地震监测预报专业标准分体系表

地震监测预报专业标准分体系第二层包括“地震监测预报专业通用标准”和“专业相关通用标

准”，其明细表见表3和表4。第三层包括“地震监测门类通用标准”、“地震孕震环境探测门类通用标准”和“地震预测预报门类通用标准”，其明细表分别为表5、表10和表14，它们对应的第四层业务专用标准明细表分别为表6～表9、表11～表13和表15～表16。

表3　D2110“地震监测预报专业通用标准”明细表

序号	标准名称	标准编号	制定状况
1	地震台站代码	DB/T 4 — 2003	已发布
2	地震及地震前兆测项分类与代码	DB/T 3 — 2003	已发布
3	地震监测台网代码		待制定
4	地震监测预报方案制定规则		待制定
5	地震重点危险区划定规则		待制定
6	地震科学实验场规范		待制定
7			
注：涵盖地震监测、地震预测预报及地震孕育环境探测专业所共性的基础通用标准。			

表4　D2120“专业相关通用标准”明细表

序号	标准名称	标准编号	制定状况
1	地球物理勘查技术符号	GB/T 14499 — 1993	已发布
2	地球化学勘查技术符号	GB/T 14839 — 1993	已发布
3	浅层地震勘查技术规范	DZ/T 0170 — 1997	已发布
4	垂直地震剖面法勘探技术标准	DZ/T 0172 — 1997	已发布
5	大地电磁测深法技术规程	DZ/T 0173 — 1997	已发布
6	地震资料采集技术规程	SY/T 5314 — 2004	已发布
7			
注：不属于本行业归口管理，但属本专业需要采用的通用标准。			

表5　D3110“地震监测门类通用标准”明细表

序号	标准名称	标准编号	制定状况
1	前兆观测台网中心建设技术要求		进行中
2	地震前兆台网(站)运行规程		进行中
3	野外流动测量标石		待制定
4			
注：涵盖地震、地电地磁、地壳形变、地下流体学科观测业务所共性的基础通用标准。			

表 6　D4111 地震(动)观测业务专用标准

序号	标准名称	标准编号	制定状况
1	地震台网设计技术要求　测震网		进行中
2	测震台网中心建设技术要求		进行中
3	测震台网运行规程		进行中
4	流动地震台观测规范		待制定
5	地震台站建设规范　测震台站	DB/T 16 — 2006	已发布
6	地震台站建设规范　强震动台站	DB/T 17 — 2006	已发布
7	地震台站观测环境技术要求　第 1 部分：测震	GB/T 19531. 1 — 2004	已发布
8	地震台阵布设规范		待制定
9	地震台站岗位分析与设计方法　测震		待制定
10	地震台站岗位评价方法　测震		待制定
11			
注：本业务范围包括对由地震引起的观测点地面运动的各种类型的台网观测、台站观测及流动观测。			

表 7　D4112 地电地磁观测业务专用标准

序号	标准名称	标准编号	制定状况
1	地震台网设计技术要求　地电观测网		进行中
2	地震台网设计技术要求　地磁观测网		进行中
3	流动地磁测量规范		待制定
4	地震台站建设规范　地电观测台站　第 1 部分：地电阻率台站	DB/T 18. 1 — 2006	已发布
5	地震台站建设规范　地电观测台站　第 2 部分：地电场台站	DB/T 18. 2 — 2006	已发布
6	地震台站建设规范　地磁台站	DB/T 9 — 2004	已发布
7	地震台站观测环境技术要求　第 2 部分：电磁观测	GB/T 19531. 2 — 2004	已发布
8	地震台站岗位分析与设计方法　地电观测		待制定
9	地震台站岗位评价方法　地电观测		待制定
10	地震台站岗位分析与设计方法　地磁观测		待制定
11	地震台站岗位评价方法　地磁观测		待制定
12			
注：本业务范围包括对地电场和地磁场以及地球介质电学性质变化的观测。			

表 8　D4113 地壳形变观测业务专用标准

序号	标准名称	标准编号	制定状况
1	地震台网设计技术要求　地壳形变观测网		进行中
2	地震台网设计技术要求　重力观测网		进行中
3	流动重力测量规范		待制定

表8(续)

序号	标准名称	标准编号	制定状况
4	跨断层地壳形变测量规范		待制定
5	地震台站建设规范　全球定位系统连续观测台站	DB/T 19—2006	已发布
6	地震台站建设规范　地形变台站　第1部分：洞室地倾斜和地应变台站	DB/T 8.1—2003	已发布
7	地震台站建设规范　地形变台站　第2部分：钻孔地倾斜和地应变台站	DB/T 8.2—2003	已发布
8	地震台站建设规范　地形变台站　第3部分：断层形变台站	DB/T 8.3—2003	已发布
9	地震台站建设规范　重力台站	DB/T 7—2003	已发布
10	地震台站观测环境技术要求　第3部分：地壳形变观测	GB/T 19531.3—2004	已发布
11	地震地形变数字水准测量技术规范	DB/T 5—2003	已发布
12	原地应力测量　水压致裂法和套芯解除法　技术规范	DB/T 14—2000	已发布
13	地震台站岗位分析与设计方法　地壳形变观测		待制定
14	地震台站岗位评价方法　地壳形变观测		待制定
15			
注：本业务范围包括对由地壳运动引起的垂直形变、水平形变、断层错动、重力及应力应变等变化量的观测。			

表9　D4114 地下流体观测业务专用标准

序号	标准名称	标准编号	制定状况
1	地震台网设计技术要求　地下流体观测网		进行中
2	地震台站建设规范　流体观测台站　第1部分：水位和水温台站	DB/T 20.1—2006	已发布
3	地震台站建设规范　流体观测台站　第2部分：气氡和气汞台站	DB/T 20.2—2006	已发布
4	地震台站观测环境技术要求　第4部分：地下流体观测	GB/T 19531.4—2004	已发布
5	地震台站岗位分析与设计方法　地下流体观测		待制定
6	地震台站岗位评价方法　地下流体观测		待制定
7			
注：本业务范围包括对地壳中的水、气等可流动物质的物理、化学特性变化的观测。			

表10　D3120“地震孕震环境探测门类通用标准”明细表

序号	标准名称	标准编号	制定状况
1			
注：涵盖地震孕育实验、地下结构探测及地震地质考察领域所共性的基础通用标准。			

表 11　D4121 孕震模拟实验业务专用标准

序号	标准名称	标准编号	制定状况
1	岩石力学实验规范		待制定
2	构造物理实验规范		待制定
3	地震前兆机理实验规范		待制定
4			
注：本业务范围包括为认识地震发生过程而开展的实验与试验工作。			

表 12　D4122 地下结构探测业务专用标准

序号	标准名称	标准编号	制定状况
1	地壳和震源结构探测规范		待制定
2	地壳和震源结构探测剖面图		待制定
3	地震宽角反射、折射剖面探测规范		待制定
4	地震深反射剖面探测		待制定
5			
注：本业务范围包括为认识地震发生过程而开展的地壳结构探测工作。			

表 13　D4123 地震地下考察业务专用标准

序号	标准名称	标准编号	制定状况
1	地震地质考察规范		待制定
2	活动断层探测方法	DB/T 15 — 2005	已发布
3			
注：本业务范围包括为认识地震发生过程而开展的地质构造考察工作。			

表 14　D3130“地震预测预报门类通用标准”明细表

序号	标准名称	标准编号	制定状况
1	地震预测预报用语规则		待制定
2	地震预测预报工作规程		待制定
3	震例总结规范	DB/T 24 — 2007	已发布
4			
注：涵盖地震预测、预报预警领域所共性的基础通用标准。			

表 15　D4131 地震预测业务专用标准

序号	标准名称	标准编号	制定状况
1	地震前兆异常判定工作规程　第 1 部分：地震活动性异常		待制定
2	地震前兆异常判定工作规程　第 2 部分：电磁异常		待制定
3	地震前兆异常判定工作规程　第 3 部分：地壳形变异常		待制定

表 15(续)

序号	标准名称	标准编号	制定状况
4	地震前兆异常判定工作规程　第4部分：地下流体异常		待制定
5	地震会商工作规程		待制定
6	地震跟踪方案制定细则		待制定
7			
注：本业务范围包括对未来地震的发生时间、地点、震级进行估计和推测而展开的工作内容。			

表 16　D4132 地震预报预警业务专用标准

序号	标准名称	标准编号	制定状况
1	地震预报预警等级的规定		待制定
2	地震预报效果评价规则		待制定
3	地震预报意见评审准则		待制定
4			
注：本业务范围包括面向社会或政府公告可能发生地震的时间、地域及震级范围等信息的行为准则。			

5.3　地震灾害预防专业标准分体系表

地震灾害预防专业标准分体系第二层包括“地震灾害预防专业通用标准”和“专业相关通用标准”，其明细表见表17和表18。第三层包括“工程性预防措施门类通用标准”和“非工程性预防措施门类通用标准”，其明细表分别见表19和表24，它们对应的第四层业务专用标准明细表分别见表20～表23和表25～表26。

表 17　D2210“地震灾害预防专业通用标准”明细表

序号	标准名称	标准编号	制定状况
1	地震灾害分级、分类和代码		待制定
2	地震灾害预测及其信息管理系统技术规范	GB/T 19428 — 2003	已发布
3			
注：本业务范围涵盖地震发生前开展的工程性防御措施和非工程性防御措施所共性的基础通用标准。			

表 18　D2220“专业相关通用标准”明细表

序号	标准名称	标准编号	制定状况
1	建筑抗震设计规范	GB 50011 — 2001	已发布
2	构筑物抗震设计规范	GB 50191 — 1993	已发布
3	室外给水排水和燃气热力工程抗震设计规范	GB 50032 — 2003	已发布
4	铁路工程抗震设计规范	GB 50111 — 2006	已发布
5	建筑工程抗震设防分类标准	GB 50223 — 2004	已发布
6	电力设施抗震设计规范	GB 50260 — 1996	已发布
7	核电厂抗震设计规范	GB 50267 — 1997	已发布

表 18(续)

序号	标准名称	标准编号	制定状况
8	建筑抗震鉴定标准	GB 50023 — 1995	已发布
9	水工建筑物抗震设计规范	DL 5073 — 1997	已发布
10	工业构筑物抗震鉴定标准	GBJ 117 — 1988	已发布
11	危险房屋鉴定标准	JGJ 125 — 1999	已发布
12	建筑抗震试验方法规程	JGJ 101 — 1996	已发布
13	建筑抗震加固技术规程	JGJ 116 — 1998	已发布
14	水运工程抗震设计规范	JTJ 225 — 1998	已发布
15	公路工程抗震设计规范	JTJ 004 — 1989	已发布
16	公路桥梁抗震设计规范	JTJ 004 — 2005	已发布
17	工业构筑物地震破坏等级划分标准	YB/T 9255 — 1995	已发布
18	村庄和集镇建筑抗震技术规程		进行中
19			
注：不属于本行业归口管理，但属本专业需要采用的通用标准。			

表 19　D3210“工程性预防措施门类通用标准”明细表

序号	标准名称	标准编号	制定状况
1	中国地震动参数区划图	GB 18306 — 2001	已发布
2	地震安全性评价技术服务规范		进行中
3	地震安全性评价机构和人员资格		待制定
4			
注：本业务范围涵盖地震区划、地震安全性评价、抗震设防要求、工程及工程实验预警等业务所共性的基础通用标准。			

表 20　D4211 地震区划业务专用标准

序号	标准名称	标准编号	制定状况
1	地震小区划工作指南		待制定
2			
注：本业务范围包括以地震烈度、地震动参数为指标对国土可能遭受地震影响的危险性程度进行划分的工作规范。			

表 21　D4212 重大工程抗震设防要求业务专用标准

序号	标准名称	标准编号	制定状况
1	工程场地地震安全性评价技术规范	GB 17741 — 1999	废止
1	工程场地地震安全性评价	GB 17741 — 2005 代替 GB 17741 — 1999	已发布

表 21(续)

序号	标准名称	标准编号	制定状况
2	地震安全性评价报告格式		待制定
3	水库诱发地震危险性评价	GB 21075 — 2007	已发布
4	建(构)筑物地震破坏等级划分		进行中
5	生命线工程地震破坏等级划分		进行中
6	建设工程抗震设防超越概率水准		待制定
7			
注:本业务范围包括重大建设工程和可能发生严重次生灾害的建设工程等需要开展地震安全性评价工作后确定抗震设防要求的工作规范。			

表 22　D4213 强震工程预警业务专用标准

序号	标准名称	标准编号	制定状况
1			
注:本业务范围包括实施强震工程预警系统的规范。			

表 23　D4214 地震工程实验业务专用标准

序号	标准名称	标准编号	制定状况
1	振动实验规范		待制定
2	岩土实验规范		待制定
3			
注:本业务范围包括为做好工程抗震而开展的实验与试验工作。			

表 24　D3220"非工程性预防措施门类通用标准"明细表

序号	标准名称	标准编号	制定状况
1	非工程性防御措施分类与代码		待制定
2			
注:本业务范围涵盖防震减灾宣传教育与地震社会公共预防领域所共性的基础通用标准。			

表 25　D4221 防震减灾宣教业务专用标准

序号	标准名称	标准编号	制定状况
1	防震减灾科普教材编写标准		待制定
2	防震减灾科普教育基地建设标准		待制定
3			
注:本业务范围包括为增强公民防震减灾意识与提高公民防震救灾能力而开展的宣传教育工作中所应规范的内容。			

表 26　D4222 地震社会公共预防业务专用标准

序号	标准名称	标准编号	制定状况
1	地震应急避难场所　场址及配套设施	GB 21734 — 2008	已发布
2	地震保险险种划分的地震灾害指标		待制定
3	地震保险理赔的地震灾害级别		待制定
4	地震保险(费率)损失评估		待制定
5			
注：本业务范围包括社会开展的公共防灾措施中涉及地震预防措施所应规范的内容。			

5.4　地震应急与救援专业标准分体系表

地震应急与救援专业标准分体系第二层包括“地震应急与救援专业通用标准”和“专业相关通用标准”，其明细表见表 27 和表 28。第三层包括“地震应急门类通用标准”和“地震救援门类通用标准”，其明细表分别见表 29 和表 33，它们对应的第四层业务专用标准明细表分别见表 30 ~ 表 32 和表 34 ~ 表 35。

表 27　D2310“地震应急与救援专业通用标准”明细表

序号	标准名称	标准编号	制定状况
1	地震现场应急指挥数据共享技术要求		进行中
2	地震现场应急指挥及其管理信息系统技术要求		进行中
3	地震现场灾害评估规范		进行中
4			
注：本业务范围涵盖破坏性地震发生前所做的各种应急准备和地震发生后采取的紧急应急行动所共性的基础通用标准。			

表 28　D2320“专业相关通用标准”明细表

序号	标准名称	标准编号	制定状况
1			
注：不属于本行业归口管理，但本专业需要采用的通用标准。			

表 29　D3310“地震应急门类通用标准”明细表

序号	标准名称	标准编号	制定状况
1	地震应急期行动规则		待制定
2			
注：本业务范围包括地震应急预案、应急措施及现场应急工作所共性的基础通用标准。			

表 30　D4311 应急预案业务专用标准

序号	标准名称	标准编号	制定状况
1	地震应急预案编写设置标准		待制定
2	全国各级地震应急检查标准		待制定

表 30（续）

序号	标准名称	标准编号	制定状况
3	地震应急演练设置标准		待制定
4			
注：本业务范围包括地震应急预案的编制、检查及可操作性演练等工作内容的规范。			

表 31　D4312 应急措施业务专用标准

序号	标准名称	标准编号	制定状况
1	中小学校震时避险行动规范		进行中
2	医院震时避险服务		进行中
3	社区震时避险服务		进行中
4	人员密集公共场所地震避险规范		进行中
5			
注：本业务范围包括为快速应对破坏性地震而在震前实施的组织机构建设、指挥技术系统建设、物资储备等工作内容的规范。			

表 32　D4313 现场业务专用标准

序号	标准名称	标准编号	制定状况
1	地震现场工作　第 1 部分：基本规定	GB/T 18208. 1 — 2006	已发布
2	地震现场工作　第 2 部分：建筑物安全鉴定	GB 18208. 2 — 2001	已发布
3	地震现场工作　第 3 部分：调查规范	GB/T 18208. 3 — 2000	修订中
4	地震现场工作　第 4 部分：灾害直接损失评估	GB/T 18208. 4 — 2005	修订中
5	地震灾害震后恢复重建工程资金评估方法		进行中
6	地震灾害间接经济损失评估		进行中
7	地震现场符号标记		待制定
8			
注：本业务范围包括地震现场灾害调查、建筑物安全鉴定及灾害直接损失评估等现场工作内容的规范。			

表 33　D3320“地震救援门类通用标准”明细表

序号	标准名称	标准编号	制定状况
1	国际地震灾害紧急救援系列标准		待制定
2	国内地震灾害紧急救援系列标准		待制定
3	现场工作数据通讯规范		待制定
4			
注：本业务范围包括地震救援组织、救援技术及救援行为等救援工作中所共性的基础通用标准。			

表 34　D4321 地震救援组织业务专用标准

序号	标准名称	标准编号	制定状况
1	社区志愿者地震应急与救援工作指南		进行中
2	地震救援队建设标准		待制定
3	地震救援队训练指南		待制定
4			
注：本业务范围包括地震应急救援队组织、救援志愿者构成等工作内容的规范。			

表 35　D4322 地震救援技术业务专用标准

序号	标准名称	标准编号	制定状况
1	地震现场救援行动工作规范		待制定
2	地震现场自救互救规范		待制定
3	地震现场紧急救助规范		待制定
4			
注：本业务范围包括在地震现场开展救援工作时各种行为准则的规范。			

5.5　地震仪器与装备专业标准分体系表

地震仪器与装备专业标准分体系第二层包括“地震仪器与装备专业通用标准”和“专业相关通用标准”，其明细表见表 36 和表 37。第三层包括“地震(动)观测仪器门类通用标准”、“地电地磁观测仪器门类通用标准”、“地壳形变观测仪器门类通用标准”、“地下流体观测仪器门类通用标准”和“应急与救援装备门类通用标准”，其明细表分别为表 38、表 41、表 44、表 47 和表 50，它们对应的第四层业务专用标准明细表分别为表 39 ~ 表 40、表 42 ~ 表 43、表 45 ~ 表 46、表 48 ~ 表 49 和表 51 ~ 表 52。

表 36　D2410“地震仪器与装备专业通用标准”明细表

序号	标准名称	标准编号	制定状况
1	地震观测仪器进网技术要求　常用技术参数表述与测试方法	DB/T 21 — 2007	已发布
2	地震观测仪器分类与代码	DB/T 26 — 2008	已发布
3	地震观测仪器质量检验规则	DB/T 27 — 2008	已发布
4	地震专用仪器仪表基本环境试验方法		待制定
5	地震前兆观测仪器　第 1 部分：传感器接口与控制	DB/T 12.1 — 2000	已发布
6	地震前兆观测仪器　第 2 部分：通信与控制	DB/T 12.2 — 2003	已发布
7	地震前兆观测仪器　第 3 部分：电源		待制定
8	地震前兆观测仪器　第 4 部分：电磁兼容性		待制定
9	地震前兆观测仪器　第 5 部分：可靠性设计		待制定
10	地震前兆观测仪器　第 6 部分：型号命名		待制定
11	地震前兆观测仪器　第 7 部分：技术指标		待制定
12	地震前兆观测仪器　第 8 部分：说明书		待制定
13			
注：本业务范围涵盖地震(动)观测、地电地磁观测、地壳形变观测、地下流体观测及应急与救援中所用仪器仪表与装备中共性部分的基础通用标准。			

表 37　D2420“专业相关通用标准”明细表

序号	标准名称	标准编号	制定状况
1	仪器仪表　基本术语	GB/T 13983 — 1992	已发布
2	仪器仪表包装通用技术条件	GB/T 15464 — 1995	已发布
3	仪器仪表运输、运输储存基本环境条件及实验方法	GB/T 9239 — 1999	已发布
4	电测量指示和记录仪表及其附件的安全要求	GB 6738 — 1986	已发布
5	地质仪器产品基本安全要求	DZ 0026 — 1992	已发布
6	地质仪器产品零件制造通用技术条件	DZ 0028 — 1992	已发布
7	地质仪器产品包装通用技术条件	DZ 0036 — 1992	已发布
8	地质仪器产品工艺文件的规定	DZ 0038 — 1992	已发布
9	地质仪器产品质量检验规则	DZ 0041 — 1992	已发布
10			
注：不属于本行业归口管理，但属本专业需要采用的通用标准。			

表 38　D3410“地震(动)观测仪器门类通用标准”明细表

序号	标准名称	标准编号	制定状况
1	地震(动)观测仪器仪表设计和试制技术规定		待制定
2	地震(动)观测仪器仪表样机技术鉴定工作规程		待制定
3	数字强震动加速度仪	DB/T 10 — 2001	已发布
4	地震计接口	DB/T 13 — 2000	已发布
5	地震观测仪器进网技术要求　地震仪	DB/T 22 — 2007	已发布
6			
注：本业务范围包括地震(动)观测仪器产品、计量基准及检定等工作所共性的基础通用标准。			

表 39　D4411 地震(动)观测仪器产品业务专用标准

序号	标准名称	标准编号	制定状况
1	数字地震(动)观测仪技术要求		待制定
2	数字地震(动)观测仪技术指标测试方法		待制定
3			
注：本业务范围包括各种类型地震(动)观测仪器产品的规范。			

表 40　D4412 地震(动)观测仪器计量检定业务专用标准

序号	标准名称	标准编号	制定状况
1	振动台检定规程		待制定
2	地震(动)观测仪器检定规则		待制定
3	地震计检定规程		待制定
4	数字强震动加速度仪检定规程		待制定
5			
注：本业务范围对用于地震(动)观测仪计量检定的要求进行规范。			

表 41　D3420“地电地磁观测仪器门类通用标准”明细表

序号	标准名称	标准编号	制定状况
1	地震观测仪进网技术要求　地磁观测仪　第 1 部分：磁通门磁力仪	DB/T 30. 1 — 2008	已发布
2	地震观测仪进网技术要求　地磁观测仪　第 2 部分：质子矢量磁力仪	DB/T 30. 2 — 2008	已发布
3	地震观测仪进网技术要求　地电观测仪　第 1 部分：直流地电阻率仪	DB/T 29. 1 — 2008	已发布
4	地震观测仪进网技术要求　地电观测仪　第 2 部分：地电场仪	DB/T 29. 2 — 2008	已发布
5			
注：本业务范围包括地电地磁观测仪器、计量基准及检定等工作所共性的基础通用标准。			

表 42　D4421 地电地磁观测仪器产品业务专用标准

序号	标准名称	标准编号	制定状况
1	电磁辐射观测仪技术要求		待制定
2	电磁辐射观测仪技术指标测试方法		待制定
3	地磁观测仪技术要求		待制定
4	地磁观测仪技术指标测试方法		待制定
5	地电观测仪技术要求		待制定
6	地电观测仪技术指标测试方法		待制定
7			
注：本业务范围包括各种类型地电地磁观测仪器产品的规范。			

表 43　D4422 地电地磁观测仪器计量检定业务专用标准

序号	标准名称	标准编号	制定状况
1	弱磁感应强度测量仪器检定规程	DB/T 28 — 2008	已发布
2	电磁仪观测技术测试方法		待制定
3	相位校准装置检定规程		待制定
4	磁通门磁力仪检定规程		待制定
5	质子矢量磁力仪检定规程		待制定
6	直流地电阻率仪检定规程		待制定
7	地电场仪检定规程		待制定
8			
注：本业务范围包括对用于地电地磁观测仪计量检定的要求进行规范。			

表 44　D3430 "地壳形变观测仪器门类通用标准" 明细表

序号	标准名称	标准编号	制定状况
1	地震观测仪器进网技术要求　重力仪	DB/T 23 — 2007	已发布
2	地震观测仪器进网技术要求　地壳形变观测仪　第 1 部分：倾斜仪	DB/T 31. 1 — 2008	已发布
3	地震观测仪器进网技术要求　地壳形变观测仪　第 2 部分：应变仪	DB/T 31. 2 — 2008	已发布
4			
注：本业务范围包括地壳形变观测仪器产品、计量基准及检定等工作所共性的基础通用标准。			

表 45　D4431 地壳形变观测仪器产品业务专用标准

序号	标准名称	标准编号	制定状况
1	地壳形变观测仪技术要求		待制定
2	地壳形变观测仪技术指标测试方法		待制定
3			
注：本业务范围包括各种类型地壳形变观测仪器产品的规范。			

表 46　D4432 地壳形变观测仪器计量检定业务专用标准

序号	标准名称	标准编号	制定状况
1	重力仪检定规程		待制定
2	倾斜仪检定规程		待制定
3	应变仪检定规程		待制定
4			
注：本业务范围包括对用于地壳形变观测仪计量检定的要求进行规范。			

表 47　D3440 "地下流体观测仪器门类通用标准" 明细表

序号	标准名称	标准编号	制定状况
1	地震观测仪器进网技术要求　地下流体观测仪　第 1 部分：压力式水位仪	DB/T 32. 1 — 2008	已发布
2	地震观测仪器进网技术要求　地下流体观测仪　第 2 部分：测温仪	DB/T 32. 2 — 2008	已发布
3	地震观测仪器进网技术要求　地下流体观测仪　第 3 部分：闪烁测氡仪	DB/T 32. 3 — 2008	已发布
4			
注：本业务范围包括地下流体观测仪器、计量基准及检定等工作所共性的基础通用标准。			

表 48 D4441 地下流体观测仪器产品业务专用标准

序号	标准名称	标准编号	制定状况
1	地下流体观测仪技术要求		待制定
2	地下流体观测仪技术指标测试方法		待制定
3			
注：本业务范围包括各种类型地下流体观测仪器产品的规范。			

表 49 D4442 地下流体观测仪器计量检定业务专用标准

序号	标准名称	标准编号	制定状况
1	氡气固体源检定规程	DB/T 6 — 2003	已发布
2	水位仪检定规程		待制定
3	测温仪检定规程		待制定
4	测氡仪检定规程		待制定
5			
注：本业务范围包括对用于地下流体观测仪计量检定的要求进行规范。			

表 50 D3450“应急与救援装备门类通用标准”明细表

序号	标准名称	标准编号	制定状况
1	地震应急与救援设备审定规范		待制定
2			
注：本业务范围包括应急与救援装备业务和应急与救援装配测试业务所共性的基础通用标准。			

表 51 D4451 应急与救援装备业务专用标准

序号	标准名称	标准编号	制定状况
1	地震应急与救援装备配备要求		待制定
2			
注：本业务范围包括在应急与救援中所使用装配的技术、质量等内容的规范。			

表 52 D4452 应急与救援装备测试业务专用标准

序号	标准名称	标准编号	制定状况
1	地震应急与救援装备检测规范		待制定
2			
注：本业务范围包括对在应急与救援中所使用的装备必须符合相应技术指标的测试进行规范。			

5.6 地震数据专业标准分体系表

地震数据专业标准分体系第二层包括“地震数据专业通用标准”和“专业相关通用标准”，其明细表见表 53 和表 54。第三层包括“数据处理和传输门类通用标准”和“数据共享门类通用标准”，其明细表分别见表55 和表 58，它们对应的第四层业务专用标准明细表分别见表 56 ~ 表 57 和表 59 ~ 表 62。

表 53　D2510“地震数据专业通用标准”明细表

序号	标准名称	标准编号	制定状况
1	地震数据分类与代码　第 1 部分：基本类别	DB/T 11. 1 — 2000	废止
2	地震数据分类与代码　第 1 部分：基本类别	DB/T 11. 1 — 2007	已发布
3	地震数据分类与代码　第 2 部分：观测数据	DB/T 11. 2 — 2007	已发布
4	地震数据分类与代码　第 3 部分：探测数据		待制定
5	地震数据分类与代码　第 4 部分：调查(考察)数据		待制定
6	地震数据分类与代码　第 5 部分：实验与试验数据		待制定
7	地震数据分类与代码　第 6 部分：专题数据		待制定
8	地震数据分类与代码　第 7 部分：防震减灾综合数据		待制定
9	地震数据分类与代码　第 8 部分：其他数据		待制定
10	地震数据符号		待制定
11	计算机网络地震数据服务安全性要求		待制定
12	元数据编写指南		待制定
13	数据模式编写指南		待制定
14			
注：本业务范围涵盖地震数据的处理、传输及共享等领域所共性的基础通用标准。			

表 54　D2520“专业相关通用标准”明细表

序号	标准名称	标准编号	制定状况
1	地球空间数据交换格式	GB/T 17798 — 2007	已发布
2	地震数传电缆通用技术条件	SY/T 5898 — 1993	已发布
3			
注：不属于本行业归口管理，但属本专业需要采用的通用标准。			

表 55　D3510“数据处理和传输门类通用标准”明细表

序号	标准名称	标准编号	制定状况
1	地震行业专用电报密码		待制定
2	地震数据的保密规范		待制定
3			
注：本业务范围包括地震数据处理和传输工作所共性的基础通用标准。			

表 56　D4511 数据处理业务专用标准

序号	标准名称	标准编号	制定状况
1	地震参数测定方法		待制定
2	地震前兆基本参数测定方法		待制定
3	误码数据的处理准则		待制定
4	强震动数据处理规范		待制定
5			
注：本业务范围包括对原数据一次性加工方面的内容进行规范。			

表 57　D4512 数据传输业务专用标准

序号	标准名称	标准编号	制定状况
1	地震数据传输格式		待制定
2	地震数据通讯规范		待制定
3			
注：本业务范围包括数据传输格式、地震专用通讯技术等内容的规范。			

表 58　D3520“数据共享门类通用标准”明细表

序号	标准名称	标准编号	制定状况
1	地震数据产品质量检定规程		待制定
2	地震数据共享中心运行规范		待制定
3	公共地震信息发布		进行中
4			
注：本业务范围包括数据存储、数据产品、数据服务及数据交换等领域所共性的基础通用标准。			

表 59　D4521 数据存储业务专用标准

序号	标准名称	标准编号	制定状况
1	地震数据库建库指南		待制定
2	地震数据存储格式		待制定
3	强震动数据汇集与存储规范		待制定
4			
注：本业务范围包括地震数据库建设、地震数据存储格式的规范。			

表 60　D4522 数据产品业务专用标准

序号	标准名称	标准编号	制定状况
1	地震观测报告格式		待制定
2	计算机网络地震数据产品格式		待制定
3	磁介质地震数据产品规范		待制定

表 60（续）

序号	标准名称	标准编号	制定状况
4	光盘介质地震数据产品规范		待制定
5	纸介质地震数据产品规范		待制定
6			
注：本业务范围包括各种类型数据产品格式的规范。			

表 61　D4523 数据服务业务专用标准

序号	标准名称	标准编号	制定状况
1	地震数据服务规程		待制定
2	地震数据使用规程		待制定
3			
注：本业务范围包括各种类型数据提供服务与使用各种类型数据方面的内容进行规范。			

表 62　D4524 数据交换业务专用标准

序号	标准名称	标准编号	制定状况
1	地震波形数据交换格式	DB/T 2 — 2003	已发布
2	数据交换格式		待制定
3			
注：本业务范围包括地震数据在不同范围内进行交换时需要规范的内容。			

ICS 91.120.25
P 15
备案号：12151—2003

中华人民共和国地震行业标准

DB/T 2—2003

地震波形数据交换格式

Formats for the exchange of earthquake waveform data

2003-06-13 发布 2003-12-01 实施

中国地震局 发布

前　言

本标准修改采用国际上通用的《地震数据交换标准》（SEED 格式 2.3 版参考手册，1993，英文版，2002 年 2 月 22 日增补）(FDSN，IRIS and USGS：Standard for the Exchange of Earthquake Data，Reference Manual，SEED Format Version 2.3，1993，updated 2/22/2002)，原标准由数字地震台网联盟(FDSN)、地震学研究联合会(IRIS)和美国地质调查局(USGS)共同发布。本标准根据原标准版本重新起草，保留了原标准的技术内容，对原标准的文本章条编号做了一些调整，在附录 J 中列出了本标准章条编号与原标准章条编号的对照一览表。

本标准还对原标准的文本做了下列编辑性修改：

a)增加了前言，修改了原标准的引言；

b)删减了原标准第二章(本标准第四章)中的说明性文字。

c)对原标准的附录进行了删减，并把原文本中部分正文内容移入附录，形成本标准的附录。

本标准的附录 C 为规范性附录，附录 A、附录 B、附录 D、附录 E、附录 F、附录 G、附录 H、附录 I 和附录 J 为资料性附录。

本标准由中国地震局提出。

本标准由全国地震标准化技术委员会(CSBTS/TC 225)归口。

本标准起草单位：中国地震局地震信息中心、中国地震局分析预报中心、中国地震局地球物理研究所、河北省地震局、辽宁省地震局。

本标准主要起草人：赵仲和、周克昌、冯义钧、刘瑞丰、王洪体、高景春、李广平、纪寿文、郑斯华、张伯明。

本标准为首次发布。

引　　言

为了规范我国地震台网记录地震波形数据的存档和交换，有必要制定统一的交换格式。这种格式规定的内容不仅包含地震波形数据本身，还包含使用波形数据所需的全部辅助信息。由 FDSN、IRIS 和 USGS 共同发布的地震数据交换标准(The Standard for the Exchange of Earthquake Data，简称 SEED)可以满足这一需求。为此，本标准采用 SEED 格式作为我国地震行业地震波形数据的交换格式。

SEED 格式是一个针对数字地震波形数据交换的国际通用格式，它是为地震学界的应用而设计的，主要用于在各个机构之间交换那些未经处理的地面运动数据，即本标准中所称的地震波形数据。这些数据是在某一地点进行等时间间隔采样测得的时间序列数据。

1985 年，国际地震学和地球内部物理学协会(IASPEI)为制定国际数字地震数据交换标准成立了数字地震数据交换工作组。此后，FDSN 承担了制定交换格式的使命。在 1987 年 8 月 FDSN 的工作组第一次会议上，对若干个已有格式进行了评估，其中包括 USGS 提议的 SEED。同年 10 月，经过广泛讨论和修改，采纳了这个新的格式作为 FDSN 数字地震数据交换标准的草案。在此基础上经不断修改和完善，形成了目前的 SEED 格式 2.3 版，已在全世界大多数地震台网使用。最新文本是 2002 年 2 月 22 日发布的增补版本，仍称为 2.3 版。

在我国，2000 年 1 月开始正式运行的国家数字地震台网已把所属的国家地震台站及区域有人值守地震台站的连续波形数据和地震事件波形数据用 SEED 格式存储并提供数据服务。2001 年建成的首都圈数字地震台网也采用了 SEED 格式。这些工作的开展为在我国地震行业全面采用 SEED 格式打下了基础并积累了经验。

由于 SEED 是以参考手册形式发布的，为了符合我国标准的编写要求(见 GB/T 1.1 — 2000)和采用国际标准的规则(见 GB/T 20000.2 — 2001)，在形成本标准时进行了重新起草，但其中的技术内容与 SEED 一致，按本标准的规定生成的地震波形数据集符合 SEED 规定的标准格式。

地震波形数据交换格式

1 范围

本标准规定了地震波形数据的交换格式(简称 SEED 格式①),适用于我国各类地震台网地震波形数据的存档和交换,也可作为地震波形数据的台站记录和传输格式。

2 术语和定义

GB/T 18207.1 — 2000、GB/T 5271.1 — 2000、GB/T 5271.2 — 1988、GB/T 5271.3 — 1987、GB/T 5271.4 — 2000、GB/T 5271.5 — 1987、GB/T 5271.6 — 2000、GB/T 5271.7 — 1986、GB/T 5271.8 — 1993、GB/T 5271.9 — 1986、GB/T 14915 — 1994 、GB/T 17532 — 1998 和 JJF 1001 — 1998 中确立的以及下列术语和定义适用于本标准。

2.1 数据

2.1.1

地震波形数据 seismic waveform data

对地震计输出信号进行等时间间隔采样和量化所得到的数字化数据。

2.1.2

原始数据 raw data

以原始现场记录格式(见 2.2.6)记录的采样数据。

2.1.3

数据字段 data field

一项辅助信息(见 2.3.3)。数据字段可以是有格式的(见 2.3.1)或无格式的(见 2.3.2)。有格式的数据字段可以是定长或不定长的。无格式数据字段总是定长的。

2.1.4

数据片 data piece

以一个或多个数据记录(见 2.2.4)表示的时间序列(见 2.4.2)。数据片中不包含时间间断。时间片控制头段(见 2.8.5)中含有条目,以指出数据片在 SEED 格式中的位置。

2.1.5

数据区 data section

数据记录(见 2.2.4)中包含实际时间序列数据的部分。

2.1.6

康特 count

专业计量单位,表示模拟信号被采样和量化后得到的数字计数。本标准中用符号 count 表示。

2.2 记录

2.2.1

逻辑记录 logical record

一种能被单个定位的 SEED 数据结构。它以一个逻辑记录标识块(见 2.2.3)开头。多个逻辑记录构成一个格式体(见 2.2.2)。

---

① 简称 SEED 是为了与本标准修改采用的原标准中对所规定格式的称谓保持一致。

2.2.2

格式体　format object

逻辑卷(见2.9.2)中有确定格式的组成单元，由多个逻辑记录构成(详见3.3)。

2.2.3

逻辑记录标识块　logical record identification block

逻辑记录中的第一个数据记录标识块(见2.2.5)。是一个固定长度的字节块，包含该逻辑记录在逻辑卷(见2.9.2)内的绝对序列号、格式体类型标志以及子块延续标志。

2.2.4

数据记录　data record

一种SEED数据结构。由数据记录标识块(见2.2.5)、固定头段区(见2.8.2)、可变头段区(见2.8.3)以及数据区构成。一个或多个数据记录构成一个逻辑记录。

2.2.5

数据记录标识块　data record identification block

一个固定长度的字节块，包含一个序列号(通常置为零)、一个格式体类型标志以及一个子块延续标志。

2.2.6

现场记录格式　field recording format

所记录原始数据的初始二进制表示。在大多数情况下，现场记录格式是获取该原始数据时使用的格式。

2.3　信息

2.3.1

有格式信息　formatted information

编码为字符串的信息。

2.3.2

无格式信息　unformatted information

编码为二进制型数据序列的信息。混有二进制型数据的字符型信息也属无格式信息。

2.3.3

辅助信息　auxiliary information

为完整处理原始数据所需的关于地震台站或逻辑卷(见2.9.2)的补充信息。

2.3.4

台站状况信息　state - of - health information

关于台站设备的运行或台站环境状况的原始数据。

2.3.5

台站日志信息　station log information

台站卷(见2.9.3)的有格式辅助信息，记录台站处理机的状态和台站操作员与台站处理机的交互过程。

2.4　时间序列

2.4.1

时间片　time span

一个中间没有间断的时间段。

2.4.2

时间序列　time series

由一个台站通道在一个有限时间段内连续记录下来的原始数据。

2.4.3

连续时间序列 continuous time series

连续记录的原始数据。一个连续时间序列可被任意分割成若干个时间序列。连续时间序列只出现在台站台网卷(见2.9.5)中。

2.4.4

多路组合时间序列 multiplexed time series

存储在一系列多路组合帧(见2.4.5)中的时间序列。

2.4.5

多路组合帧 multiplexing frame

来自多个通道的原始采样数据，它们几乎在同一时刻被采样并按固定的顺序相继存储。

2.4.6

按块多路组合 block multiplexing

把多个不同通道的数据按块交替放置在一起。通常，台网卷(见2.9.7)要求在每个时间片中，把各时间序列数据直接记录为一串数据记录。在现场台站的某些台站处理机不能做到这一点(特别是对于多路组合的时间序列数据)。这意味着这些处理机在特定时刻要写包含不同时间序列的数据记录。按块多路组合的数据便是其结果。

2.4.7

时间间断 time tear

时间序列中大于容差的时间空段。

2.4.8

事件触发时间序列 event triggered time series

由某外部事件启动或触发而记录到的定长时间序列。事件触发时间序列可以出现在台站台网卷(见2.9.5)或事件台网卷(见2.9.6)中。

2.5 通道

2.5.1

通道 channel

地震信号经由现场台站仪器和一组特定滤波器后得到的数字化记录输出(也称台站通道)。

2.6 索引

2.6.1

索引 index

一个指向特定逻辑记录的定位标志。索引存储在控制头段(见2.8.1)中，允许数据使用者跳过当前不感兴趣的信息，直接定位到一个逻辑记录。时间序列数据可以有子索引，它们指向逻辑记录内的数据记录。

2.6.2

增速索引 accelerator index

一个周期性出现的索引，用于快速定位一个时间序列内的指定时间段。

2.7 子块

2.7.1

子块 blockette

一种数据结构，包含一个标识号、一个长度字段以及一个或多个相关的数据字段。有格式的子块用在控制头段(见2.8.1)中，而无格式的子块用在数据记录的头段部分。

2.8　头段

2.8.1

控制头段　control header

根据四种指定类型(详见3.4)的规则编排格式的相关辅助信息。控制头段的设计使SEED格式数据成为自定义的数据。

2.8.2

固定头段区　fixed header section

一种SEED数据结构，包含无格式的标识和状态信息，按固定的顺序出现在每个数据记录的开头。

2.8.3

可变头段区　variable header section

在数据记录中的固定头段区之后而在数据区之前的一串可选的无格式子块。

2.8.4

台站控制头段　station control header

一种控制头段，含有关于一个台站及其全部通道的静态辅助信息，特别是台站位置和通道传递函数信息。

2.8.5

时间片控制头段　time span control header

一种控制头段，含有关于一个固定时间段的信息，包括震源和震相到时信息，以及时间序列的索引。

2.8.6

缩略语字典控制头段　abbreviation dictionary control header

一种定义全卷范围缩略语的控制头段，特别用于数据格式描述和台站通道注释。

2.8.7

卷索引控制头段　volume index control header

一种控制头段，含有关于一个完整逻辑卷(见2.9.2)的信息，包括对台站控制头段和时间片控制头段的索引，也称卷标识头段(volume identifier header)。

2.9　卷

2.9.1

物理卷　physical volume

可卸出的计算机海量存储介质的一个单元，例如一盘磁带。

2.9.2

逻辑卷　logical volume

一个完整的数据集，通常包含一组台站在一个或多个时间区间内的全部原始数据和全部辅助信息。

2.9.3

(现场)台站卷　field station volume

一种逻辑卷，包含一个台站各通道的数据。它与台站台网卷(见2.9.5)的区别在于它的控制头段可能是不完全的，时间序列可能是按块多路组合的，它的若干数据结构彼此不同，而且数据块的大小可能因道而异。

2.9.4

逻辑子卷　logical sub - volume

一个台站卷内的若干完整逻辑卷结构之一。每个逻辑子卷以整个一组控制头段开式。

2.9.5

台站台网卷　station oriented network volume

一种逻辑卷，其中台站通道按任意的时间片组织。对于每个台站通道的每个完整时间片，台站台网卷包括一个连续的时间序列，或者多个由事件触发的时间序列，在这些时间序列之间存在时间空段(即在其间没有记录数据)。

2.9.6

事件(台网)卷　event oriented network volume

一种逻辑卷，其中对每个事件(或许少量近乎同时发生的事件)，把来自每个台站通道的由事件触发的时间序列组织成单独的时间片。

2.9.7

台网卷　network volume

台站台网卷和事件(台网)卷的统称。

2.9.8

遥测卷　telemetry volume

一种特殊的卷格式。它允许数据发送方在没有得到请求时假定数据接收方有最新的控制头段信息。这样，在多数情况下，仅需要传送数据和少量的控制头段信息。如果接收方需要更多的控制头段，发送方也可以发送它们。

3　总则

3.1　格式组织

一个逻辑卷是SEED格式的一个具体体现，它是完整的和内部一致的。按照介质的类型，一个物理卷上可包含一个或多个逻辑卷，但一个逻辑卷不能跨多个物理卷。图1表示一个物理卷内部的逻辑卷结构。

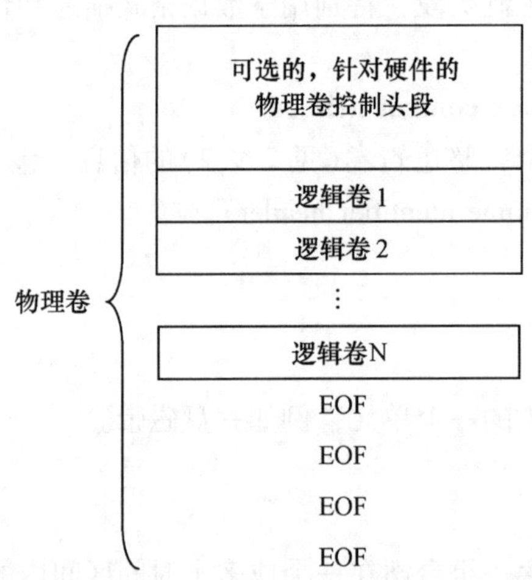

注：EOF为卷结束标志。

图1　一个物理卷内部的逻辑卷结构

3.2　物理卷和逻辑卷

在格式组织的最高层(物理卷)，SEED格式由一个或多个逻辑卷组成。此外，一些随机存取介质需要在每个物理卷起始处设置一个与设备相关的控制头段，以存取相应的逻辑卷。(这个物理头段是SEED之外的。读写软件不用处理这些头段，但计算机的介质访问软件会处理它。)

逻辑卷有三种类型：现场台站卷、台站台网卷和事件台网卷。每个逻辑卷的结构是相同的，但某些数据字段，特别是用于震源和震相到时的字段的用途可以是不一样的。附录G说明怎样写SEED卷。图2表示一个逻辑卷中格式体的结构。

3.3 格式体

台站台网卷和事件台网卷使用两种格式体：

—— 控制头段（ASCII 格式），包含关于卷、台站、通道和数据的辅助信息，图 3 表示控制头段的结构；

—— 时间序列（二进制），包含原始数据以及嵌入的与特定通道和时间有关的辅助信息，图 4 表示一个时间序列格式体内的记录结构。

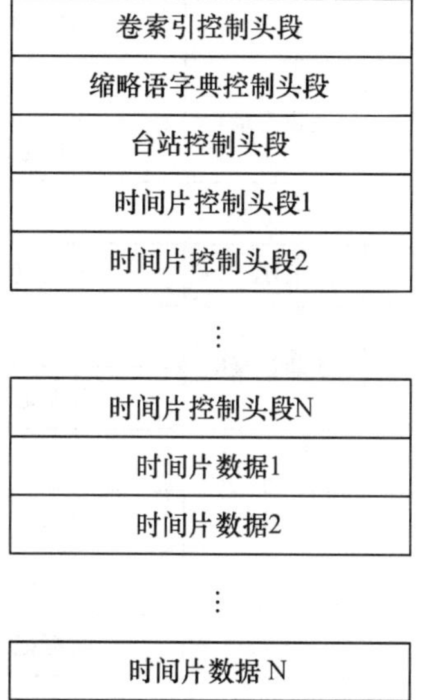

注：SEED 将每个格式体分为若干固定长度的逻辑记录。每个逻辑记录以一个逻辑记录标识块开始，通常包含一个或多个固定长度的物理记录。

图 2　逻辑卷中的格式体结构

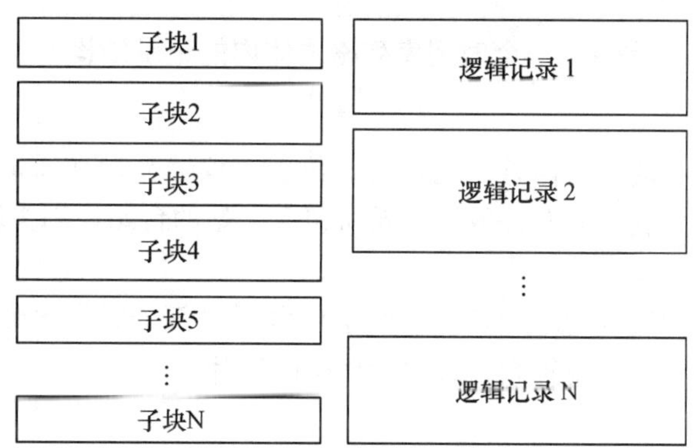

图 3　控制头段结构

控制头段一律以可显示的 ASCII 字符编码，它们不含数据记录。与之相反，时间序列格式体是二进制的，并被细分成若干数据记录，每个数据记录都有一个数据记录标识块。

3.4 控制头段

共有 4 种控制头段。

3.4.1 卷索引控制头段

包含关于数据的时间、逻辑记录长度、该逻辑卷的格式版本以及对台站控制头段和时间片控制头段的索引的信息。

3.4.2 缩略语字典控制头段

包含用在其他控制头段中的缩略语的定义。缩略语字典被以下内容引用：

——其他缩略语字典条目；

——时间序列格式体的子块［400］（这里［ ］内的数字为子块编号，下同）；

——台站标识子块［50］和［51］；

——通道标识子块［52］到［59］（参见附录D）。

<table>
<tr><td>ID块</td><td>ID块</td><td>数据记录1</td></tr>
<tr><td rowspan="7">物理记录1</td><td rowspan="2">逻辑记录1</td><td>⋮</td></tr>
<tr><td>数据记录K</td></tr>
<tr><td colspan="2">⋮</td></tr>
<tr><td>ID块</td><td>数据记录1</td></tr>
<tr><td rowspan="2">逻辑记录M</td><td>⋮</td></tr>
<tr><td>数据记录K</td></tr>
</table>

⋮

<table>
<tr><td>ID块</td><td>ID块</td><td>数据记录1</td></tr>
<tr><td rowspan="7">物理记录N</td><td rowspan="2">逻辑记录1</td><td>⋮</td></tr>
<tr><td>数据记录K</td></tr>
<tr><td colspan="2">⋮</td></tr>
<tr><td>ID块</td><td>数据记录1</td></tr>
<tr><td rowspan="2">逻辑记录M</td><td>⋮</td></tr>
<tr><td>数据记录K</td></tr>
</table>

图4 一个时间序列格式体内的记录结构

3.4.3 台站控制头段

提供有关台站和它的所有通道的信息，包括台站位置、仪器类型和通道传递函数。每个台站至少要有一个台站控制头段。一个卷上只允许放置该卷所包含台站的台站控制头段。

3.4.4 时间片控制头段

标识其后跟随的时间序列所处的时间段。它们也包含了对每个时间序列的索引，以及在这个时间段里发生的地震事件的信息。一个逻辑卷可以包含多个时间片。

3.5 子块

每个控制头段由多个子块组成，每个子块包含一个类型标识号、一个长度字段以及多个与特定子块类型有关的数据字段。子块的结构示于图5。控制头段中的子块是ASCII格式的，而数据记录中的子块为二进制。数据字段的长度可以是固定的或可变的。多数子块是可选的。

3.6 数据记录

数据记录的结构示于图6。一个物理的记录可以包含一个或多个逻辑记录，每个逻辑记录又可以包含一个或多个数据记录。SEED结构允许在不改变数据记录格式的情况下将逻辑记录从一种长度转换为另一种长度，只要新的逻辑记录长度大于数据记录长度。每个数据记录包含一个固定头段区、一个可变头段区和一个数据区。

固定头段区包含使用数据所需的最低限度的自定义信息。可变头段区由多个可选的子块构成。这些子块包含与通道和时间有关的事件信息，如自动确定的震相到时信息或正在进行的校准。数据区包含实际的时间序列数据。

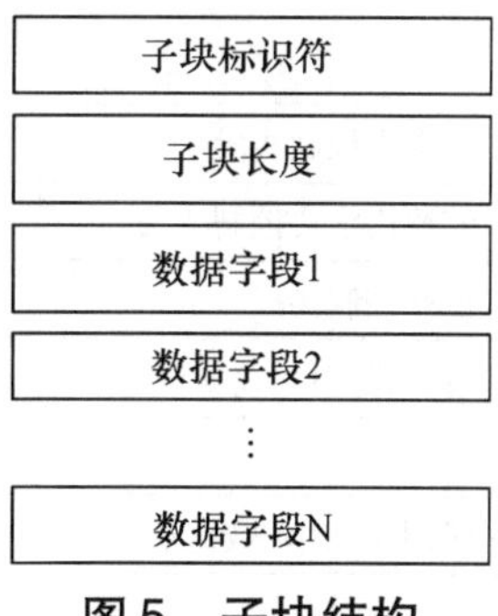

图5 子块结构

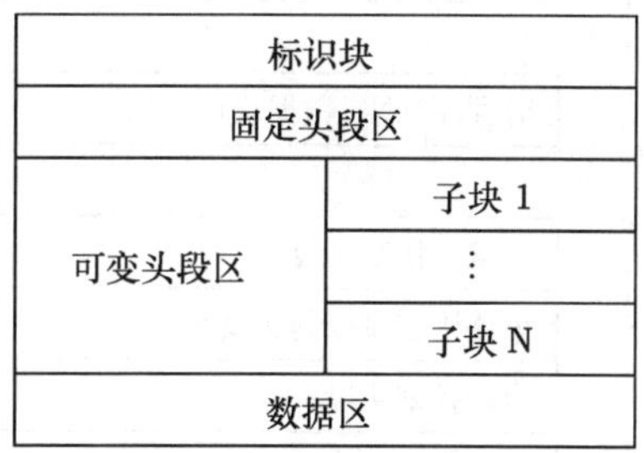

图6 数据记录结构

3.7 现场台站卷

现场台站卷仅使用 SEED 格式的一小部分，图 7 表示现场台站卷的结构。在卷的开始处只有少数几个简短的控制头段，并且无索引。每个现场台站卷通常只包含一个台站的数据。对于其他情况，例如由几个台站组成的台阵，写在卷开始处的头段描述所有台站和数据格式类型。

每个卷开始处的卷索引控制头段应包含现场卷标识子块［5］，在此之后是缩略语字典控制头段。为使用的每个数据格式(通常只有一个或两个)提供一个数据格式字典子块［30］，为各台站和通道子块使用的每个缩略语填写普通缩略语字典子块［33］，为使用的单位填写单位缩略语字典子块［34］。

当所写数据来自多个台站时，台站控制头段要从一个新的记录开始。以台站标识子块［50］作为每个台站记录的开始(台站注释可以放在台站注释子块［51］)。接着是各通道的信息。各通道应该出现一个通道标识子块［52］，随后是通道响应。使用下列子块来精确描述特定的响应配置：

—— 响应(极点和零点)子块［53］；

—— 响应(系数)子块［54］；

—— 抽样子块［57］；

—— 通道灵敏度/增益子块［58］。

对每个通道写一个通道子块和一组响应子块。要每隔几天或在重新启动台站处理机时写这些信息。如果在一个卷中间台站标识信息发生变化，例如，在操作员操作或维护(也可能通过远程拨号进行)后，就要写新的台站标识信息。卷索引控制头段可以在一个卷上出现多次，每次描述一个新的子卷。

从台站控制头段之后开始记录台站数据。可以以任意方式混合(即按块多路组合)各通道的数据，但要保持每个通道的数据是按时间顺序排列的。

当台站操作员想要终止卷或接近卷尾时要对卷写几个卷结束标志 EOF(最少 4 个)。如果台站发生故障而没有成功地对卷写 EOF，数据汇集中心可能要检查时间，很可能还要检查台站标识信息，以确定当前数据的结束时间。可把单个的 EOF 放在 SEED 格式里的任何地方，但多个 EOF 应只出现在卷的最末端。

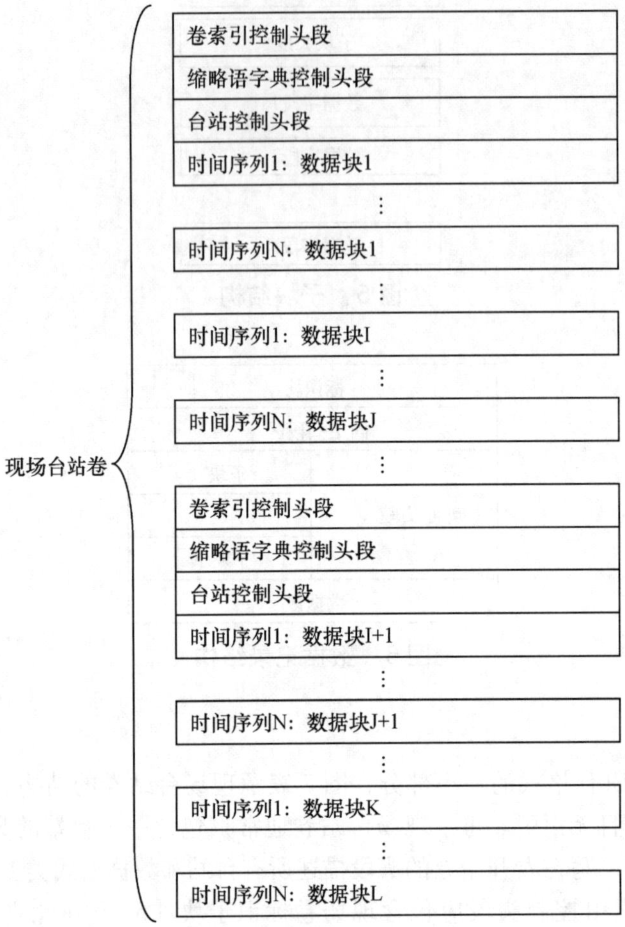

现场台站卷：

卷索引控制头段
缩略语字典控制头段
台站控制头段
时间序列1：数据块1
⋮
时间序列N：数据块1
⋮
时间序列1：数据块I
⋮
时间序列N：数据块J
⋮
卷索引控制头段
缩略语字典控制头段
台站控制头段
时间序列1：数据块I+1
⋮
时间序列N：数据块J+1
⋮
时间序列1：数据块K
⋮
时间序列N：数据块L

图7　现场台站卷的结构

除以下不同点外，现场台站卷控制头段类似于台站台网卷的控制头段：

——在写头段时，卷索引控制头段中的一些字段(卷结束日期和时间，及对其他控制头段的索引)是未知的；

——台站控制头段信息可以是不完整的；

——由于缺乏可用的必要信息，所以没有时间片控制头段；

——可能采用较小的数据记录长度，不同通道可能使用不同的数据记录长度；

——所有通道的数据记录是按块多路组合的。

如果需要，可以周期性地将控制头段缓冲区写到卷上，从而在现场台站卷中形成多个逻辑子卷。对一个台站台网卷，每个逻辑记录中只有一个数据记录。当现场台站卷组合成一个台网卷时，必须将数据记录组合，以满足本格式标准的要求。SEED 格式允许将几个数据记录连接为一个逻辑记录。

3.8 现场台站卷合并为台网卷

不同通道的逻辑记录长度可以是不同的，但每个卷上每个通道只能有一种逻辑记录长度，不同通道的数据记录是按块多路组合的。

通过以下步骤将现场台站卷合并为台网卷：

——添加缺少的辅助信息；

——解编块多路组合；

—— 将数据记录连接为所要求固定长度的逻辑记录；

—— 计算时间片信息；

—— 计算索引信息；

—— 建立时间片控制头段。

3.9 遥测卷和电子数据传送

SEED 提供一个特殊的遥测卷标识子块［8］，只要接收方不明确要求重新发送以前发送过的控制头段信息，就允许仅发送最新的数据。一般不要因电子传送而修改数据记录结构，除非因通信链路可靠性的需要而使用小的块长度。

4 约定

4.1 对 ASCII 头段字段的约定

SEED 使用 4 种类型的控制头段：卷索引控制头段、缩略语字典控制头段、台站控制头段以及时间片控制头段。每个头段可以使用若干子块。有些子块的长度可变，而且可以比逻辑记录长度还长。图 8 表示一个控制头段的起始部分。

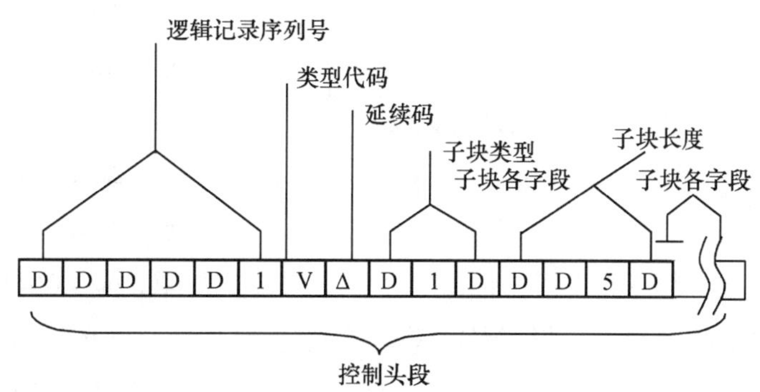

图 8　控制头段的起始部分

控制头段里的数据字段不是以二进制存储，而是以 ASCII 格式存储。

本标准中对列举的控制头段子块内的每个字段，均列出它的 4 种属性：

—— 字段名；

—— 字段类型；

—— 字段长度；

—— 掩码和标志码。

通常用字段名描述一个字段的内容。字段类型描述该字段的数据格式：

A —— 字母数字字段，是固定长度的 ASCII 码串；

D —— 十进制整数；

F —— 带指数的浮点数；

V —— 可变长度 ASCII 码串，用结束符“ ~ ”（波浪号，ASCII 126）结束。

字段长度等于字段中字符的实际数目。可变长字段长度用一个范围(a ~ b)来描述，其中 a 是字符数目的下限，b 是上限。有些可变长度字段没有固定的最大长度。可变长度字段的字符数不包括结束符“ ~ ”。下一个字段在当前字段结束后，或在可变长度字段的结束符“ ~ ”后立即开始。即使可变长度字段长度为零，也总要以结束符“ ~ ”结束。

掩码表示在指定空间怎样放置数据。表 1 给出符合下列掩码的数据示例，“Δ”表示一个空格符(ASCII 32)。

在小数点左边的数字之前允许有空格或零出现。在小数点右边所有未使用的地方必须以零填充。

符号可以是正或负，并可移动到第一位数之前。可用零或空格填充符号的位置。没有指定符号则表示是正数。

表1

掩码	数据类型	示 例
"####"	无符号整数	"0023"
		或"ΔΔ23"
" – ####"	有符号整数	"00023"
		或"Δ0023"
		或"ΔΔΔ23"
		或" +0023"
		或" –0023"
		或" –ΔΔ0023"
		或"ΔΔ –23"
		或"ΔΔ +23"
"####. ####"	无符号定点数	"0003. 1416"
		或"ΔΔΔ3. 1416"
		或"ΔΔ23. 0000"
		或"ΔΔΔΔ. 0200"
" –###. ####"	有符号定点数	" –003. 1416"
		或"ΔΔ –3. 1416"
		或"ΔΔ23. 0000"
		或" –ΔΔΔ. 0200"

浮点数的掩码基本同上，但还包含一个指数符号"E"以及指数的正负符号，见表2。

表2

掩码	数据类型	示 例
" –#. ####E –##"	有符号指数	"Δ3. 1416E0000"
		或"Δ3. 1416EΔ00"
		或"03. 1416E +00"
		或" –1. 0000E –02"

以 ASCII 码表示的日期和时间使用一个特殊的掩码，表示为 TIME。时间字段类似于上面描述的可变长度字段。截取最高有效时间位，抛弃不需要或不可获得的时间位。少数情况不使用时间字段，这时该字段为空，仅有一个结束符" ~"。时间字段内部数据排列为"YYYY,DDD,HH:MM:SS. FFFF"，使用的子字段见表3。

表3

子字段掩码	含　义
YYYY	年(例如：1987)
DDD	一年中的儒略日[①](1月1日是001)
HH	一日中的小时（UTC，00～23）
MM	小时中的分(00～59)
SS	秒（00～60；60仅用于闰秒）
FFFF	秒的小数部分（分辨率到0.000 1 s）

时间字段中的各字段左边必须以零补齐。如果时间被截取，不需要填补右边。例如“1987,023,04:23:05.1”和“1987,023”都是正确的。

标志码决定在一个字母数字字段或可变长度字段中允许放置什么样的ASCII字符，见表4。

表4

标志码	允许放置的字符
U	大写字母A～Z
L	小写字母a～z
N	数字0～9
P	所有标点符号
S	词之间的空格
_	下划线记号

可变长度字段不能有前导和尾随空格，固定长度字母数字字段应左对齐(没有前导空格)，在字段内容之后用空格补齐。

表5

字段名	类型	长度	掩码或标志码
序号(第一个记录是1)	D	6	“######”
控制头段类型码	A	1	
V —— 卷索引控制头段			
A —— 缩略语字典控制头段			
S —— 台站控制头段			
T —— 时间片控制头段			
延续码	A	1	
* —— 如果是从上一记录延续的			
Δ —— 如果不是延续的			

① Julian day，一种不用年、月的长期纪日法。这里采用的是修正的儒略日，从当年的1月1日算起，例如当年的1月1日为001日，1月15日为015日，2月1日为032日。

4.2 控制头段的构造

在构造控制头段时，首先写一个共8字节的标识符块，依次为记录的递增序号、控制头段类型码以及延续码，见表5。新建的控制头段使用空延续码Δ(即ASCII 32)，延续下来的记录使用一个星号*(即ASCII 42)。

接下来，写控制头段的各子块(可以在一个标识符块之下接连写几个子块)。对每个子块，在记录里写上子块类型，然后写子块的总长度，这个长度包括描述子块类型和长度的7个字节，最后写整个子块(或该逻辑记录中可以容纳的部分)，见表6。

表6

字段名	类型	长度	掩码或标志码
子块类型	D	3	"###"
子块长度	D	4	"####"
子块数据	(见后面各章)		

如果当前逻辑记录可以容纳该子块，在紧接着该子块的字节处开始写下一个子块。如果当前逻辑记录容纳不下该子块，就构造一个新的逻辑记录，递增序号并将延续码置为星号。从延续码之后继续写该子块。如果必须在记录未填满时结束一个记录(例如要开始一个其他类型的记录)，就要用空格填充该记录的剩余部分。如果记录的剩余部分少于7字节，则必须结束这个记录。不要把一个子块的"长度/子块类型"部分拆开放到两个记录上。

4.3 二进制数据字段的描述

本标准使用一些约定来描述SEED格式的字段大小。在固定头段和数据子块中使用的二进制数据类型见表7。

表7

字段类型	位数	字段描述
UBYTE	8	无符号量
BYTE	8	二进制补码有符号量
UWORD	16	无符号量
WORD	16	二进制补码有符号量
ULONG	32	无符号量
LONG	32	二进制补码有符号量
CHAR * n	n * 8	n个字符，每个字符8位，其中7位为ASCII码(高位总为零)
FLOAT	32	IEEE浮点数

IEEE浮点格式①由3个存储部分组成：符号(+或-)、指数和小数。在后面关于存储格式的描述中将使用下面的符号：

s=符号　　e=偏移指数　　f=小数

这里，符号指的是小数的符号。在存储时不是存储指数的符号，而是在指数上添加一个偏移，并存储

① 由美国电气与电子工程师学会IEEE(Institute of Electrical and Electronics Engineers)提出的一种浮点数格式标准。

这个偏移指数。

IEEE 单精度值占用一个32位的字。位0～22存储23位小数，位23～30存储8位指数，最高位31是符号位，见表8。在归一化数中，23个小数位和隐含的前置位一起提供24位精度。一个IEEE单精度浮点数值的算法如下：

$$-1^{s} \times 2^{(e-127)} \times 1.f$$

表8

	s	e	f
位的位置	31	30～23	22～0

在台站标识子块［50］（见7.1）中说明了一个FLOAT数的字节顺序。

用于描述时间的数据结构BTIME使用二进制数据类型，见表9。

表9

字段类型	位数	字段描述
UWORD	16	年(例如：1987)
UWORD	16	一年中的日(1月1日为1)
UBYTE	8	一日中的小时(0～23)
UBYTE	8	小时中的分(0～59)
UBYTE	8	对应分的秒(0～60，60仅对闰秒)
UBYTE	8	不用于数据(用于对齐)
UWORD	16	0.000 1 s(0～9 999)

注意：BTIME结构与用在控制头段中的ASCII可变长度TIME结构不同。

所有二进制32位字都开始于长字边界，16位字开始于字边界，所有字节开始于字节边界。头段的固定部分总是结束于一个长字边界，并且每个子块长度是一个长字的整数倍，用VAX① 或 Motorola 68000字节顺序打包数据。用Motorola 68000字序表示的16位字的高位和低位顺序示于图9。在台站标识子块［50］中，字段11和字段12描述这个字节顺序，并且每个台站可能是不同的。负数用标准的二进制补码表示。数据字典中的数据描述语言(参见附录C，由通道标识子块［52］引用)决定数据内部的字节顺序。浮点数的尾数和指数用二进制补码整数表示。对一个正数，最高有效位(位15或最左边的位)总是置为0，尾数的最高有效位是在位14。对于负数，最高有效位总是置为1，整数用二进制补码格式表示。

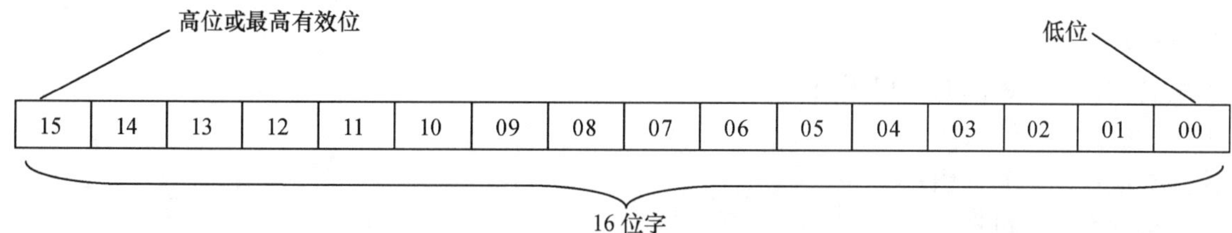

图9 用Motorola 68000字序表示的16位字的高位和低位

① VAX是原Digital Equipment公司推出的第一代32位计算机，所用操作系统是VMS。

5 卷索引控制头段

卷索引控制头段位于所有数据之前，主要用于提供一个目录来区分台网卷和事件卷的不同部分。只有现场台站卷使用现场卷标识子块［5］。

5.1 现场卷标识子块［5］

5.1.1 概要

子块名称：　现场卷标识子块；
子块类型：　005；
控制头段：　卷索引；
现场台站卷：　需要；
台站台网卷：　不适用；
事件台网卷：　不适用。

现场台站使用现场卷标识子块［5］，且通常只产出一个卷。应该在每一个逻辑卷或子卷的开始处包含一个现场卷标识子块。

5.1.2 子块构成

现场卷标识子块［5］的构成示于表10。

表中各字段的含义：

——字段1为标准子块类型标识号；
——字段2为整个子块的长度，包含字段1和字段2的7个字节；
——字段3为格式的版本号，当前为V2.3，这是本标准修改采用的SEED最新版本；
——字段4为以2的幂指数表示的卷逻辑记录长度，一个4 096字节记录表示成12；逻辑记录长度应该在256字节到32 768字节之间，4 096字节为优选值；
——字段5为卷的标称开始时间。

表10

序号	字段名	类型	长度	掩码或标志码
1	子块类型—005	D	3	“###”
2	子块长度	D	4	“####”
3	格式版本	D	4	“##.#”
4	逻辑记录长度	D	2	“##”
5	卷的开始时间	V	1~22	TIME

5.2 遥测卷标识子块［8］

5.2.1 概要

子块名称：　遥测卷标识子块；
子块类型：　008；
控制头段：　卷索引；
现场台站卷：　可选；
台站台网卷：　可选；
事件台网卷：　可选。

当以电子方式传输SEED格式数据时，现场台站或台网可使用遥测卷标识子块［8］。一般应按如下方式使用遥测卷标识子块［8］：

——发送方应当发送这个子块，其中含有与要传输的数据关联的头段信息的生效时间和失效时间；
——发送方应当在这个子块之后接着发送数据；
——然后接收方应当回答是否需要关于所接收数据的附加头段信息(字典、台站信息、或通道和响应信息)；
——如果接收方需要这些头段，发送方应该发送它们。

5.2.2 子块构成

遥测卷标识子块［8］的构成示于表11。

表中各字段的含义：

——字段1为标准子块类型标识号；
——字段2为整个子块的长度，包含字段1和字段2的7个字节；
——字段3为格式的版本号，当前为“V2.3”；
——字段4为以2的幂指数表示的卷逻辑记录长度，一个4 096字节记录表示成12；
——字段5为这个分量的台站名；
——字段6为这个分量的位置代码(台阵的台站子码)；
——字段7为标准通道标识符(参见附录A)；
——字段8为传输卷的标称开始时间；
——字段9为传输卷的结束时间；
——字段10为相关的台站头段信息的时间；
——字段11为相关的通道信息的时间。

表11

序号	字段名	类型	长度	掩码或标志码
1	子块类型—008	D	3	“###”
2	子块长度	D	4	“####”
3	格式版本	D	4	“##.#”
4	逻辑记录长度	D	2	“##”
5	台站标识符	A	5	[UN]
6	位置标识符	A	2	[UN]
7	通道标识符	A	3	[UN]
8	卷的开始时间	V	1~22	TIME
9	卷的结束时间	V	1~22	TIME
10	台站信息生效日期	V	1~22	TIME
11	通道信息生效日期	V	1~22	TIME
12	台网代码	A	2	[UN]

5.3 卷标识子块［10］

5.3.1 概要

子块名称：　　卷标识子块；

子块类型：　　010；

控制头段：　　卷索引；

现场台站卷：　不适用；
台站台网卷：　　需要；
事件台网卷：　　需要。

这是用于台站台网卷或事件台网卷的通用头段子块。在每个逻辑卷或子卷的开始处包括一个卷标识子块。

示例：

010009502. 1121992,001,00:00:00. 0000 ~ 1992,002,00:00:00. 0000 ~ 1993,029 ~ IRIS _ DMC ~ Data for 1992,001 ~

5.3.2　子块构成

卷标识子块［10］的构成示于表 12。

表 12

序号	字段名	类型	长度	掩码或标志码
1	子块类型 — 010	D	3	“###”
2	子块长度	D	4	“####”
3	格式版本	D	4	“##. #”
4	逻辑记录长度	D	2	“##”
5	开始时间	V	1 ~ 22	TIME
6	结束时间	V	1 ~ 22	TIME
7	卷时间	V	1 ~ 22	TIME
8	源组织	V	1 ~ 80	
9	标签	V	1 ~ 80	

表中各字段的含义：

—— 字段 1 为标准子块类型标识号；
—— 字段 2 为整个子块的长度，包含字段 1 和字段 2 的 7 个字节；
—— 字段 3 为格式的版本号，当前为“V2. 3”；
—— 字段 4 为以 2 的幂指数表示的卷逻辑记录长度，一个 4 096 字节记录表示成 12；
—— 字段 5 为该逻辑卷时间片列表中出现的最早时间；
—— 字段 6 为该逻辑卷上的最终时间；
—— 字段 7 为写该逻辑卷的实际日期和时间；
—— 字段 8 为写逻辑卷的组织机构名称；
—— 字段 9 为可选的用于识别该逻辑卷的标签，例如可以指定一个像“Loma Prieta Earthquake”这样的标签。如果没有标签，该字段必须填充一个“ ~ ”号。

5.4　卷台站头段索引子块［11］

5.4.1　概要

子块名称：　　卷台站头段索引子块；
子块类型：　　011；
控制头段：　　卷索引；
现场台站卷：　不适用；
台站台网卷：　需要；
事件台网卷：　需要。

这个子块是对卷中后面要出现的台站标识子块［50］的索引。不要把这个子块用于台站卷；台站卷不包含索引。该子块针对在台站头段区所描述的每一个台站。

示例：

0110054004AAK△△000003ANMO△000007ANTO△000010BJI△△000012

5.4.2 子块构成

卷台站头段索引子块［11］的构成示于表13。

表13

序号	字段名	类型	长度	掩码或标志码
1	子块类型—011	D	3	"###"
2	子块长度	D	4	"####"
3	台站数	D	3	"###"
4	台站标识码	A	5	
5	台站头段顺序号	D	6	"######"

表中各字段的含义：

——字段1为标准子块类型标识号；

——字段2为整个子块的长度，包括字段1和字段2的7个字节，这个子块超过9 999个字节是可能的(但可能性不大)，在此情况下，在它超过9 999字节之前应停止向索引中再写入台站，关闭该子块，把它全部写出，再延续到一个新的子块［11］；字段3中的计数是每一个子块中的计数和，字段2中的字节计数应当表示单个子块的大小；

——字段3为台站的数量，这些台站的信息将由台站头段区中的台站标识子块［50］描述，以下2个字段对每个台站重复一次；

——字段4为赋予台站的正式台站代码；

——字段5为当前逻辑卷上逻辑记录的顺序号，该逻辑记录包含了字段4所命名台站的台站标识子块［50］，这个值永远是唯一的并且不会指向一个以上的台站。

5.5 卷时间片索引子块［12］

5.5.1 概要

子块名称：　卷时间片索引子块；

子块类型：　012；

控制头段：　卷索引；

现场台站卷：　不适用；

台站台网卷：　需要；

事件台网卷：　需要。

这个子块是对包含实际数据的时间片的索引。对卷中后面记录的每个时间片都有一个索引条目。现场台站卷不使用时间片。这个索引中对每个时间片控制头段都应有一个索引条目。详细信息请参见对子块［70］、［73］和［74］的注释。

示例：

012006300011992,001,00:00:00.0000~1992,002,00:00:00.0000~000014

5.5.2 子块构成

卷时间片索引子块［12］的构成示于表14。

表中各字段的含义：

——字段1为标准子块类型标识号；

—— 字段 2 为整个子块的长度，包括字段 1 和字段 2 的 7 个字节，这个子块超过 9 999 字节是可能的(但可能性不大)，在此情况下，在它超过 9 999 字节之前应停止向索引中再写入台站，关闭该子块，把它全部写出，再延续到一个新的子块；字段 3 中的计数是每一个子块中的计数，字段 2 中的字节计数应当表示单个子块的大小；
—— 字段 3 为这一子块中存在的时间片数量，以下 3 个字段对卷中每个时间片重复一次；
—— 字段 4 为时间片的开始时间，该字段应和它指向的时间片标识子块［70］中的时间一致；
—— 字段 5 为时间片的结束时间；
—— 字段 6 为所指向的时间片标识子块［70］起始记录的顺序号。

表 14

序号	字段名	类型	长度	掩码或标志码
1	子块类型 — 012	D	3	"###"
2	子块长度	D	4	"####"
3	卷中时间片的数量	D	4	"####"
4	时间片的开始时间	V	1 ~ 22	TIME
5	时间片的结束时间	V	1 ~ 22	TIME
6	时间片头段顺序号	D	6	"######"

6 缩略语字典控制头段

字典记录提供了一种描述长记录的简写方法，它不必建立额外的表。子块［43］至［48］可减少用于描述复杂的通道响应的存储空间；它们总是等同于子块［53］至［58］，不同之处只在于它们被用作响应字典条目，与响应参考子块［60］共同使用。

6.1 数据格式字典子块［30］

6.1.1 概要

子块名称： 数据格式字典子块；
子块类型： 030；
控制头段： 缩略语字典；
现场台站卷： 需要；
台站台网卷： 需要；
事件台网卷： 需要。

各类逻辑卷都必须有一个数据格式字典子块［30］。每个通道标识子块［52］中有一个对数据格式字典子块［30］的引用(字段 16)。每一种数据格式都需要在数据格式字典子块［30］中有一个条目，每一个台网至少有一个或多个条目。

示例：

0300087CDSN△Gain - Ranged△Format ~ 000200104M0 ~ W2△D0 - 13△A - 8191 ~ D14 - 15 ~ P0:#0,1:#2,2:#4,3:#7 ~

6.1.2 子块构成

数据格式字典子块［30］的构成示于表 15。

表中各字段的含义：
—— 字段 1 为标准子块类型标识号；
—— 字段 2 为整个子块的长度，包括字段 1 和字段 2 的 7 个字节；

表 15

序号	字段名	类型	长度	掩码或标志码
1	子块类型 — 030	D	3	"###"
2	子块长度	D	4	"####"
3	短描述名	V	1 ~ 50	[UNLPS]
4	数据格式标识码	D	4	"####"
5	数据族类型	D	3	"###"
6	解码键的数量	D	2	"##"
7	解码键	V	不定	[UNLPS]

—— 字段 3 为一个描述数据类型的短名称，参见附录 C；

—— 字段 4 为一个交叉引用数字，用于在后面的子块中表示这个特定字典条目；

—— 字段 5 为数据解码器用来描述数据族类型的字段。这个字段告诉解码程序采用哪种算法来解码有关数据。每种算法需要一定数量的包含特别附加信息的解码键，从而使这个算法能够解码数据。关于解码器和应用示例的更多信息参见附录 C。当前已定义的族类型有：

0 —— 整数类型固定间隔数据

1 —— 可变增益的固定间隔数据

50 —— 整数差分压缩

80 —— 带行控制符的 ASCII 码文本(用于控制台日志)

81 —— 非 ASCII 码文本(其他语言字符集)

—— 字段 6 为该数据族类型使用的解码键数量(参见附录 C)。对每个解码键重复字段 7；

—— 字段 7 为该数据族类型使用的解码键。在解码键序列中每一个键后面插入一个波浪号(~)来分隔各个键，参见附录 C。

6.2 注释描述子块 [31]

6.2.1 概要

子块名称：　　注释描述子块；

子块类型：　　031；

控制头段：　　缩略语字典；

现场台站卷：　可选；

台站台网卷：　相关时需要；

事件台网卷：　相关时需要。

台站操作者、数据汇集中心和数据管理中心可以对数据增加说明注释，指出遇到的问题或特别之处。

示例：

03100720750STime△correction△does△not△include△leap△second,△(-1000ms). ~000

6.2.2 子块构成

注释描述子块 [31] 的构成示于表 16。

表中各个字段的含义：

—— 字段 1 为标准子块类型标识号；

—— 字段 2 为整个子块的长度，包括字段 1 和字段 2 的 7 个字节；

—— 字段 3 为用于唯一标识注释的码键，可以按用户的约定指定，卷与卷之间可以不一致(宜使这些码标准化，以便读程序可自动地鉴定数据质量)；台站注释子块 [51] 的字段 5 和通道注释子块［59］的字段 5 引用这些码键；

—— 字段 4 为单字母码，由用户分配，用户决定该码是指哪类注释；

—— 字段 5 为注释文本，使用简洁的语句来描述，可利用大小写符号以及标点符号(注释可以包括一个数值来表示震级、频率或其他一些值，使注释具有数值含义。例如，常常用一个数字值表示时间校正，代表校正的毫秒值)；

—— 关于字段 6，如果注释与一个值关联，则将单位缩略语子块［34］字段 3 设置的单位查询码放在字段 6 中，否则字段 6 置零。

表 16

序号	字段名	类型	长度	掩码或标志码
1	子块类型 — 031	D	3	"###"
2	子块长度	D	4	"####"
3	注释码键	D	4	"####"
4	注释类码	A	1	[U]
5	注释描述	V	1 ~ 70	[UNLPS]
6	注释级单位	D	3	"###"

6.3 引用信息源字典子块［32］

6.3.1 概要

子块名称：　　引用信息源字典子块；

子块类型：　　032；

控制头段：　　缩略语字典；

现场台站卷：　不适用；

台站台网卷：　可选；

事件台网卷：　需要。

该子块用于标明提供震源和震级信息的机构，通常仅用于事件台网卷。

6.3.2 子块构成

引用信息源字典子块［32］的构成示于表 17。

表 17

序号	字段名	类型	长度	掩码或标志码
1	子块类型 — 032	D	3	"###"
2	子块长度	D	4	"####"
3	信息源查询码	D	2	"##"
4	出版物/作者名称	V	1 ~ 70	[UNLPS]
5	出版日期/目录	V	1 ~ 70	[UNLPS]
6	出版者名称	V	1 ~ 50	[UNLPS]

表中各字段的含义：

—— 字段 1 为标准子块类型标识号；

—— 字段 2 为整个子块的长度，包括字段 1 和字段 2 的 7 个字节；

—— 字段 3 为一个交叉索引号，用在后面的子块中表示这个特定的字典条目；
—— 字段 4 为提供震中/震源信息的出版物/作者的标准名称；
—— 字段 5 为出版日期和引自该出版物的目录信息；
—— 字段 6 为出版者的名称。

6.4 普通缩略语子块［33］

6.4.1 概要

子块名称： 普通缩略语子块；
子块类型： 033；
控制头段： 缩略语字典；
现场台站卷： 需要；
台站台网卷： 需要；
事件台网卷： 需要。

利用这个子块在通道头段中对仪器或通道进行缩略描述，在台站头段中对台网或所有者进行缩略描述。

示例：

0330055001(GSN)△Global△Seismograph△Network△(IRIS/USGS)~

6.4.2 子块构成

普通缩略语子块［33］的构成示于表 18。

表 18

序号	字段名	类型	长度	掩码或标志码
1	子块类型 — 033	D	3	“###”
2	子块长度	D	4	“####”
3	缩略语查询码	D	3	“###”
4	缩略语描述	V	1~50	[UNLPS]

表中各字段的含义：
—— 字段 1 为标准子块类型标识号；
—— 字段 2 为整个子块的长度，包括字段 1 和字段 2 的 7 个字节；
—— 字段 3 为一个交叉引用码，用在后续子块中(台站标识子块［50］的字段 10，通道标识子块［52］的字段 6)以表示这个特定的字典条目(参见附录 D)；
—— 字段 4 为该缩略语的一个简短的描述文本，可包含大小写字母。

6.5 单位缩略语子块［34］

6.5.1 概要

子块名称： 单位缩略语子块；
子块类型： 034；
控制头段： 缩略语字典；
现场台站卷： 需要；
台站台网卷： 需要；
事件台网卷： 需要。

该子块以一个标准的可重复的方式定义测量单位，对每个测量单位只应描述一次。

示例：

0340044001M/S~Velocity△in△Meters△Per△Second~

6.5.2 子块构成

单位缩略语子块［34］的构成示于表19。

表19

序号	字段名	类型	长度	掩码或标志码
1	子块类型—034	D	3	"###"
2	子块长度	D	4	"####"
3	单位查询码	D	3	"###"
4	单位名称	V	1~20	[UNP]
5	单位说明	V	0~50	[UNLPS]

表中各字段的含义：

——字段1为标准子块类型标识号；

——字段2为整个子块的长度，包括字段1和字段2的7个字节；

——字段3为一个单位查询码，用于在后续子块中表示这个特定的字典条目，下列字段和子块引用这个码：

· 注释描述子块［31］的字段6；

· 响应(多项式)字典子块［42］的字段6和字段7；

· 响应(极点和零点)字典子块［43］的字段6和字段7；

· 响应(系数)字典子块［44］的字段6和字段7；

· 响应列表字典子块［45］的字段5和字段6；

· 普通响应字典子块［46］的字段5和字段6；

· 通道标识子块［52］的字段8和字段9；

· 响应(极点和零点)子块［53］的字段5和字段6；

· 响应(系数)子块［54］的字段5和字段6；

· 响应列表子块［55］的字段4和字段5；

· 普通响应子块［56］的字段4和字段5；

· 响应(多项式)子块［62］的字段5和字段6；

——字段4为基本单位名称，采用大写字符；幂用"**"格式表示；应当有节制地使用括号；10的幂用标准的指数形式表达(如"1E-9"，而不是"1*10**-9")；尽可能使用SI单位和它的标准简写，非SI单位要拼写全而不要简写；简写用大写字母表示，尽管这不符合SI的约定；

地面运动的单位典型地定义为：

位移　　M

速度　　M/S

加速度　　M/S**2

——字段5为单位描述。

6.6 波束结构子块［35］

6.6.1 概要

子块名称：　　波束结构子块；

子块类型：　　035；

控制头段：　　缩略语字典；

现场台站卷：　　可选；

台站台网卷：　　可选；

事件台网卷：　　可选。

用这个子块描述一个仪器台阵的结构，该台阵用聚束算法合成信号输出。波束子块［400］引用位于数据区数据头段中的这个字典子块。这是仅有的被数据区直接使用的字典，其他字典仅被控制头段区使用。

6.6.2 子块构成

波束结构子块［35］的构成示于表20。

表中各字段的含义：

——字段1为标准子块类型标识号；

——字段2为整个子块的长度，包括字段1和字段2的7个字节；大的聚束过程可能导致超过9 999字节或超过99个台站的限制而溢出，如果发生这种情况，写延续子块，每个延续子块的波束查询码相同；

——字段3为一个交叉引用码，用在后面的子块中表示这个特定的字典条目，这个子块被数据区中的波束子块引用；

——字段4为在后面的重复部分中包括的分量数，对每个分量重复字段5~9；

——字段5为该分量的台站名；

——字段6为该分量的位置代码(这个台阵的台站子码)；

——字段7为标准通道标识符(参见附录A)；

——字段8为该分量的子通道标识符，当输入通道是多路组合时使用；

——字段9为计算波束时该分量的权重。

表20

序号	字段名	类型	长度	掩码或标志码
1	子块类型—035	D	3	"###"
2	子块长度	D	4	"####"
3	波束查询码	D	3	"###"
4	波束分量数目	D	4	"####"
5	台站标识符	A	5	[UN]
6	位置标识符	A	2	[UN]
7	通道标识符	A	3	[UN]
8	子通道标识符	D	4	"####"
9	分量权重	D	5	"#.###"

6.7 FIR字典子块［41］

6.7.1 概要

子块名称：　　FIR字典子块；

子块类型：　　041；

控制头段：　　缩略语字典；

现场台站卷：　　某些响应需要；

台站台网卷：　　某些响应需要；

事件台网卷：　　　某些响应需要。

FIR 子块用于详细说明 FIR(有限脉冲响应)数字滤波器系数。在说明 FIR 滤波器时，它可替代响应(系数)字典子块［44］。该字典子块可标识各种形式的滤波器对称性，并且利用这种特性来减少需要在子块中指定的因子的数量。

6.7.2 子块构成

FIR 字典子块［41］的构成示于表 21。

表 21

序号	字段名	类型	长度	掩码或标志码
1	子块类型 — 041	D	3	"###"
2	子块长度	D	4	"####"
3	响应查询码	D	4	"####"
4	响应名称	V	1 ~ 25	[UN _]
5	对称性码	A	1	[U]
6	输入信号单位	D	3	"###"
7	输出信号单位	D	3	"###"
8	因子个数	D	4	"####"
9	FIR 系数	F	14	" – #. #######E – ##"

表中各字段的含义：

—— 字段 1 为标准子块类型标识号；

—— 字段 2 为整个子块的长度，包括字段 1 和字段 2 的 7 个字节；这个子块可能超出最大允许字节数 9 999，这时，延续到下一个记录中，将延续子块中的字段 4 置相同的值，但忽略字段 5 ~ 7；

—— 字段 3 为一个数字键，子块［60］中的字段 6 用它来查询该响应字典，这些数字是任意的，仅在给定卷的范围内分配，不能用 0 作为键值；

—— 字段 4 为该响应的描述性名称；

——字段 5 为对称性码，标明如何指定因子，不同类型对称性的例子如下：

A —— 不对称，需指出所有的系数

示例：	系数	因子	值
	1	1	– 1. 1396359E + 02
	2	2	6. 5405190E + 01
	3	3	2. 9333237E + 02
	4	4	6. 8279054E + 02
	5	5	1. 1961222E + 03
	6	6	1. 8402642E + 03
	7	7	2. 6360273E + 03

B —— 具有对称性的奇数个系数

示例：	系数	因子	值
	1 与 25	1	– 1. 1396359E + 02
	2 与 24	2	6. 5405190E + 01
	3 与 23	3	2. 9333237E + 02
	4 与 22	4	6. 8279054E + 02

5 与 21	5	1. 1961222E +03
6 与 20	6	1. 8402642E +03
7 与 19	7	2. 6360273E +03
8 与 18	8	3. 4843128E +03
9 与 17	9	4. 8191733E +03
10 与 16	10	5. 4920540E +03
11 与 15	11	6. 0588989E +03
12 与 14	12	6. 3135828E +03
13	13	2. 3400203E +02

C —— 具有对称性的偶数个系数

示例：

系数	因子	值
1 与 24	1	-1. 1396359E +02
2 与 23	2	6. 5405190E +01
3 与 22	3	2. 9333237E +02
4 与 21	4	6. 8279054E +02
5 与 20	5	1. 1961222E +03
6 与 19	6	1. 8402642E +03
7 与 18	7	2. 6360273E +03
8 与 17	8	3. 4843128E +03
9 与 16	9	4. 8191733E +03
10 与 15	10	5. 4920540E +03
11 与 14	11	6. 0588989E +03
12 与 13	12	6. 3135828E +03

—— 字段 6 为单位查询键，引用单位缩略语子块［34］字段 3 以得到这一级滤波器输入信号的单位，它通常是地面运动、伏特数或康特数，取决于它在滤波器系统中的位置；

—— 字段 7 类似字段 6，但用于该级输出信号，模拟滤波器通常输出电压，数字滤波器通常输出康特数；

—— 字段 8 为因子个数 f，按此因子个数，重复字段 9，当字段 5 的对称性码分别为 A、B、C 时，f 取值如下：

A —— 不对称，需指定所有系数

f = c　"c" 指系数的个数；

B —— 奇对称，需指定所有系数的前一半和中间系数

$f = (c + 1)/2$

C —— 偶对称，需指定所有系数的前一半

$f = c/2$

—— 字段 9 为 FIR 滤波器系数。

6.8　响应（多项式）字典子块［42］

6.8.1　概要

子块名称：　响应（多项式）字典子块；

子块类型：　042；

控制头段：　缩略语字典；

现场台站卷：　某些响应需要；

台站台网卷：　某些响应需要；

事件台网卷：　某些响应需要。

使用这一子块表征非线性传感器的响应。

6.8.2 子块构成

响应(多项式)字典子块［42］的构成示于表22。

表22

序号	字段名	类型	长度	掩码或标志码
1	子块类型—042	D	3	“###”
2	子块长度	D	4	“####”
3	响应查询码	D	4	“####”
4	响应名称	V	1~25	[UN _]
5	传递函数类型	A	1	[U]
6	该级输入信号单位	D	3	“###”
7	该级输出信号单位	D	3	“###”
8	多项式近似类型	A	1	[U]
9	有效频率单位	A	1	[U]
10	有效频率下限	F	12	“-#.#####E-##”
11	有效频率上限	F	12	“-#.#####E-##”
12	近似值下限	F	12	“-#.#####E-##”
13	近似值上限	F	12	“-#.#####E-##”
14	最大绝对误差	F	12	“-#.#####E-##”
15	多项式系数个数	D	3	“###”
16	多项式系数	F	12	“-#.#####E-##”
17	多项式系数误差	F	12	“-#.#####E-##”

表中各字段的含义：

——字段1为标准子块类型标识号；

——字段2为整个子块的长度，包括字段1和字段2的7个字节；

——字段3为唯一交叉引用号，用在后面子块中，表示这个特定字典条目；

——字段4为响应标识名称，该字段给出每个字典条目的唯一名称；

——字段5为描述该级滤波器类型的单个字符“P”；

——字段6为单位查询键，它引用单位缩略语子块［34］字段3，以获得该级滤波器输入信号的单位；

——字段7为单位查询键，它引用单位缩略语子块［34］字段3，以获得该级滤波器输出信号的单位；

——字段8为一个描述多项式近似类型的单个字符(这一字段是必需的)；

注1：多数情况下，多项式的输入单位(x)是伏特，输出单位(pn(x))为字段6的单位。

$$Pn(x) = a0 + a1 * x + a2 * x\hat{}2 + \cdots + an * x\hat{}n$$

注2：下列3个字段在计算以地动为单位(即字段6)的响应时不起作用。如果可从仪器有关资料中得到这些字段，它们可用于后处理，以评价频率域的有效性。

——字段9为一个单个字母，描述有效频率单位：

A —— rad/s

B —— Hz

—— 字段 10，如果可得到的话，它是传感器有效的低频拐点；如果不知道或该值为零，则为 0.0；

—— 字段 11，如果可得到的话，它是传感器有效的高频拐点；如果不知道，则为奈奎斯特频率；

—— 字段 12 为近似值的下限，它应以字段 6 的单位为单位；

—— 字段 13 为近似值的上限，它应以字段 6 的单位为单位；

—— 字段 14 为多项式近似值的最大绝对误差，如果不知道或该值实际为零，则置 0.0；

—— 字段 15 为多项式近似中的系数个数，首先给出最低阶系数，系数个数比多项式阶数多 1；对每个多项式系数，重复字段 16 ~ 17；

—— 字段 16 为多项式系数的值；

—— 字段 17 为字段 16 的误差，如果不知道或该值实际为零，则置 0.0；该值应作为正值列出，但表示一个 +/ - 误差(即 2 倍标准差)。

6.9 响应(极点和零点)字典子块 [43]

6.9.1 概要

子块名称：　响应(极点和零点)字典子块；

子块类型：　043；

控制头段：　缩略语字典；

现场台站卷：　某些响应需要；

台站台网卷：　某些响应需要；

事件台网卷：　某些响应需要。

6.9.2 子块构成

响应(极点和零点)字典子块 [43] 的构成示于表 23。

表中各字段的含义：

—— 字段 1 为标准子块类型标识号；

—— 字段 2 为整个子块的长度，包括字段 1 和字段 2 的 7 个字节；

—— 字段 3 为唯一交叉引用号，用在后面子块中，表示这个特定字典条目；

—— 字段 4 为响应标识名称，该字段给出每个字典条目的唯一名称；

—— 字段 5 为描述该级滤波器类型的单个字符：

A —— 拉普拉斯变换模拟响应，rad/s

B —— 模拟响应，Hz

C —— 复合响应(目前未定义)

D —— 数字响应(Z - 变换)

—— 字段 6 为单位查询键，它引用单位缩略语子块 [34] 字段 3，以获得该级滤波器输入信号的单位；信号通常是地面运动、伏特数或康特数，取决于它在滤波器系统中所在的位置；

—— 字段 7 类似字段 6，用于该级的输出信号，模拟滤波器通常输出电压，数字滤波器通常输出康特数；

—— 字段 8 为一个可选字段，用于归一化滤波器的倍增放大因子；若没有，则置为 1.0；

—— 字段 9 为频率 f_n，单位为 Hz，在该频率点字段 8 中的值是归一化的；

—— 字段 10 为复零点个数，对每个复零点，重复字段 11 ~ 14；

—— 字段 11 为复零点的实部；

—— 字段 12 为复零点的虚部；

—— 字段 13 为字段 11 的误差，例如，如果零点实部值是 200.0，误差为 2%，则该字段值为 4.0；如果该值未知，则置为 0；

—— 字段 14 与 13 字段相似，是字段 12 的误差；

—— 字段 15 为复极点个数，对每个复极点，重复字段 16 ~ 19；

——字段16为复极点的实部；
——字段17为复极点的虚部；
——字段18为字段16的误差；
——字段19为字段17的误差。

表23

序号	字段名	类型	长度	掩码或标志码
1	子块类型—043	D	3	"###"
2	子块长度	D	4	"####"
3	响应查询码	D	4	"####"
4	响应名称	V	1~25	[UN_]
5	响应类型	A	1	[U]
6	该级输入信号单位	D	3	"###"
7	该级输出信号单位	D	3	"###"
8	AO归一化因子	F	12	"-#.#####E-##"
9	归一化频率(Hz)	F	12	"-#.#####E-##"
10	复零点数	D	3	"###"
11	零点实部	F	12	"-#.#####E-##"
12	零点虚部	F	12	"-#.#####E-##"
13	零点实部误差	F	12	"-#.#####E-##"
14	零点虚部误差	F	12	"-#.#####E-##"
15	复极点数	D	3	"###"
16	极点实部	F	12	"-#.#####E-##"
17	极点虚部	F	12	"-#.#####E-##"
18	极点实部误差	F	12	"-#.#####E-##"
19	极点虚部误差	F	12	"-#.#####E-##"
注：更多信息见响应(极点和零点)子块[53]。				

6.10 响应(系数)字典子块[44]

6.10.1 概要

子块名称：　响应(系数)字典子块；
子块类型：　044；
控制头段：　缩略语字典；
现场台站卷：　某些响应需要；
台站台网卷：　某些响应需要；
事件台网卷：　某些响应需要。

6.10.2 子块构成

响应(系数)字典子块[44]的构成示于表24。

表中各字段的含义：

——字段1为标准子块类型标识号；

表 24

序号	字段名	类型	长度	掩码或标志码
1	子块类型 — 044	D	3	"###"
2	子块长度	D	4	"####"
3	响应查询码	D	4	"####"
4	响应名称	V	1 ~ 25	[UN _]
5	响应类型	A	1	[U]
6	输入信号单位	D	3	"###"
7	输出信号单位	D	3	"###"
8	分子个数	D	4	"####"
9	分子系数	F	12	" – #. #####E – ##"
10	分子误差	F	12	" – #. #####E – ##"
11	分母个数	D	4	"####"
12	分母系数	F	12	" – #. #####E – ##"
13	分母误差	F	12	" – #. #####E – ##"
注：更多信息见响应(系数)子块［54］。				

—— 字段 2 为整个子块的长度，包括字段 1 和字段 2 的 7 个字节；

—— 字段 3 为唯一交叉引用号，用在后面子块中，表示这个特定字典条目；这种类型子块的延续记录应使用同样的响应查询码，并在字段 4 中的响应名称后添加 "part 1"（指第 1 部分）、"part 2"（指第 2 部分）等；

—— 字段 4 为响应标识名称，该字段给出每个字典条目的唯一名称；

—— 字段 5 为描述该级类型的单个字符：

A —— 拉普拉斯变换模拟响应，rad/s

B —— 模拟响应，Hz

C —— 复合响应(目前未定义)

D —— 数字响应(Z – 变换)。

—— 字段 6 为单位查询键，它引用单位缩略语子块［34］字段 3，以获得该级滤波器输入信号的单位；信号通常是地面运动、伏特数或康特数，取决于它在滤波器系统中所在的位置；

—— 字段 7 类似字段 6，用于该级的输出信号，模拟滤波器通常输出电压，数字滤波器通常输出康特数；

—— 字段 8 为分子值的个数，对每个分子，重复字段 9 ~ 10；

—— 字段 9 为分子系数值；

—— 字段 10 为字段 9 的误差；

—— 字段 11 为分母值的个数，分母值仅用于 IIR 滤波器，FIR 类型滤波器仅使用分子值；如果没有分母，将该字段置为 0，并结束该子块；对每个分母，重复字段 12 ~ 13；

—— 字段 12 为分母系数值；

—— 字段 13 为字段 12 的误差。

6.11 响应列表字典子块［45］

6.11.1 概要

子块名称：　　响应列表字典子块；

子块类型：　045；
控制头段：　缩略语字典；
现场台站卷：　某些响应需要；
台站台网卷：　某些响应需要；
事件台网卷：　某些响应需要。

6.11.2　子块构成

响应列表字典子块［45］的构成示于表25。

表25

序号	字段名	类型	长度	掩码或标志码
1	子块类型 — 045	D	3	"###"
2	子块长度	D	4	"####"
3	响应查询码	D	4	"####"
4	响应名称	V	1～25	[UN _]
5	输入信号单位	D	3	"###"
6	输出信号单位	D	3	"###"
7	列出的响应个数	D	4	"####"
8	频率(Hz)	F	12	"－#.#####E－##"
9	振幅	F	12	"－#.#####E－##"
10	振幅误差	F	12	"－#.#####E－##"
11	相位角(°)	F	12	"－#.#####E－##"
12	相位误差(°)	F	12	"－#.#####E－##"
注：更多信息见响应列表子块［55］。				

表中各字段的含义：

—— 字段1为标准子块类型标识号；
—— 字段2为整个子块的长度，包括字段1和字段2的7个字节；
—— 字段3为唯一交叉引用号，用在后面子块中，表示这个特定字典条目；
—— 字段4为响应标识名称，该字段给出每个字典条目的唯一名称；
—— 字段5为单位查询键，它引用单位缩略语子块［34］字段3，以获得该级滤波器输入信号的单位；信号通常是地面运动、伏特数或康特数，取决于它在滤波器系统中所在的位置；
—— 字段6类似字段5，用于该级的输出信号，模拟滤波器通常输出电压，数字滤波器通常输出康特数；
—— 字段7为响应个数，对列出的每个响应，重复字段8～12；
—— 字段8为该响应的频率；
—— 字段9为该响应的振幅；
—— 字段10为该振幅的误差；
—— 字段11为该频率点的相位角；
—— 字段12为该相位角的误差。

6.12　普通响应字典子块［46］

6.12.1　概要

子块名称：　普通响应字典子块；

子块类型：　　046；
控制头段：　　缩略语字典；
现场台站卷：　某些响应需要；
台站台网卷：　某些响应需要；
事件台网卷：　某些响应需要。

6.12.2 子块构成

普通响应字典子块［46］的构成示于表26。

表 26

序号	字段名	类型	长度	掩码或标志码
1	子块类型—046	D	3	"###"
2	子块长度	D	4	"####"
3	响应查询码	D	4	"####"
4	响应名称	V	1~25	[UN_]
5	输入信号单位	D	3	"###"
6	输出信号单位	D	3	"###"
7	列出的拐点个数	D	4	"####"
8	拐点频率(Hz)	F	12	"-#.#####E-##"
9	拐点斜率(dB/倍频程)	F	12	"-#.#####E-##"
注：更多信息见普通响应子块［56］。				

表中各字段的含义：
——字段1为标准子块类型标识号；
——字段2为整个子块的长度，包括字段1和字段2的7个字节；
——字段3为唯一交叉引用号，用在后面子块中，表示这个特定字典条目；
——字段4为响应标识名称，该字段给出每个字典条目的唯一名称；
——字段5为单位查询键，它引用单位缩略语子块［34］字段3，以获得该级滤波器输入信号的单位；信号通常是地面运动、伏特数或康特数，取决于它在滤波器系统中所在的位置；
——字段6类似字段5，用于该级的输出信号，模拟滤波器通常输出电压，数字滤波器通常输出康特数；
——字段7为响应拐点频率的个数，对每个拐点，重复字段8~9；
——字段8为拐点频率；
——字段9为拐点频率右侧的斜率，用dB/倍频程表示。

6.13 抽样字典子块［47］

6.13.1 概要

子块名称：　　抽样字典子块；
子块类型：　　047；
控制头段：　　缩略语字典；
现场台站卷：　数字级需要；
台站台网卷：　数字级需要；
事件台网卷：　数字级需要。

6.13.2 子块构成

抽样字典子块［47］的构成示于表27。

表27

序号	字段名	类型	长度	掩码或标志码
1	子块类型—047	D	3	"###"
2	子块长度	D	4	"####"
3	响应查询码	D	4	"####"
4	响应名称	V	1~25	[UN_]
5	输入采样率	F	10	"#.####E-##"
6	抽样因子	D	5	"#####"
7	抽样偏移	D	5	"#####"
8	估算延迟(s)	F	11	"-#.####E-##"
9	改正量(s)	F	11	"-#.####E-##"
注：更多信息见抽样子块［57］。				

表中各字段的含义：

——字段1为标准子块类型标识号；

——字段2为整个子块的长度，包括字段1和字段2的7个字节；

——字段3为唯一交叉引用号，用在后面子块中，表示这个特定字典条目；

——字段4为响应标识名称，该字段给出每个字典条目的唯一名称；

——字段5为输入采样率，表示每秒采样个数；

——字段6为抽样因子，当已读入该数量的样本后，输出一个样本；用抽样因子除字段5得到输出采样率；

——字段7决定选用哪一个样本，该字段的值应大于或等于0，但小于抽样因子；如果选择第一个样本，将该字段置为0；如果选择第二个样本，将该字段置为1，依此类推；

——字段8为该级的纯延迟估计值，在字段7中它可能被校正或不被校正；这个字段的值是标称值，可能不可靠；

——字段9为时间偏移，加到由该级滤波器延时造成的时间延迟上，负数表示加到前一个时间延迟的时间量，而实际延迟是难以估计的；该字段让用户知道应用了多大的改正量，便于在后面应用更精确的校正值，0表示未作校正。

6.14 通道灵敏度/增益字典子块［48］

6.14.1 概要

子块名称：　通道灵敏度/增益字典子块；

子块类型：　048；

控制头段：　缩略语字典；

现场台站卷：　需要；

台站台网卷：　需要；

事件台网卷：　需要。

6.14.2 子块构成

通道灵敏度/增益字典子块［48］的构成示于表28。

表 28

序号	字段名	类型	长度	掩码或标志码
1	子块类型 — 048	D	3	“###”
2	子块长度	D	4	“####”
3	响应查询码	D	4	“####”
4	响应名称	V	1 ~ 25	[UN _]
5	灵敏度/增益	F	12	“ – #. #####E – ##”
6	频率 f_n(Hz)	F	12	“ – #. #####E – ##”
7	历史值个数	D	2	“##”
8	校准灵敏度	F	12	“ – #. #####E – ##”
9	校准频率(Hz)	F	12	“ – #. #####E – ##”
10	校准时间	V	1 ~ 22	TIME
注：更多信息见通道灵敏度/增益子块［58］。				

表中各字段的含义：

—— 字段 1 为标准子块类型标识号；

—— 字段 2 为整个子块的长度，包括字段 1 和字段 2 的 7 个字节；

—— 字段 3 为唯一交叉引用号，用在后面子块中，表示这个特定字典条目；

—— 字段 4 为响应标识名称，该字段给出每个字典条目的唯一名称；

—— 字段 5 为该级的增益或通道灵敏度；

—— 字段 6 为频率 f_n，在该频率处字段 5 中的值是正确的；

—— 字段 7 给出校准的历史条目数，可以记录下多次标准的校准值作为计算灵敏度值的历史(校准方法通常仅给出最终的通道响应信息，而不是各级的响应信息)；如果没有历史值，或该子块为增益值，则将该字段置 0，并结束该子块；对每个历史值，重复字段 8 ~ 10；

—— 字段 8 为该历史条目记录的振幅值；

—— 字段 9 为校准频率，可以用 0 表示分段校准；

—— 字段 10 为校准完成的时间。

7 台站控制头段

台站头段记录包含台站和台站所有仪器的全部配置和标识信息。SEED 格式为记录通道与台站的关联提供了很大灵活性，包括动态支持不同数据格式的能力。对每个新台站，开始一个新的逻辑记录，把前面的头段记录的剩余部分置为空格。

对模拟级联，使用响应(极点和零点)子块［53］，需要时使用通道灵敏度/增益子块［58］。对数字级联，使用响应(系数)子块［54］，需要时使用抽样子块［57］或通道灵敏度/增益子块［58］。对附加文件，也可使用响应列表子块［55］或普通响应子块［56］。

7.1 台站标识子块［50］

7.1.1 概要

子块名称：　台站标识子块；

子块类型：　050；

控制头段：　台站；

现场台站卷：　需要；

台站台网卷：　　需要；

事件台网卷：　　需要。

示例：

0500098ANMO△△ +34.946200 -106.456700 +1740.00006001Albuquerque,
△New Mexico,△USA ~0013210101989,241 ~ ~NIU

7.1.2 子块构成

台站标识子块［50］的构成示于表29。

表29

序号	字段名	类型	长度	掩码或标志码
1	子块类型—050	D	3	"###"
2	子块长度	D	4	"####"
3	台站呼号	A	5	[UN]
4	纬度(°)	D	10	"-##.######"
5	经度(°)	D	11	"-###.######"
6	高程(m)	D	7	"-####.#"
7	通道数	D	4	"####"
8	台站注释数	D	3	"###"
9	位置名称	V	1~60	[UNLPS]
10	台网标识符码	D	3	"###"
11	32位字序	D	4	"####"
12	16位字序	D	2	"##"
13	开始有效日期	V	1~22	TIME
14	结束有效日期	V	0~22	TIME
15	更新标志	A	1	
16	台网代码	A	2	[UN]

表中各字段的含义：

——字段1为标准子块类型标识号；

——字段2为整个子块的长度，包括字段1和字段2的7个字节；

——字段3为台站呼号；

——字段4为地理纬度，以度(°)为单位，南纬使用负号；台站标识子块［50］包含与字段3中台站呼号相关联的台站地址的纬度，而且经常与通道标识子块［52］中的仪器坐标相一致；

——字段5为地理经度，负号表示西经；

——字段6为当地地平面的高程，以m为单位；

——字段7为后面跟随的通道标识子块数目，不包括通道更新子块(可选的，建议不使用这个字段，而把它置为空格)；

——字段8为后面跟随的台站注释子块［51］的数目(可选的，建议不使用这个字段，而把它置为空格)；

——字段9为台站位置，一般为“当地乡镇/城市，主要行政区(州/省)，国家/地区”；为了便于国际间数据交换，中国地震台站位置的“当地乡镇/城市，主要行政区(州/省)”名用汉语拼音，国家名称使用英文“CHINA”；

—— 字段 10 为普通缩略语子块［33］缩略语字典中的缩略语查询码(字段 3)，指台站所属台网；如果要为一个试验系统的台站编码，或者为一个特殊的现场或合作组的台站编码，则可以使用缩略语来指明其参与者；

—— 字段 11 为在数据头段中使用的 32 位数的字节交换顺序；数据格式字典规定了通道数据本身的交换顺序；这个字典条目用数据描述语言(参见附录 C)描述数据的确切格式；计算机的字节交换顺序包括：

VAX，8086 系列 ——“0123”

Motorola 68000 系列 ——“3210”

这个顺序也应用于 FLOAT 类型的二进制数据字段；

—— 字段 12 为 16 位数的字节交换顺序，只用于数据头段；计算机的一些字节交换顺序包括：

VAX，8086 系列——“01”

Motorola 68000 系列——“10”

—— 字段 13 是指在这个头段记录中信息是正确的最早日期(与更新记录一起使用)。应使用最后一次更新数据库的日期，如果不知道该日期，则使用卷的开始日期；

—— 字段 14 为信息是正确的最后日期，这个字段的最小长度可以是零，意味着信息仍然是正确的；

—— 字段 15 为更新标志，指出数据更新记录指的是什么；使用更新记录描述在该卷的时间区间内台站条件的变化或指向前一卷；使用标志之一：

N —— 与这些数据有关的有效日期

U —— 以前传送的控制头段更新信息

详见附录 F；

—— 字段 16 为双字符标志，唯一地标识负责数据记录器的台网运行机构；在数据头段固定区的字段 7 中重复这个代码；附录 H 给出了由 IRIS 数据管理中心会同 FDSN 的 SEED 格式工作组协商后指定的现行台网代码列表。

注：如果在卷的时间间隔期间改变了台站标识子块［50］中的信息，具有新信息和新有效日期的附加子块将紧跟在第一个子块之后(如果有多次改变，就应有多个附加子块)。

16 位和 32 位交换顺序只适用于固定头段区和数据记录子块中的字段。数据区本身的交换顺序采用数据描述语言(参见附录 C)描述。为了让解码器正确地操作，所有这些字段都要有，并且是准确的。这些头段也意味着台网卷能够包含不同交换顺序的数据。宜把台网卷的数据头段转换为统一的交换顺序，但 SEED 格式并不要求这样做。

为排除潜在的问题，在一个 SEED 卷内给定台站的所有数据记录和子块应使用相同的字节顺序。

7.2 台站注释子块［51］

7.2.1 概要

子块名称：　台站注释子块；

子块类型：　051；

控制头段：　台站；

现场台站卷：　可选；

台站台网卷：　可选；

事件台网卷：　可选。

示例：

05100351992,001 ~ 1992,002 ~ 0740000000

7.2.2 子块构成

台站注释子块［51］的构成示于表 30。

表 30

序号	字段名	类型	长度	掩码或标志码
1	子块类型—051	D	3	"###"
2	子块长度	D	4	"####"
3	开始有效时间	V	1~22	TIME
4	结束有效时间	V	1~22	TIME
5	注释码键	D	4	"####"
6	注释级别	D	6	"######"

表中各字段的含义：

——字段 1 为标准子块类型标识号；

——字段 2 为整个子块的长度，包含字段 1 和字段 2 的 7 个字节；

——字段 3 为注释开始生效的时间；

——字段 4 为注释失效的时间；

——字段 5 为缩略语字典部分中相关的注释描述子块［31］的注释码键(字段 3)；

——字段 6 为一个与注释描述子块［31］中注释级单位有关的数值(如果有的话)。

注：在台站注释中包括所有数据中断和时间校正。

7.3 通道标识子块［52］

7.3.1 概要

子块名称：　通道标识子块；

子块类型：　052；

控制头段：　台站；

现场台站卷：　需要；

台站台网卷：　需要；

事件台网卷：　需要。

示例：

0520119BHE0000004~001002+34.946200-106.456700+1740.0100.0090.

0+00.0000112△2.000E+01△2.000E-030000CG~1991,042,20:48~~N

7.3.2 子块构成

通道标识子块［52］的构成示于表 31。

表中各字段的含义：

——字段 1 为标准子块类型标识号；

——字段 2 为整个子块的长度，包含字段 1 和字段 2 的 7 个字节；

——字段 3 描述由同一台网运行机构管理操作的台阵台站的各个场地；不要使用这个字段来区分在同一台站由不同台网管理的多个数据记录器，而要用子块［50］的字段 16 用于这个目的；

——字段 4 为标准通道标识符(参见附录 A)；

——字段 5 用于多路组合数据通道(通常，数据不是多路组合的，但如果需要，可以这样做)；该通道的数据格式字典子块［30］应正确地描述使用的多路组合情况，为多路组合的每个子通道建立一个通道标识子块［52］；

——字段 6 为普通缩略语子块［33］缩略语字典中的缩略语查询码(字段 3)，包含这个仪器的名称；

——字段 7 为给该仪器的一个可选的注释，它可以是任意的，如可以是一个系列号或对特定修改的一个说明；

——字段 8 为单位查询键，它引用单位缩略语子块［34］字段 3 以获得仪器的信号响应单位，这通常为地面运动响应，例如：对速度型地震仪为 m/s；这些单位应与第一级滤波器（通常是子块［53］）中信号输入单位相同；

——字段 9 为单位查询键，它引用单位缩略语子块［34］字段 3 以获得校准输入单位，通常为伏特（V）或安培（A）；

表 31

序号	字段名	类型	长度	掩码或标志码
1	子块类型 — 052	D	3	“###”
2	子块长度	D	4	“####”
3	位置标识符	A	2	[UN]
4	通道标识符	A	3	[UN]
5	子通道标识符	D	4	“####”
6	仪器标识符	D	3	“###”
7	可选注释	V	0～30	[UNLPS]
8	信号响应单位	D	3	“###”
9	校准输入单位	D	3	“###”
10	纬度（°）	D	10	“ – ##. ######”
11	经度（°）	D	11	“ – ###. ######”
12	高程（m）	D	7	“ – ####. #”
13	本地深度（m）	D	5	“###. #”
14	方位角（°）	D	5	“###. #”
15	倾角（°）	D	5	“ – ##. #”
16	数据格式标识符	D	4	“####”
17	数据记录长度	D	2	“##”
18	采样率	F	10	“#. ####E – ##”
19	最大时钟漂移（s）	F	10	“#. ####E – ##”
20	注释数	D	4	“####”
21	通道标志	V	0～26	[U]
22	开始日期	V	1～22	TIME
23	结束日期	V	0～22	TIME
24	更新标志	A	1	

——字段 10 为仪器的纬度；台站标识子块［50］可能包含与此不同的坐标值；

——字段 11 为仪器的经度；台站标识子块［50］可能包含与此不同的坐标值；

——字段 12 为仪器的高程；要得到地面高程，可将本地深度字段 13 与仪器的高程相加；

——字段 13 为仪器所在处的深度或覆盖层厚度；对于井下仪器，为仪器在地表面以下的深度；对于地下洞室，为从仪器到当地地表面的距离；对于地表面的仪器，可置 0；

——字段 14 为从北按顺时针方向以度(°)为单位表示的方位角；

——字段 15 为从地平线向下以度(°)为单位表示的倾角；

注：方位角和倾角描述了仪器灵敏轴的方向(如果适用的话)，与轴同方向运动为正。SEED 为非传统仪器或采用一些非传统方法摆放的传统仪器提供了这个字段。传统的仪器摆放方位有：

Z——倾角 -90°，方位角 0°(反向：倾角 90°，方位角 0°)

N——倾角 0°，方位角 0°(反向：倾角 0°，方位角 180°)

E——倾角 0°，方位角 90°(反向：倾角 0°，方位角 270°)

传统上，垂直向地震计上的摆(杆)是朝北的，但有时这是办不到的。如果知道垂直向地震计的方位，则将它放在方位角字段中。如果方位是 0°，则将方位角置为 360.0°。如果不知道方位，则将方位角置为 0.0°。

如果在现场仪器是反过来摆放的，则将倾角/方位角字段倒过来。数据汇集中心和数据管理中心绝不能实际修改数据，但可以通告数据质量。以下是一些三轴仪器的倾角和方位角的示例：

A——倾角 -60°，方位角 0°(反向：倾角 60°，方位角 180°)

B——倾角 -60°，方位角 120°(反向：倾角 60°，方位角 300°)

C——倾角 -60°，方位角 240°(反向：倾角 60°，方位角 60°)

——字段 16 为一个引用数据格式字典子块［30］中字段 4 的数据格式查询键，这个字段描述这个通道数据段中的数据格式；

——字段 17 为以 2 的幂指数表示的数据记录长度，长度应在 256 字节到 4 096 字节之间，最好是 4 096字节；对于 4 096 字节记录，这个字段设置为 12；

——字段 18 为以“样本数每秒”为单位表示的采样率；这个字段包含数字化装置的标称采样间隔，在此不考虑漂移或时间校正；对于不以等间隔采样的通道(如控制台日志或报警)，将此值置为 0；

——字段 19 为容许偏差值，以“秒数每样本”为单位，用于数据中时间误差检测的门限值；用这个值乘以一个记录中的样本数来计算下一个记录中时间的最大允许偏移，如果时间差小于这个偏移值，可以认为它们是同一个时间序列；

——字段 20 为后面跟随的通道注释子块［59］的数量(可选的，建议不要使用这个字段，将它置为空格)；

——字段 21 为通道类型标志：

T——通道被触发

C——通道是连续记录的

H——台站状况数据

G——地球物理数据

W——天气或环境数据

F——标志信息(标示性的，不是序数词)

S——合成数据

I——通道为校准输入

E——通道是试验性的或临时性的

M——通道正在进行维护检测，可能有异常的数据

B——数据是波束合成的

通道标志的用法如下：

G——地球物理数据，包括地震数据(地震计，检波器)、地球电场数据、地磁数据(地磁仪)、重力数据(重力仪)、地倾斜数据(倾斜仪)、应变数据(应变仪)

W——天气或环境数据(在洞室/井下或在仪器盒内的读数也可能是状况信息［H］)，包括风速或方向、压强、温度、湿度、降水量

H——台站状况信息，包括电源电压、系统外设状态、门开或关、房间温度、系统温度

F —— 标志信息，包括所有的通/断或运行/非运行状态，如：电源正常、外线供电正常、门打开或系统过热

B —— 波束合成通道(不要对波束置“S”(合成)标志)

S —— 合成数据，将非正规摆放的装置的输出进行数学上的旋转，以变为传统方位，或合成地震图程序的输出，应置“S”标志

—— 字段22为起始日期，在此之后这个子块或其后面的响应子块中的信息是正确的，它和更新记录一起使用；如果可能，使用数据库最后一次更新的日期，如果不知道该日期，则使用卷的开始日期；

—— 字段23为截止日期，在此之前信息是正确的；零长度意味着在写卷时信息仍然有效；当截止日期是未来某天时，把这个字段用于当前卷，可以在此放入卷的结束日期；

—— 字段24表示数据更新记录指的是什么，使用更新记录描述在该卷的时间区间内台站条件的变化或指向前一卷；该标志的可取值为：

N —— 与这些数据有关的有效日期

U —— 以前传送的控制头段更新信息

详见附录F。

注：如果在卷的时间区间内这个子块或后面的响应子块中任一通道数据变化了，在最后的通道子块之后以新的有效日期重复通道标识子块(即使通道标识子块中的数据没有改变)，然后，放置所有改变了的通道子块及其关联的响应子块。

7.4 响应(极点和零点)子块［53］

7.4.1 概要

子块名称：　响应(极点和零点)子块；

子块类型：　053；

控制头段：　台站；

现场台站卷：　某些响应需要；

台站台网卷：　某些响应需要；

事件台网卷：　某些响应需要。

对滤波系统的模拟级和无限脉冲响应(IIR)数字滤波器使用这个子块。数字滤波器通常有一个抽样子块［57］跟随，大多数级有灵敏度/增益子块［58］跟随。考虑到较新的地震系统会包括模拟和数字滤波的组合，从而允许不同的反褶积算法顺序执行(以级联方式)的情况，SEED保留复函数用于描述带数字反馈电路的模拟仪器。级联次序和原始褶积次序相同。第一级的输入单位使用原始地动单位，最后一级的输出单位使用康特数。

示例：

0530382B△1007008△7.87395E+00△5.00000E-02△△3

△0.00000E+00△0.00000E+00△0.00000E+00△0.00000E+00

△0.00000E+00△0.00000E+00△0.00000E+00△0.00000E+00

-1.27000E+01△0.00000E+00△0.00000E+00△0.00000E+00△△4

-1.96418E-03△1.96418E-03△0.00000E+00△0.00000E+00

-1.96418E-03-1.96418E-03△0.00000E+00△0.00000E+00

-6.23500E+00△7.81823E+00△0.00000E+00△0.00000E+00

-6.23500E+00-7.81823E+00△0.00000E+00△0.00000E+00

7.4.2 子块构成

响应(极点和零点)子块［53］的构成示于表32。

表中各字段的含义：

—— 字段1为标准子块类型标识号；

表 32

序号	字段名	类型	长度	掩码或标志码
1	子块类型 — 053	D	3	"###"
2	子块长度	D	4	"####"
3	传递函数类型	A	1	[U]
4	该级序列号	D	2	"##"
5	该级输入信号单位	D	3	"###"
6	该级输出信号单位	D	3	"###"
7	AO 归一化因子	F	12	"–#. #####E – ##"
8	归一化频率 f_n(Hz)	F	12	"–#. #####E – ##"
9	复零点数	D	3	"###"
10	零点实部	F	12	"–#. #####E – ##"
11	零点虚部	F	12	"–#. #####E – ##"
12	零点实部误差	F	12	"–#. #####E – ##"
13	零点虚部误差	F	12	"–#. #####E – ##"
14	复极点数	D	3	"###"
15	极点实部	F	12	"–#. #####E – ##"
16	极点虚部	F	12	"–#. #####E – ##"
17	极点实部误差	F	12	"–#. #####E – ##"
18	极点虚部误差	F	12	"–#. #####E – ##"

—— 字段 2 为整个子块的长度，包括字段 1 和字段 2 的 7 个字节；这个子块可能超过最大值 9 999 个字节，如果是这样，延续到下一个记录，将后续子块的字段 4 置为与上一记录相同，但忽略字段 5 ~ 8(不读也不写它们)；

—— 字段 3 为描述该级滤波器类型的单个字符：

A —— 拉普拉斯变换模拟响应，rad/s

B —— 模拟响应，Hz

C —— 复合响应(目前未定义)

D —— 数字响应(Z – 变换)

—— 字段 4 为这一级的标识数字，级联是从 1 开始编号的，每一级都有一个响应(子块 [53]、[54]、[55] 或 [56])，后面可选地跟随一个抽样子块 [57] 或一个通道灵敏度/增益子块 [58]；

—— 字段 5 为单位查询键，它引用单位缩略语子块 [34] 字段 3，以获得该级滤波器输入信号的单位，信号通常是地面运动、伏特数或康特数，取决于它在滤波器系统中所在的位置；

—— 字段 6 为单位查询键，它引用单位缩略语子块 [34] 字段 3，以获得该级输出信号的单位，模拟滤波器通常输出电压，数字滤波器通常输出康特数；

—— 字段 7 是强制性的，必须这样设置：在参考频率点求多项式值时，结果将为 1；

—— 字段 8 为频率 f_n，单位为 Hz，在该频率点字段 7 的值是归一化的(如果有的话)；

—— 字段 9 为复零点个数，对每个复零点，重复字段 10 ~ 13；

—— 字段 10 为复零点的实部；

—— 字段 11 为复零点的虚部；
—— 字段 12 为字段 10 的误差，例如，如果零点实部（字段 10）的值是 200.0，误差为 2%，则该字段值为 4.0；如果该值未知或实际值是零，则置为 0.0；该误差值应为一个正数，但表示的是 +/-误差；
—— 字段 13 同字段 12，是字段 11 的误差；
—— 字段 14 为复极点个数，对每个复极点，重复字段 15 ~ 18；
—— 字段 15 为复极点的实部；
—— 字段 16 为复极点的虚部；
—— 字段 17 为字段 15 的误差；
—— 字段 18 为字段 16 的误差。

7.5 响应（系数）子块［54］

7.5.1 概要

子块名称：　响应（系数）子块；
子块类型：　054；
控制头段：　台站；
现场台站卷：　某些响应需要；
台站台网卷：　某些响应需要；
事件台网卷：　某些响应需要。

该子块通常只用于有限脉冲响应（FIR）滤波器级。宜把一个抽样子块［57］和一个通道灵敏度/增益子块［58］接在这个子块的后面来完成该级滤波器的定义。

这个子块可能超过最大允许值 9 999 个字节。如果系数太多，一个记录放不下，则在第一个这样的子块中列出尽可能多的系数（分子数与分母数的计算应以所包含的个数为准，而不是以总数为准）。在下一个记录中放入剩余的系数。一定要按顺序写或读这些子块，而且一定要使两个记录的前几个字段相同。

示例：

0542400D△4011010△△99△6.67466E-06△0.00000E+00△1.09015E-05△0.00000E+00△1.49367E-05△0.00000E+00△1.36129E-05△0.00000E+00△1.68905E-06△0.00000E+00-2.55129E-05△0.00000E+00-6.96400E-05△0.00000E+00-1.26610E-04△0.00000E+00-1.84580E-04△0.00000E+00-2.23689E-04△0.00000E+00-2.18583E-04△0.00000E+00-1.44157E-04△0.00000E+00△1.60165E-05△0.00000E+00△2.60152E-04△0.00000E+00△5.60233E-04△0.00000E+00△8.58722E-04△0.00000E+00△1.07275E-03△0.00000E+00△1.10758E-03△0.00000E+00△8.78519E-04△0.00000E+00△3.38276E-04△0.00000E+00-4.96462E-04△0.00000E+00-1.52660E-03△0.00000E+00-2.56818E-03△0.00000E+00-3.37140E-03△0.00000E+00-3.66272E-03△0.00000E+00-3.20570E-03△0.00000E+00-1.87049E-03△0.00000E+00△3.03131E-04△0.00000E+00△3.06640E-03△0.00000E+00△5.96158E-03△0.00000E+00△8.37105E-03△0.00000E+00△9.61594E-03△0.00000E+00△9.09321E-03△0.00000E+00△6.42899E-03△0.00000E+00△1.61822E-03△0.00000E+00-4.88235E-03△0.00000E+00-1.21360E-02△0.00000E+00-1.87996E-02△0.00000E+00-2.32904E-02△0.00000E+00-2.40261E-02△0.00000E+00-1.97035E-02△0.00000E+00-9.56741E-

7.5.2 子块构成

响应（系数）子块［54］的构成示于表 33。

表中各字段的含义：

—— 字段 1 为标准子块类型标识号；
—— 字段 2 为整个子块的长度，包括字段 1 和字段 2 的 7 个字节，这个子块可能超过最大值 9 999 个字节，这时，延续到下一个记录的另一个子块［54］，将后续子块的字段 4 置为相同，但忽略字段 5 ~6；

—— 字段 3 为描述该级类型的单个字符：

A —— 模拟响应(rad/s)

B —— 模拟响应(Hz)

C —— 复合响应

D —— 数字响应

表 33

序号	字段名	类型	长度	掩码或标志码
1	子块类型 — 054	D	3	“###”
2	子块长度	D	4	“####”
3	响应类型	A	1	[U]
4	该级序列号	D	2	“##”
5	输入信号单位	D	3	“###”
6	输出信号单位	D	3	“###”
7	分子个数	D	4	“####”
8	分子系数	F	12	“ – #. #####E – ##”
9	分子误差	F	12	“ – #. #####E – ##”
10	分母个数	D	4	“####”
11	分母系数	F	12	“ – #. #####E – ##”
12	分母误差	F	12	“ – #. #####E – ##”

—— 字段 4 为这一级的标识数字，从 1 开始编号，每一级都有一个响应(子块［53］、［54］、［55］或［56］)，后面可选地跟随一个抽样子块［57］或一个通道灵敏度/增益子块［58］；

—— 字段 5 为单位查询键，它引用单位缩略语子块［34］字段 3，以获得该级滤波器输入信号的单位，信号通常是地面运动、伏特数或康特数，取决于它在滤波器系统中所在的位置；

—— 字段 6 为单位查询键，它引用单位缩略语子块［34］字段 3，以获得该级输出信号的单位，模拟滤波器通常输出电压，数字滤波器通常输出康特数；

—— 字段 7 为分子值的个数，对每个分子，重复字段 8 ~9；

—— 字段 8 为分子系数值；

—— 字段 9 为字段 8 的误差；

—— 字段 10 为分母值的个数，分母值只用于 IIR 滤波器，FIR 滤波器只使用分子值；如果没有分母，将该字段置为 0，并结束该子块；对每个分母，重复字段 11 ~12；

—— 字段 11 为分母系数值；

—— 字段 12 为字段 11 的误差。

7.6 响应列表子块［55］

7.6.1 概要

子块名称：　响应列表子块；

子块类型：　055；

控制头段：　台站；

现场台站卷：　某些响应需要；

台站台网卷：　　某些响应需要；

事件台网卷：　　某些响应需要。

不能单独以这个子块作为响应描述，要始终将这个子块同标准的响应子块([53]、[54]、[57] 或 [58])一起使用。但是，可以用这个子块单独来提供附加的信息。

7.6.2　子块构成

响应列表子块 [55] 的构成示于表 34。

表 34

序号	字段名	类型	长度	掩码或标志码
1	子块类型 — 055	D	3	"###"
2	子块长度	D	4	"####"
3	该级序列号	D	2	"##"
4	输入信号单位	D	3	"###"
5	输出信号单位	D	3	"###"
6	列出的响应个数	D	4	"####"
7	频率(Hz)	F	12	" –#. #####E – ##"
8	振幅	F	12	" –#. #####E – ##"
9	振幅误差	F	12	" –#. #####E – ##"
10	相位角(°)	F	12	" –#. #####E – ##"
11	相位误差(°)	F	12	" –#. #####E – ##"

表中各字段的含义：

—— 字段 1 为标准子块类型标识号；

—— 字段 2 为整个子块的长度，包括字段 1 和字段 2 的 7 个字节，这个子块可能超过最大值 9 999 个字节，这时，延续到下一个记录的另一个子块 [55]，将后续子块的字段 3 置为相同，但忽略字段 4 ~ 5；

—— 字段 3 为该级的标识号，从 1 开始编号；

—— 字段 4 为单位查询键，它引用单位缩略语子块 [34] 字段 3，以获得该级滤波器输入信号的单位，信号通常是地面运动、伏特数或康特数，取决于它在滤波器系统中所在的位置；

—— 字段 5 为单位查询键，它引用单位缩略语子块 [34] 字段 3，以获得该级输出信号的单位，模拟滤波器通常输出电压，数字滤波器通常输出康特数；

—— 字段 6 为响应个数，对每个响应，重复字段 7 ~ 11；

—— 字段 7 为该响应的频率；

—— 字段 8 为该响应的振幅；

—— 字段 9 为该振幅的误差；

—— 字段 10 为该频率点的相位角；

—— 字段 11 为该相位角的误差。

7.7　普通响应子块 [56]

7.7.1　概要

子块名称：　　普通响应子块；

子块类型：　　056；

控制头段：　　　台站；

现场台站卷：　　某些响应需要；

台站台网卷：　　某些响应需要；

事件台网卷：　　某些响应需要。

不能单独以这个子块作为响应描述；要始终将这个子块同标准的响应子块（[53]、[54]、[57] 或 [58]）一起使用。但是，可以用这个子块单独来提供附加的信息。

7.7.2 子块构成

普通响应子块 [56] 的构成示于表 35。

表 35

序号	字段名	类型	长度	掩码或标志码
1	子块类型 — 056	D	3	"###"
2	子块长度	D	4	"####"
3	该级序列号	D	2	"##"
4	输入信号单位	D	3	"###"
5	输出信号单位	D	3	"###"
6	列出的拐点个数	D	4	"####"
7	拐点频率(Hz)	F	12	" – #. #####E – ##"
8	拐点斜率(dB/倍频程)	F	12	" – #. #####E – ##"

表中各字段的含义：

—— 字段 1 为标准子块类型标识号；

—— 字段 2 为整个子块的长度，包括字段 1 和字段 2 的 7 个字节，这个子块可能超过最大值 9 999 个字节，这时，延续到下一个记录的另一个子块 [56]，将后续子块的字段 3 置为相同，但忽略字段 4 ~ 5；

—— 字段 3 为这一级的标识号，从 1 开始编号；

—— 字段 4 为单位查询键，它引用单位缩略语子块 [34] 字段 3，以获得该级滤波器输入信号的单位，信号通常是地面运动、伏特数或康特数，取决于它在滤波器系统中所在的位置；

—— 字段 5 为单位查询键，它引用单位缩略语子块 [34] 字段 3，以获得该级输出信号的单位，模拟滤波器通常输出电压，数字滤波器通常输出康特数；

—— 字段 6 为响应拐点频率的个数，对每个拐点，重复字段 7 ~ 8；

—— 字段 7 为拐点频率；

—— 字段 8 为拐点频率右侧线的斜率，用 dB/倍频程表示。

7.8 抽样子块 [57]

7.8.1 概要

子块名称：　　　抽样子块；

子块类型：　　　057；

控制头段：　　　台站；

现场台站卷：　　数字级需要；

台站台网卷：　　数字级需要；

事件台网卷：　　数字级需要。

许多数字滤波方案对高采样率数据流进行处理：滤波，然后抽样，以得到期望的输出。用这个子块描述该级的抽样阶段。通常将它放在通道滤波级的响应(系数)子块［54］和通道灵敏度/增益子块［58］之间。非抽样的各级也要包含这个子块，因为这时仍必须指明时间延迟(在这种情况下，抽样因子为1，偏移值为0)。

示例：

057005132△.0000E+02△△△△1△△△△0△0.0000E+00△0.0000E+00

7.8.2 子块构成

抽样子块［57］的构成示于表36。

表36

序号	字段名	类型	长度	掩码或标志码
1	子块类型 — 057	D	3	"###"
2	子块长度	D	4	"####"
3	该级序列号	D	2	"##"
4	输入采样率	F	10	"#.####E-##"
5	抽样因子	D	5	"#####"
6	抽样偏移	D	5	"#####"
7	估算延迟(s)	F	11	"-#.####E-##"
8	改正量(s)	F	11	"-#.####E-##"

表中各字段的含义：

—— 字段1为标准子块类型标识号；

—— 字段2为整个子块的长度，包括字段1和字段2的7个字符；

—— 字段3为被抽样的级；

—— 字段4为输入采样率，表示每秒的采样个数；

—— 字段5为抽样因子，当已读入该数量的样本后，输出一个样本，用抽样因子除字段4得到输出采样率；

—— 字段6决定选用哪个样本，该字段的值应大于或等于0，但小于抽样因子；如果选择第一个样本，将该字段置为0；如果选择第二个样本，将该字段置为1，依此类推；

—— 字段7为该级的纯延迟估计值，在字段8它可能被校正，或不被修正；这个字段的值是标称值，可能不可靠；

—— 字段8为时间偏移，加到由该级滤波器延时造成的时间延迟上；负数表示加到前一个时间延迟的时间量，而实际延迟是难以估计的；该字段让用户知道应用了多大的改正量，便于在后面应用更精确的校正值，0表示未作校正。

7.9 通道灵敏度/增益子块［58］

7.9.1 概要

子块名称：　通道灵敏度/增益子块；

子块类型：　058；

控制头段：　台站；

现场台站卷：　需要；

台站台网卷：　需要；

事件台网卷：　需要。

当作为增益使用时(级≠0)，该子块是在给定频率下该级的增益。对不同的级，该频率可能不同。

但是，强烈推荐在可能的情况下，在级联的所有各级都使用相同的频率。当作为灵敏度使用时(级 = 0)，这个子块是给定频率下整个通道的灵敏度(以单位地面运动的康特数表示)。这里的频率可以不同于描述增益时用的频率，但应尽可能相同。如果使用级联(多于一个滤波器级)，SEED 要求每一级都有一个增益。最后的灵敏度是可选的。如果不使用级联(只有一级)，SEED 要求有一个增益，或一个灵敏度，或两者同时都有。

示例：

0580035△3△3.27680E+03△0.00000E+00△0

7.9.2 子块构成

通道灵敏度/增益子块［58］的构成示于表37。

表37

序号	字段名	类型	长度	掩码或标志码
1	子块类型—058	D	3	“###”
2	子块长度	D	4	“####”
3	该级序列号	D	2	“##”
4	灵敏度/增益(Sd)	F	12	“–#.#####E–##”
5	频率 f_S(Hz)	F	12	“–#.#####E–##”
6	历史值个数	D	2	“##”
7	校准灵敏度	F	12	“–#.#####E–##”
8	校准频率(Hz)	F	12	“–#.#####E–##”
9	校准时间	V	1~12	TIME

表中各字段的含义：

——字段1为标准子块类型标识号；

——字段2为整个子块的长度，包括字段1和字段2的7个字符，这个子块可能超过最大值9 999个字节，但是没有必要记录那么多的校准历史值，通常有几个值就足够了；

——字段3为这个增益应用的级，如果把该字段置为0，则表示通道灵敏度值；

——字段4为该级的增益(Sd)或通道灵敏度(Sd)(取决于字段3)；

——字段5为频率 f_S，在该频率处字段4中的值是正确的；

——字段6给出校准的历史条目数，可以记录下多次标准的校准值作为计算灵敏度值的历史(一些校准方法通常仅给出最终的通道响应数据)；如果没有历史值，或该子块为增益值，则将该字段置为0，并结束该子块；对每个历史值，重复字段7~9；

——字段7为该历史条目记录的振幅值；

——字段8为校准频率，可以用0表示分段校准；

——字段9为校准完成的时间。

7.10 通道注释子块［59］

7.10.1 概要

子块名称：　通道注释子块；

子块类型：　059；

控制头段：　台站；

现场台站卷：　可选；

台站台网卷：　可选；

事件台网卷：　　可选。

示例：

05900351989,001~1989,004~4410000000

7.10.2 子块构成

通道注释子块［59］的构成示于表38。

表38

序号	字段名	类型	长度	掩码或标志码
1	子块类型—059	D	3	"###"
2	子块长度	D	4	"####"
3	开始有效时间	V	1~22	TIME
4	结束有效时间	V	0~22	TIME
5	注释码键	D	4	"####"
6	注释级别	D	6	"######"

表中各字段的含义：

——字段1为标准子块类型标识号；

——字段2为整个子块的长度，包括字段1和字段2的7个字符；

——字段3为注释生效的时间；

——字段4为注释失效的时间；

——字段5为缩略语字典部分中的相关注释描述子块［31］的注释码键(字段3)；

——字段6是与同一注释描述子块［31］中的注释级单位(字段6)关联的数值(如果有的话)，这个数值、它的单位和有关的注释描述子块［31］的注释描述(字段5)，一起描述通道的注释。

7.11 响应参考子块［60］

7.11.1 概要

子块名称：　　响应参考子块；

子块类型：　　060；

控制头段：　　台站；

现场台站卷：　　可选；

台站台网卷：　　可选；

事件台网卷：　　可选。

当用对应的字典子块［43］至［48］以及［41］、［42］来替换子块［53］至［58］以及［61］、［62］时，使用该子块。宜按级的顺序给出响应，为此可能需使用多个响应参考子块［60］。

示例：

级1：	响应(极点和零点)子块［53］ 通道灵敏度/增益子块［58］ 第一个响应参考子块： 响应参考子块［60］			
级2：		［44］	［47］	［48］
级3：		［44］	［47］	［48］
级4：		［44］	［47］	
		通道灵敏度/增益子块［58］		

级 5: 响应(系数)子块［54］
(第一个响应参考子块结束)
第二个响应参考子块:
响应参考子块［60］

级 5(继续): ［47］ ［48］
级 6: ［44］ ［47］ ［48］
(第二个响应参考子块结束)

用响应参考子块［60］替换所有原始子块，但是一定要把它放在原始子块所处的位置［注意，这个子块使用另一个重复字段(级序列号)内的重复字段(响应查询键)］。

7.11.2 子块构成

响应参考子块［60］的构成示于表 39。

表 39

序号	字段名	类型	长度	掩码或标志码
1	子块类型—060	D	3	"###"
2	子块长度	D	4	"####"
3	级数	D	2	"##"
4	该级序列号	D	2	"##"
5	响应数	D	2	"##"
6	响应查询键	D	4	"####"

表中各字段的含义:
—— 字段 1 为标准子块类型标识号;
—— 字段 2 为整个子块的长度，包括字段 1 和字段 2 的 7 个字节;
—— 字段 3 为级数，对每个滤波器级，重复字段 4 以及适当的字段 5 和 6;
—— 字段 4 为该级序列号，为级联的每一级设置一个序列号(每个序列号后跟随一组响应);
—— 字段 5 为各级的响应数，在每个级内，对每个响应重复一次字段 6;
—— 字段 6 为唯一的响应查询键，为每个响应设置一个键。

7.12 FIR 响应子块［61］

7.12.1 概要

子块名称: FIR 响应子块;
子块类型: 061;
控制头段: 台站;
现场台站卷: 某些响应需要;
台站台网卷: 某些响应需要;
事件台网卷: 某些响应需要。

FIR 响应子块用于指定 FIR(有限脉冲响应)数字滤波器系数。当描述 FIR 滤波器时，FIR 响应子块可以替代响应系数子块［54］。FIR 响应子块可认识各种形式的滤波器对称性，并且利用这种特性来减少需要在子块中指定的因子的数量。

7.12.2 子块构成

FIR 响应子块［61］的构成示于表 40。

表中各字段的含义:
—— 字段 1 为标准子块类型标识号;

表 40

序号	字段名	类型	长度	掩码或标志码
1	子块类型 — 061	D	3	"###"
2	子块长度	D	4	"####"
3	该级序列号	D	2	"##"
4	响应名称	V	1 ~ 25	[UN _]
5	对称性码	A	1	[U]
6	输入信号单位	D	3	"###"
7	输出信号单位	D	3	"###"
8	因子个数	D	4	"####"
9	FIR 系数	F	14	" – #. #######E – ##"

—— 字段 2 为整个子块的长度，包括字段 1 和字段 2 的 7 个字节；这个子块可能超出最大允许字节数 9 999，这时，延续到下一个记录，将延续子块中的字段 4 置相同的值，但忽略字段 5 ~ 7；

—— 字段 3 为该级的标识号；

—— 字段 4 为该响应的描述性名称；

—— 字段 5 为对称性码，标明如何指定因子；不同类型对称性的例子如下：

A —— 不对称，需指出所有的系数

示例：

系数	因子	值
1	1	– 1. 1396359E + 02
2	2	6. 5405190E + 01
3	3	2. 9333237E + 02
4	4	6. 8279054E + 02
5	5	1. 1961222E + 03
6	6	1. 8402642E + 03
7	7	2. 6360273E + 03

B —— 具有对称性的奇数个系数

示例：

系数	因子	值
1 与 25	1	– 1. 1396359E + 02
2 与 24	2	6. 5405190E + 01
3 与 23	3	2. 9333237E + 02
4 与 22	4	6. 8279054E + 02
5 与 21	5	1. 1961222E + 03
6 与 20	6	1. 8402642E + 03
7 与 19	7	2. 6360273E + 03
8 与 18	8	3. 4843128E + 03
9 与 17	9	4. 8191733E + 03
10 与 16	10	5. 4920540E + 03
11 与 15	11	6. 0588989E + 03
12 与 14	12	6. 3135828E + 03
13	13	2. 3400203E + 02

C —— 具有对称性的偶数个系数

示例：

系数	因子	值
1 与 24	1	– 1. 1396359E + 02

2与23	2	6.5405190E+01
3与22	3	2.9333237E+02
4与21	4	6.8279054E+02
5与20	5	1.1961222E+03
6与19	6	1.8402642E+03
7与18	7	2.6360273E+03
8与17	8	3.4843128E+03
9与16	9	4.8191733E+03
10与15	10	5.4920540E+03
11与14	11	6.0588989E+03
12与13	12	6.3135828E+03

——字段6为单位查询键，引用单位缩略语子块［34］字段3以得到这一级滤波器输入信号的单位，它通常是地面运动、伏特数或康特数，取决于它在滤波器系统中的位置；

——字段7类似字段6，但用于该级输出信号；模拟滤波器通常输出电压，数字滤波器通常输出康特数；

——字段8为因子数，对每个系数，重复字段9；

A——不对称，需指定所有系数

$f=c$　“f”指因子个数，“c”指系数的个数

B——奇对称，需指定所有系数的前一半和中间系数

$f=(c+1)/2$

C——偶对称，需指定所有系数的前一半

$f=c/2$

——字段9为FIR滤波器系数。

7.13 响应(多项式)子块［62］

7.13.1 概要

子块名称：　响应(多项式)子块；

子块类型：　062；

控制头段：　台站；

现场台站卷：　某些响应需要；

台站台网卷：　某些响应需要；

事件台网卷：　某些响应需要；

使用这一子块表征非线性传感器的响应。

注：响应(多项式)子块以与其他响应子块不同的方式描述传感器的输出。多项式子块中描述传感器的函数变量的单位是实际观测量的单位，而多项式的自变量以伏特(V)为单位。多项式子块有助于获取非线性响应传感器以实际观测量单位的输出。

7.13.2 子块构成

响应(多项式)子块［62］的构成示于表41。

表中各字段的含义：

——字段1为标准子块类型标识号；

——字段2为整个子块的长度，包括字段1和字段2的7个字节；

——字段3为描述该级滤波器类型的单个字符“P”；

——字段4为该级的标识号；

——字段5为单位查询键，它引用单位缩略语子块［34］字段3，以获得该级滤波器输入信号的单位；

——字段6为单位查询键，它引用单位缩略语子块［34］字段3，以获得该级滤波器输出信号的

单位；

—— 字段 7 为一个描述多项式近似类型的单个字符(该字段是必需的)；

注 1：多数情况下，多项式的输入单位(x)是伏特(V)。输出单位(pn(x))为字段 5 的单位。

$$pn(x) = a0 + a1 * x + a2 * x^2 + \cdots + an * x^n$$

注 2：下列 3 个字段在计算以地动为单位(即字段 5)的响应时不起作用。如果可从仪器有关资料中得到这些字段，它们可用于后处理，以评价频率域的有效性。

表 41

序号	字段名	类型	长度	掩码或标志码
1	子块类型 — 062	D	3	“###”
2	子块长度	D	4	“####”
3	传递函数类型	A	1	[U]
4	该级序列号	D	2	“##”
5	该级输入信号单位	D	3	“###”
6	该级输出信号单位	D	3	“###”
7	多项式近似类型	A	1	[U]
8	有效频率单位	A	1	[U]
9	有效频率下限	F	12	“ – #. #####E – ##”
10	有效频率上限	F	12	“ – #. #####E – ##”
11	近似值下限	F	12	“ – #. #####E – ##”
12	近似值上限	F	12	“ – #. #####E – ##”
13	最大绝对误差	F	12	“ – #. #####E – ##”
14	多项式系数个数	D	3	“###”
15	多项式系数	F	12	“ – #. #####E – ##”
16	多项式系数误差	F	12	“ – #. #####E – ##”

—— 字段 8 为一个单个字母，描述有效频率单位：

A —— rad/s

B —— Hz

—— 字段 9 如果可得到的话，它是传感器的有效低频拐点；如果不知道或该值为零，则为 0.0；

—— 字段 10 如果可得到的话，它是传感器的有效高频拐点；如果不知道，则为奈奎斯特频率；

—— 字段 11 为近似值的下限，它应以字段 5 的单位为单位；

—— 字段 12 为近似值的上限，它应以字段 5 的单位为单位；

—— 字段 13 为多项式近似值的最大绝对误差，如果不知道或该值实际为零，则置 0.0；

—— 字段 14 为多项式近似中的系数个数，首先给出最低阶系数，系数个数比多项式阶数多 1；对每个多项式系数，重复字段 15 ~ 16；

—— 字段 15 为多项式系数的值；

—— 字段 16 为字段 15 的误差，如果不知道或该值实际为零，则置 0.0；该值应作为正值列出，但表示一个 +/ – 误差(即 2 倍标准差)。

8 时间片控制头段

台站台网卷和事件台网卷使用时间片控制头段为实际数据记录建立索引。各台站是按顺序依次记录的；对每个台站，通道也是按顺序依次记录的。现场台站记录不使用时间片控制头段。

对于事件台网卷，时间片指从地震事件前开始、在事件后结束的记录时间。这些事件可以用子块来描述震源位置和在各台站量取的震相到时。

对于台站台网卷，时间片为整个卷或卷中每一天的标准时间间隔。

要把所有的时间片控制头段放在一起，其位置在台站控制头段之后、数据之前。

8.1 时间片标识子块［70］

8.1.1 概要

子块名称： 时间片标识子块；

子块类型： 070；

控制头段： 时间片；

现场台站卷： 不适用；

台站台网卷： 需要；

事件台网卷： 需要。

使用该子块描述时间序列何时开始、何时结束，及其数据是否是关于特定事件的。

示例：

0700054P1989,003,00:00:00.0000~1989,004,00:00:00.0000~

8.1.2 子块构成

时间片标识子块［70］的构成示于表42。

表42

序号	字段名	类型	长度	掩码或标志码
1	子块类型—070	D	3	"###"
2	子块长度	D	4	"####"
3	时间片标识符	A	1	[U]
4	数据片开始时间	V	1~22	TIME
5	数据片结束时间	V	1~22	TIME

表中各字段的含义：

——字段1为标准子块类型标识号；

——字段2为整个子块长度，包括字段1和字段2的7个字节；

——字段3指明数据是属于台站台网卷的给定时间段还是属于事件台网卷：

E——数据是关于特定事件的

P——数据是给定时间段的

——字段4为时间片开始时间；

——字段5为时间片结束时间。

8.2 震源信息子块［71］

8.2.1 概要

子块名称： 震源信息子块；

子块类型： 071；

控制头段：　　时间片；
现场台站卷：　不适用；
台站台网卷：　可选；
事件台网卷：　最好给出。
使用该子块存放震源辅助信息。

8.2.2 子块构成

震源信息子块［71］的构成示于表43。

表43

序号	字段名	类型	长度	掩码或标志码
1	子块类型—071	D	3	"###"
2	子块长度	D	4	"####"
3	发震时刻	V	1~22	TIME
4	震源信息来源标识符	D	2	"##"
5	事件纬度(°)	D	10	"-##.######"
6	事件经度(°)	D	11	"-###.######"
7	震源深度(km)	D	7	"####.##"
8	震级个数	D	2	"##"
9	震级	D	5	"##.##"
10	震级类型	V	1~10	[UNLPS]
11	震级来源	D	2	"##"
12	地震区域	D	3	"###"
13	地震位置	D	4	"####"
14	区域名称	V	1~40	[UNLPS]

表中各字段的含义：

——字段1为标准子块类型标识号；
——字段2为整个子块长度，包括字段1和字段2的7个字节；
——字段3为发震时刻；
——字段4为震源信息来源，该字段包含引用信息源字典子块［32］字段3的信息源查询码；
——字段5为震中纬度(负值表示南纬)；
——字段6为震中经度(负值表示西经)；
——字段7为震源深度(km)；
——字段8为震级个数，对每个震级，重复字段9~11；
——字段9为震级值；
——字段10为震级类型；
——字段11为震级来源，如果与上面字段4的值相同，该字段可以置为零；否则，该字段包含引用信息源字典子块［32］字段3的信息源查询码；
——字段12为Flinn-Engdahl地震地理区域编号(参看附录I)；
——字段13为Flinn-Engdahl地震位置编号(参看附录I)；
——字段14为Flinn-Engdahl标准分区名(参看附录I)。

注：对于台站台网卷，可以包含多个所在时间间隔内的事件震源信息或震相到时列表。

8.3 事件震相子块［72］

8.3.1 概要

子块名称：　　事件震相子块；
子块类型：　　072；
控制头段：　　时间片；
现场台站卷：　不适用；
台站台网卷：　可选；
事件台网卷：　最好给出。
使用该子块列出不同台站的震相到时。

8.3.2 子块构成

事件震相子块［72］的构成示于表44。

表44

序号	字段名	类型	长度	掩码或标志码
1	子块类型—072	D	3	"###"
2	子块长度	D	4	"####"
3	台站标识符	A	5	[UN]
4	位置标识符	A	2	[UN]
5	通道标识符	A	3	[UN]
6	震相到时	V	1~22	TIME
7	信号振幅	F	10	"#.####E-##"
8	信号周期(s)	F	10	"#.####E-##"
9	信噪比	F	10	"#.####E-##"
10	震相名	V	1~20	[UNLP]
11	来源	D	2	"##"
12	台网编码	A	2	[UN]

表中各字段的含义：

——字段1为标准子块类型标识号；
——字段2为整个子块长度，包括字段1和字段2的7个字节；
——字段3为标准台站标识；
——字段4为标准位置名；
——字段5为标准通道标识符(参见附录A)；
——字段6为该台的震相到时；
——字段7为峰值振幅，通常按该通道地面运动的单位度量，地面运动的单位参见通道标识子块［52］的字段8；
——字段8为信号周期；
——字段9为信号的信噪比；如果不知道，则置0.0；
——字段10为震相的标准名称，台站事件检测器可用"P"震相；
——字段11为震相数据来源，引用子块［32］字段3；
——字段12为双字符的标识符，用来标明台网运行机构(参见附录H)。

8.4 时间序列索引子块［74］

8.4.1 概要

子块名称：　　时间序列索引子块；

子块类型：　　074；
控制头段：　　时间片；
现场台站卷：　不适用；
台站台网卷：　需要；
事件台网卷：　需要。

在时间片中，对于每一个连续时间序列和/或每一个台站/通道组合，都应有一个时间序列索引子块。该子块提供所描述的时间序列的起始和结束时间及索引。

示例：

0740084BJI△△△△BHZ1992,001,20:18:54.5700~003217011992,001,
20:29:36.7200~00322301000CD

8.4.2 子块构成

时间序列索引子块［74］的构成示于表45。

表 45

序号	字段名	类型	长度	掩码或标志码
1	子块类型—074	D	3	"###"
2	子块长度	D	4	"####"
3	台站标识符	A	5	[UN]
4	位置标识符	A	2	[UN]
5	通道标识符	A	3	[UN]
6	序列起始时间	V	1~22	TIME
7	第一个数据的序号	D	6	"######"
8	子序号	D	2	"##"
9	序列结束时间	V	1~22	TIME
10	最后一个记录的序号	D	6	"######"
11	子序号	D	2	"##"
12	增速索引重复次数	D	3	"###"
13	记录起始时间	V	1~22	TIME
14	记录序号	D	6	"######"
15	子序号	D	2	"##"
16	台网编码	A	2	[UN]

表中各字段的含义：

—— 字段1为标准子块类型标识号；
—— 字段2为整个子块长度，包括字段1和字段2的7个字节；如果增速索引很大，该子块长度可能超过最大允许值9 999字节；
—— 字段3为标准台站标识符；
—— 字段4为标准位置标识符；
—— 字段5为标准通道标识符(参见附录A)；

——字段 6 为时间序列开始时间(同第一条数据记录的开始时间);
——字段 7 为数据开始的逻辑记录序号;
——字段 8 为子序号，在数据记录长度小于逻辑记录长度时使用，逻辑记录中第一个数据记录的子序号为 1;
——字段 9 为该时间序列结束时间(同最后一条记录的结束时间);
——字段 10 为最后一条数据的逻辑记录的序号;
——字段 11 为最后一个数据的子序号;
——字段 12 为时间序列中增速索引的数目；增速索引是被索引的插入记录，放在时间序列的开始和结束之间的某个位置；建议每 32 条数据记录插入一条增速索引记录；对每个增速索引，重复字段 13 ~ 15;
——字段 13 为该增速索引指明的记录起始时间;
——字段 14 为该增速索引指明的数据记录序号;
——字段 15 为该增速索引指明的数据记录子序号;
——字段 16 为双字符的标识符，用来标明台网运行结构，现行台网编码表参见附录 H。

注：对于未经压缩的数据，增速索引是冗余的，因为可以容易地计算出适当的记录号。

9 数据记录

数据记录包含一个固定头段区，后接可变头段区中的可选的数据子块。这些数据子块在结构上不同于控制头段子块：它们是二进制的，只出现在数据记录中，且紧接在固定头段之后(在本标准的前面章节中列出的控制头段子块是 ASCII 格式的，且仅出现在控制头段中。不应混淆这两种类型的子块)。

9.1 固定头段区

9.1.1 组成

固定头段区从数据记录的第一个字节开始，头 8 个字节使用与控制头段相同的结构。第 7 个字节包含一个 ASCII 字符“D”，表示其为一数据记录。第 8 个字节(即第 3 个字段)总是 ASCII 字符空格，在这里显示为“△”。接下来的 12 个字节包含该记录的台站、位置及通道标识符信息。头段的其余部分是二进制的，详见表 46。固定头段区共 48 个字节。

表中各字段的含义(* 表示必需的信息):
——字段 1* 为数据记录序号(格式“######”);
——字段 2* 为数据头段/质量指示符，指出对该记录进行的质量控制的水平，其取值为“D”、“R”或“Q”:
D —— 该数据的质量控制状态未知
R —— 无质量控制的原始波形数据
Q —— 经过质量控制的数据，已对该数据进行了某些处理
——字段 3 为空格(ASCII 32)。该字段为保留字节，不要使用该字节;
——字段 4* 为台站标识符，左对齐，不足部分以空格填补;
——字段 5* 为位置标识符，左对齐，不足部分以空格填补;
——字段 6* 为通道标识符(参见附录 A)，左对齐，不足部分以空格填补;
——字段 7* 为双字符的标志，唯一地标明负责数据记录器的台网运行机构(参见附录 H);
——字段 8* 为记录起始时间(BTIME 型);
——字段 9* 为记录中的样本个数(UWORD 型);
——字段 10* 为采样率因子(WORD 型):
>0 —— 样本/s

<0 —— s/样本

—— 字段 11* 为采样率乘数(WORD 型)：

>0 —— 乘因子

<0 —— 除因子

表 46

序号	字段名	类型	长度	掩码或标志码
1	序号	A	6	"######"
2	数据头段/质量指示符	A	1	
3	保留字节("△")	A	1	
4	台站标识符	A	5	[UN]
5	位置标识符	A	2	[UN]
6	通道标识符	A	3	[UN]
7	台网编码	A	2	[UN]
8	记录起始时间	B	10	
9	样本数目	B	2	
10	采样率因子	B	2	
11	采样率乘数	B	2	
12	活动标志	B	1	
13	输入/输出和时钟标志	B	1	
14	数据质量标志	B	1	
15	后面的子块数目	B	1	
16	时间校正值	B	4	
17	数据开始偏移量	B	2	
18	第一个子块	B	2	

—— 字段 12 为活动标志(UBYTE 型)：

位 0 —— 存在校准信号

* 位 1 —— 应用时间校正，如果字段 16 的时间校正值应用到了字段 8 上，该位置 1；如果字段 16 的时间校正值未应用到字段 8 上，该位置 0

位 2 —— 事件开始，台站触发

位 3 —— 事件结束，台站触发结束

位 4 —— 在该记录期间出现正闰秒(一个含 61 s 的分)

位 5 —— 在该记录期间出现负闰秒(一个含 59 s 的分)

位 6 —— 事件在进行中

—— 字段 13 为输入/输出标志和时钟标志(UBYTE 型)：

位 0 —— 在台站卷中可能存在奇偶错

位 1 —— 读长记录(可能没有问题)

位 2 —— 读短记录(记录被填补)

位 3 —— 时间序列开始

位 4 —— 时间序列结束
位 5 —— 时钟被锁定
—— 字段 14 为数据质量标志(UBYTE 型):
位 0 —— 检测到放大器饱和(与台站有关)
位 1 —— 检测到数据采集器限幅
位 2 —— 检测到毛刺
位 3 —— 检测到数据跳动
位 4 —— 存在数据丢失/填补
位 5 —— 遥测同步错误
位 6 —— 可能经过数字滤波
位 7 —— 时间标志可能有问题;
—— 字段 15* 为后面跟随的子块总数(UBYTE 型);
—— 字段 16* 为时间校正值(LONG 型),该字段包含一数字,可用来修正字段 8 的记录起始时间;记录的起始时间是否已经校正,取决于字段 12 位 1 的值;单位是 0.000 1 s;
—— 字段 17* 为到数据开始处的偏移量(UWORD 型),以字节为单位,数据记录的第一个字节为字节 0;
—— 字段 18* 为到该数据记录中第一个数据子块的偏移量(UWORD 型),以字节为单位,如果没有数据子块就输入 0,数据记录第一个字节的字节偏移为 0。

注:保留所有在标志字节中没有使用的位,并必须将它们置为 0。
最后一个字定义固定头段区的长度,倒数第 2 个字为整个头段区保留的长度。
如果检测到跳动(丢失数据),设置数据质量标志的第 3 位,并且在丢失数据的位置填补上可能的最大值。
在所有的数据格式中都要这样做,包括使用 Steim 数据压缩算法(参见附录 B)的情况。

9.1.2 标称采样率算法

采样率因子和乘数如何起作用的算法及其组合,见表 47。

如果采样率因子大于 0,且采样率乘数大于 0,则标称采样率 = 采样率因子 × 采样率乘数
如果采样率因子大于 0,且采样率乘数小于 0,则标称采样率 = −1 × 采样率因子/采样率乘数
如果采样率因子小于 0,且采样率乘数大于 0,则标称采样率 = −1 × 采样率乘数/采样率因子
如果采样率因子小于 0,且采样率乘数小于 0,则标称采样率 = 1/(采样率乘数 × 采样率因子)

表 47

采样率	采样率因子	采样率乘数
330 sps	33	10
	330	1
330.6 sps	3306	−10
(1/60)sps	−60	1
0.1 sps	1	−10
	−10	1
	−1	−10

9.2 采样率子块 [100]

9.2.1 子块构成

采样率子块 [100] 的构成示于表 48。

表 48

序号	字段名	类型	长度	掩码或标志码
1	子块类型—100	B	2	
2	下一子块字节号	B	2	
3	实际采样率	B	4	
4	保留字节	B	1	
5	保留字节	B	3	

表中各字段的含义：

——字段1为子块类型(UWORD型)；

——字段2为下一个子块的字节号(UWORD型)，从逻辑记录开始计算的字节偏移，包括固定头段区，如果没有后续数据子块，则置0；

——字段3为该数据块的实际采样率(FLOAT型)；

——字段4为保留字节(BYTE型)；

——字段5为保留字节(UBYTE型)。

9.3 普通事件检测子块［200］

9.3.1 子块构成

普通事件检测子块［200］的构成示于表49。

表 49

序号	字段名	类型	长度	掩码或标志码
1	子块类型—200	B	2	
2	下一子块字节号	B	2	
3	信号振幅	B	4	
4	信号周期	B	4	
5	背景噪声估算值	B	4	
6	事件检测标志	B	1	
7	保留字节	B	1	
8	信号开始时间	B	10	
9	检测器名称	A	24	

表中各字段的含义：

——字段1为子块类型(UWORD型)；

——字段2为下一个子块的字节号(UWORD型)，从逻辑记录开始计算的字节偏移，包括固定头段区，如果没有后续数据子块，则置0；

——字段3为信号振幅(FLOAT型)，单位参见下面的事件检测标志，若未知则置0；

——字段4为信号周期(FLOAT型)，单位为s，若未知则置0；

——字段5为背景噪声估算值(FLOAT型)，其单位参见下面的事件检测标志，若未知则置0；

——字段6为事件检测标志(UBYTE型)：

位0——若置位，为膨胀波；若没有置位，为压缩波

位1——若置位，上面的单位是反褶积后的(参见通道标识子块［52］字段8)；若没有置位，则单位为count

位2——若置位，则位0是未确定的

(其余各位保留，且必须置为0)

——字段 7 为保留字节(UBYTE 型);
——字段 8 为信号开始时间(BTIME 型);
——字段 9 为事件检测器名称(CHAR*24 型)。

9.4 Murdock 事件检测子块［201］

9.4.1 子块构成

Murdock 事件检测子块［201］的构成示于表 50。

表 50

序号	字段名	类型	长度	掩码或标志码
1	子块类型—201	B	2	
2	下一子块字节号	B	2	
3	信号振幅	B	4	
4	信号周期	B	4	
5	背景噪声估算值	B	4	
6	事件检测标志	B	1	
7	保留字节	B	1	
8	信号开始时间	B	10	
9	信噪比值	B	6	
10	回退值	B	1	
11	检测算法	B	1	
12	检测器名称	A	24	

表中各字段的含义:
——字段 1 为子块类型(UWORD 型);
——字段 2 为下一个子块的字节号(UWORD 型),如果没有后续数据子块,则置 0;
——字段 3 为信号振幅(FLOAT 型),单位为 count;
——字段 4 为信号周期(FLOAT 型),单位为 s;
——字段 5 为背景噪声估算值(FLOAT 型),单位为 count;
——字段 6 为事件检测标志(UBYTE 型):
位 0——若置位,为膨胀波;若没有置位,为压缩波
(其余各位保留,且必须置为 0)
——字段 7 为保留字节(UBYTE 型);
——字段 8 为信号开始时间(BTIME 型);
——字段 9 为信噪比值(UBYTE*6 型);
——字段 10 为回退值(UBYTE 型),取值 0、1 或 2;
——字段 11 为检测算法(UBYTE 型),取值 0 或 1;
——字段 12 为事件检测器名称(CHAR*24 型)。

9.5 阶跃校准子块［300］

9.5.1 子块构成

阶跃校准子块［300］(32 字节)的构成示于表 51。

表 51

序号	字段名	类型	长度	掩码或标志码
1	子块类型 — 300	B	2	
2	下一子块字节号	B	2	
3	校准开始时间	B	10	
4	阶跃校准数目	B	1	
5	校准标志	B	1	
6	阶跃持续时间	B	4	
7	阶跃间隔时间	B	4	
8	校准信号幅度	B	4	
9	校准信号输入通道	A	3	
10	保留字节	B	1	
11	参考振幅	B	4	
12	耦合方式	A	12	
13	衰减特征	A	12	

表中各字段的含义：

—— 字段 1 为子块类型(UWORD 型)；

—— 字段 2 为下一个子块的字节号(UWORD 型)，如果没有后续数据子块，则置 0；

—— 字段 3 为校准开始时间(BTIME 型)；

—— 字段 4 为阶跃校准数目(UBYTE 型)；

—— 字段 5 为校准标志(UBYTE 型)：

位 0 —— 若置位，第一个脉冲为正

位 1 —— 若置位，校准阶跃的符号是变化的

位 2 —— 若置位，校准是自动的，反之为手工的

位 3 —— 若置位，该校准记录是前一校准记录的延续

(其余各位保留，且必须置为 0)

—— 字段 6 为阶跃持续时间(ULONG 型)，单位为 0.000 1 s；

—— 字段 7 为校准阶跃之间的时间间隔(ULONG 型)，单位为 0.000 1 s；

—— 字段 8 为校准信号幅度(FLOAT 型)，单位参见通道标识子块［52］字段 9；

—— 字段 9 为包含校准输入的通道(CHAR*3 型)，SEED 假定校准是在固定头段区中标明的当前通道上输出(空表示没有)；

—— 字段 10 为保留字节(UBYTE 型)；

—— 字段 11 为参考振幅(ULONG 型)，这是一个用户定义的值，表示当校准器置为 0 dB 时校准信号的电压或电流值，若该值为 0，则表明没有指定单位，将以从 0 至 -96 的二进制分贝给出振幅(字段 8)；

—— 字段 12 为校准信号耦合方式(CHAR*12 型)，如“Resistive”(指电阻型)或“Capacitive”(指电容型)；

—— 字段 13 为校准器中使用的滤波器的衰减特征(CHAR*12 型)，如“3dB@10Hz”。

9.6 正弦校准子块［310］

9.6.1 子块构成

正弦校准子块［310］(32 字节)的构成示于表 52。

表 52

序号	字段名	类型	长度	掩码或标志码
1	子块类型 — 310	B	2	
2	下一子块字节号	B	2	
3	校准开始时间	B	10	
4	保留字节	B	1	
5	校准标志	B	1	
6	校准持续时间	B	4	
7	校准信号周期(s)	B	4	
8	校准信号幅度	B	4	
9	校准信号输入通道	A	3	
10	保留字节	B	1	
11	参考振幅	B	4	
12	耦合方式	A	12	
13	衰减特征	A	12	

表中各字段的含义：

—— 字段 1 为子块类型(UWORD 型)；

—— 字段 2 为下一个子块的字节号(UWORD 型)，如果没有后续数据子块，则置 0；

—— 字段 3 为校准开始时间(BTIME 型)；

—— 字段 4 为保留字节(UBYTE 型)；

—— 字段 5 为校准标志(UBYTE 型)：

位 2 —— 若置位，校准是自动的反之为手工的

位 3 —— 若置位，该校准记录是前一校准记录的延续

位 4 —— 若置位，振幅是峰—峰值

位 5 —— 若置位，振幅是零—峰值

位 6 —— 若置位，振幅是振幅均方根 RMS

(每次只能置位第 4、5、6 位中的一个，且必须有一位置位，其余各位保留，且必须置为 0)

—— 字段 6 为校准持续时间(ULONG 型)，单位为 0.000 1 s；

—— 字段 7 为校准信号周期(ULONG 型)，单位为 s；

—— 字段 8 为校准信号幅度(FLOAT 型)，单位参见通道标识子块［52］字段 9；

—— 字段 9 为包含校准输入的通道(CHAR*3 型)，空表示没有；

—— 字段 10 为保留字节(UBYTE 型)；

—— 字段 11 为参考振幅(ULONG 型)，这是一个用户定义的值，表示当校准器为 0 dB 时校准信号的电压或电流值；若该值为 0，则表明没有指定单位，将以从 0 至 -96 的二进制分贝给出振幅(字段 8)；

—— 字段 12 为校准信号耦合方式(CHAR*12 型)，如：“Resistive”（指电阻型)或“Capacitive”

（指电容型）；

—— 字段 13 为校准器中使用的滤波器的衰减特征(CHAR*12 型)，如“3dB@10Hz”。

9.7 伪随机码校准子块［320］

9.7.1 子块构成

伪随机码校准子块［320］的构成示于表 53。

表 53

序号	字段名	类型	长度	掩码或标志码
1	子块类型 — 320	B	2	
2	下一子块字节号	B	2	
3	校准开始时间	B	10	
4	保留字节	B	1	
5	校准标志	B	1	
6	校准持续时间	B	4	
7	阶跃峰—峰振幅	B	4	
8	校准信号输入通道	A	3	
9	保留字节	B	1	
10	参考振幅	B	4	
11	耦合方式	A	12	
12	衰减特征	A	12	
13	噪声类型	A	8	

表中各字段的含义：

—— 字段 1 为子块类型(UWORD 型)；

—— 字段 2 为下一个子块的字节号(UWORD 型)，如果没有后续数据子块，则置 0；

—— 字段 3 为校准开始时间(BTIME 型)；

—— 字段 4 为保留字节(UBYTE 型)；

—— 字段 5 为校准标志(UBYTE 型)：

位 2 —— 若置位，校准是自动的，反之为手工的

位 3 —— 若置位，该校准记录是前一校准记录的延续

位 4 —— 若置位，随机振幅(在通道中必须要有校准信号)

(其余各位保留，且必须置为 0)

—— 字段 6 为校准持续时间(ULONG 型)，单位为 0.000 1 s；

—— 字段 7 为阶跃的峰—峰振幅(FLOAT 型)，单位参见通道标识子块［52］字段 9，当校准标志(字段 5)的第 4 位置位时，振幅值是最大峰—峰振幅；

—— 字段 8 为包含校准输入的通道(CHAR*3 型)，空表示没有；

—— 字段 9 为保留字节(UBYTE 型)；

—— 字段 10 为参考振幅(ULONG 型)，这是一个用户定义的值，表示当校准器在 0 dB 时校准信号的电压或电流值；若该值为零，则表明没有指定单位，将以从 0 至 -96 的二进制分贝给出振幅(字段 7)；

—— 字段 11 为校准信号耦合方式(CHAR*12 型)，比如“Resistive”（指电阻型）或“Capacitive”

（指电容型）；

——字段 12 为校准器中使用的滤波器的衰减特征（CHAR*12 型），如“3dB@10Hz”；

——字段 13 为噪声特征（CHAR*8 型），如“White”（指白噪声）或“Red”（指红噪声）。

9.8 普通校准子块［390］

9.8.1 子块构成

普通校准子块［390］（28 字节）的构成示于表 54。

表 54

序号	字段名	类型	长度	掩码或标志码
1	子块类型—390	B	2	
2	下一子块字节号	B	2	
3	校准开始时间	B	10	
4	保留字节	B	1	
5	校准标志	B	1	
6	校准持续时间	B	4	
7	校准信号幅度	B	4	
8	校准信号输入通道	A	3	
9	保留字节	B	1	

表中各字段的含义：

——字段 1 为子块类型（UWORD 型）；

——字段 2 为下一个子块的字节号（UWORD 型），如果没有后续数据子块，则置 0；

——字段 3 为校准开始时间（BTIME 型）；

——字段 4 为保留字节（UBYTE 型）；

——字段 5 为校准标志（UBYTE 型）：

位 2——若置位，校准是自动的，反之为手工的

位 3——若置位，该校准记录是前一校准记录的延续

（其余各位保留，且必须置为 0）；

——字段 6 为校准持续时间（ULONG 型），单位为 0.000 1 s；

——字段 7 为校准信号幅度（FLOAT 型），单位参见通道标识子块［52］字段 9；

——字段 8 为包含校准输入的通道（CHAR*3 型），空表示没有；

——字段 9 为保留字节（UBYTE 型）。

9.9 放弃校准子块［395］

9.9.1 子块构成

放弃校准子块［395］（16 字节）的构成示于表 55。

表 55

序号	字段名	类型	长度	掩码或标志码
1	子块类型—395	B	2	
2	下一子块字节号	B	2	
3	校准结束时间	B	10	
4	保留字节	B	2	

表中各字段的含义：

—— 字段 1 为子块类型(UWORD 型)；

—— 字段 2 为下一个子块的字节号(UWORD 型)，如果没有后续数据子块，则置 0；

—— 字段 3 为校准结束时间(BTIME 型)；

—— 字段 4 为保留字节(UBYTE 型)。

9.10 波束子块［400］

9.10.1 子块构成

波束子块［400］(16 字节)的构成示于表 56。

表 56

序号	字段名	类型	长度	掩码或标志码
1	子块类型 — 400	B	2	
2	下一子块字节号	B	2	
3	波束方位角(°)	B	4	
4	波束慢度(s/°)	B	4	
5	波束结构	B	2	
6	保留字节	B	2	

该子块用于描述数据记录中由相应的波束结构子块［35］指明的波束是怎样形成的。对于由非平面波形成的波束，应当使用波束延迟子块［405］来确定波束结构子块［35］中引用的每一个分量的波束延迟。

表中各字段的含义：

—— 字段 1 为子块类型(UWORD 型)；

—— 字段 2 为下一个子块的字节号(UWORD 型)，如果没有后续数据子块，则置为 0；

—— 字段 3 为波束方位角(FLOAT 型)，从正北开始的顺时针度数；

—— 字段 4 为波束慢度(FLOAT 型)，单位为 s/°；

—— 字段 5 为波束结构(UWORD 型)，参见波束结构子块［35］字段 3，该字段是波束结构子块［35］中字段 3 的二进制等效表示；

—— 字段 6 为保留字节(UWORD 型)。

9.11 波束延迟子块［405］

9.11.1 概要

使用该子块描述那些不作为平面波以常速通过台阵的波束。如果使用该子块，它将总是跟随在波束子块［400］之后。波束延迟子块描述样本中每一输入分量的延迟。对于波束子块［400］涉及的波束结构子块［35］中的每一个分量，在波束延迟子块［405］中必须有相应的条目。

9.11.2 子块构成

波束延迟子块［405］的构成示于表 57。

表中各字段的含义：

—— 字段 1 为子块类型(UWORD 型)；

—— 字段 2 为下一个子块的字节号(UWORD 型)，如果没有后续数据子块，则置为 0；

—— 字段 3 为延迟值数组(UWORD 型)，波束结构子块［35］中的每一个条目对应一个值，延迟值的单位为 0.000 1 s。

表 57

序号	字段名	类型	长度	掩码或标志码
1	子块类型 — 405	B	2	
2	下一子块字节号	B	2	
3	延迟值数组	B	2	

9.11.3 计时子块［500］

9.11.4 子块构成

计时子块［500］(8 字节)的构成示于表 58。

表 58

序号	字段名	类型	长度	掩码或标志码
1	子块类型 — 500	B	2	
2	下一子块偏移	B	2	
3	VCO 校正	B	4	
4	意外时间	B	10	
5	μ sec	B	1	
6	接收质量	B	1	
7	意外计数	B	4	
8	意外类型	A	16	
9	钟型号	A	32	
10	钟状态	A	128	

表中各字段的含义：

—— 字段 1 为子块类型(UWORD 型)；

—— 字段 2 为下一个子块的字节号(UWORD 型)，如果没有后续数据子块，则置为 0；

—— 字段 3 为 VCO(压控振荡器)校正(FLOAT 型)，是 VCO 控制值的百分比浮点数值，其值为 0.0% ~100.0%，其中 0.0 最慢，100.0% 最快；

—— 字段 4 为时钟发生意外情况的时间(BTIME 型)，和记录开始时间格式相同；

—— 字段 5 使时钟的时间精度达到微秒(UBYTE 型)，SEED 处理时间精度可到 100 μs；该字段是从这个值起算的偏移量，推荐值为 -50 μs ~ +49 μs；

—— 字段 6 为接收质量(UBYTE 型)，是一个 0% ~100% 的数字，表示仅基于该时钟信息得到的时钟最高精度；

—— 字段 7 为意外计数(ULONG 型)，其意义基于意外的类型，如 15 个丢失时标；

—— 字段 8 为意外类型(CHAR*16 型)，描述钟意外的类型，如“Missing”（指丢失）或“Unexpected”（指未预料到的）；

—— 字段 9 为钟型号(CHAR*32 型)，是对钟的描述，如“Quranterra GPS1/QTS”；

—— 字段 10 为钟状态(CHAR*128 型)，是对时钟特性参数的描述，如一个 Omega 钟站，或 GPS 钟的卫星信号信噪比。

9.12 纯数据 SEED 子块［1000］

9.12.1 子块构成

纯数据 SEED 子块［1000］(8 字节)的构成示于表 59。

表 59

序号	字段名	类型	长度	掩码或标志码
1	子块类型 — 1000	B	2	
2	下一子块字节号	B	2	
3	编码格式	B	1	
4	字序	B	1	
5	数据记录长度	B	1	
6	保留	B	1	

表中各字段的含义：

—— 字段 1 为子块类型(UWORD 型)；

—— 字段 2 为下一个子块的字节号(UWORD 型)，从逻辑记录开始处计算的字节偏移量，包括固定头段区，如果没有后续数据子块，则置为 0；

—— 字段 3 为编码格式的代码(BYTE 型)，已有代码如下：

代码 0～9　一般性的

0　ASCII 文本，字节顺序在字段 4 中指定

1　16 位整数

2　24 位整数

3　32 位整数

4　IEEE 浮点数

5　IEEE 双精度浮点数

代码 10～29　FDSN 台网

10　Steim1 压缩格式

11　Steim2 压缩格式

12　GEOSCOPE 多路组合格式的 24 位整数

13　GEOSCOPE 多路组合格式，16 位浮点增益，3 位指数

14　GEOSCOPE 多路组合格式，16 位浮点增益，4 位指数

15　美国国家台网压缩格式

16　CDSN 格式，16 位浮点增益

17　格拉芬堡格式，16 位浮点增益

18　IPG - Strasbourg 格式，16 位浮点增益

19　Steim3 压缩格式

代码 30～39　老台网

30　SRO 格式

31　HGLP 格式

32　DWWSSN 浮点增益范围格式

33　RSTN 格式 16 位浮点增益

—— 字段 4 为 16 位和 32 位字的字节顺序，0 表示 VAX 或 Intel CPU 字节顺序，1 表示 Motorola

68000 或 SPARC 工作站字节顺序(参见子块［50］的字段 11、12)；

—— 字段 5 为这些数据的记录长度的指数表示字节(2 的幂)，数据记录可以小至 256 字节，在纯数据 SEED 格式中，可以大到 2 的 256 次方。

9.13 数据扩展子块［1001］

9.13.1 子块构成

数据扩展子块［1001］的构成示于表 60。

表 60

序号	字段名	类型	长度	掩码或标志码
1	子块类型 — 1001	B	2	
2	下一子块字节号	B	2	
3	计时质量	B	1	
4	μ sec	B	1	
5	保留	B	1	
6	帧计数	B	1	

表中各字段的含义：

—— 字段 1 为子块类型(UWORD 型)；

—— 字段 2 为下一个子块的字节号(UWORD 型)；

—— 字段 3 为计时质量(UBYTE 型)，是一个与供货方有关的最高精度值，取值 0.0% ~ 100%，同时考虑了钟的质量和数据标志；

—— 字段 4 使时钟的时间精度达到微秒(UBYTE 型)，SEED 处理时间精度可到 100 μs，该字段是从这个值起算的偏移量，推荐值为 -50 μs ~ +49 μs；

—— 字段 5 为保留字节；

—— 字段 6 为帧计数(UBYTE 型)，是一个 4K 记录中的 64 字节压缩数据帧的数目(最大值为 63)，在一个 4K 记录中，用户可以指定少于最大允许值的帧数目，以减少延迟。

9.14 数据区

数据记录中数据区的位置是从数据开始处的固定头段区中指定的字节处开始的。数据从最后一个头段子块的末端开始。在头段的末端和数据的开始之间可留出任意大小的空隙，但这个空隙不应当太大，除非需要空间以便以后追加更多的子块，写程序可以把数据区的第一个字节放在适当的位置。

控制头段中的通道标识子块［52］定义了记录中的数据格式，从而提供对数据格式字典子块［30］中的条目的引用，在数据格式字典子块中用标准数据描述语言描述数据的内部表示。

对于 Steim 压缩算法(参见附录 B)，数据从头段子块末端后的第一个可用的帧(64 × n 字节)开始。第一个和最后一个积分常数(CI)作为嵌入的头段信息放在数据的开始处。

附 录 A
(资料性附录)
通道命名

地震学家已经使用了许多通道命名约定，通常，这些约定的设计是为了满足某个台网的具体需要。但是，各种通用的记录系统，如以高采样率多通道记录的全球地震台网(GSN)的系统，需要某种标准以应对所使用的多种仪器。现代仪器和对各协作台网一致性的要求使这个问题更为复杂。由于可以配置不同频带的窄带和宽带传感器，每个传感器又可以有若干个具有不同频谱形状的输出，而且台站处理机往往利用数字滤波从一个传感器导出若干个数据流，这就要求一个全面的约定。对来自各协作台网的数据进行组合和同类通道数据的自动搜索，也需要一个标准化的通道命名约定。

SEED 格式使用 3 个字母对测震通道命名、3 个字母对天气或环境通道命名。在下面的约定中，每个字母描述该仪器及其数字化的一个方面。SEED 不强制要求遵循这一约定，但我们推荐使用，以利于数据的交换。

A.1 频带代码

第一个字母指定通用采样率和仪器的响应频带。(代码“A”保留用于管理功能，如台站的运行状况。)

频带代码	频带类型	采样率(sps)	拐点周期(s)
E	极短周期	≥80	<10
S	短周期	≥10 至 <80	<10
H	高频宽频带	≥80	≥10
B	宽频带	≥10 至 <80	≥10
M	中周期	>1 至 <10	
L	长周期	≈1	
V	甚长周期	≈0.1	
U	超长周期	≈0.01	
R	极长周期	≈0.001	
A	管理		
W	天气/环境		
X	实验性的		

A.2 仪器代码和取向代码

第二个字母指定传感器所属类别。

第三个字母指定多轴仪器组合中各成员的物理配置，或为每个仪器给定的其他参数。

A.2.1 地震计

沿着由倾角和方位定义的一条线，测量位移/速度/加速度。

仪器代码:

H	高增益地震计
L	低增益地震计
G	重力仪
M	摆式地震计

N* 加速度计

* 历史上加速度计的某些通道已使用仪器代码 L 和 G，N 是在 2000 年 8 月确定的 FDSN 约定。

取向代码：

ZNE 传统的(垂直、北—南、东—西)

ABC 三轴的(沿着一个以顶点倒立的立方体的边缘)

TR 用于形成的波束(切向和径向)

123 正交分量，但非传统的取向

UVW 任意选定的分量

倾角/方位角：地动矢量(如果信号极性不对，则将倾角/方位角反向)；

信号单位：m、m/s、m/s^2(对于 G 和 M 通常为 m/s^2)；

通道标志：G。

A.2.2 压强

气压计或微气压计测量压强。用于测量气压，或有时用于监视井下状况，包括次声测量和水声测量。

仪器代码：

D

取向代码：

O 外部

I 内部

D 井下

F 次声

H 水声

V 地下

倾角/方位角：未用，应置零；

信号单位：Pa(帕斯卡)；

通道标志：W 或 H。

A.2.3 湿度

湿度的绝对/相对测量。

为了得到有意义的湿度结果，温度记录也是至关重要的。

仪器代码：

I

取向代码：

O 外部环境

I 建筑物内部

D 井下

1 2 3 4 工作室源

所有其他字母都可用以注记源类型。

倾角/方位角：未用，应置零；

信号单位：%；

通道标志：W。

A.2.4 温度

某一位置温度的测量。通常用于测量天气(外部温度)、台站状况(记录建筑内部、井下、电子设备内部)。

仪器代码：

K

取向代码：

O　　　　　外部环境

I　　　　　建筑物内部

D　　　　　井下

1 2 3 4　　　工作室源

所有其他字母都可用以注记源类型。

倾角/方位角：未用，应置零；

信号单位：℃或 K；

通道标志：W 或 H。

A.2.5　检波器

甚短周期地震计，固有频率为 5 Hz ~ 10 Hz 或更高。

仪器代码：

P

取向代码：

ZNE　　　　传统的

倾角/方位角：地动矢量(如果信号极性不对，则将倾角/方位角反向)；

信号单位：m、m/s、m/s^2；

信道标志：G。

A.2.6　风

测量风矢量或风速。通常不采用倾角和方位角表示。

仪器代码：

W

取向代码：

S　　　　　风速

D　　　　　风的方向矢量，相对于地理北

倾角/方位角：未用，应置零；

通道标志：W。

A.2.7　合成波束

用于台阵的单个单元的聚束。参见子块［35］、［400］和［405］。

仪器代码：

Z

取向代码：

I　　　　　不相干波束

C　　　　　相干波束

F　　　　　FK 波束

O　　　　　源波束

倾角/方位角：地动速度(如果信号极性不对，则将倾角/方位角反向)；

信号单位：m、m/s、m/s^2，对 G 和 M 通常为 m/s^2；

通道标志：G。

A.3　通道代码

建议保留两个序列供特殊通道使用：“LOG”通道用于控制台日志，“SOH”通道用于记录主要台站状况。辅助日志和非台站状况通道应以代码“A”开头，然后可以以任何方式使用数据源字段和取向字段。

GSN 系统使用的一些典型的通道代码如下：

通道	描述
EHZ/EHN/EHE	短周期 100 sps
BHZ/BHN/BHE	宽频带 20 sps
LHZ/LHN/LHE	长周期 1 sps
VHZ/VHN/VHE	甚长周期 0.1 sps
BCI	宽频带校准信号
ECI	短周期校准信号
LOG	控制台日志

注：LOG 记录：日志记录有通道标识符代码“LOG”,“采样率”为零。在采样字段中的数字是在该记录中的字符数(包括终止每一行用的回车和换行)。在新信息之前的日志信息打包成若干个记录。日志记录没有子块，所以该字符串从偏移 48 开始。

附 录 B
(资料性附录)
压缩算法

B.1 Steim1 压缩算法

在32位有符号整数(二进制补码格式)的时间序列中，每个数据样本或整数包括4个字节(1个字节为8位)。在正常地震背景情况下，地震仪输出的时间序列数据通常有很强的关联性。也就是说，如果给定前面的几个数据样本，则后续数据样本都有很强的可预测性。而且，正常地震背景的频率与数据采样率相比都相当低，所以连续数据样本之间的差值与满量程32位数字值相比一般很小。事实上，要用原32位数字的精度来表示这样的差值，很少超过4或5位。因此，这些差值可以很容易地表示为一个字节数据且不丢失任何信息。这样，就可以显著地压缩数据，节省它的存储空间。

然而，大地震活动能使两个连续样本之间的差值大于8位二进制数所能表示的最大值。在这种极少发生的情况下(少于总时间的1%)，可以使用一个2字节或4字节数值来表示样本差值，但需要用一种编码来告知何时样本差值可由1个字节、2个字节或4个字节来完整地表示。如果给出这种编码和第一个数据样本(不是差值)，就可以用一个差值序列来重建原始的32位数据样本序列。对于99%以上的时间，每个差值只需用1字节表示。如果在磁带或其他一些存储介质上用此模式存储数据，则与以32位格式存储所有原始样本数据相比，采用该算法能达到大于3.5:1的压缩比。

设一个原始时间序列为样本 x_{-1}，x_0，x_1…，其中每个 x_i 是一个32位(或小于32位)有符号整数。设 d_0，d_1…为一阶差值时间序列，其中：

$$
\begin{aligned}
d_0 &= x_0 - x_{-1}, \\
d_1 &= x_1 - x_0, \\
&\vdots \\
d_i &= x_i - x_{i\ 1}, \\
d_{i+1} &= x_{i+1} - x_i, \\
&\vdots \\
d_n &= x_n - x_{n-1}
\end{aligned}
$$

d_i 都是32位长度。现在来看一下可否用8位或16位而不是32位来表示每个 d_i。如果连续的4个 d_i 都能用8位表示，那么就可以形成一个表示4个8位数值的32位字 W_k：

$$(d_i)_1,\ (d_{i+1})_1,\ (d_{i+2})_1,\ (d_{i+3})_1$$

其中下标“1”表示“小括号中为1字节格式”。可以用一个2位码 $C_k = 01_2$ 来标记 W_k，表示4个8位数值 。

现在假设不能用8位表示前两个连续 d_i 中的一个或两个，但都可用16位表示。也就是说，如果 d_i 为正，它大于127且小于等于32 768，或如果 d_i 为负，它大于等于 −32 768 且小于 −128，那么就可以形成一个含两个16位数值的 W_k：

$$(d_i)_2,\ (d_{i+1})_2$$

其中下标“2”表示“小括号中为2字节格式”。同样，可以用一个2位码 $C_k = 10_2$ 来标记 W_k，表示2个16位数值 。

现在假设 d_i 大于32 767或小于 −32 768。这就意味着为了不丢失信息，需用多于16位来表示它。所以用 W_k 表示 $(d_i)_4$，其中下标“4”表示“小括号中为4字节格式”。可以用一个2位码 $C_k = 11_2$ 来标记 W_k 表示一个32位数值。

在 C_k 不对应任何一个1字节、2字节或4字节样本差值的情况下，规定 $C_k = 00_2$。这是一个特殊的 2 位码，代表除数据差值以外的其他信息，如头段信息。

然后，需要用一个合适的记录格式来存储 C_k、W_k 以及数据卷的头段信息。由于 W_k 仅包含差值 d_i，所以头段必须包含一个前向积分常数 —— 32 位数值 x_0，以便可以计算时间序列(x_1，$x_2\cdots$)中其后所有的数值，如：

$$
\begin{aligned}
x_0 &= x_{-1} + d_0, \\
x_1 &= x_0 + d_1, \\
&\vdots \\
x_i &= x_{i-1} + d_i, \\
&\vdots \\
x_n &= x_{n-1} + d_n
\end{aligned}
$$

此外，在头段中也包含一个反向积分常数 X_n，以便在记录中间出现位错误的情况下，可以从记录的最后一个差值反向计算出时间序列：

$$
\begin{aligned}
x_{n-1} &= x_n - d_n, \\
&\vdots \\
x_i &= x_{i+1} - d_{i+1}, \\
x_{i-1} &= x_i - d_i, \\
&\vdots \\
x_0 &= x_1 - d_1
\end{aligned}
$$

还可以将反向积分常数与最后一个计算的样本进行比较，提供一种快速的数据完整性检查。如果这两者不符，则说明数据可能被改动了。

注意，任何已知记录包含 n+1 个差值($d_0 \sim d_n$)，前一个记录中的 x_n 等于下一个记录中的 x_{-1}。还要注意，当记录系统冷启动时，x_{-1}是未知的，因此将其设定为 0。这就意味着，当一个系统冷启动或重新初始化后，卷上的第一个记录中 d_0 与 x_0 的关系为：

$$d_0 = x_0 - x_{-1} = x_0$$

图 B.1 给出用于压缩数据的卷格式。从数据记录中的第 64 字节处开始存放数据，记录大小为 4 096 字节。如果由于内存的限制，不允许这样大的缓冲区，可以用小些的缓冲区。记录起始的 64 个字节总是包括固定数据头段(字节 0 到 47 包含实际的头段数据，后 16 个字节置为 0)，其后跟随 63 个数据帧。

每个 C_k 对应帧中 4 字节数据的 2 位广义字节编码：

$C_k = 00_2$：特殊值，W_k 包含非数据信息，如头段或 W_0

$C_k = 01_2$：W_k 中包含 4 个 1 字节差值(4 个 8 位样本)

$C_k = 10_2$：W_k 中包含 2 个 2 字节差值(2 个 16 位样本)

$C_k = 11_2$：W_k 中包含 1 个 4 字节差值(一个 32 位样本)

C_0 对应于 W_0(W_0 中总是包含编码位)，因此 C_0 总是等于 00_2。在数据帧 0 中，$C_0 = C_1 = C_2 = 00_2$；C_3 到 C_{15}分别对应于 W_3 到 W_{15}；$W_1 = x_0$(前向积分常数)，$W_2 = x_n$(反向积分常数)。

图 B.1 中有一个 64 字节头段，后跟 63 个数据帧，每个数据帧为 64 字节长度，所以记录是 4 096 字节长。每个数据帧的前四个字节(W_0)包含此数据帧的 16 个 2 位编码 C_0 到 C_{15}。在第 1 个数据帧(帧 0)接下来的 8 个字节(W_1 和 W_2)中包含积分常数，$W_1 = x_0$，x_0 为前向积分常数；$W_2 = x_n$，x_n 为反向积分常数。数据帧 0 中，W_3 到 W_{15}包含用 2 位编码 C_3 到 C_{15}描述的样本差值 d_i。后面的数据帧(1 到 62)每个都在 W_0 中含有码 C_0 到 C_{15}，而 W_1 到 W_{15}每个都含有用 2 位编码 C_1 到 C_{15}描述的 4 个 1 字节差值，或 2 个 2 字节差值，或一个 4 字节差值。由于每个数据帧可包含最多 60 个差值(数据帧 0 要少存储 8 个差值，因为它存储了积分常数)，每个数据记录最多可包含$(63 \times 60) - 8 = 3\ 772$ 个差值，与3 772个原始数据样本相对应(包括头段的 x_0)。数据的第一个差值(d_0)实际表示前一个记录的最后一个数据样本和当前记录的第一个样本 x_0 间的差值。

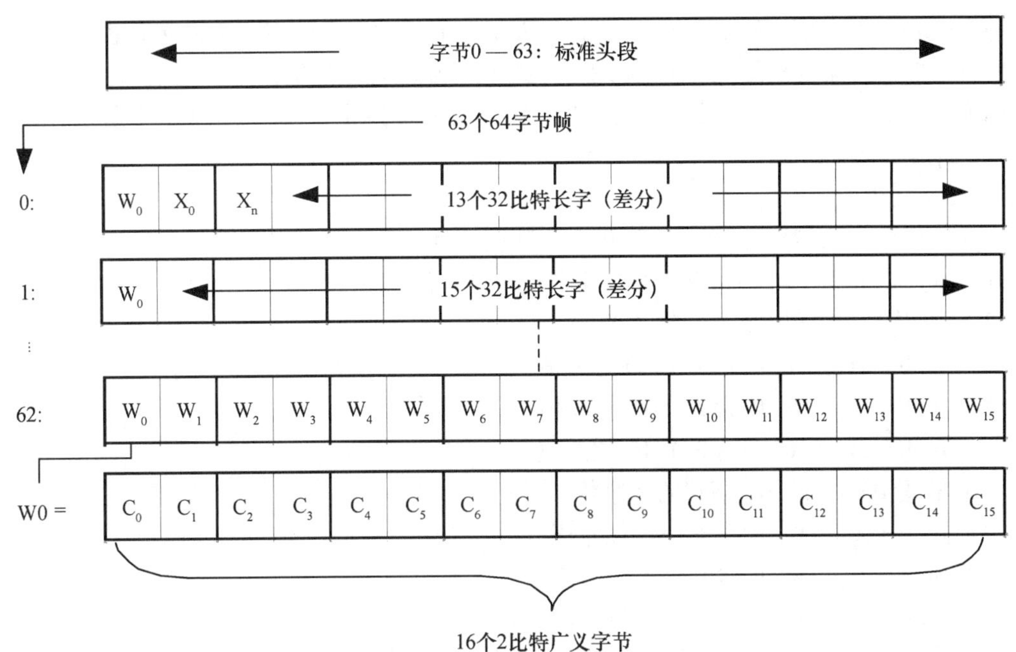

图 B.1　压缩数据格式

另一种极端情况是，如果每个 W_k 只对应 1 个 32 位差值(根本未压缩)，那么所有数据帧中的每个帧都只包含 15 个差值(数据帧 0 除外，包含 13 个)，差值数的最小值是(63×15)-2=943。这些差值对应于 943 个原始数据样本(包括 x_0)。但是由于数据格式允许记录长度为比这小的任何值，因此，当在固定数据头段中读取了样本数后，可忽略记录中这个数字后的所有信息。

如果不求差值和压缩，而是以 32 位格式记录这些原始数据样本，每个样本用 4 个字节且无编码，那么所有数据帧将含有 16 个数据样本，每个记录将总共含有(63×16)=1 008 个数据样本。如果所有数据样本都可压缩为 8 位差值，同样的信息能用一个记录的 1 008/3 772 或 0.267 个记录来记录。这个压缩比大约 3.75∶1；也就是能把大约 3.75 个压缩数据样本放入一个未压缩数据样本的空间。如果假设在 99% 的时间里数据能压缩成 8 位，其余 1% 的时间里数据须表示为 32 位(这是最坏的情况，因为这个 1% 中的部分数据应该是可压缩成 16 位的)，那么压缩比大约是 3.72∶1，因此每卷可存储数据量为未压缩数据的 3.5 倍以上。

图 B.1 假设一个 64 字节长的头段，其后是 63 个数据帧。像事件检测或校准这样的情况会使头段长度大于 64 个字节。在这种情况下，创建一个 128 字节的头段，其后是 62 个数据帧。

压缩和未压缩磁带格式间存在一些差异，但这些差异并没有多大问题，因为：

· 数据在分析前必须“解压”转换成原始 32 位数据样本。

· 一个记录中只应含有一个通道的数据。通常各通道的压缩比不同，所以不应把几个地震数据通道多路组合进同一个记录中。

· 虽然记录的长度常常固定为 4 096 个字节，但并没有要求记录必须是那样长的，而且每个记录的样本数目也没有固定。采用 Steim 1 压缩方法时，每个记录可包含 943 到 3 772 个样本。采用下节所述 Steim 2 压缩方法时，可使 4 096 字节的 SEED 记录最多容纳 6 601 个样本。这就是说，同一个数据通道的连续记录间的头段时间差值并不是固定的，但都可以容易地用采样率和每个记录所包含的样本数目来计算。因此，记录系统计算机必须把每个记录的样本数目写入该记录的头段中。

B.2 Steim2 压缩算法

第二种 Steim 压缩算法，称为“Steim 2”，在表示差值的位数方面有更大的灵活性。在除了 8 位差值以外的所有情况下，需要压缩数据样本 32 位字(W_k)的高端 2 个位，用于压缩算法的进一步解码。这 2 个位称为“dnib”，即“细解码”广义字节。在下文的描述中，C_k 与图 B.1 中所描述的相同，而 dnib 指 W_k 的高端 2 个位。

在 Steim 2 算法中：

$C_k = 00_2$：同 Steim 1，特殊之处是 W_k 包含非数据信息

$C_k = 01_2$：同 Steim 1，W_k 中包含 4 个 1 字节(8 位)差值

$C_k = 10_2$：查看 dnib，即 W_k 高端的 2 个位

dnib $= 01_2$：W_k 中含 1 个 30 位差值

dnib $= 10_2$：W_k 中含 2 个 15 位差值

dnib $= 11_2$：W_k 中含 3 个 10 位差值

$C_k = 11_2$：查看 dnib，即 W_k 高端的 2 个位

dnib $= 00_2$：W_k 中含 5 个 6 位差值

dnib $= 01_2$：W_k 中含 6 个 5 位差值

dnib $= 10_2$：W_k 中含 7 个 4 位差值

如果两个样本间的差值介于 -8 和 $+7$ 之间，那么这个差值可用 4 个位表示。如果连续 7 个差值都在此范围中，那么压缩算法就可以将 7 个这样的 4 位差值放在一个 32 位字中，占用 32 个位中的 28 个。W_0 中的 C_k 将是 11_2，表示 W_k 中为 7 个 4 位差值，或 6 个 5 位差值，或 5 个 6 位差值。而 W_k 高端的 2 个位则为 10_2，表示 W_k 的最后 28 个位为 7 个 4 位差值。在此情况下，未使用 dnib 后的 2 个位。

在 -16 和 -8 之间的负差值或 $+7$ 和 $+15$ 之间的正差值要用 5 个位表示。在这一范围内的 6 个连续差值能放在一个 32 位的字中。这时 W_0 中的 C_k 仍是 11_2，但在 W_k 中的高端 2 个位将为 01_2，意思是 W_k 中含有 6 个 5 位差值。

6 位能表示 -32 到 -16 或者 $+15$ 到 $+31$ 之间的差值。在 W_0 中的 C_k 仍是 11_2，但 dnib，即 W_k 的高端 2 位为 00_2，而其余各位含有这 5 个差值。

处于 -128 到 -32 之间或 $+31$ 到 $+127$ 之间的差值由 8 个位表示。在这种情况中，一个字的全部 32 位由 4 个这样的 8 位差值占有。在 8 位差值的情况中，不必对 C_k 进一步解码。

要用 10 个位表示大于等于 -512 但小于 -128 的负数，或大于 $+127$ 但小于等于 $+511$ 的正数。在这种情况中，C_k 为 10_2，表明这是 1 个 30 位差值、2 个 15 位差值，或 3 个 10 位差值；dnib 为 11_2，表明在其余 30 位中有 3 个 10 位差值。

如果差值在 $-16\,384$ 到 -512 之间，或者在 $+511$ 到 $16\,383$ 之间，则用 15 个位表示。两个这样的差值放在 W_k 中，C_k 为 10_2，dnib 为 10_2。

Steim 2 所能描述的最大差值是 -2^{29} 到 -2^{14} 以及 $+2^{14}-1$ 到 $+2^{29}-1$。这些差值用 30 个位表示。如果一个差值在此范围内，那么一个 30 位差值就被放置在 W_k 中，C_k 为 10_2，而 dnib 为 01_2。

图 B.2 给出一个压缩数据帧的例子，此例中前 8 个 W_k 的每一个都是由具有相同位数的差值组成。

如果所有差值都能用 4 个位表示，那么用 Steim 2 算法即可得到最大压缩比。在这种情况下，压缩比为 6.74:1。对数据压缩算法的对比研究表明，Steim 2 的最大压缩比为 6.07:1，此压缩比是在 20 Hz 低噪声地震数据上获取的。同样的数据用 Steim 1 压缩算法压缩，得到的压缩比为 3.67:1。在地震环境噪声较大或在大事件期间，两种算法的压缩比都会下降。

帧3	W_0	W_1	W_2	W_3	W_4	W_5	W_6	W_7	…	W_{15}

	C_0	C_1	C_2	C_3	C_4	C_5	C_6	…		C_{15}
W_0=	00	01	11	11	11	10	10			10

dnib　　4个8位差值

W_1 =	d_0	d_1	d_2	d_3

dnib　　7个4位差值

W_2 =	10	xx	d_0	d_1	d_2	d_3	d_4	d_5	d_6

dnib　　6个5位差值

W_3 =	01	d_0	d_1	d_2	d_3	d_4	d_5

dnib　　5个6位差值

W_4 =	00	d_0	d_1	d_2	d_3	d_4

dnib　　3个10位差值

W_5 =	11	d_0	d_1	d_2

dnib　　2个15位差值

W_6 =	10	d_0	d_1

⋮

dnib　　1个30位差值

W_{15}=	00	d_0

图 B.2　Steim 2 压缩数据格式

附　录　C
（规范性附录）
数据描述语言

大多数现有的数据发布格式限制数据生产者只能创建少数几种数据格式中的一种。数据生产者必须设法用预定的格式制作数据，或者把数据从原始格式转换为发布格式。由于完成这种转换花费很大，并且转换后的格式也许不如原始格式紧凑或不如原始格式精确，所以这种转换通常不理想。同时，一些数据问题只能在原始记录格式中进行处理。可是，增加新的记录格式会给数据用户带来困难，因为这通常意味着要求用户有所使用的记录格式方面的知识。

SEED 使用的数据描述语言(DDL)用一种准确的语言对原始的数据格式进行描述，从而让数据生产者使用原始的数据格式，这种语言最大限度地驱动数据分析与解析程序。这样，数据生产者只用很少的处理和操作就可以把数据直接存为 SEED 格式。

数据格式字典子块［30］使用数据描述语言。对卷中出现的每种不同的数据格式，在缩略语字典控制头段中都要有一个子块［30］。需要多少种不同的格式就可以定义多少种。在定义通道标识子块［52］时，必须把正确的数据格式字典子块的唯一编号放在数据格式标识符字段内。

实际的语言由一些被称为关键字的记录组成。每个关键字描述相应族语言的某些方面。每个族语言对关键字都有它自己的安排和解释。一个关键字由包含实际解析程序信息的不同的字段组成。一个典型字段为一种单一字符码，后跟由标点分隔的数值参数。数值参数总是以 10 为基数。字段中的括号（“｛”和“｝”)表示可选部分。两个特殊码表示指数：#n 表示 2^n，% n 表示 10^n。关键字由波浪号分隔；关键字中的字段以空格分隔。字段内不能嵌入不可打印的字符。

DDL 支持几种不同的数据族，包括整数、浮点增益数据、整数差分压缩和文本。对每一族，关键字按从粗略到具体的逻辑顺序排列。例如，对于整数和可变增益格式(族 0 和 1)，关键字 1 描述不同通道数据的多路组合。对于这种多路组合模式，关键字 2 描述如何把随后的各个位作为有符号的定点数来提取和解释。对于整数格式，这个关键字之值是数据。对于浮点增益格式，这个关键字之值是数据尾数部分，且关键字 3 和 4 描述如何获得和解释其特征。对于这两种情况，提取和解释位流的规则将被重复应用，直到在数据头段的固定部分指定数量的样本完成转换为止。

对于整数差分压缩(族 50)，关键字 1 给出存取积分常数的指令，关键字 2 表示如何解释压缩关键字，关键字 3 ~ m 描述如何对所有可能的压缩关键字之值进行解码。在需要的时候，可选的关键字 m + 1 描述帧的分组。在这种情况下，关键字 2 ~ m 为解释一个压缩帧中的所有数据提供了一个完整的描述信息。重复这种对压缩帧的解释，直到一组帧中所有数据完成解压为止。对各组帧的解释重复进行到所有数据值都已解压为止。注意，压缩格式目前不支持多路组合。

文本格式(族 80 等)描述如何解释嵌入到一个数据记录中的自由格式的文本材料(如控制台日志)。如下所示，用于表示文本的字符编码通常是按字节排列的，而且有它们各自的已被广泛接受的国际标准。

所有的二进制数据类型(族 0、1 和 50)依靠一个基本操作把下一组位拷贝到一个临时的“工作缓冲区”中，然后把这些位的子集解释为有符号的定点数。由于这些基本操作是与族和关键字无关的，所以将在这里进行描述。与族有关的关键字的描述将与每个族的解释一起给出。为这些字段定义的提取操作命令可分成以下四组：1)从输入数据流中拷贝字节或位并重排序到一个临时的“工作缓冲区”；2)使用可选的标尺和偏移量从工作缓冲区中提取位的一个子集；3)增加符号信息；4)其他操作。所有二进制数据类型族的提取操作命令字段是相同的，因此在这些族中不需要重新定义。

按照约定，本标准描述的所有 DDL 字段以 Motorola 68000 字序操作字节和位，即字节按大结尾计数，或者说是最高有效字节在前，而在一个字中的位是按小结尾方式编号的，其最低有效位编号为0。这样，Motorola 68000中位的编号只对某种特定字长有意义，例如连续的位，在这种情况下，这些位按从最低有效位(LSB)到最高有效位(MSB)顺序编号为0，1，…，N-1。为了便于拷贝/重排序操作，一个数据记录的二进制数据部分被当成一个字节流，并按所读到的顺序进行处理。或者说，这个字节流可以被看成一个位流。这样，位流的第一个位将是第一个字节的MSB。按MSB到LSB的次序取出后续的位，第一个字节的LSB接第二个字节的MSB，依此类推。应该注意的是读位流时位的顺序，在每个字节内位流中各位的顺序与Motorola 68000中位编号的顺序相反。例如，将字节/位流中的字节和位从零开始连续编号，则位流中的位顺序如表C.1所示。

表 C.1

位流 位编号	字节流 字节编号	每个字节内的 Motorola 68000 位编号
0	0	7
1	0	6
⋮	⋮	⋮
7	0	0
8	1	7
9	1	6
⋮	⋮	⋮

C.1 提取原语

这些原语用于二进制数据族，以解释数据流中的定点数值。

C.1.1 拷贝/重排序操作原语

C.1.1.1 $\mathbf{W_x}$ {，**n** {，…}}

W_x {，n {，…}} —— 从输入数据流中拷贝x个字节：

从输入数据流中拷贝下x个8位字节到工作缓冲区中，可选择同时对它们按这些n指定的顺序进行重排序。如果给定了n，则必须给出x个n。第一个n指定从数据流中首先读取哪个字节，第二个n指定其次读取哪个字节，依次类推。为了便于指定n，字节流中的下x个字节被编号为0，1，2，…，x-1。

例如：

W4,3,2,1,0：拷贝4个字节到工作缓冲区中，并将它们颠倒次序。这可以将一个VAX长字按Motorola 68000顺序进行重排序。

W3：拷贝3个字节到工作缓冲区中，不作重排序。这与W3,0,1,2等效。

C.1.1.2 **Bx** {，**t** {，**n** {-**m**}，…}}

Bx {，t {，n {-m}，…}} —— 从输入数据流中拷贝x个位：

t=0：跨字节边界的位组从下一个字节的左边提取，这表示了Motorola 68000位顺序(如上所述)；

t≠1：为将来使用保留。

从输入的数据流中拷贝下x个位到工作缓冲区，并按这些“n-m”指定的顺序重排位组。如果给出了“n-m”，它们必须一次且只能一次引用每个拷贝到工作缓冲区的位。省略“-m”就表示是“n-n”。注意，为了便于指定n-m，相对于刚拷贝的x位广义字节，按Motorola 68000标准顺序对位编号(即拷贝的第一个位被编号为x-1，拷贝的最后一个位被编号为0)。

例如：

B6,0,0－1,2－3,4－5：拷贝 6 个位到工作缓冲区，最后两个位先拷贝，接着是中间的两个，最后拷贝开头的两个。

B4,0,0,1,2,3：以相反的顺序拷贝四个位到工作缓冲区。

B5：拷贝 5 个位到工作缓冲区，不重排序。与 B5,0 或 B5,0,4,3,2,1,0 或 B5,0,4－4,3－3,2－2,1－1,0－0 等效。

C.1.2 提取操作原语

C.1.2.1 D｛n｛－m｝｝｛：b｛：o：a｝｝

D｛n｛－m｝｝｛：b｛：o：a｝｝——从工作缓冲区中提取位 n～m，形成无符号整数值 k，然后按码 o 指定的方式应用偏移 a 和比例因子 b。

如果 o＝0，那么 a 与 k 相加，再将其和乘以 b。如果 o＝1，则 k 乘以 b，乘积再与 a 相加。如果 b 是负的，则除以 b 的绝对值而不是相乘。注意，可省略偏移或一起省略偏移和比例因子。如果省略 n－m,则从工作缓冲区中提取全部位(偏移和比例因子为可选项)；如果省略－m，则从工作缓冲区中提取“当前位置”的下 n 个位(偏移和比例因子为可选项)。将这些缺省后，“相对”方式的提取操作从工作缓冲区的 MSB 开始按位流顺序进行。详细内容见 C.1.4“其他原语”。可以对相同的工作缓冲区应用多次提取操作。如果以相同的关键字对工作缓冲区应用了多次提取操作，就意味着提取的所有值(可能已加上了偏移和比例因子)将相加在一起，如果以相继的关键字(或通过重复的操作符)对工作缓冲区应用了多次提取操作，那么每个提取的值将是一个不同的数据。

例如：

W1 D0－5：拷贝一个字节到工作缓冲区，并提取低位的 6 个位作为一个无符号整数。

W2 D8：－15：26：0：－65 D0－7：1：0：－65：拷贝两个字节到工作缓冲区，分别提取每个字节，并这样解释这两个字节：两个大写 ASCII 码阿拉伯字母成为一个两位数的以 26 为底的无符号数。

B10 D：拷贝 10 个位到工作缓冲区并全部提取。这也可以写为 B10 D0－9。

W1 D4～D4：拷贝一个字节到工作缓冲区，并提取两个连续 4 位量。这与 W1 D4－7～D0－3 或 B4 D～B4 D 等效。注意，由于相对方式的 D 操作是以位流顺序进行的，因此它与 B 操作很接近。

C.1.3 符号操作原语

C.1.3.1 C｛t｛，n｝｝

C｛t｛，n｝｝——这个数有一个“补码”符号：

t＝1：用 1 的补码；

t＝2：用 2 的补码；

n＝1：结果数总是乘以－1；

n≠1 或省略：结果数保持不变。

注意，C 表达式是对 C.1.2 中 D 表达式提取的位进行操作。只有当 D 表达式不包括可能改变符号位的偏移或比例因子时，它才有意义。

例如：

B12DC2：将下 12 位解释为 2 的补码的数。

C.1.3.2 Sb｛，n｝

Sb｛，n｝——该数有一个符号位：

如果位 b 置位：数是负数；

n＝1：结果数乘以－1；

n≠1 或省略：结果数保持不变。

注意，S 表达式指定的符号位是工作缓冲区中的一个位。这个符号应用于以同一关键字之值完成的所有提取操作的总结果。这个符号位本身不应该在任何 D 表达式中被提取。

例如：

W1 D0－6 S7：将下一个字节解释为一个有符号整数。

W1 D4－6：%1 D0－3 S7：将下一个字节解释为一个两位数的 BCD 整数，使用高位作为这两位数之和的符号位。

C.1.3.3 Ab

Ab —— 该数使用一个偏移型符号:

因子 b 被加到前面的数(这个数几乎总是负的，它通常是 2 的幂减 1)。表达式 A 通常应用于以同一键值完成的所有提取操作的总结果。注意，在有些情况下，在应用表达式 D 的偏移时，表达式 A 是冗余的。

例如:

W1 DA -127：将下一个字节解释为一个带 -127 偏移的无符号 8 - 位整数(产生的结果范围为 [-127，128])，等效于 W1 D:1:0:-127。

W1 D4 -7%1 D0 -3 A -49：将下一个字节解释为一个两位数无符号的 BCD 整数，然后应用符号偏移(产生的结果范围为 [-49，50])。一个完整的表达式必须包括一个拷贝/重排序操作原语，后接至少一个提取操作表达式。正如上面提及的，如果多个提取原语是以一个关键字给出的，这意味着提取的整数应该加起来。提取操作可以参考以前面的关键字拷贝到工作缓冲区中的位。例如，在一个浮点增益族中，工作缓冲区在提取尾数的过程中填满了特征值和尾数，而特征值提取操作是以下一个关键字进行的。再例如，拷贝/重排序足够的位以构成三个定点数，然后以三个相继的关键字或一个重复的操作来提取它们。在任何一个关键字中，通常只使用一个可能的符号表达式，并且它通常只出现一次。然而，不需要符号字段的情况也是常见的(如：包含在提取字段中的一个无符号的整数或一个符号偏移)。

C.1.4 其他原语

C.1.4.1 Yx

Yx —— 重复随后的字段(直到关键字的结尾)x 次，且将结果解释为 x 个不同的、连续的数据值。重复从来都不是必须的，但对复杂的表达式很方便，否则这些表达式可能需要很多关键字。

例如:

Y2 W1 D C2：将下两个字节解释为两个 8 位 2 的补码定点数，也可写为 W2 Y2 D8 C2。

C.1.4.2 X

X —— 抛弃后面操作的结果。如果后面是一个拷贝/重排序操作，清除工作缓冲区的内容。如果后面是提取操作，抛弃其结果。

例如:

X W1：跳过一个字节;

X B2 B6 D C2：跳过两个位，然后将随后的 6 个位解释为 2 的补码定点数，也可写为 W1 X D2 D6 C2。

C.1.4.3 O{t}

O{t}—— 指明如何更新在进行相对方式提取时所使用的当前位置。

t=0 或省略：使用位流顺序;

t=1：用 Motorola 68000 位顺序。

O 字段影响到随后的所有相对方式 D 字段的操作，直到遇到另一个 O 字段。在遇到第一个 O 字段之前，O0 是缺省设置。在位流顺序方式下，缺省的当前位置是每个拷贝/重排序操作之后的 MSB，在 Motorola 68000 位顺序方式下，缺省的当前位置是每个拷贝/重排序操作之后的 LSB，后续的相对方式提取是从 LSB 到 MSB(从右到左)进行的。

例如:

W1 Y2 D4 C2 相当于 W1 D4 -7 C2 ~ D0 -3 C2，而 O1 W1 Y2 D4 C2 相当于 W1 D0 -3 C2 ~ D4 -7 C2。

C.1.4.4 Jx

Jx —— 在工作缓冲区中把相对方式提取当前位置设置为 Motorola 68000 字序的位号 x。注意，在位流顺序下，当前位置是指提取的下一个广义字节的高位，而在 Motorola 68000 位顺序下，它是指提取的下一个广义字节的低位。

例如:

W1 J5 D4 C2 相当于 W1 D2 -5 C2，它也等效于 O1 W1 J2 D4 C2。

重复、抛弃、相对方式提取以及相对方式提取方向和位置这些字段在 DDL 中为紧凑地描述不同假定下填入字节的非字节对齐的数据字提供了有力的工具。尽管这些打包工作在特定的计算机体系结构下是自然的，但是它们中的多数以前是不能用 DDL 描述的。例如，以位流顺序放到连续字节(在一个 Motorola 68000 或 VAX 式机器上)中的 6 位 2 的补码的数据字可以被描述为：

B6DC2

如果数据字被放到一个使用 Motorola 68000 字序的机器中的连续 32 位(长)字中，同样的表达式适用于这种情形。然而，如果数据以位流顺序被放到 VAX 长字中，数据根本就是不可描述的，除非先拷贝 16 个数据字的块并如下重排序字节：

W12,3,2,1,0,7,6,5,4,11,10,9,8,Y16 D6 C2

在这种情况下，从一个工作缓冲区提取连续的独立的数据值使得对数据的解释成为可能，而重复表达式使其紧凑。如果同样的数据以 Motorola 68000(或 VAX)位顺序被放到 VAX 长字中，表达式将是：

W12,11,10,9,8,7,6,5,4,3,2,1,0 O1 Y16 D6 C2

这里，由字节重排序支持的顺序指令使重复成为可能。最后，如果数据以 Motorola 68000 位顺序被放到 Motorola 68000 32 位字中，那么表达式将是：

W12,8,9,10,11,4,5,6,7,0,1,2,3,O1 Y16 D6 C2

还需要再讨论一下确立和修改相对方式提取当前位置的问题。初始当前位置的设置依赖于以上描述选择的位顺序。这个位置被前述的每个相对方式提取操作所更新。然而，当前位置也能被一个绝对方式提取操作(即在那里指定了 n ~ m)所修改。在位流顺序中，新的当前位置将是紧靠第一次提取(相当于发出一个 Jn - 1 命令)的位的右边的那个位。在 Motorola 68000 位顺序中，新的当前位置将是紧靠第一次提取(相当于发出一个 Jm + 1 命令)的位的左边的那个位。当缺省的当前位置或由于绝对提取操作所重设的当前位置不理想时，提供了当前位置设置操作。

注意，除了需要回到缺省值外，抛弃一个绝对提取操作也会引起当前位置的重置。

C.2　整数格式——族 0

整数格式允许使用者描述多种整数数据。所描述的多路组合关键字字段也用于浮点增益族。这个族有两个关键字。

C.2.1　关键字 1

在整数格式中，关键字 1 描述样本的多路组合，就是同时以相同采样率记录的、来自不同通道的样本出现在同一数据记录中。不鼓励在 SEED 格式中采用样本多路组合，但可以描述它。如果使用多路组合，则必须对每个多路组合的通道在通道 ID 子块［52］中描述一个子通道。“1”表示第一个多路组合的通道，“2”表示第二个，等等。多路组合的样本将在数据记录中以子通道号递增的顺序出现。

C.2.1.1　Mx

Mx —— 多路组合数据代码：

x≠0 或 1：x 子通道数据为多路组合

x ＝0 或 1：数据非多路组合，数据记录只包含来自一个通道的数据

C.2.1.2　Ix

Ix —— 数据交替(如果多于 1 个子通道，则必须使用这一关键字)：

x＝0：数据交替放置

x＝1：数据不是交替放置

当数据被交替放置时，每个子通道的第一个样本被相继写入数据记录中，形成第一个数据帧。然后，每个子通道的第二个样本被相继写入数据记录，形成第二个数据帧，等等。多路组合但不交替的数据意味着要将这个记录的第一个子通道的全部样本写入数据记录中，接着是第二个子通道的全部样本，依次类推。样本数必须总是子通道数的整数倍，即每个子通道的样本数必须是相同的。因此，如果有三个多路组合的子通道，每个有 100 个样本，出现在头段固定部分中的样本数将是 300。

C.2.1.3　**Lx**

Lx —— 交替间隔(可选的)：

x = 每个子通道的字节数

每个子通道从一个 x 字节边界开始(x 字节块不一定必须填满)。如果没有指明 Lx，SEED 假设下一个子通道的第一个样本紧接在前一个子通道的最后一个样本之后。

C.2.2　**关键字 2**

关键字 2 使用前面定义的提取操作原语描述整数值的实际解释方法。

以下举例说明整数格式族的使用。

以下是 DWWSSN 数据用法的例子：

关键字 1：M0

关键字 2：W2 D0 - 15 C2(或 W2 D C2)

以下是一个 4 - 广义字节(2 - 字节)的无符号 BCD 格式：

关键字 1：M0

关键字 2：W2 D0 - 3 D4 - 7: %1 D8 - 11: %2 D12 - 15: %3 或(W2 D4 D4: %1 D4: %2 D4: %3)

C.3　浮点增益格式——族 1

使用这种格式描述以小数存储并乘以一增益因子的数据。也可以用这种格式描述大多数计算机自身的浮点系统。这个族有 4 个关键字。

C.3.1　**关键字 1**

这个关键字与整数类型族的关键字 1 相同。

C.3.2　**关键字 2**

关键字 2 描述如何形成尾数，除其特征被拷贝到工作缓冲区并以关键字 3 解释外，它与整数族的关键字 2 相同。

C.3.3　**关键字 3**

使用这个关键字描述如何形成指数(增益代码)。它也使用提取操作原语。注意，字段 W 或 B 在关键字 2 中建立，且不能在关键字 3 中被再次设置。

C.3.4　**关键字 4**

此关键字描述决定指数的方法。它使用下列字段描述规则：

C.3.4.1　**Pgc: ml，…**

Pgc: ml，… —— 描述乘数表：

gc = 可能的增益代码值

ml > 0：如果由关键字 3 提取的增益代码值等于 gc，则由关键字 2 提取的尾数乘以因子 ml

ml < 0：如果由关键字 3 提取的增益代码值等于 gc，则由关键字 2 提取的尾数除以 | ml |

可指定任意数目的代码数/乘数组合。如果一个增益代码没有被定义，SEED 假设它是一个为 1 的乘数。

C.3.4.2　**Eb {: a {: m {: p}}}**

Eb {: a {: m {: p}}} —— 描述指数：

b = 基数

a = 加到指数上的一个可选值(在浮点系统中通常用作一个偏移)

m = 可选值，用来乘以指数与 a 之和

p = 可选值，与以上乘积相加

换句话说：样本 = 尾数 × $b^{m(\text{指数}+a)+p}$

C.3.4.3　**H**

H —— 表示尾数有一个隐藏的位：

这个数已经进行了归一化，以使尾数的高位总是被置位，因此它是隐藏的，没有明显地出现在数据字中。因此，在使用该特征之前必须把隐藏的位恢复到尾数里。

C.3.4.4 **Ze｛：m｝**

Ze｛：m｝——数系统使用的一个“纯零”：

归一化浮点在没有额外信息的情况下不能正常地表达零。如果被解码的数的指数是 e，且可选尾数等于 m，那么这是零的一个特殊代码。

以下是一些使用浮点增益族的例子：

CDSN 例子(没有多路组合)：

关键字 1：M0

关键字 2：W2 D0 - 13 A - 8191

关键字 3：D14 - 15

关键字 4：P0:#0,1:#2,2:#4,3:#7

SRO 例子(没有多路组合)：

关键字 1：M0

关键字 2：W2 D0 - 11 C2

关键字 3：D12 - 15

关键字 4：E2:0 - 1:10

DECF 浮点格式：

关键字 1：M0

关键字 2：W4,1,0,3,2,D0 - 22 S31,0

关键字 3：D23 - 30

关键字 4：E2：- #7 H Z0

C.4 整数差分压缩——族 50

这种语言描述一些可能的整数差分压缩方案。尽管它不能描述它们的全部，但它描述了那些类似 Steim 压缩算法(参见本标准附录 B)的方案。这个族使用两个关键字，加上一些控制类型关键字(关键字 3 ~ m，m + 1)，这些关键字执行关键字 2 的控制代码所要求的操作。

C.4.1 关键字 1

第一个关键字描述积分常数和它们出现的场合。

C.4.1.1 **Pn**

Pn——确定下一个积分常数的第一个字节是相对于数据开始处的第几个字节。

C.4.1.2 **Fn**

Fn——n 阶差分的前向积分常数：

n = 1：一阶差分的积分常数

n = 2：二阶差分的积分常数

随后的字段将描述使用提取操作命令解释这种差分，直到遇到另一个 F 或 R 字段。注意，缺省情况下，F1 和 R1 常数是数据值，而 F2 和 R2 常数是一阶差分，等等。

C.4.1.3 **Rn**

Rn——n 阶差分的反向积分常数；与上面的 F 相同，但它主要用于错误恢复和错误检查。

C.4.2 关键字 2

这个关键字提供了对于一个压缩帧的控制代码(压缩关键字)位的描述、定位和设置。注意，由一个或多个控制代码组成的代码组以这个关键字进行访问。关键字 3 ~ m 提供对每个关键字之值的解释，其结果是数据的解压。控制码和伴随的数据组成一个压缩帧。以求和来复原差分是隐含的。

C.4.2.1 **Px**

Px——第一个控制代码部分位于数据开始处的 x 字节之后。用这个方式跳过数据前面的头段信息。P 表达式之后是一个拷贝/重排序原语，它将这个压缩帧的所有控制位放进工作缓冲区。

C.4.2.2 Sn，l｛，s｝

Sn，l｛，s｝——控制代码位宽度为 n：

l=0：控制代码从控制代码的最左边开始，从左到右排列

l=1：控制代码从最右边开始，从右到左排列

s≠0：在开始提取控制代码之前跳过 s 个控制代码位置

C.4.2.3 Nx

Nx——在这组中可用的控制代码数，不包括上面命令跳过的代码。

S 和 N 表达式一起提供了对同时用于该压缩帧的所有控制代码组的描述。注意，S 和 N 是针对先前的拷贝/重排序操作原语置于工作缓冲区中的那些位。在操作上，控制代码字段以 S 字段中指定的顺序一次解释一个。每个控制代码被解释为无符号的整数值。关键字 3 ~ m 提供与每个控制代码值相对应的解压数据的指令。

C.4.3 关键字 3 ~ m

选择与上面得出的每个控制代码值相对应的关键字：

C.4.3.1 Tx

Tx——描述当遇到一个值为 x 的控制代码(用关键字 2 获得的)时如何进行数据解码。

C.4.3.2 I

I——间接的。下一个提取的值将被解释为无符号的子控制代码。

C.4.3.3 Kx

Kx——与 Tx 相似，但是指由间接表达式获得的子控制代码值。

C.4.3.4 Nx

Nx——要解码的下一个差分的顺序标识符。一个控制码或子控制码值能导致许多一阶差分的解码。在对一阶差分值解码的指令前放置 N0 以表示它。对二阶差分值解码的指令前放置 N1，等等。注意，如果在同一关键字中相继的 Nx 字段使用相同的解释表达式，那么它们都可以用一个重复操作代替。

C.4.4 关键字 m+1

可选项，描述在一个压缩帧块的结尾要采取的操作。

C.4.4.1 Gx

Gx——块的长度为 x 个压缩帧。随后的提取操作命令描述在收集块尾段信息时要采取的操作。

注意，DDL 提供的整数压缩族的结构为：1)数据记录被分成块；2)块被分为压缩帧；3)压缩帧被分为一个控制码段和一个数据段。控制码段可能有许多不同的控制码值。每个控制码使得压缩帧中的一个或多个差分值被解码。控制代码段及数据段中所有相关的差分值定义了一个压缩帧的长度。每个压缩帧后面紧接另一个压缩帧，直到一个块结束，在该点必须跳过块尾段信息。一个块后面紧接另一个块直到所有样本完全被解压。注意，最后一个块和压缩帧可能是不完整的。在有完整数据的控制码之后的控制码可能是无意义的，且与它们相关联的差分值可能丢失。另外，不是所有族 50 的格式都使用块结构，这使得关键字 m+1 是可选的。

下面是一些整数压缩格式的例子：

Steim 1 数据格式最初是这样描述的：

关键字 1：F1 P4 W4 D0-31 C2 R1 P8 W4 D0-31 C2

关键字 2：P0 W4 N15 S2，0，1

关键字 3：T0 X N0 W4 D0-31 C2

关键字 4：T1 N0 W1 D0-7 C2 N1 W1 D0-7 C2 N2 W1 D0-7 C2 N3 W1 D0-7 C2

关键字 5：T2 N0 W2 D0-15 C2 N1 W2 D0-15 C2

关键字 6：T3 N0 W4 D0-31 C2

通过使用重复操作可以更紧凑地描述 Steim1 格式：

关键字 1：F1 P4 W4 D C2 R1 P8 W4 D C2

关键字 2：P0 W4 N15 S2，0，1

关键字 3：T0 X W4

关键字 4：T1 Y4 W1 D C2

关键字 5：T2 Y2 W2 D C2

关键字 6：T3 N0 W4 D C2

Steim 2 压缩格式可以被描述为：

关键字 1：F1 P4 W4 D C2 R1 P8 W4 D C2

关键字 2：P0 W4 N15 S2，0，1

关键字 3：T0 X W4

关键字 4：T1 Y4 W1 D C2

关键字 5：T2 W4 I D2

关键字 6：K0 X D30

关键字 7：K1 N0 D30 C2

关键字 8：K2 Y2 D15 C2

关键字 9：K3 Y3 D10 C2

关键字 10：T3 W4 I D2

关键字 11：K0 Y5 D6 C2

关键字 12：K1 Y6 D5 C2

关键字 13：K2 X D2 Y7 D4 C2

关键字 14：K3 X D30

USNSN 数据格式是这样：

关键字 1：F1 P0 W4 D C2

关键字 2：P6 W2 N2 S4，0，0

关键字 3：T0 Y4 B4 D C2

关键字 4：T1 Y8 B4 D C2

关键字 5：T2 Y12 B4 D C2

关键字 6：T3 Y4 B6 D C2

关键字 7：T4 Y8 B6 D C2

关键字 8：T5 Y4 W1 D C2

关键字 9：T6 Y8 W1 D C2

关键字 10：T7 Y4 B10 D C2

关键字 11：T8 Y8 B10 D C2

关键字 12：T9 Y4 B12 D C2

关键字 13：T10 Y4 B14 D C2

关键字 14：T11 Y4 W2 D C2

关键字 15：T12 Y4 B20 D C2

关键字 16：T13 Y4 W3 D C2

关键字 17：T14 Y4 B28 D C2

关键字 18：T15 Y4 W4 D C2

关键字 19：G7 X W1

C.5 ASCII 文本 —— 族 80

也可以用数据记录来记录任何 ASCII 文本。操作员的控制台交互操作、错误日志，或调制解调器和遥测事务及审计都可产生这种数据。固定数据头段中的样本数指的仅是使用的文本字节数。数据的时间近似为记录中开头一些字节的时间。

使用回车(CR—ASCII 13)或换行(LF—ASCII 10)的组合作为行结尾字符。推荐使用 CRLF，LF-CR，CR 或 LF。SEED 允许使用“空”(NUL—ASCII 0)、换页(FF—ASCII 12)和振铃(BEL—ASCII 7)，但是不鼓励使用其他控制字符。

C.6 非 ASCII 文本——族 81

保留数据类型族 81，用于各种语言的非 ASCII 文本。

附　录　D
（资料性附录）
缩略语字典中字段的交叉参考

在 SEED 卷中，缩略语字典包含的一些字段要参考其他子块。下面给出一个清单。

原始子块			被参考子块		
子块编号	字段编号	子块名	子块编号	字段编号	子块名
31	6	注释描述子块	34	3	单位缩略语子块
41	6	FIR 字典子块	34	3	单位缩略语子块
41	7	FIR 字典子块	34	3	单位缩略语子块
43	6	响应（极点和零点）字典子块	34	3	单位缩略语子块
43	7	响应（极点和零点）字典子块	34	3	单位缩略语子块
44	6	响应（系数）字典子块	34	3	单位缩略语子块
44	7	响应（系数）字典子块	34	3	单位缩略语子块
45	5	响应列表字典字块	34	3	单位缩略语子块
45	6	响应列表字典字块	34	3	单位缩略语子块
46	5	普通响应子块	34	3	单位缩略语子块
46	6	普通响应子块	34	3	单位缩略语子块
50	10	台站标识子块	33	3	普通缩略语子块
51	5	台站注释子块	31	3	注释描述子块
52	6	通道标识子块	33	3	普通缩略语子块
52	8	通道标识子块	34	3	单位缩略语子块
52	9	通道标识子块	34	3	单位缩略语子块
52	16	通道标识子块	30	4	数据格式字典子块
53	5	响应（极点和零点）子块	34	3	单位缩略语子块
53	6	响应（极点和零点）子块	34	3	单位缩略语子块
54	5	响应（系数）子块	34	3	单位缩略语子块
54	6	响应（系数）子块	34	3	单位缩略语子块
55	4	响应列表子块	34	3	单位缩略语子块
55	5	响应列表子块	34	3	单位缩略语子块
56	4	普通响应子块	34	3	单位缩略语子块
56	5	普通响应子块	34	3	单位缩略语子块
59	5	通道注释子块	31	3	注释描述子块
60	6	响应参考子块	41	3	FIR 字典子块
60	6	响应参考子块	43	3	响应（极点和零点）字典子块
60	6	响应参考子块	44	3	响应（系数）字典子块
60	6	响应参考子块	45	3	响应列表字典字块
60	6	响应参考子块	46	3	普通响应字典子块
60	6	响应参考子块	47	3	抽样字典子块

续表

原始子块			被参考子块		
子块编号	字段编号	子块名	子块编号	字段编号	子块名
60	6	响应参考子块	48	3	通道灵敏度/增益字典子块
61	6	FIR 响应子块	34	3	单位缩略语子块
61	7	FIR 响应子块	34	3	单位缩略语子块
71	4	震源信息子块	32	3	引用信息源字典子块
71	11	震源信息子块	32	3	引用信息源字典子块
71	11 + p × 3	震源信息子块	32	3	引用信息源字典子块
72	11	事件震相子块	32	3	引用信息源字典子块
400	5	波束子块	35	3	波束参数子块

例如，震源信息子块［71］的字段 4 参考了信息源字典子块［32］的字段 3。

注：震源信息子块［71］的字段 11 + p × 3 是该子块的一组字段中的最后一个字段，式中 p = 该子块的字段 8。

在 SEED 卷中，一些子块中的字段被不只一个子块参考：

原始子块			参考原始子块的子块		
子块编号	字段编号	子块名	子块编号	字段编号	子块名
30	4	数据格式字典子块	52	16	通道标识子块 r
31	3	注释描述子块	51	5	台站注释子块
31	3	注释描述子块	59	5	通道注释子块
32	3	引用信息源字典子块	71	4	震源信息子块
32	3	引用信息源字典子块	71	11	震源信息子块
32	3	引用信息源字典子块	71	11 + p × 3	震源信息子块
32	3	引用信息源字典子块	72	11	事件震相子块
33	3	普通缩略语子块	50	10	台站标识子块
33	3	普通缩略语子块	52	6	通道标识子块
34	3	单位缩略语子块	31	6	注释描述子块
34	3	单位缩略语子块	41	6	FIR 字典子块
34	3	单位缩略语子块	41	7	FIR 字典子块
34	3	单位缩略语子块	43	6	响应(极点和零点)字典子块
34	3	单位缩略语子块	43	7	响应(极点和零点)字典子块
34	3	单位缩略语子块	44	6	响应(系数)字典子块
34	3	单位缩略语子块	44	7	响应(系数)字典子块
34	3	单位缩略语子块	45	5	响应列表字典子块
34	3	单位缩略语子块	45	6	响应列表字典子块
34	3	单位缩略语子块	46	5	普通响应字典子块
34	3	单位缩略语子块	46	6	普通响应字典子块
34	3	单位缩略语子块	52	8	通道标识子块
34	3	单位缩略语子块	52	9	通道标识子块
34	3	单位缩略语子块	53	5	响应(极点和零点)子块
34	3	单位缩略语子块	53	6	响应(极点和零点)子块

续表

原始子块			参考原始子块的子块		
子块编号	字段编号	子块名	子块编号	字段编号	子块名
34	3	单位缩略语子块	54	5	响应(系数)子块
34	3	单位缩略语子块	54	6	响应(系数)子块
34	3	单位缩略语子块	55	4	响应列表子块
34	3	单位缩略语子块	55	5	响应列表子块
34	3	单位缩略语子块	56	4	普通响应子块
34	3	单位缩略语子块	56	5	普通响应子块
34	3	单位缩略语子块	61	6	FIR 响应子块
34	3	单位缩略语子块	61	7	FIR 响应子块
35	3	波束参数(配置)子块	400	5	波束子块
41	3	FIR 字典子块	60	6	响应参考子块
43	3	响应(极点和零点)字典子块	60	6	响应参考子块
44	3	响应(系数)字典子块	60	6	响应参考子块
45	3	响应列表字典子块	60	6	响应参考子块
46	3	普通响应字典子块	60	6	响应参考子块
47	3	抽样字典子块	60	6	响应参考子块
48	3	通道灵敏度/增益字典子块	60	6	响应参考子块

附　录　E
（资料性附录）
纯数据 SEED 卷

SEED 格式包括卷控制头段、缩略语控制头段、台站控制头段、时间片控制头段以及数据记录。1991 年在奥地利维也纳召开的 FDSN 会议上，引入了无数据 SEED 卷的概念并被接受。SEED 数据记录的结构是简单的、直接的，且比 SEED 控制头段结构更好理解。一些数据记录器将 SEED 数据记录用作传送波形信息的一种方法。纯数据 SEED 卷(Mini - SEED)这个术语被用来识别没有任何相关控制头段信息的 SEED 数据记录。纯数据和无数据 SEED 卷在某种程度上是一个完整的 SEED 卷的两个部分。只有时间片控制头段没有被包含在这两种卷中，然而，时间片控制头段可以从纯数据 SEED 卷中间接获得。

SEED 格式标准是由 FDSN 的数据交换工作组定义的。这个工作组已经认识到，作为一种数据交换格式，纯数据 SEED 的定义和使用需要更多的关注。纯数据 SEED 还具有作为一种数据分析格式的潜力。在 SEED 格式中，为描述数据记录中的时间序列所需的大部分信息包含在 SEED 控制头段中。实际上，SEED 格式的数据记录部分不包含纯数据 SEED 记录中关于数据组织的信息。缺少的信息包括：

1）数据编码格式的说明，这通常是在数据描述语言 DDL 中描述；

2）数据的字节交换顺序，或者是 VAX 的，或者是 Motorola 68000 的；

3）数据记录长度。

有了上述这些信息，纯数据格式就可以用于完全地解码数据记录中的时间序列信息。当然仍然无法得到响应信息和一些其他信息，因此鼓励创建完整的 SEED 卷。

纯数据 SEED 的数据子块已经被设计为包括必要的信息。纯数据子块的定义见本标准 19. 12。

关于纯数据 SEED 的其他考虑：

1）除了那些引用缩略语字典子块的子块外，其他任何 SEED 数据子块都能被包含于纯数据 SEED 格式中，例如子块 100 可以出现在纯数据 SEED 格式中，但是子块 400 则不行；

2）纯数据 SEED 数据子块能在完全 SEED 卷中出现，在这种情况下，纯数据 SEED 子块中的值优先于 SEED 控制头段中的值；

3）纯数据 SEED 数据记录和无数据 SEED 卷结合来创建一个 SEED 卷时，必须构造时间片控制头段；唯一需要考虑的另一点是如果纯数据 SEED 记录长度超过 SEED 允许的最大长度 4 096 字节，那么超长的纯数据 SEED 记录必须被分成有效记录长度的数据记录；

4）使时间序列能被解码所需的许多必要信息已经在数据头段的固定部分中被很好地定义了，这些字段保持不变；

5）每个数据记录必须包含子块 1 000；

6）数据头段固定部分的顺序必须与子块 1 000 字段 4 所描述的相同。

IRIS 的 SEED 读程序 RDSEED 现在可以同时处理无数据 SEED 卷和纯数据 SEED 卷，因此它提供了一种读不包含子块 1 000 的纯 SEED 数据记录的方法。

附 录 F
(资料性附录)
有效时间和更新记录

通过适当的使用子块［50］和［52］中的有效时间和更新标志(子块［50］的字段 15 和子块［52］的字段 24)，可以用 SEED 帮助维护数据库。

有效时间可以指定不同程度的精度。如果有效时间精确到最近的小时是足够的，就可以这样描述它们：例如，1990,032,09 ~。如果需要精确到分钟，那么用 1990,032,09:57 ~。在所有情况下，有效时间必须适当地遵循 TIME 结构的 SEED 掩码：YYYY,DDD,HH:MM:SS. TTTT，Y = 年位；D = 年的第几日；H = 小时位；M = 分钟位；S = 秒位；T = 小数秒位。

有效时间应该表示台站或通道实际发生变化的日期和时间。例如，某一通道在 1989，033，12:25 测定了一次响应，在 1990,032,09:57 进行了再次测定，那么相关的子块［52］在 1990，032，09:57 之前的有效时间应该是这样的：

0520113 BHE ------------------ 1989,033,12:25 ~ ~N

0530718 等

0580035 等

这个子块也能用符号来表示，“B”表示开始的有效时间，“E”表示结束的有效时间，“ > ”表示没有给出结束的有效时间，“ ~ ”表示带“N”更新标志的子块中的时间，“^”表示带“U”更新标志的子块中的时间：

B ···················›

包含时间 1990，032 的数据的 SEED 卷可以包含有不同响应的数据，一组在响应测定之前和一组在响应测定之后。用以下方式指明这种情况：

0520113 BHE ------------------ 1989,033,12:25 ~ 1990,032,09:57 ~ N

0530718 等

0580035 等

0520113 BHE ------------------ 1990,032,09:57 ~ ~N

0530745 等

0580035 等

使用上面描述的符号可表示为：

B ··············· E

B ···················›

注意第一个子块［52］有开始和结束的有效时间，但第二个子块［52］只有开始的有效时间。如果上面的情况不存在，则只包括第二个子块［52］~［59］序列。这种用法依赖于台站，并且创建 SEED 卷的机构必须决定是属于上面的情况还是属于接下来提到的情况。

对于下一个 SEED 卷，它可能只有 1990，032，09:57 之后的数据，所以后面的卷只有一个子块［52］，如：

0520113 BHE ------------------ 1990,032,09:57 ~ ~N

0530745 等

0580035 等

当读一个包含新开始有效时间的子块的 SEED 卷时，读机构可能需要相应的修改它的数据库。例如，SEED 卷接收方会填写前面子块［52］的结束有效时间，增加新的子块［52］到数据库。在接收新的子块之前，接收数据库应当指示下列情形：

0520113 BHE ··················· 1989,033,12:25 ~ ~N

0530718 等

0580035 等

当接收到一个 SEED 卷包含：

0520113 BHE ··················· 1990,032,09:57 ~ ~N

0530745 等

0580035 等

上面 SEED 子块的接收方将更新本地数据库以包含：

0520113 BHE ··················· 1989,033,12:25 ~1990,032,09:57 ~N

0530718 等

0580035 等

0520113 BHE ··················· 1990,032,09:57 ~ ~N

0530745 等

0580035 等

当使用有效时间时，应该假设开始有效时间包括子块中指定的时间，且结束有效时间比指定的时间晚。采用这种约定将最大限度地减少诸如哪些子块适用于时间序列中的特定样本等情况中发生混淆。

当子块［50］和［52］的更新标志都设置为“N”时，以前传输并且存储在数据库中的子块［50］~［59］没有信息需要修正。这种情况的唯一例外是当开始有效时间不同于前面的有效时间时。在这种情况下，数据库应该被修正，把结束有效时间插入到上面显示的相关子块中。“N”个记录被插入数据库中的顺序不重要。然而，如果“N”种类型的子块没按次序接收，可能会遇到下面的情况：

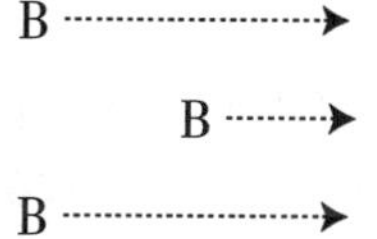

数据库应被修正以反映下面的情况：

B ··················· E

B ··················►

一个包含较晚的有效开始时间的子块必须总是覆盖一个不确定的结束有效时间。上面的情况只有在 SEED 卷以一种不同于其写顺序的顺序进行处理时才会发生。

更新标志中的“U”选项表示以前传送的信息是不正确的且以前的信息应该被纠正。更新标志被设为“U”时传输的相关子块［50］~［59］被专门用来替代数据库中已有的项。如果“U”记录的有效时间重叠，则“U”记录被处理的次序是重要的。预期“U”记录不会频繁地传输，所以重叠的“U”记录不需要自动进行处理，而是可以依赖操作员的干预。传输的带有“U”更新标志的信息将物理地替代数据库中相关的“N”记录，所以应假定“N”记录中的信息将丢失。而且，如果一个后来接收的“N”记录与一个以前接收的“U”记录重叠，则“U”记录优先。

一个例子可以帮助阐明这种情况。（记住：“ - ”代表一个“N”类型子块，“^”代表一个“U”类型子块。）

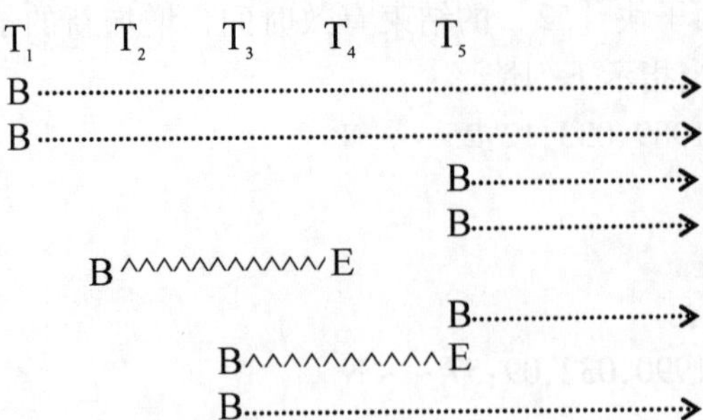

上面的例子虽然复杂，但说明了如何使用更新标志。两个带有开始有效时间 T_1 的子块被传送，然后是两个带有开始有效时间 T_5 的子块。然后传送者发现在很短的时间期间 T_2 ~ T_4 内传送的信息有错误。于是传送一个更新记录以便改正。传送者然后传送另一个带有更新标志“N”和开始有效时间 T_5 的记录。然后，传送者了解到发生在 T_5 的事件实际上发生在 T_3。传送者传送另一个更新记录来纠正数据库。连续的子块从开始有效时间 T_3 传送。

接受者在首先确定两个更新记录的正确顺序之后使用传送的信息来产生下面表示的情形：

T_1　T_2　T_3　T_4　T_5
B……E
B^^^^^E
B^^^^^^^^^^^^^E
B……………→

在上面的最后一个“U”记录和最后一个“N”记录中的信息除了不同的有效时间外是相同的。由于这个原因，最后一个“N”记录开始于 T_5 而不是像一开始传送的那样开始于 T_3 就不重要了。尽管不同的数据库实现在存储上面表示的情形时，其具体方法可能不同，但必须能够从该实现中得出上面的符号表示法。

下面是为这种情况创建适当视图的一种直观方法：

把所有收到的“N”记录置于一条时间线上。子块的开始有效时间决定不同“N”记录放置的位置。首先放置带有最早开始有效时间的“N”记录，接着把剩余的“N”记录以开始有效时间为顺序放置。现在把“U”记录放在由“N”记录构成的时间线的开头处。“U”记录必须以它们被写的顺序放置，而不能以它们被接收的顺序放置，也不能以开始有效时间的早晚顺序放置。这种方式产生的时间线代表在任何给定时间台站或通道的真实状态。

记住，数据库存有收到的更新标志值“N”或“U”。尚未收的 SEED 卷可能包含“U”型重叠子块，必须检测出这些子块的存在。当产生输出卷时，“U”标志必须转换为“N”标志。

以下是“U”更新子块使用的基本规则：

—— 带“U”更新标志的子块必须既有开始有效时间，又有结束有效时间；

—— “U”子块总是代替“N”子块；

—— 多个“U”子块在应用时的顺序与生成它们的顺序相同，因此，建议所有想维持本地数据库的 SEED 数据接受者都有确定这一顺序的机制，SEED 格式本身不能完成这个工作；

——“U”子块只能用于修正前面传送的“N”或“U”子块中的信息，如果前面没有写“N”子块，那么传送“U”子块是不合法的；

—— 更新标志的值必须原样保留在数据库中；

—— 子块［53］~［58］耦合到相应的子块［52］中。

附 录 G
(资料性附录)
怎样写 SEED 数据

以下两种算法是用类似于 Pascal 的伪代码写的。它们说明了把数据写到 SEED 卷上的顺序。第一个算法描述的是现场台站卷的写法；第二个描述的是台站台网卷和事件台网卷的写法。如果使用的输出介质(如九轨磁带)要求的话，就应该将几英尺空白记录(例如噪声)写到这两种类型的卷上。这些算法中还包括了一段描述电子数据传输和遥测卷的程序。

G.1 写现场台站卷程序

```
    程序                                                                 子块
begin
  Start_Volume_Header_Records();
  Write_Volume_ID_Blockette 5();                                        [5]
  Flush_Any_Remaining_Volume_Header_Records();

  Start_Abbreviation_Dictionary_Header_Records();
  for each_data_format_type do
     Write_Data_Format_Dictionary_Blockette 30();                       [30]

  Start_Generic_Abbreviation_Header_Records();
  for each_abbreviation do
     Write_Generic_Abbreviation_Blockette 33();                         [33]

  Start_Units_Header_Records();
  for each_unit do
     Write_Unit_Blockette 34();                                         [34]
  Flush_Any_Remaining_Dictionary_Header_Records();

  Start_FIR_Dictionary_Records();
  for each_dictionary do
     Write_Dictionary_Blockette 41();                                   [41]

  Start_Poles & Zeros_Dictionary_Records();
  for each_poles & zeros do
     Write_Response_(Poles & Zeros)_Dictionry_Blockette 43();           [43]

  Start_Coefficients_Dictionary_Records();
  for each_coefficient do
     Write_Coefficient_Dictionary_Blockette 44();                       [44]
```

```
Start _ List _ Dictionary _ Records( );
for each _ list do
    Write _ Response _ List _ Dictionary _ Blockette 45( );                [45]

Start _ Generic _ Response _ Dictionary _ Records( );
for each _ generic _ response do
    Write _ Generic _ Response _ Dictionary _ Blockette 46( );             [46]

Start _ Decimation _ Records( );
for each _ decimation do
    Write _ Decimation _ Dictionary _ Blockette 47( );                      [47]

Start _ Channel _ Sensitivity/Gain _ Dictionary _ Records( );
for each _ channel _ sensitivity do
    Write _ Channel _ Sensitivity/Gain _ Dictionary _ Blockette 48( );      [48]

for each _ station do begin
    Start _ Station _ Header _ Records( );
    Write _ Station _ ID _ Blockette 50( );                                 [50]
    for each _ station _ comment do
        Write _ Station _ Comment _ Blockette 51( );                        [51]
    for each _ channel do begin
        Write _ Channel _ ID _ Blockette 52( );                             [52]
        for each _ stage do begin
            if poles _ and _ zeros then
                Write _ Response _ Blockette 53( );                         [53]
              or
                Write _ Response _ Blockette 60( );                         [60]
            if coefficients then
                Write _ Response _ Blockette 54( );                         [54]
              or
                Write _ Response _ Blockette 61( );                         [61]
              or
                Write _ Response _ Blockette 60( );                         [60]
            if decimation then
                Write _ Decimation _ Blockette 57( );                       [57]
              or
                Write _ Response _ Blockette 60( );                         [60]
              if gain then
                Write _ Gain _ Blockette 58( );                             [58]
              or
                Write _ Response _ Blockette 60( );                         [60]
        end
```

```
    if final _ sensitivity then
            Write _ Sensitivity _ Blockette 58( ) ;                  [58]
            or
              Write _ Response _ Blockette 60( ) ;                   [60]
        for each _ channel _ comment do
              Write _ Channel _ Comment _ Blockette 59( ) ;          [59]
    end
    Flush _ Any _ Remaining _ Station _ Header _ Records( ) ;
end

Start
until end _ of _ media or operator _ abort do begin
  if station _ change or channel _ change do begin
      Start _ Station _ Header _ Records( ) ;
      Write _ Station _ ID _ Blockette 50( ) ;                       [50]
      for each _ changed _ channel do begin
        Write _ Channel _ ID _ Blockette 52( ) ;                     [52]
        for each _ stage do begin
          if poles _ and _ zeros _ changed then
              Write _ Response _ Blockette 53( ) ;                   [53]
            or
              Write _ Response _ Blockette 60( ) ;                   [60]
          if coefficients _ changed then
              Write _ Response _ Blockette 54( ) ;                   [54]
            or
              Write _ Response _ Blockette 60( ) ;                   [60]
          if decimation then
              Write _ Decimation _ Blockette 57( ) ;                 [57]
            or
              Write _ Response _ Blockette 60( ) ;                   [60]
          if individual _ Gain _ changed then
              Write _ Gain _ Blockette 58( ) ;                       [58]
            or
              Write _ Response _ Blockette 60( ) ;                   [60]
          end
          if final _ sensitivity _ changed then
              Write _ Sensitivity _ Blockette 58( ) ;                [58]
            or
              Write _ Response _ Blockette 60( ) ;                   [60]
          if FIR _ Response _ changed then
              Write _ FIR Response _ Blockette 61( ) ;               [61]
            or
              Write _ Response _ Blockette 60( ) ;                   [60]
```

```
            end
            Flush_Any_Remaining_Station_Header_Records();
            end
            if data_record_ready_to_write do
                Write_Data_Records();
            end
        end
```

G.2 写台站台网卷和事件台网卷的程序

```
    程序                                                        子块
begin
    Start_Volume_Header_Records();
    Write_Volume_ID_Blockette 10();                             [10]
    Write_Station_Index_Blockette 11();                         [11]
    Write_Time_Span_Index_Blockette 12();                       [12]
    Flush_Any_Remaining_Volume_Header_Records();

    Start_Abbreviation_Dictionary_Header_Records();
    for each_data_format_type do
        Write_Data_Format_Dictionary_Blockette 30();            [30]

    Start_Comment_Dictionary_Header_Records();
    for each_comment_type do
        Write_Comment_Dictionary_Blockette 31();                [31]

    if event_volume then begin
        Start_Cited_Source_Dictionary_Header_Records();
        for each_cited_source do
            Write_Cited_Source_Dictionary_Blockette 32();       [32]
    end

    Start_Generic_Abbreviation_Header_Records();
    for each_abbreviation do
        Write_Generic_Abbreviation_Blockette 33();              [33]

    Start_Units_Header_Records();
    for each_unit do
        Write_Unit_Blockette 34();                              [34]
        Flush_Any_Remaining_Dictionary_Header_Records();

    Start_FIR_Dictionary_Records();
    for each_dictionary do
        Write_Dictionary_Blockette 41();                        [41]
```

```
Start _ Poles & Zeros _ Dictionary _ Records( ) ;
for each _ poles & zeros do
    Write _ Response _(Poles & Zeros)_ Dictionry _ Blockette 43( ) ;        [43]
Start _ Coefficients _ Dictionary _ Records( ) ;
for each _ coefficient do
    Write _ Coefficient _ Dictionary _ Blockette 44( ) ;                    [44]

Start _ List _ Dictionary _ Records( ) ;
for each _ list do
    Write _ Response _ List _ Dictionary _ Blockette 45( ) ;                [45]

Start _ Generic _ Response _ Dictionary _ Records( ) ;
for each _ generic _ response do
    Write _ Generic _ Response _ Dictionary _ Blockette 46( ) ;             [46]

Start _ Decimation _ Records( ) ;
for each _ decimation do
    Write _ Decimation _ Dictionary _ Blockette 47( ) ;                     [47]

Start _ Channel _ Sensitivity/Gain _ Dictionary _ Records( ) ;
for each _ channel _ sensitivity do
    Write _ Channel _ Sensitivity/Gain _ Dictionary _ Blockette 48( ) ;     [48]
for each _ station do begin
    Start _ Station _ Header _ Records( ) ;
for orignal _ and _ any _ updates do
    Write _ Station _ ID _ Blockette 50( ) ;                                [50]
for each _ station _ comment do
    Write _ Station _ Comment _ Blockette 51( ) ;                           [51]
for each _ channel do begin
    for original _ channel _ and _ any _ updates do begin
        Write _ Channel _ ID _ Blockette 52( ) ;                            [52]
        for each _ stage do begin
          if poles _ and _ zeros then
              Write _ Response _ Blockette 53( ) ;                          [53]
            or
              Write _ Response _ Blockette 60( ) ;                          [60]
          if coefficients then
              Write _ Response _ Blockette 54( ) ;                          [54]
            or
              Write _ Response _ Blockette 61( ) ;                          [61]
            or
              Write _ Response _ Blockette 60( ) ;                          [60]
          if response _ list then
```

```
                Write _ Response _ List _ Blockette 55( ) ;                    [55]
                or
                Write _ Response _ Blockette 60( ) ;                           [60]
            if generic _ response then
                Write _ Generic _ Response _ Blockette 56( ) ;                 [56]
              or
                Write _ Response _ Blockette 60( ) ;                           [60]
            if decimation then
                Write _ Decimation _ Blockette 57( ) ;                         [57]
              or
                Write _ Response _ Blockette 60( ) ;                           [60]
            if individual _ sensitivity then
                Write _ Sensitivity _ Blockette 58( ) ;                        [58]
              or
                Write _ Response _ Blockette 60( ) ;                           [60]
        end
        if final _ sensitivity then
            Write _ Sensitivity _ Blockette 58( ) ;                            [58]
          or
            Write _ Response _ Blockette 60( ) ;                               [60]
    end
    for each _ channel _ comment do
        Write _ Channel _ Comment _ Blockette 59( ) ;                          [59]
  end
  Flush _ Any _ Remaining _ Station _ Header _ Records( ) ;
end

for each _ time _ span do begin
    Start _ Time _ Span _ Header _ Records( ) ;
    Write _ Time _ Span _ ID _ Blockette 70( ) ;                               [70]
    if event _ network _ volume then begin
        Write _ Hypocenter _ Info _ Blockette 71( ) ;                          [71]
        for each _ Hypocenter do
            for each _ station do
                for each _ channel do
                    for each _ phase do
                        Write _ Event _ Phases _ Blockette 72( ) ;             [72]
        end
        for each _ station do
            for each _ channel do
                Write _ Time _ Series _ Index _ Blockette 74( ) ;              [74]
            Flush _ Remaining _ Time _ Span _ Header _ Records( ) ;
        end
```

```
        for each_station do
            for each_channel do
                for data_record_for_channel do
                    Write_Data_Records();
        end
    end
```

附 录 H
（资料性附录）
台网代码

以下这些台网代码由 FDSN 档案处(IRIS DMC)分配，以便唯一地表示地震数据流(这些代码是动态的，最新列表请浏览 IRIS DMC 网页(http：//www. iris. washington. edu))。

每一条的第一行是台网代码和台网名称，第二行是台网运行机构或负责组织的名称。

AK 阿拉斯加区域台网
美国地质调查局(门罗帕克)，阿拉斯加大学

AS 改进的高增益长周期观测站(ASRO)
美国地质调查局阿尔伯克基地震实验室

AU 澳大利亚地震学中心
澳大利亚地质调查局

AZ ANZA 区域台网
加利福尼亚大学(圣迭戈)—美国地质调查局(门罗帕克)

BK 伯克利数字地震台网(BDSN)
加利福尼亚大学(伯克利)

CD/IC 中国数字地震台网(CDSN)/新一代中国数字地震台网(NCDSN)
中国地震局，中华人民共和国

CI Caltech 区域地震台网
加州理工大学

CN 加拿大国家地震台网
加拿大地质调查局

CS 高加索地震台网
拉蒙特—多赫蒂地质观象台

DW 数字化全球标准地震台网(DWWSSN)
美国地质调查局阿尔伯克基地震实验室

GE GEOFON
地球科学研究网

G GEOSCOPE
巴黎地球物理研究所

GN Garni 密集台阵
美国地质调查局(门罗帕克)

GR 德国区域地震台网
中央地震观象台，德国爱尔兰根

HG 高增益长周期地震台网(HGLP)
美国地质调查局阿尔伯克基地震实验室

II IRIS/IDA 地震台网
加利福尼亚大学司克瑞普斯海洋研究所

IU IRIS/USGS 地震台网
美国地质调查局阿尔伯克基地震实验室

KN　吉尔吉斯遥测地震台网
　　加利福尼亚大学(圣迭戈)
MN　MEDNET
　　意大利国家地球物理研究所
MX　墨西哥国家地震台网
NC　美国地质调查局北加利福尼亚区域地震台网
　　美国地质调查局(门罗帕克)
NR　NARS 台阵
　　乌得勒支大学
PS　POSEIDON(太平洋地震数据观测网)
　　东京大学地震研究所
RS　区域地震试验台网(RSTN)
　　美国地质调查局国家地震信息中心
SE　阿帕拉契东南合作地震台网
　　孟菲斯州立大学弗吉尼亚技术中心
　　北卡罗来纳大学田纳西山谷管理处
SR　地震研究观测台
　　美国地质调查局阿尔伯克基地震实验室
TS　TERRAscope
　　加州理工大学
US　美国国家地震台网
　　美国地质调查局国家地震信息中心
UU　犹他大学区域地震台网
　　犹他大学
UW　华盛顿区域地震台网
　　华盛顿大学

附　录　I
（资料性附录）
Flinn – Engdahl 地震分区

这里列出的 Flinn – Engdahl 地震分区基于 2002 年 5 月 31 日修订版，详见美国地质调查局国家地震信息中心网站 http：//neic. usgs. gov/neic/epic/fer. html。

代码	地震区	描述
1	1	美国阿拉斯加州中部（Central Alaska）
2	1	美国阿拉斯加州南部（Southern Alaska）
3	1	白令海（Bering Sea）
4	1	科曼多尔群岛地区（Komandorsky Islands Region）
5	1	阿留申群岛中的尼尔群岛（Near Islands，Aleutians Islands）
6	1	阿留申群岛中的拉特群岛（Rat Islands，Aleutian Islands）
7	1	阿留申群岛中的安德烈亚诺夫群岛（Andreanof Islands，Aleutian Islands）
8	1	阿拉斯加地区普里比洛夫群岛（Pribilof Islands，Alaska Reglon）
9	1	阿留申群岛中的福克斯群岛（Fox Islands，Aleutians Islands）
10	1	阿拉斯加乌尼马克岛地区（Unimak Island Region，Alaska）
11	1	布里斯托尔湾（Bristol Bay）
12	1	阿拉斯加半岛（Alaska Peninsula）
13	1	阿拉斯加科迪亚克岛地区（Kodiak Island Region，Alaska）
14	1	阿拉斯加基奈半岛（Kenai Peninsula，Alaska）
15	1	阿拉斯加湾（Gulf of Alaska）
16	1	阿留申群岛以南地区（South of Aleutian Islands）
17	1	阿拉斯加以南地区（South of Alaska）
18	2	加拿大育空地区南部（Southern Yukon Territory，Canada）
19	2	美国阿拉斯加州东南部（Southeastern Alaska）
20	2	美国阿拉斯加州东南部海岸远海（Off Coast of Southeastern Alaska）
21	2	温哥华岛以西地区（West of Vancouver Island）
22	2	夏洛特皇后群岛地区（Queen Charlotte Islands Region）
23	2	加拿大不列颠哥伦比亚省（British Columbia，Canada）
24	2	加拿大阿尔伯达省（Alberta Province，Canada）
25	2	加拿大温哥华岛地区（Vancouver Island，Canada Region）
26	2	美国华盛顿州海岸远海（Off Coast of Washington）
27	2	美国华盛顿州海岸近海（Near Coast of Washington）
28	2	美国华盛顿州—俄勒冈州边境地区（Washington – Oregon Border Region）
29	2	美国华盛顿州（Washington）
30	3	美国俄勒冈州海岸远海（Off Coast of Oregon）
31	3	美国俄勒冈州海岸近海（Near Coast of Oregon）
32	3	美国俄勒冈州（Oregon）
33	3	美国爱达荷州西部（Western Idaho）
34	3	美国加利福尼亚北部海岸远海（Off Coast of Northern California）

代码	地震区	描述
35	3	美国加利福尼亚北部海岸近海(Near Coast of Northern California)
36	3	美国加利福尼亚州北部(Northern California)
37	3	美国内华达州(Nevada)
38	3	美国加利福尼亚州海岸远海(Off Coast of California)
39	3	美国加利福尼亚州中部(Central California)
40	3	美国加利福尼亚州—内华达州边境地区(California - Nevada Border Region)
41	3	美国内华达州南部(Southern Nevada)
42	3	美国亚利桑那州西部(Western Arizona)
43	3	美国加利福尼亚州南部(Southern California)
44	3	美国加利福尼亚州—亚利桑那州边境地区(California - Arizona Border Region)
45	3	美国加利福尼亚州—下加利福尼亚州边境地区(California - Baja California Border Region)
46	3	美国亚利桑那州西部—索诺拉州边境地区(W. Arizona - Sonora Border Region)
47	4	美国下加利福尼亚西海岸远海(Off W. Coast of Baja California)
48	4	墨西哥下加利福尼亚州(Baja California, Mexico)
49	4	加利福尼亚湾(Gulf of California)
50	4	墨西哥索诺拉州(Sonora, Mexico)
51	4	中墨西哥海岸远海(Off Coast of Central Mexico)
52	4	中墨西哥海岸近海(Near Coast of Central Mexico)
53	5	雷维亚希赫多群岛地区(Revilla Gigedo Islands Region)
54	5	墨西哥哈利斯科州海岸远海(Off Coast of Jalisco, Mexico)
55	5	墨西哥哈利斯科州海岸近海(Near Coast of Jalisco, Mexico)
56	5	墨西哥米却肯州海岸近海(Near Coast of Michoacan, Mexico)
57	5	墨西哥米却肯州(Michoacan, Mexico)
58	5	墨西哥格雷罗州海岸近海(Near Coast of Guerrero, Mexico)
59	5	墨西哥格雷罗州(Guerrero, Mexico)
60	5	墨西哥瓦哈卡州(Oaxaca, Mexico)
61	5	墨西哥恰帕斯州(Chiapas, Mexico)
62	5	墨西哥—危地马拉边境地区(Mexico - Guatemala Border Region)
63	5	墨西哥海岸远海(Off Coast of Mexico)(已停止使用)
64	5	墨西哥米却肯州海岸远海(Off Coast of Michoacan, Mexico)
65	5	墨西哥格雷罗海岸远海(Off Coast of Guerrero, Mexico)
66	5	墨西哥瓦哈卡海岸近海(Near Coast of Oaxaca, Mexico)
67	5	墨西哥瓦哈卡海岸远海(Off Coast of Oaxaca, Mexico)
68	5	墨西哥恰帕斯海岸远海(Off Coast of Chiapas, Mexico)
69	5	墨西哥恰帕斯海岸近海(Near Coast Chiapas, Mexico)
70	5	危地马拉(Guatemala)
71	5	危地马拉海岸近海(Near Coast of Guatemala)
72	6	洪都拉斯(Honduras)
73	6	萨尔瓦多(El Salvador)
74	6	尼加拉瓜海岸附近(Near Coast of Nicaragua)
75	6	尼加拉瓜(Nicaragua)
76	6	中美洲海岸远海(Off Coast of Central America)

代码	地震区	描述
77	6	哥斯达黎加海岸远海(Off Coast of Costa Rica)
78	6	哥斯达黎加(Costa Rica)
79	6	巴拿马以北地区(North of Panama)
80	6	巴拿马—哥斯达黎加边境地区(Panama - Costa Rica Border Region)
81	6	巴拿马(Panama)
82	6	巴拿马—哥伦比亚边境地区(Panama - Columbia Border Region)
83	6	巴拿马以南地区(South of Panama)
84	7	墨西哥尤卡坦半岛(Yucatan Peninsula, Mexico)
85	7	古巴地区(Cuba Region)
86	7	牙买加地区(Jamaica Region)
87	7	海地地区(Haiti Region)
88	7	多米尼亚共和国地区(Dominican Republic Region)
89	7	莫纳海峡(Mona Passage)
90	7	波多黎各地区(Puerto Rico Region)
91	7	维尔京群岛(Virgin Islands)
92	7	背风群岛(Leeward Islands)
93	7	贝利塞(Belize)
94	7	加勒比海(Caribbean Sea)(已停止使用)
95	7	向风群岛(Windward Islands)
96	7	哥伦比亚北海岸近海(Near North Coast of Columbia)
97	7	委内瑞拉海岸近海(Near Coast of Venezuela)
98	7	特立尼达(Trinidad)
99	7	哥伦比亚北部(Northern Columbia)
100	7	委内瑞拉马拉开波湾(Lake Maracaibo, Venezuela)
101	7	委内瑞拉(Venezuela)
102	7	哥伦比亚西部海岸近海(Near West Coast of Columbia)
103	8	哥伦比亚(Columbia)
104	8	厄瓜多尔海岸远海(Off Coast of Ecuador)
105	8	厄瓜多尔海岸近海(Near Coast of Ecuador)
106	8	哥伦比亚—厄瓜多尔边境地区(Columbia - Ecuador Border Region)
107	8	厄瓜多尔(Ecuador)
108	8	秘鲁北部海岸远海(Off Coast of Northern Peru)
109	8	秘鲁北部海岸近海(Near Coast of Northern Peru)
110	8	秘鲁—厄瓜多尔边境地区(Peru - Ecuador Border Region)
111	8	秘鲁北部(Northern Peru)
112	8	秘鲁—巴西边境地区(Peru - Brazil Border Region)
113	8	巴西西部(Western Brazil)
114	8	秘鲁海岸远海(Off Coast of Peru)
115	8	秘鲁海岸近海(Near Coast of Peru)
116	8	秘鲁中部(Central Peru)
117	8	秘鲁南部(Southern Peru)
118	8	秘鲁—玻利维亚边境地区(Peru - Bolivia Border Region)

代码	地震区	描述
119	8	玻利维亚北部(Northern Bolivia)
120	8	玻利维亚中部(Central Bolivia)
121	8	智利北部海岸远海(Off Coast of Northern Chile)
122	8	智利北部海岸近海(Near Coast of Northern Chile)
123	8	智利北部(Northern Chile)
124	8	智利—玻利维亚边境地区(Chile – Bolivia Border Region)
125	8	玻利维亚南部(Southern Bolivia)
126	8	巴拉圭(Paraguay)
127	8	智利—阿根廷边境地区(Chile – Argentina Border Region)
128	8	阿根廷胡胡伊省(Jujuy Province，Argentina)
129	8	阿根廷萨尔塔省(Salta Province，Argentina)
130	8	阿根廷卡塔马卡省(Catamarca Province，Argentina)
131	8	阿根廷图库曼省(Tucuman Province，Argentina)
132	8	阿根廷圣地亚哥德尔埃斯特罗省(Santiago Del Estero Province，Argentina)
133	8	阿根廷东北部(Northeastern Argentina)
134	8	中智利海岸远海(Off Coast of Central Chile)
135	8	中智利海岸近海(Near Coast of Central Chile)
136	8	中智利(Central Chile)
137	8	阿根廷圣胡安省(San Juan Province，Argentina)
138	8	阿根廷拉里奥哈省(La Rioja Province，Argentina)
139	8	阿根廷门多萨省(Mendoza Province，Argentina)
140	8	阿根廷圣路易斯省(San Luis Province，Argentina)
141	8	阿根廷科尔多瓦省(Cordoba Province，Argentina)
142	8	乌拉圭(Uruguay)
143	9	智利南部海岸远海(Off Coast of Southern Chile)
144	9	智利南部(Southern Chile)
145	9	智利—阿根廷南部边境地区(South Chile – Argentina Border Region)
146	10	阿根廷南部(Southern Argentina)
147	10	火地岛(Tierra del Fuego)
148	10	福克兰群岛地区(Falkland Islands Region)
149	10	德雷克海峡(Drake Passage)
150	10	斯克舍海(Scotia Sea)
151	10	南乔治亚岛地区(South Georgia Island Region)
152	10	南乔治亚海丘(South Georgia Rise)
153	10	夏威夷群岛南部地区(South Sandwich Islands Region)
154	10	南设得兰群岛(South Shetland Islands)
155	10	帕默半岛(Antarctic Peninsula)
156	10	大西洋西南(Southwestern Atlantic Ocean)(已停止使用)
157	10	威德尔海(Weddell Sea)
158	11	新西兰北岛西海岸远海(Off West Coast of North Island New Zealand)
159	11	新西兰北岛(North Island，New Zealand)
160	11	新西兰北岛东海岸远海(Off East Coast of North Island，New Zealand)

代码	地震区	描述
161	11	新西兰南岛西海岸远海(Off West Coast of South Island, New Zealand)
162	11	新西兰南岛(South Island, New Zealand)
163	11	新西兰库克海峡(Cook Straight, New Zealand)
164	11	新西兰南岛东海岸远海(Off East Coast of South Island, New Zealand)
165	11	新西兰南岛东海岸远海(North of MacQuarie Island)
166	11	新西兰奥克兰群岛地区(Aukland Islands, New Zealand Region)
167	11	麦阔里岛地区(MacQuarie Islands Region)
168	11	新西兰以南地区(South of New Zealand)
169	12	萨摩亚群岛地区(Samoa Islands Region)
170	12	萨摩亚群岛(Samoa Islands)
171	12	斐济群岛南部(South of Fiji Islands)
172	12	汤加群岛西部地区(West of Tonga Islands)(已停止使用)
173	12	汤加群岛(Tonga Islands)
174	12	汤加群岛地区(Tonga Islands Region)
175	12	汤加群岛以南地区(South of Tonga Islands)
176	12	新西兰以北地区(North of New Zealand)
177	12	克马德克群岛地区(Kermadec Islands Region)
178	12	新西兰克马德克群岛(Kermadec Islands, New Zealand)
179	12	克马德克群岛以南地区(South of Kermadec Islands)
180	13	斐济以北地区(North of Fiji Islands)
181	13	斐济群岛地区(Fiji Region Islands)
182	13	斐济群岛(Fiji Islands)
183	14	圣克鲁斯群岛地区(Santa Cruz Islands Region)
184	14	圣克鲁斯群岛(Santa Cruz Islands)
185	14	瓦努阿图群岛地区(Vanuatu Islands region)
186	14	瓦努阿图群岛(Vanuatu Islands)
187	14	新喀里多尼亚(New Caledonia)
188	14	洛亚尔提群岛(Loyalty Islands)
189	14	洛亚尔提群岛东南部(Southeast of Loyalty Islands)
190	15	新爱尔兰地区(New Ireland Region)
191	15	所罗门群岛以北地区(North of Solomon Islands)
192	15	新不列颠地区(New Britain Region)
193	15	所罗门群岛(Solomon Islands)
194	15	当特尔卡斯托群岛地区(Dentrecasteaux Islands Region)
195	15	所罗门群岛南部(South of Solomon Islands)
196	16	印度尼西亚伊里安查亚省地区(Irian Jaya Region, Indonesia)
197	16	伊里安查亚省北部海岸近海(Near North Coast of Irian Jaya)
198	16	尼尼戈群岛(巴布亚新几内亚)地区(Ninigo Islands Region)
199	16	阿德默勒尔蒂群岛地区(Admiralty Islands Region)
200	16	巴布亚新几内亚北海岸近海(Near North Coast of Papua New Guinea)
201	16	印度尼西亚伊里安查亚省(Irian Jaya, Indonesia)
202	16	巴布亚新几内亚(Papua New Guinea)

代码	地震区	描述
203	16	俾斯麦海(Bismarck Sea)
204	16	阿鲁群岛地区(Aru Islands Region)
205	16	伊里安查亚省南海岸近海(Near South Coast of Irian Java)
206	16	巴布亚新几内亚南海岸近海(Near South Coast of Papua, New Guinea)
207	16	新几内亚东部地区(East Papua, New Guinea Region)
208	16	阿拉弗拉海(Arafura Sea)
209	17	密克罗尼西亚加罗林群岛西部(West Caroline Islands, Micronesia)
210	17	马里亚纳群岛以南地区(South of Mariana Islands)
211	18	日本本州以南地区(South of Honshu, Japan)
212	18	日本小笠原群岛地区(Bonin Islands, Japan Region)
213	18	日本硫黄列岛地区(Volcano Islands, Japan Region)
214	18	马里亚纳群岛以西地区(West of Mariana Islands)
215	18	马里亚纳群岛地区(Mariana Islands Region)
216	18	马里亚纳群岛(Mariana Islands)
217	19	俄罗斯堪察加半岛(Kamchatka Peninsula, Russia)
218	19	堪察加东海岸近海(Near East Coast of Kamchatka)
219	19	堪察加东海岸远海(Off East Coast of Kamchatka)
220	19	千岛群岛西北以远地区(Northwest of Kuril Islands)
221	19	千岛群岛(Kuril Islands)
222	19	千岛群岛以东地区(East of Kuril Islands)
223	19	日本海东部(Eastern Sea of Japan)
224	19	日本北海道地区(Hokkaido, Japan Region)
225	19	日本北海道海岸远海(Off Coast of Hokkaido, Japan)
226	19	日本本州西海岸近海(Near West Coast of Honshu, Japan)
227	19	日本本州岛东部(Eastern Honshu, Japan)
228	19	日本本州东海岸近海(Near East Coast of Honshu, Japan)
229	19	日本本州东海岸远海(Off East Coast of Honshu, Japan)
230	19	日本本州南海岸近海(Near South Coast of Honshu, Japan)
231	20	韩国(South Korea)
232	20	日本本州西部(Western Honshu, Japan)
233	20	日本本州西部南海岸近海(Near South Coast of Western Honshu)
234	20	琉球群岛西北(Northwest of Ryukyu Islands)
235	20	日本九州岛(Kyushu, Japan)
236	20	日本四国岛(Shikoku, Japan)
237	20	日本四国东南以远地区(Southeast of Shikoku, Japan)
238	20	日本琉球群岛(Ryukyu Islands, Japan)
239	20	琉球群岛东南(Southeast of Ryukyu Islands)
240	20	小笠原群岛以西地区(West of Bonin Islands)
241	20	菲律宾海(Philippine Sea)
242	21	中国东南沿海(Near Coast of Southeastern China)
243	21	中国台湾地区(Taiwan Region)
244	21	中国台湾(Taiwan)

代码	地震区	描述
245	21	中国台湾东北以远地区(Northeast of Taiwan)
246	21	日本琉球群岛西南部(Southwestern Ryukyu Islands, JAPAN)
247	21	中国台湾东南以远地区(Southeast of Taiwan)
248	22	菲律宾群岛地区(Philippine Islands Region)
249	22	菲律宾吕宋岛(Luzon, Philippine)
250	22	菲律宾民都洛岛(Mindoro, Philippine Islands)
251	22	菲律宾萨马岛(Samar, Philippine)
252	22	菲律宾群岛中的巴拉望岛(Palawan, Philippine Islands)
253	22	苏禄海(Sulu Sea)
254	22	菲律宾班乃岛(Panay, Philippine)
255	22	菲律宾宿务岛(Cebu, Philippine)
256	22	菲律宾莱特岛(Leyte, Philippine)
257	22	菲律宾内格罗岛(Negros, Philippine)
258	22	菲律宾苏禄群岛(Sulu Archipelago, Philippine)
259	22	菲律宾棉兰老岛(Mindaao, Philippine)
260	22	菲律宾群岛以东地区(East of Philippine Islands)
261	23	婆罗洲 (加里曼丹岛)(Borneo)
262	23	西里伯斯海(Celebes Sea)
263	23	印度尼西亚塔务群岛(Talaud Islands, Indonesia)
264	23	印度尼西亚查伊洛洛贾洛洛(哈马黑拉)以北地区(North of Halmahera, Indonesia)
265	23	苏拉威西岛米那哈沙半岛(西里伯斯)(Minahassa Peninsula, Sulawesi)
266	23	马六甲海北部(Northern Molucca sea)
267	23	印度尼西亚哈马黑拉(查伊洛洛贾洛洛)岛(Halmahera, Indonesia)
268	23	印度尼西亚苏拉威西(西里伯斯)岛(Sulawesi, Indonesia)
269	23	马六甲海南部(Southern Molucca Sea)
270	23	斯兰海(Ceram Sea)
271	23	印度尼西亚布鲁岛(Buru, Indonesia)
272	23	印度尼西亚斯兰岛(Ceram, Indonesia)
273	24	印度尼西亚苏门答腊西南以远地区(Southwest of Sumatera, Indonesia)
274	24	印度尼西亚苏门答腊南部(Southern Sumatera, Indonesia)
275	24	爪哇海(Java Sea)
276	24	印度尼西亚巽他海峡(Sunda Strait, Indonesia)
277	24	印度尼西亚爪哇岛(Java, Indonesia)
278	24	巴厘海(Bali Sea)
279	24	佛罗勒斯海(Flores Sea)
280	24	班达海(Banda Sea)
281	24	印度尼西亚塔宁巴尔群岛地区(Tanimbar Islands Region, Indonesia)
282	24	印度尼西亚爪哇岛以南地区(South of Java, Indonesia)
283	24	印度尼西亚巴厘地区(Bali Region, Indonesia)
284	24	印度尼西亚巴厘以南地区(South of Bali, Indonesia)
285	24	印度尼西亚松巴哇地区(Sumbawa Island Region, Indonesia)
286	24	印度尼西亚佛罗勒斯地区(Flores Island Region, Indonesia)

代码	地震区	描述
287	24	印度尼西亚松巴地区(Sumba Island region, Indonesia)
288	24	萨武海(Savu Sea)
289	24	帝汶岛地区(Timor Region)
290	24	帝汶海(Timor Sea)
291	24	印度尼西亚松巴哇以南地区(South of Sumbawa Island, Indonesia)
292	24	印度尼西亚松巴岛以南地区(South of Sumba Island, Indonesia)
293	24	印度尼西亚帝汶以南地区(South of Timor, Indonesia)
294	25	缅甸—印度边境地区(Myanmar – India Border Region)
295	25	缅甸—孟加拉边境地区(Myanmar – Bangladesh Border Region)
296	25	缅甸(Myanmar)
297	25	缅甸—中国边境地区(Myanmar – China Border Region)
298	25	缅甸南海岸近海(Near South Coast of Myanmar)
299	25	东南亚(Southeast Asia)(已不再使用)
300	25	中国海南岛(Hainan Island, China)
301	25	中国南海(South China Sea)
302	26	克什米尔东部(Eastern Kashmir)
303	26	克什米尔—印度边境地区(Kashmir – India Border Region)
304	26	克什米尔—中国西藏边境地区(Kashmir – Xizang Border Region)
305	26	中国西藏西部—印度边境地区(Western Xizang – India Border Region)
306	26	中国西藏自治区(Xizang)
307	26	中国四川省(Sichuan, China)
308	26	印度北部(Northern India)
309	26	尼泊尔—印度边境地区(Nepal – India Border Region)
310	26	尼泊尔(Nepal)
311	26	锡金(Sikkim)
312	26	不丹(Bhutan)
313	26	中国西藏东部—印度边境地区(Eastern Xizang – India Border Region)
314	26	印度南部(Southern India)
315	26	印度—孟加拉国边境地区(India – Bangladesh Border Region)
316	26	孟加拉(Bangladesh)
317	26	印度东部(Northeastern India)
318	26	中国云南省(Yunnan, China)
319	26	孟加拉湾(Bay of Bengal)
320	27	吉尔吉斯斯坦—中国新疆边境地区(Kyrgyzstan – Xinjiang Border Region)
321	27	中国新疆自治区南部(Southern Xinjiang, China)
322	27	中国甘肃省(Gansu, China)
323	27	中国内蒙古北部(Northern Nei Mongol, China)
324	27	克什米尔—中国新疆边境地区(Kashmir – Xinjiang Border Region)
325	27	中国青海省(Qinghai, China)
326	28	俄罗斯西伯利亚西南部(Southwestern Siberia, Russia)
327	28	俄罗斯贝加尔湖地区(Lake Baikal Region, Russia)
328	28	俄罗斯贝加尔湖以东地区(East of Lake Baikal, Russia)

代码	地震区	描述
329	28	哈萨克东部(Eastern Kazakh)
330	28	伊塞克湖地区(Lake Issyk - Kul Region)
331	28	哈萨克—新疆边境地区(Kazakh - Xinjiang Border Region)
332	28	中国新疆自治区北部(Northern Xinjiang, China)
333	28	俄罗斯—蒙古边境地区(Russia - Mongolia Border Region)
334	28	蒙古(Mongolia)
335	29	俄罗斯乌拉尔山脉地区(Ural Mountains Region, Russia)
336	29	哈萨克斯坦西部(Western Kazakhstan)
337	29	高加索东部(Eastern Caucasus)
338	29	里海(Caspian Sea)
339	29	乌兹别克斯坦西北(Northwestern Uzbekistan)
340	29	土库曼斯坦(Turkmenistan)
341	29	土库曼斯坦—伊朗边境地区(Turkmenistan - Iran Border Region)
342	29	土库曼斯坦—阿富汗边境地区(Turkmenistan - Afghanistan Border Region)
343	29	土耳其—伊朗边境地区(Turkey - Iran Border Region)
344	29	亚美尼亚—阿塞拜疆—伊朗边境地区(Armenia - Azerbaijan - Iran Border Region)
345	29	伊朗西北部(Northwestern Iran)
346	29	伊朗—伊拉克边境地区(Iran - Iraq Border Region)
347	29	伊朗西部(Western Iran)
348	29	伊朗北部和中部(Northern and Central Iran)
349	29	阿富汗西北部(Northwestern Afghanistan)
350	29	阿富汗西南部(Southwestern Afghanistan)
351	29	阿拉伯半岛东部(Eastern Arabian Peninsula)
352	29	波斯湾(Persian Gulf)
353	29	伊朗南部(Southern Iran)
354	29	巴基斯坦西南部(Southwestern Pakistan)
355	29	阿曼湾(Gulf of Oman)
356	29	巴基斯坦海岸远海(Off Coast of Pakistan)
357	30	乌克兰—墨尔多瓦—俄罗斯西南地区(Ukraine - Moldova - Sw Russia Region)
358	30	罗马尼亚(Romania)
359	30	保加利亚(Bulgaria)
360	30	黑海(Black Sea)
361	30	乌克兰克什米尔地区(Crimea Region, Ukraine)
362	30	高加索西部(Western Caucasus)
363	30	希腊—保加利亚边境地区(Greece - Bulgaria Border Region)
364	30	希腊(Greece)
365	30	爱琴海(Aegean Sea)
366	30	土耳其(Turkey)
367	30	格鲁吉亚—亚美尼亚—土耳其边境地区(Georgia - Armenia - Turkey Border Region)
368	30	希腊南部(Southern Greece)
369	30	格鲁吉亚多德卡尼斯群岛(Dodecanese Islands, Georgia)
370	30	格鲁吉亚克里特岛(Crete, Georgia)

代码	地震区	描述
371	30	地中海东部(Eastern Mediterranean Sea)
372	30	塞浦路斯地区(Cyprus Region)
373	30	死海地区(Dead Sea Region)
374	30	约旦—叙利亚地区(Jordan – Syria Region)
375	30	伊拉克(Iraq)
376	31	葡萄牙(Portugal)
377	31	西班牙(Spain)
378	31	比利牛斯(Pyrenees)
379	31	法国南海岸近海(Near South Coast of France)
380	31	法国科西嘉岛(Corsica, France)
381	31	中部意大利(Central Italy)
382	31	亚得里亚海(Adriatic Sea)
383	31	巴尔干半岛西北地区(Northwestern Balkan Region)
384	31	直布罗陀以西地区(West of Gibraltar)
385	31	直布罗陀海峡(Strait of Gibraltar)
386	31	西班牙巴利阿里群岛(Balearic Islands, Spain)
387	31	地中海西部地区(Western Mediterranean Sea)
388	31	意大利撒丁岛(Sardinia, Italy)
389	31	第勒尼安海(Tyrrhenian Sea)
390	31	意大利南部(Southern Italy)
391	31	阿尔巴尼亚(Albania)
392	31	希腊—阿尔巴尼亚边境地区(Greece – Albania Border Region)
393	31	葡萄牙马德拉地区(Madeira Islands, Portugal Region)
394	31	西班牙加那利群岛地区(Canary Islands, Spain Region)
395	31	摩洛哥(Morocco)
396	31	阿尔及利亚北部(Northern Algeria)
397	31	突尼斯(Tunisia)
398	31	意大利西西里岛(Sicily, Italy)
399	31	爱奥尼亚海(Ionian Sea)
400	31	地中海中部(Central Mediterranean Sea)
401	31	利比亚海岸近海(Near Coast of Libya)
402	32	北大西洋(North Atlantic Ocean)(已不再使用)
403	32	中大西洋北部海岭(Northern Mid – Atlantic Ridge)
404	32	亚速尔群岛地区(Azores Islands Region)
405	32	葡萄牙亚速尔群岛(Azores Islands, Portugal)
406	32	中大西洋中部海岭(Central Mid – Atlantic Ridge)
407	32	阿森松岛以北地区(North of Ascension Islands)
408	32	阿森松岛地区(Ascension Island Region)
409	32	南大西洋(South Atlantic Ocean)
410	32	中大西洋南部海岭(Southern Mid – Atlantic Ridge)
411	32	特里斯坦—达库尼亚地区(Tristan Da Cunha Region)
412	32	布韦岛地区(Bouvet Island Region)

代码	地震区	描述
413	32	非洲西南以远地区(Southwest of Africa)
414	32	大西洋东南部(Southeastern Atlantic Ocean)
415	33	亚丁湾东部(Eastern Gulf of Aden)
416	33	索科特拉地区(Socotra Region)
417	33	阿拉伯海(Arabian Sea)(已不再使用)
418	33	印度沙群岛地区(Lakshadweep Region, India)
419	33	索马里东北部(Northeastern Somalia)
420	33	北印度洋(North Indian Ocean)
421	33	卡尔斯伯格海岭(Carlsberg Ridge)
422	33	马尔代夫群岛地区(Maldive Islands Region)
423	33	拉克代夫海(Laccadive Sea)
424	33	斯里兰卡(锡兰)(Sri Lanka)
425	33	南印度洋(South Indian Ocean)(已不再使用)
426	33	查戈斯群岛地区(Chagos Archipelago Region)
427	33	毛里求斯—留尼汪地区(Mauritius - Reunion Region)
428	33	印度洋西南海岭(Southwest Indian Ridge)
429	33	中印度洋海丘(Mid - Indian Rise)
430	33	非洲以南地区(South of Africa)
431	33	爱德华太子群岛地区(Prince Edward Islands Region)
432	33	克罗泽群岛地区(Crozet Islands Region)
433	33	克尔盖伦群岛地区(Kerguelen Islands Region)
434	33	布罗肯海岭(Broken Ridge)
435	33	东南印度洋海岭(Southeast Indian Rise)
436	33	凯尔盖朗深海高原南部(Southern Kerguelen Plateau)
437	33	澳大利亚以南地区(South of Australia)(已不再使用)
438	34	加拿大萨斯喀彻温省(Saskatchewan, Canada)
439	34	加拿大马尼托巴省(Manitoba, Canada)
440	34	哈得逊湾(Hudson Bay)
441	34	加拿大安大略省(Ontario, Canada)
442	34	加拿大哈得孙海峡地区(Hudson Strait Region, Canada)
443	34	加拿大魁北克省北部(Northern Quebec, Canada)
444	34	戴维斯海峡(Davis Strait)
445	34	加拿大拉布拉多(Labrador, Canada)
446	34	拉布拉多海(Labrador Sea)
447	34	加拿大魁北克省南部(Southern Quebec, Canada)
448	34	加拿大加斯配半岛(Gaspe Peninsula, Canada)
449	34	加拿大魁北克省东部(Eastern Quebec, Canada)
450	34	加拿大安提科斯提岛(Anticosti Island, Canada)
451	34	加拿大新不伦瑞克省(New Brunswick, Canada)
452	34	加拿大新斯科舍省(Nova Scotia, Canada)
453	34	加拿大爱德华太子群岛(Prince Edward Island, Canada)
454	34	圣劳伦斯湾(Gulf of Saint Lawrence)

代码	地震区	描述
455	34	加拿大纽芬兰省(Newfoundland, Canada)
456	34	美国蒙大拿州(Montana)
457	34	美国爱达荷州东部(Eastern Idaho)
458	34	美国赫根湖地区(Hebgen Lake Region)
459	34	美国怀俄明黄石国家公园地区(Yellowstone Region, Wyoming)
460	34	美国怀俄明州(Wyoming)
461	34	美国北达科他州(North Dakota)
462	34	美国南达科他州(South Dakota)
463	34	美国内布拉斯加州(Nebraska)
464	34	美国明尼苏达州(Minnesota)
465	34	美国艾奥瓦州(Iowa)
466	34	美国威斯康星州(Wisconsin)
467	34	美国伊利诺伊州(Illinois)
468	34	美国密歇根州(Michigan)
469	34	美国印第安纳州(Indiana)
470	34	加拿大安大略省南部(Southern Ontario, Canada)
471	34	美国俄亥俄州(Ohio)
472	34	美国纽约州(New York)
473	34	美国宾夕法尼亚州(Pennsylvania)
474	34	美国佛蒙特州—新罕布什尔州地区(Vermont – New Hampshire Region)
475	34	美国缅因州(Maine)
476	34	美国新英格兰南部(Southern New England)
477	34	美国缅因湾(Gulf of Maine)
478	34	美国犹他州(Utah)
479	34	美国科罗拉多州(Colorado)
480	34	美国堪萨斯州(Kansas)
481	34	美国艾奥瓦州—密苏里州边境地区(Iowa – Missouri Border Region)
482	34	美国密苏里州—堪萨斯州边境地区(Missouri – Kansas Border Region)
483	34	美国密苏里州(Missouri)
484	34	美国密苏里州—阿肯色州边境地区(Missouri – Arkansas Border Region)
485	34	美国密苏里州东部(Eastern Missouri)
486	34	美国密苏里州新马德地区(New Madrid, Missouri Region)
487	34	美国密苏里州开普吉拉多地区(Cape Girardeau, Missouri Region)
488	34	美国伊利诺伊南部(Southern Illinois)
489	34	美国印地安纳州南部(Southern Indiana)
490	34	美国肯塔基州(Kentucky)
491	34	美国西弗吉尼亚州(West Virginia)
492	34	美国弗吉尼亚州(Virginia)
493	34	美国切萨皮克湾地区(Chesapeake Bay Region)
494	34	美国新泽西州(New Jersey)
495	34	亚利桑那州东部(Eastern Arizona)
496	34	美国新墨西哥州(New Mexico)

代码	地震区	描述
497	34	美国得克萨斯州狭长地区（Texas Panhandle Region）
498	34	美国西得克萨斯（West Texas）
499	34	美国俄克拉何马州（Oklahoma）
500	34	美国中得克萨斯（Central Texas）
501	34	美国阿肯色州—俄克拉何马州边境地区（Arkansas – Oklahoma Border Region）
502	34	美国阿肯色州（Arkansas）
503	34	美国路易斯安那州—得克萨斯州边境地区（Louisiana – Texas Border Region）
504	34	美国路易斯安那（Louisiana）
505	34	美国密西西比河（Mississippi）
506	34	美国田纳西州（Tennessee）
507	34	美国亚拉巴马州（Alabama）
508	34	美国佛罗里达州西部（Western Florida）
509	34	美国佐治亚州（Georgia，USA）
510	34	美国佛罗里达州—佐治亚州边境地区（Florida – Georgia Border Region）
511	34	美国南卡罗来纳州（South Carolina）
512	34	美国北卡罗来纳州（North Carolina）
513	34	美国东海岸远海（Off East Coast of United States）
514	34	美国佛罗里达半岛（Florida Peninsula）
515	34	美国巴哈马群岛（Bahama Islands）
516	34	美国亚利桑那州东部—索诺拉州边境地区（Eastern Arizona – Sonora Border Region）
517	34	美国新墨西哥州—奇瓦瓦州边境地区（New Mexico – Chihuahua Border Region）
518	34	美国得克萨斯州—墨西哥边境地区（Texas – Mexico Border Region）
519	34	美国得克萨斯州南部（Southern Texas）
520	34	美国得克萨斯州海岸近海（Near Coast of Texas）
521	34	墨西哥奇瓦瓦州（Chihuahua，Mexico）
522	34	墨西哥北部（Northern Mexico）
523	34	墨西哥中部（Central Mexico）
524	34	墨西哥哈利斯科州（Jalisco，Mexico）
525	34	墨西哥维拉克鲁斯州（Veracruz，Mexico）
526	34	墨西哥湾（Gulf of Mexico）
527	34	坎佩切湾（Bay of Campeche）
528	35	巴西（Brazil）
529	35	圭亚那（Guyana）
530	35	苏里南（Suriname）
531	35	法属圭亚那（French Guiana）
532	35	爱尔兰（Ireland）
533	36	英国（United Kingdom）
534	36	北海（North Sea）
535	36	挪威南部（Southern Norway）
536	36	瑞典（Sweden）
537	36	波罗的海（Baltic Sea）
538	36	法国（France）

代码	地震区	描述
539	36	比斯开湾(Bay of Biscay)
540	36	荷兰(The Netherlands)
541	36	比利时(Belgium)
542	36	丹麦(Denmark)
543	36	德国(Germany)
544	36	瑞士(Switzerland)
545	36	意大利北部(Northern Italy)
546	36	奥地利(Austria)
547	36	捷克和斯洛伐克共和国(Czech and Slovak Republics)
548	36	波兰(Poland)
549	36	匈牙利(Hungary)
550	37	西北非(Northwest Africa)
551	37	阿尔及利亚南部(Southern Algeria)
552	37	利比亚(Libya)
553	37	埃及(Egypt)
554	37	红海(Red Sea)
555	37	阿拉伯半岛西部(Western Arabian Peninsula)
556	37	乍得地区(Chad Region)
557	37	苏丹(Sudan)
558	37	埃塞俄比亚(Ethiopia)
559	37	亚丁湾西部(Western Gulf of Aden)
560	37	索马里西北部(Northwestern Somalia)
561	37	西北非南海岸远海(Off South Coast of Northwest Africa)
562	37	喀麦隆(Cameroon)
563	37	赤道几内亚(Equatorial Guinea)
564	37	中非共和国(Central African Republic)
565	37	加蓬(Gabon)
566	37	刚果共和国(Republic of Congo)
567	37	刚果民主共和国(Democratic Republic of Congo)
568	37	乌干达(Uganda)
569	37	维多利亚湖地区(Lake Victoria Region)
570	37	肯尼亚(Kenya)
571	37	索马里南部(Southern Somalia)
572	37	坦喀尼喀湖地区(Lake Tanganyika Region)
573	37	坦桑尼亚(Tanzania)
574	37	马达加斯加西北以远地区(Northwest of Madagascar)
575	37	安哥拉(Angola)
576	37	赞比亚(Zambia)
577	37	马拉维(Malawi)
578	37	纳米比亚(Namibia)
579	37	博茨瓦纳(Botswana)
580	37	津巴布韦(Zimbabwe)

代码	地震区	描述
581	37	莫桑比克(Mozambique)
582	37	莫桑比克海峡(Mozambique Channel)
583	37	马拉加斯加(Madagascar)
584	37	南非(South Africa)
585	37	莱索托(Lesotho)
586	37	斯威士兰(Swaziland)
587	37	南非海岸远海(Off Coast of South Africa)
588	38	澳大利亚西北以远地区(Northwest of Australia)
589	38	澳大利亚以西地区(West of Australia)
590	38	西澳大利亚州(Western Australia)
591	38	澳大利亚北部(Northern Territory, Australia)
592	38	南澳大利亚州(South Australia)
593	38	卡奔塔利亚湾(Gulf of Carpenteria)
594	38	澳大利亚昆士兰州(Queensland, Australia)
595	38	珊瑚海(Coral Sea)
596	38	新喀里多尼亚西北部(Northwest of New Caledonia)
597	38	新喀里多尼亚西南部(Southwest of New Caledonia)
598	38	澳大利亚西南以远地区(Southwest of Australia)
599	38	澳大利亚南海岸远海(Off South Coast of Australia)
600	38	澳大利亚南海岸近海(Near South Coast of Australia)
601	38	澳大利亚新南威尔士(New South Wales, Australia)
602	38	澳大利亚维多利亚州(Victoria, Australia)
603	38	澳大利亚东南海岸近海(Near South East Coast of Australia)
604	38	澳大利亚东海岸近海(Near East Coast of Australia)
605	38	澳大利亚以东地区(East of Australia)
606	38	诺福克岛地区(Norfolk Island Region)
607	38	新西兰西北以远地区(Northwest of New Zealand)
608	38	巴斯海峡(Bass Strait)
609	38	澳大利亚塔斯马尼亚地区(Tasmania Region, Australia Region)
610	38	澳大利亚东南以远地区(Southeast of Australia)
611	39	北太平洋(North Pacific Ocean)
612	39	夏威夷群岛地区(Hawaiian Islands Region)
613	39	夏威夷(Hawaii)
614	39	密克罗尼西亚地区加罗林群岛东部(E. Caroline Islands, Micronesia)
615	39	马歇尔群岛地区(Marshall Islands Region)
616	39	马绍尔群岛埃尼威托克环礁地区(Eniwetok Atoll Region, Marshall Islands)
617	39	马绍尔群岛比基尼环礁地区(Bikini Atoll Region, Marshall Islands)
618	39	基里巴斯吉尔伯特群岛地区(Gilbert Islands, Kiribati Region)
619	39	约翰斯顿岛地区(Johnston Island Region)
620	39	基里巴斯莱恩群岛地区(Line Islands Region, Kiribati)
621	39	基里巴斯巴尔米拉岛地区(Palmyra Island Region, Kiribati)
622	39	基里巴斯圣诞岛地区(Kiritimati Region, Kiribati)

代码	地震区	描述
623	39	图瓦卢地区（Tuvalu region）
624	39	基里巴斯菲尼克斯群岛地区(Phoenix Islands，Kiribati Region)
625	39	托克劳群岛地区(Tekelau Islands Region)
626	39	库克群岛北部(Northern Cook Islands)
627	39	库克群岛地区(Cook Islands Region)
628	39	社会群岛地区(Society Islands Region)
629	39	土布艾群岛地区(Tubuai Islands Region)
630	39	马克萨斯群岛地区(Marquesas Islands Region)
631	39	土阿莫土群岛地区(Tuamotu Archipelago Region)
632	39	南太平洋(South Pacific Ocean)
633	40	罗蒙诺索夫海岭(Lomonosov Ridge)
634	40	北冰洋(Arctic Ocean)
635	40	格陵兰北海岸近海(Near North Coast of Greenland)
636	40	格陵兰岛东部(Eastern Greenland)
637	40	冰岛地区(Iceland Region)
638	40	冰岛(Iceland)
639	40	扬马延岛区域(Jan Mayen Island region)
640	40	格陵兰海(Greenland Sea)
641	40	斯瓦巴德以北地区(North of Svalbard)
642	40	挪威海(Norwegian Sea)
643	40	斯瓦巴德地区(Svalbard Region)
644	40	法兰士约瑟夫地以北地区(North of Franz Josef Land)
645	40	俄罗斯法兰士约瑟夫地(Franz Josef Land，Russia)
646	40	挪威北部(Northern Norway)
647	40	巴伦支海(Barents Sea)
648	40	俄罗斯新地岛(Novaya Zemlya，Russia)
649	40	喀拉海(Kara Sea)
650	40	俄罗斯西西伯利亚海岸近海(Near Coast of Western Siberia，Russia)
651	40	北地群岛以北地区(North of Severnaya Zemlya)
652	40	俄罗斯北地群岛(Severnaya Zemlya，Russia)
653	40	俄罗斯中西伯利亚海岸近海(Near coast of Central Siberia，Russia)
654	40	俄罗斯北地群岛以东地区(East of Severnaya Zemlya，Russia)
655	40	拉普捷夫海(Laptev Sea)
656	41	俄罗斯西伯利亚东南部(Southeastern Siberia，Russia)
657	41	俄罗斯东部—中国东北边境地区(E. Russia – N. E. China border region)
658	41	中国东北部(Northeastern China)
659	41	朝鲜(North Korea)
660	41	日本海(Sea of Japan)
661	41	俄罗斯滨海地区(Primor'ye，Russia)
662	41	俄罗斯萨哈林(Sakhalin，Russia)
663	41	鄂霍次克海(Sea of Okhotsk)
664	41	中国东南部(Southeastern China)

代码	地震区	描述
665	41	黄海(Yellow Sea)
666	41	中国东部海岸远海(Off Coast of Eastern China)
667	42	新西伯利亚群岛以北地区(North of New Siberian Islands)
668	42	俄罗斯新西伯利亚群岛(New Siberian Islands, Russia)
669	42	东西伯利亚海(East Siberian Sea)
670	42	东西伯利亚北海岸近海(Near North Coast of Eastern Siberia)
671	42	俄罗斯西伯利亚东部(Eastern Siberia, Russia)
672	42	楚科克海(Chukchi Sea)
673	42	白令海峡(Bering Strait)
674	42	阿拉斯加州圣劳伦斯岛地区(Saint Lawrence Island, Alaska Region)
675	42	波弗特海(Beaufort Sea)
676	42	阿拉斯加州北部(Northern Alaska)
677	42	加拿大北育空地区(Northern Yukon Territory, Canada)
678	42	加拿大伊利莎白皇后群岛(Queen Elizabeth Islands, Canada)
679	42	加拿大西北地区(Northwest Territories - Nunavut, Canada)
680	42	格陵兰西部(Western Greenland)
681	42	巴芬湾(Baffin Bay)
682	42	加拿大巴芬岛地区(Baffin Island Region, Canada)
683	43	中太平洋东南地区(Southeast Central Pacific Ocean)
684	43	东太平洋南部海岭(Southern East Pacific Rise)
685	43	复活节岛地区(Easter Island Region)
686	43	西智利海丘(West Chile Rise)
687	43	胡安·弗尔南德斯群岛地区(Juan Fernandez Islands Region)
688	43	新西兰北岛以东地区(East of North Island, New Zealand)
689	43	新西兰查塔姆群岛地区(Chatham Islands Region, New Zealand)
690	43	查塔姆群岛以南地区(South of Chatham Islands)
691	43	太平洋—南极海岭(Pacific - Antarctic Ridge)
692	43	太平洋南部(Southern Pacific Ocean)(已停止使用)
693	44	中太平洋东部地区(East Central Pacific Ocean)
694	44	东太平洋中部海岭(Central East Pacific Rise)
695	44	加拉帕戈斯群岛以西地区(West of Galapagos Islands)
696	44	加拉帕戈斯群岛地区(Galapagos Islands Region)
697	44	厄瓜多尔加拉帕戈斯群岛(Galapagos Islands, Ecuador)
698	44	加拉帕戈斯群岛西南以远地区(Southwest of Galapagos Islands)
699	44	加拉帕戈斯群岛东南以远地区(Southeast of Galapagos Islands)
700	45	塔斯马尼亚以南地区(South of Tasmania)
701	45	麦阔里岛以西地区(West of MacQuarie Island)
702	45	巴勒尼群岛地区(Balleny Islands Region)
703	46	印度安达曼群岛地区(Andaman Islands, India Region)
704	46	印度尼科巴群岛地区(Nicobar Islands, India Region)
705	46	北苏门答腊西海岸远海(Off West Coast of Northern Sumatera)
706	46	印度尼西亚苏门答腊北部(Northern Sumatera, Indonesia)

代码	地震区	描述
707	46	马来亚半岛(Malay Peninsula)
708	46	泰国湾(Gulf of Thailand)
709	47	阿富汗东南部(Southeastern Afghanistan)
710	47	巴基斯坦(Pakistan)
711	47	克什米尔西南部(Southwestern Kashmir)
712	47	印度—巴基斯坦边境地区(India – Pakistan Border Region)
713	48	哈萨克斯坦中部(Central Kazakhstan)
714	48	乌兹别克斯坦东南部(Southeastern Uzbekistan)
715	48	塔吉克斯坦(Tajikistan)
716	48	吉尔吉斯斯坦(Kyrgyzstan)
717	48	阿富汗—塔吉克斯坦边境地区(Afghanistan – Tajikistan Border Region)
718	48	阿富汗兴都库什地区(Hindu Kush Regio, Afghanistan)
719	48	塔吉克—中国新疆边境地区(Tajik – Xinjiang Border Region)
720	48	克什米尔西北部(Northwestern Kashmir)
721	49	芬兰(Finland)
722	49	挪威—俄罗斯边境地区(Norway – Russia Border Region)
723	49	芬兰—俄罗斯边境地区(Finland – Russia Border Region)
724	49	波罗的海—白俄罗斯—俄罗斯西北部(Baltic – Belarus – Nw Russia Region)
725	49	俄罗斯西伯利亚西北部(Northwestern Siberia, Russia)
726	49	俄罗斯西伯利亚中北部(Northcentral Siberia, Russia)
727	49	南极洲维多利亚地(Victoria Land, Antarctica)
728	50	罗斯海(Ross Sea)
729	50	南极洲(Antarctica)
730	5	东太平洋北部海岭 (Northern East Pacfic Rise)
731	7	洪都拉斯北部(North of Honduras)
732	10	南桑威奇群岛东部(East of South Sandwich Islands)
733	25	泰国(Thailand)
734	25	老挝(Laos)
735	25	柬埔寨(Cambodia)
736	25	越南(Vietnam)
737	25	东京湾(Gulf of Tongking)
738	32	雷克雅内斯海岭(Reykjanes Ridge)
739	32	亚速尔—圣文森特角海岭(Azores – Cape St. Vincent Ridge)
740	33	欧文断裂带地区(Owen Fracture Zone Region)
741	33	印度洋三岔点地区(Indian Ocean Triple Junction)
742	33	西印度洋—南极海岭(Western Indian – Antarctic Ridge)
743	37	撒哈拉沙漠西部(Westrn Sahara)
744	37	毛里塔尼亚(Mauritania)
745	37	马里(Mali)
746	37	塞内加尔—冈比亚地区(Senegal – Gambia Region)
747	37	几内亚地区(Guinea Region)
748	37	塞拉利昂(Sierra Leone)

代码	地震区	描述
749	37	利比里亚地区(Liberia Region)
750	37	科特迪瓦(Cote d'ivoire)
751	37	布基纳法索(Burkina Faso)
752	37	加纳(Ghana)
753	37	贝宁湾—多哥地区(Benin - Togo Region)
754	37	尼日尔(Niger)
755	37	尼日利亚(Nigeria)
756	43	太平洋南部(Southern Pacific Ocean)
757	44	加拉帕戈斯三岔点地区(Galapagos Triple Junction Region)

附 录 J
(资料性附录)
本标准章条编号与《地震数据交换标准》(SEED格式2.3版参考手册，1993，英文版，2002年2月22日增补)章条编号对照

表J.1给出了本标准章条编号与《地震数据交换标准》(SEED格式2.3版参考手册，1993，英文版，2002年2月22日增补)章条编号对照一览表。

表J.1

本标准章条编号	《地震数据交换标准》(SEED格式2.3版参考手册，1993，英文版，2002年2月22日增补)章条编号
2	术语表中的部分术语
3.1	第2章中格式组织一节
3.2	第2章中物理卷和逻辑卷一节
3.3	第2章中格式体一节
3.4	第2章中控制头段一节
3.5	第2章中子块一节
3.6	第2章中数据记录一节
3.7	第2章中现场台站卷一节
3.8	第2章中现场台站卷合并为台网卷一节
3.9	第2章中遥测卷和电子数据传送一节
4.1	第3章中ASCII头段字段的约定一节
4.2	第3章中怎样汇编控制头段一节
4.3	第3章中二进制数据字段的描述一节
5	第4章
6	第5章
7	第6章
8	第7章
9	第8章
附录A	附录A
附录B	附录B
附录C	附录D
附录D	附录F
附录E	附录G
附录F	附录H
附录G	第2章中怎样写SEED数据一节
附录H	附录J
附录I	附录K
附录J	—
	附录C
	附录E
	附录L

参 考 文 献

GB/T 1.1 — 2000 标准化工作导则 第1部分：标准的结构和编写规则
GB/T 5271.1 — 2000 信息技术词汇 第1部分：基本术语
GB/T 5271.2 — 1988 数据处理词汇 02 部分算术和逻辑运算
GB/T 5271.3 — 1987 数据处理词汇 03 部分设备技术
GB/T 5271.4 — 2000 信息技术词汇 第4部分：数据的组织
GB/T 5271.5 — 1987 数据处理词汇 05 部分数据的表示法
GB/T 5271.6 — 2000 信息技术词汇 第6部分：数据的准备与处理
GB/T 5271.7 — 1986 数据处理词汇 07 部分计算机程序设计
GB/T 5271.8 — 1993 数据处理词汇 08 部分控制、完整性和安全性
GB/T 5271.9 — 1986 数据处理词汇 09 部分数据通信
GB/T 14915 — 1994 电子数据交换术语
GB/T 17532 — 1998 术语工作计算机应用词汇
GB/T 18207.1 — 2000 防震减灾术语第1部分：基本术语
GB/T 20000.2 — 2001 标准化工作指南第2部分：采用国际标准的规则
JJF 1001 — 1998 通用计量术语及定义

ICS 91.120.25
P 15
备案号:12152—2003

中华人民共和国地震行业标准

DB/T 3—2003

地震及地震前兆测项分类与代码

Classification and code of seismic observation item and observation item for earthquake precursor

2003-06-13 发布

2003-12-01 实施

中国地震局 发布

前 言

本标准的制定参考了 DB/T 11.1 — 2000《地震数据分类与代码 第一部分：基本类别》和中国地震局现行的《地震数据库系统技术规范（试行）》及《中国地震信息网络 CSBnet 信息管理约定》等文件中的有关章节。

本标准由中国地震局提出。

本标准由全国地震标准化技术委员会（CSBTS/TC 225）归口。

本标准起草单位：中国地震局分析预报中心、中国地震局地壳应力研究所、中国地震局地球物理研究所。

本标准主要起草人：孙士铉、王子影、冯义钧、张少泉、周锦屏、周克昌、高福旺、卢军、朱自强、李晓玲等。

地震及地震前兆测项分类与代码

1 范围

本标准规定了地震及地震前兆测项的分类与代码。

本标准适用于地震及地震前兆信息的汇集、管理、交换和应用。

2 规范性引用文件

下列文件中的条款通过本标准的引用而成为本标准的条款。凡是注日期的引用文件，其随后所有的修改单（不包括勘误的内容）或修订版均不适用于本标准，然而，鼓励根据本标准达成协议的各方研究是否可使用这些文件的最新版本。凡是不注日期的引用文件，其最新版本适用于本标准。

GB/T 20001.3 — 2001 标准编写规则第 3 部分：信息分类编码

GB 7027 — 1986 标准化工作导则信息分类编码的基本原则和方法

3 术语和定义

下列术语和定义适用于本标准。

3.1

地震前兆测项 observation item for earthquake precursor

为提取地震前兆信息，用仪器获取相应的地球物理量或地球化学量的方法或方法门类。

3.2

地震前兆测项分量 component of observation item for earthquake precursor

构成地震前兆测项的每个要素。

3.3

地震测项 seismic observation itcm

用不同特性的地震仪记录地震时产生地面运动过程的方法门类。

3.4

地震测项分量 component of seismic observation item

构成地震测项的每个要素。

4 分类原则和方法

4.1 分类原则

在地震行业现有的学科和已较广泛开展的前兆测项的基础上，选择用于提取地震前兆信息的观测对象和观测方法作为主要分类依据。考虑到地震前兆信息的使用需要，测项分类扩充到地震前兆测项分量层级。

4.2 分类方法

本标准采用 GB 7027 — 1986 中给出的线分类法，将地震前兆测项分成三个层级。

4.2.1 第一层级

第一层级为观测类别，依据学科类别进行划分。

4.2.2 第二层级

第二层级用于区分同一类别中的不同观测对象。观测对象的确定主要以某些地球物理量或地球化学量为依据。

4.2.3 第三层级

用于区分获取同一观测对象的不同观测方法。观测方法的确定主要以不同的观测要求（如观测周期、观测环境等）或不同特性的观测仪器等为依据。

5 编码方法

本标准采用4位数字编码。自左至右，第1位表示观测类别，第2位表示同一类别的不同观测对象，第3位表示同一观测对象的不同测项，第4位表示同一测项的不同测项分量。具体编码结构如下：

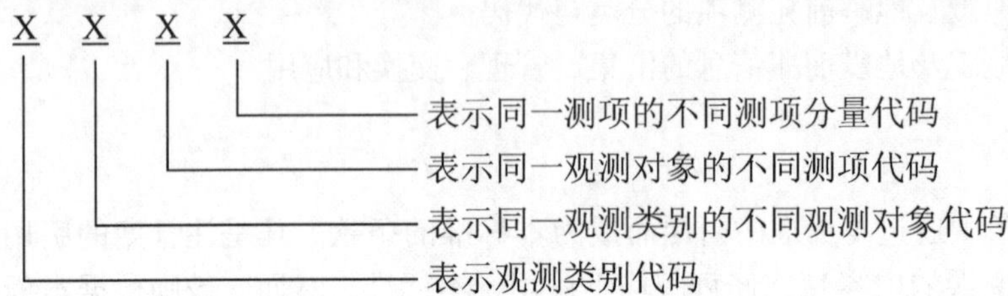

其中，第4位测项分量编码为“0”时，表示无分量要求。

分类与代码表的编排采用GB/T 20001.3 — 2001中附录A所示的表A.1示例方式。

6 分类与代码表

代　　码	名　　称	说　　明
1	地震观测	地震观测指对由地震引起的观测点地面运动的观测
11	地震动	地震动指地震发生时，由地震波引起的地面震动
111	短周期观测	拾震器固有周期为1 s或小于1 s
1111	短周期观测北南向	
1112	短周期观测东西向	
1115	短周期观测垂直向	
112	中周期观测	拾震器固有周期为5 s ~ 25 s
1121	中周期观测北南向	
1122	中周期观测东西向	
1125	中周期观测垂直向	
113	长周期观测	拾震器固有周期为大于90 s
1131	长周期观测北南向	
1132	长周期观测东西向	
1135	长周期观测垂直向	
114	宽频带观测	速度响应范围0.05 Hz ~ 20 Hz
1141	宽频带观测北南向	
1142	宽频带观测东西向	
1145	宽频带观测垂直向	
115	甚宽频带观测	速度响应范围0.003 Hz ~ 20 Hz
1151	甚宽频带观测北南向	
1152	甚宽频带观测东西向	
1155	甚宽频带观测垂直向	

续

代　码	名　称	说　明
116	超宽频带观测	速度响应范围 0.003 Hz ~ 300 Hz
1161	超宽频带观测北南向	
1162	超宽频带观测东西向	
1165	超宽频带观测垂直向	
117	强震观测	加速度响应范围 0.01 Hz ~ 30 Hz 或 0 Hz ~ 20 Hz，动态范围大于 90 dB
1171	强震观测北南向	
1172	强震观测东西向	
1175	强震观测垂直向	
2	地形变观测	地形变观测指对由地壳运动引起的垂直形变、水平形变、断裂错动、重力及应力应变等变化量的观测
21	重力	地面上任一点的重力是地球对该点单位质量的引力和地球自转引起的该点单位质量的离心力的合力
211	绝对重力观测	测定测点的绝对重力值
2111	基准绝对重力	
2112	非基准绝对重力	
212	相对重力观测	测定测点相对重力起始点的重力差值
2121	重力潮汐变化	
2122	流动重力	
22	地倾斜	地倾斜指地面法线方向的变化
221	水平摆倾斜观测	观测地面法线相对水平面的变化
2211	水平摆倾斜观测北南分量	
2212	水平摆倾斜观测东西分量	
222	垂直摆倾斜观测	观测地面法线相对垂直方向的变化
2221	垂直摆倾斜观测北南分量	
2222	垂直摆倾斜观测东西分量	
2226	垂直摆倾斜观测第三分量	
223	水管倾斜观测	观测连通管的两端随地壳形变出现的高差变化
2231	水管倾斜观测北南分量	
2232	水管倾斜观测东西分量	
2236	水管倾斜观测第三分量	
224	水管倾斜端点观测	
2241	水管倾斜观测北端	
2242	水管倾斜观测南端	
2243	水管倾斜观测东端	
2244	水管倾斜观测西端	
2245	水管倾斜观测北东端	
2246	水管倾斜观测南西端	
2247	水管倾斜观测北西端	
2248	水管倾斜观测南东端	

续

代　码	名　称	说　明
23	应力-应变	地应力指地壳内部任一截面单位面积上两方相互作用的力 应变是线应变、剪应变与体应变的统称。地壳介质在内力与外力作用下发生变形时，单位长度的变化称为线应变，单位角度的变化称为剪应变，单位体积的变化称为体应变
231	洞体应变观测	观测洞室内两点之间直线距离的相对变化
2311	洞体应变观测北南分量	
2312	洞体应变观测东西分量	
2313	洞体应变观测北东分量	
2314	洞体应变观测北西分量	
2316	洞体应变观测第三分量	
2319	洞体温度	
232	钻孔应变观测	观测钻孔中不同方向孔径的相对变化
2321	钻孔应变观测北南分量	
2322	钻孔应变观测东西分量	
2326	钻孔应变观测第三分量	
2329	钻孔温度	
233	体应变观测	观测钻孔中体积的相对变化
2330	体应变	
234	钻孔应力观测	观测井孔中不同方向的应力值
2341	钻孔应力观测北南分量	
2342	钻孔应力观测东西分量	
2343	钻孔应力观测北东分量	
2344	钻孔应力观测北西分量	
2346	钻孔应力观测第三分量	
2347	钻孔应力观测悬空分量	
24	断层形变	断层形变指断层两侧的相对垂直或水平形变
241	室内水准观测	在室内进行的跨断层水准测量，以获取断层两侧相对垂直位移
2411	室内水准观测北南分量	
2412	室内水准观测东西分量	
2416	室内水准观测第三分量	
2419	辅助温度	
242	定点水准观测	重复观测以天为间隔的跨断层水准测量，以获取断层两侧相对垂直位移
2421	定点水准观测北南分量	
2422	定点水准观测东西分量	
2426	定点水准观测第三分量	
243	定点基线观测	重复观测以天为间隔的跨断层水平长度测量，以获取断层两侧相对水平位移
2431	定点基线观测北南分量	
2432	定点基线观测东西分量	
2436	定点基线观测第三分量	

续

代　码	名　　称	说　　明
244	场地水准观测	重复观测以月为间隔的跨断层水准测量
2441	场地水准跨断层斜交	
2442	场地水准跨断层直交	
245	场地基线观测	重复观测以月为间隔的跨断层基线测量
2451	场地基线跨断层斜交	
2452	场地基线跨断层直交	
246	场地测距观测	重复观测以月为间隔的跨断层测距网水平位移观测
2461	场地测距观测北南分量	
2462	场地测距观测东西分量	
2466	场地测距观测第三分量	
247	蠕变仪观测	在室内进行的断层水平位移测量
2471	蠕变仪记录跨断层斜交	
2472	蠕变仪记录跨断层直交	
248	GPS 跨断层观测	重复观测以月为间隔的跨断层 GPS 测量，以获取断层两侧的相对位移
2481	GPS 位移北分量（跨断层）	
2482	GPS 位移东分量（跨断层）	
2485	GPS 位移垂直分量（跨断层）	
25	区域形变	区域形变指地壳表面大面积的垂直形变与水平形变。其中垂直形变指地面点高程变化；水平形变指地面两点间水平距离的变化
251	区域水准观测	在较大的区域范围内进行的、重复观测以年为间隔的大面积水准测量，以获取地壳垂直形变
2510	区域水准测量高差	
252	GPS 区域观测	在较大的区域范围内，用 GPS 进行的、重复观测以年为间隔的大面积水平形变观测，以获取区域性的地壳水平形变
2521	GPS 位移北分量（区域）	
2522	GPS 位移东分量（区域）	
2525	GPS 位移垂直分量（区域）	
26	地面点位移	地面点位移指地面上任意一定点的大地坐标的变化
261	GPS 连续观测	用 GPS 进行的地面点位移的连续观测
2611	GPS 位移北分量（连续观测）	
2612	GPS 位移东分量（连续观测）	
2615	GPS 位移垂直分量（连续观测）	
3	电磁观测	电磁观测指对地电场和地磁场以及地球介质电学性质变化的观测
31	地磁场	地磁场指地球的磁场。它由相对稳定的主磁场和具有多种频谱成分的变化磁场组成
311	地磁绝对观测	测量磁场总量大小（包括各分量）
3111	绝对观测北向分量	
3112	绝对观测东向分量	
3113	绝对观测垂直分量	
3114	绝对观测水平分量	
3115	绝对观测磁偏角	磁偏角是磁北与地理北间的夹角
3116	绝对观测磁倾角	磁倾角是地磁总强度方向与水平面的夹角
3117	绝对观测总强度	指绝对观测中不通过分量测量而直接测量的总强度值
3119	辅助温度	

续

代　　码	名　　称	说　　明
312	地磁变化记录	只记录磁场变化部分，以获得连续高精度的观测资料
3121	变化记录北向分量	
3122	变化记录东向分量	
3123	变化记录垂直分量	
3124	变化记录水平分量	
3125	变化记录磁偏角	
3126	变化记录磁倾角	
3127	变化记录总强度	
3129	辅助温度	
32	地电阻率	地电阻率表征观测点位地下某一特定探测体积内介质综合电导能力的物理量，其量纲与电阻率相同，又称视电阻率
321	直流单极距地电阻率观测	
3211	北南向单极距地电阻率	
3212	东西向单极距地电阻率	
3213	北东向单极距地电阻率	
3214	北西向单极距地电阻率	
3215	北南向观测值均方差	
3216	东西向观测值均方差	
3217	北东向观测值均方差	
3218	北西向观测值均方差	
322	直流第二极距地电阻率观测	
3221	北南向第二极距地电阻率	
3222	东西向第二极距地电阻率	
3223	北东向第二极距地电阻率	
3224	北西向第二极距地电阻率	
33	自然电位差	自然电位差指地表两点间的电位差，由地电场电位差和电极极化电位差组成
331	长周期自然电位差观测	
3311	北南向长周期自然电位差	
3312	东西向长周期自然电位差	
3313	北东向长周期自然电位差	
3314	北西向长周期自然电位差	
34	地电场	地电场指由地球内部或外部的各种非人工电流系统与地球介质相互作用所产生的分布于地表的感应电场，可分为大地电场和自然电场
341	长周期地电场观测	
3411	北南向长周期地电场	
3412	东西向长周期地电场	
3413	北东向长周期地电场	
3414	北西向长周期地电场	
342	短周期地电场观测	
3421	北南向短周期地电场	
3422	东西向短周期地电场	
3423	北东向短周期地电场	

续

代　码	名　称	说　明
3424	北西向短周期地电场	
35	电磁扰动	电磁扰动指地表非规则的电场或磁场变化
351	低频电磁扰动观测	
3511	北南向低频电扰动	
3512	东西向低频电扰动	
3513	北南向低频磁扰动	
3514	东西向低频磁扰动	
352	高频电磁扰动观测	
3521	北南向高频电扰动	
3522	东西向高频电扰动	
3523	北南向高频磁扰动	
3524	东西向高频磁扰动	
4	地下流体观测	地下流体观测指对地壳中的水、气等可流动物质的物理、化学特性变化的观测
41	地下水	地下水指呈液态贮存并活动于地壳固体介质空隙中的水
411	水位观测	观测井孔中地下水面位置的相对变化
4111	动水位	在有一定泄流条件的自流井中，自泄流口中心点向上到井筒内地下水面间的垂直距离
4112	静水位	非自流井内，自井口固定的基准面向下至井筒内地下水面的垂直距离
4119	同层水温	
412	水压观测	观测地下水面以下某一点的压强
4121	井口压力	被封口的观测井井口的水压力
4122	油井压力	油气井的井口压力
413	流量观测	在一定装置下，单位时间内由井（泉）中流出的水量
4131	井水流量	
4132	泉水流量	
4133	产油量	油气井单位时间内产出的原油数量
414	离子观测	对溶解于地下水中的元素或化合物浓度的观测
4141	Ca^{2+}	
4142	Mg^{2+}	
4143	Na^{+}	
4144	K^{+}	
4145	HCO_3^-	
4146	SO_4^{2-}	
4147	Cl	
4148	F^-	
415	电导率观测	观测地下水导电能力的变化
4150	电导率	
42	地下气	地下气是溶解气、逸出气与土壤气的统称。溶解气指在一定的温度、压力条件下溶解于地下水中的气体。逸出气指在一定温度、压力条件下自由逸出地下水表面的气体。土壤气指贮存于土壤固体颗粒间孔隙中的气体。
421	氡浓度观测	观测地下气体中氡（^{22}Rn）的浓度变化
4211	溶解气氡	
4212	逸出气氡	

续

代　码	名　称	说　明
4213	土壤气氡	
422	汞浓度观测	观测地下气体中汞（Hg）的浓度变化
4221	溶解气汞	
4222	逸出气汞	
4223	土壤气汞	
423	氢浓度观测	观测地下气体中氢（H_2）的浓度变化
4231	溶解气氢	
4232	逸出气氢	
4233	土壤气氢	
424	氦浓度观测	观测地下气体中氦（He）的浓度变化
4241	溶解气氦	
4242	逸出气氦	
4243	土壤气氦	
425	二氧化碳浓度观测	观测地下气体中二氧化碳（CO_2）的浓度变化
4251	溶解气二氧化碳	
4252	逸出气二氧化碳	
4253	土壤气二氧化碳	
426	气体总量观测	观测各种溶解气体的总量变化
4261	溶解气气体总量	
4262	逸出气气体总量	
4263	土壤气气体总量	
43	地热	地热是大地热流、地下热状态和地下水温度的统称
431	水温观测	观测井水中的温度变化
4311	表层水温	井水面以下 10 m 以内的水温
4312	浅层水温	井水面以下 10 m ~ 100 m 深度之间的水温
4313	中层水温	井水面以下 100 m ~ 1 000 m 深度之间的水温
4314	深层水温	井水面以下 1 000 m 深度往下的水温
432	泉温观测	观测泉水中的温度变化
4320	泉温	
433	地温观测	观测地表土层中的温度变化
4331	0.8 m 地温	
4332	1.6 m 地温	
4333	3.2 m 地温	
4334	3.2 m 以下地温	
9	辅助观测	辅助观测指为了识别与排除各类前兆测项观测中与地震活动无关的信息而进行的辅助性观测
91	气象要素	气象要素指温度、湿度、气压等表示观测点环境气象状态的要素
9110	温度	
9120	湿度	
9130	气压	
9140	降水量	

续

代　码	名　称	说　明
92	水井要素	水井要素指非地下水测项井孔内流体状态的要素，如水位、流量等
9210	辅助水位	
9220	辅助流量	

ICS 91.120.25
P 15
备案号:12286—2003

中华人民共和国地震行业标准

DB/T 4—2003

地震台站代码

Code of seismic station

2003-09-05发布　　2004-02-01实施

中国地震局　发布

前　言

本标准根据我国地震观测系统管理、地震数据库及地震数据信息国内交换等方面的需要，在综合分析我国地震台站代码使用现状基础上，参考国际地震机构有关地震代码的规定和我国相关的行业及国家标准而制定的。

本标准由中国地震局提出。

本标准由全国地震标准化技术委员会（CSBTSS/TC 225）归口。

本标准起草单位：中国地震局分析预报中心、中国地震局地壳应力研究所、中国地震局地质研究所、中国地震局武汉地震研究所、中国地震局地球物理研究所。

本标准主要起草人：陈会忠、付子忠、赵薇、侯燕燕、冯义钧、刘瑞丰、吴书贵、宋彦云、余书明、张黎明、吴云、车用太、潘怀文、田丰。

地震台站代码

1 范围

本标准规定了地震台站的编码规则及地震台站的代码。

本标准适用于国内与地震台站代码有关的数据管理、处理与交换。

2 规范性引用文件

下列文件中的条款通过本标准的引用而成为本标准的条款。凡是注日期的引用文件，其随后所有的修改单（不包括勘误的内容）或修订版均不适用于本标准，然而，鼓励根据本标准达成协议的各方研究是否可使用这些文件的最新版本。凡是不注日期的引用文件，其最新版本适用于本标准。

GB/T 2260 — 2002 中华人民共和国行政区划代码

3 术语和定义

下列术语和定义适用于本标准。

地震台［站］ seismic station

地震观测点或开展地震观测和地震科学研究的基层机构。

4 编码原则与方法

4.1 编码原则

本标准中所指地震台站是指利用地震仪（遥测地震仪、强震仪）、地磁、地电、地形变、地球重力和地下流体等观测仪器，在地球表面或地下（地下室、洞体或井下）固定场所，连续进行地震或地震前兆观测的常设台站。如果在同一基本行政区域内，有两个或两个以上观测点，若观测点之间的距离大于1 000 m，在本标准中视为不同的地震台站。列入本标准的台站截止日期为2002年6月30日。

4.2 编码方法

本标准采用五位数字代码。五位数字代码的第一、二位表示地震台站所在省、直辖市、自治区，采用GB/T 2260 — 2002中省、直辖市、自治区的行政区划代码表示；第三、四、五位表示地震台站代码的顺序码。地震台站代码表示形式如下：

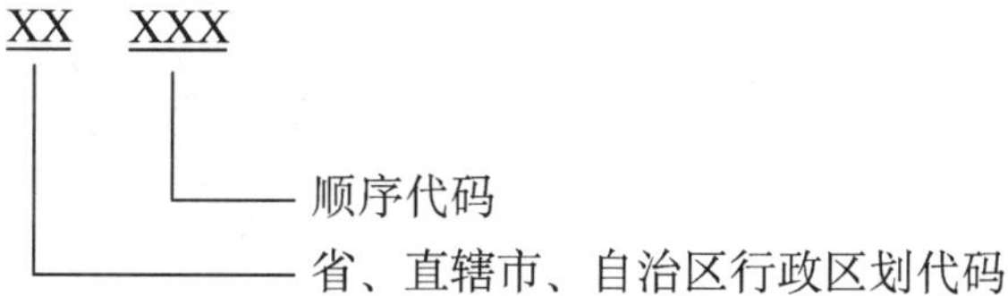

5 数字代码表

5.1 北京市地震台站代码

北京市地震台站代码见表1。

表1　北京市地震台站代码

序号	数字代码	台站名称
1	11001	延庆西拨子地震台
2	11002	延庆张庄地震台
3	11003	平谷马坊地震台
4	11004	昌平东三旗地震台
5	11005	通州西集地震台
6	11006	丰台大灰厂地震台
7	11007	房山牛口峪地震台
8	11008	顺义牛栏山地震台
9	11009	延庆松山地震台
10	11010	延庆三里河地震台
11	11011	昌平沙河地震台
12	11012	昌平小汤山地震台
13	11013	昌平北七家地震台
14	11014	怀柔琉璃庙地震台
15	11015	顺义板桥地震台
16	11016	顺义水厂地震台
17	11017	平谷王都庄地震台
18	11018	平谷赵各庄地震台
19	11019	通州徐辛庄地震台
20	11020	通州大东中学地震台
21	11021	朝阳地办地震台
22	11022	朝阳北苑地震台
23	11023	朝阳气象局地震台
24	11024	朝阳楼梓庄地震台
25	11025	朝阳长营地震台
26	11026	朝阳孙河地震台
27	11027	大兴杨堤地震台
28	11028	大兴榆垡地震台
29	11029	丰台地办地震台
30	11030	丰台十中地震台
31	11031	房山地办地震台
32	11032	房山良乡地震台
33	11033	石景山地办地震台
34	11034	门头沟沿河城地震台
35	11035	门头沟大峪地震台

表1（续）

序号	数字代码	台站名称
36	11036	门头沟齐家庄地震台
37	11037	海淀47中学地震台
38	11038	海淀八一中学地震台
39	11039	海淀上庄二中地震台
40	11040	海淀明光地震台
41	11041	朝阳大北窑电厂地震台
42	11042	丰台大灰厂遥测地震台
43	11043	昌平十三陵遥测地震台
44	11044	延庆刘斌堡遥测地震台
45	11045	密云水库遥测地震台
46	11046	朝阳金盏遥测地震台
47	11047	顺义杨镇遥测地震台
48	11048	海淀苏州街遥测地震台
49	11049	崇文天坛遥测地震台
50	11050	通州次渠遥测地震台
51	11051	大兴榆垡遥测地震台
52	11052	大兴风河营遥测地震台
53	11053	门头沟斋堂遥测地震台
54	11054	海淀八宝山遥测地震台
55	11055	怀柔下元地震台
56	11056	怀柔庙城地震台
57	11057	大兴黄村地震台
58	11058	密云石城地震台
59	11059	石景山电厂地震台
60	11060	密云电厂地震台
61	11061	丰台水化观测站
62	11062	石景山奶牛场地震台
63	11063	昌平太平庄地震台
64	11064	海淀塔院地震台
65	11065	昌平地震台
66	11066	海淀香山地震台
67	11067	密云小水峪地震台
68	11068	顺义大崔各庄地震台
69	11069	通州大东中学地震台
70	11070	大兴采峪中学地震台

表1（续）

序号	数字代码	台站名称
71	11071	丰台右安门二中地震台
72	11072	石景山气象站地震台
73	11073	朝阳管庄地震台
74	11074	北京白家疃地震台
75	11075	北京遥测台网中心地震台
76	11076	龙泉寺遥测地震台
77	11077	马道峪遥测地震台
78	11078	喇叭沟门遥测地震台
79	11079	房山周口店遥测地震台
80	11080	南山村遥测地震台
81	11081	房山上房山遥测地震台
82	11082	太师屯遥测地震台
83	11083	龙门庄遥测地震台
84	11084	四座楼遥测地震台

5.2 天津市地震台站代码

天津市地震台站代码见表2。

表2 天津市地震台站代码

序号	数字代码	台站名称
1	12001	宝坻地震台
2	12002	张道口地震台
3	12003	宝坻王3井地震观测站
4	12004	宝坻王4井地震观测站
5	12005	静海地震台
6	12006	蓟县地震台
7	12007	蓟县小辛庄地震观测站
8	12008	蓟县豪门地震观测站
9	12009	塘沽地震台
10	12010	青光地震台
11	12011	徐庄子地震台
12	12012	宁河地震台
13	12013	大港增4井地震观测站
14	12014	西青东台地震台
15	12015	津南辛庄地震台
16	12016	蓟县桑梓井地震观测站

表2（续）

序号	数字代码	台站名称
17	12017	武清高村井地震观测站
18	12018	武清遥测地震台
19	12019	芦台遥测地震台
20	12020	河东大直沽遥测地震台
21	12021	宝坻尔王庄遥测地震台
22	12022	东丽塘23遥测地震台
23	12023	河北安康遥测地震台
24	12024	武青河北屯遥测地震台
25	12025	西青南河遥测地震台
26	12026	南开长虹遥测地震台
27	12027	塘沽大沽遥测地震台
28	12028	塘沽北塘遥测地震台
29	12029	汉沽遥测地震台
30	12030	大港唐家河遥测地震台
31	12031	大港沙井子遥测地震台
32	12032	宁河丰台遥测地震台
33	12033	宝坻新安遥测地震台
34	12034	宝坻糙甸遥测地震台
35	12035	静海蔡公庄遥测地震台
36	12036	静海王匡遥测地震台
37	12037	东丽赤土遥测地震台
38	12038	北辰朱唐庄遥测地震台
39	12039	塘沽天化观测站
40	12040	塘沽邓善沽观测站
41	12041	塘沽塘12塘19井观测站
42	12042	汉沽汉1井地震台
43	12043	汉沽双桥井观测站
44	12044	大港上古林观测站
45	12045	东丽信号厂观测站
46	12046	东丽100中学观测站
47	12047	西青炒米店观测站
48	12048	津南动物观测站
49	12049	北辰92中观测站
50	12050	静海蔡公庄观测站
51	12051	静海独流观测站

表2（续）

序号	数字代码	台站名称
52	12052	宁河潘庄观测站
53	12053	宁河芦台观测站
54	12054	宝坻口东观测站

5.3 河北省地震台站代码

河北省地震台站代码见表3。

表3 河北省地震台站代码

序号	数字代码	台站名称
1	13001	隆尧红山地震台
2	13002	隆尧大柏舍地震台
3	13003	怀来地震台
4	13004	怀来东良地震台
5	13005	怀来后郝窑地震台
6	13006	昌黎后土桥地震台
7	13007	昌黎凤凰山地震台
8	13008	昌黎何家庄地震台
9	13009	张家口地震台
10	13010	易县地震台
11	13011	承德地震台
12	13012	涉县地震台
13	13013	阳原地震台
14	13014	阳原王家窑遥测地震台
15	13015	阳原东堡水化观测站
16	13016	赤城地震台
17	13017	丰宁地震台
18	13018	兴隆形变观测站
19	13019	宽城地震台
20	13020	文安地震台
21	13021	涿州地震台
22	13022	顺平地震台
23	13023	深州地震台
24	13024	黄壁庄地震台
25	13025	沧县兴济地震台
26	13026	永年地震台

表3（续）

序号	数字代码	台站名称
27	13027	广平地震台
28	13028	邯郸水化观测站
29	13029	北戴河地震台
30	13030	唐山陡河地震台
31	13031	邯郸遥测地震台
32	13032	邢台遥测地震台
33	13033	涉县遥测地震台
34	13034	武安遥测地震台
35	13035	磁县遥测地震台
36	13036	河顺遥测地震台
37	13037	临漳遥测地震台
38	13038	肥乡遥测地震台
39	13039	永年遥测地震台
40	13040	唐山遥测地震台
41	13041	玉田遥测地震台
42	13042	迁西遥测地震台
43	13043	唐海遥测地震台
44	13044	芦台遥测地震台
45	13045	陡河遥测地震台
46	13046	滦县遥测地震台
47	13047	昌黎遥测地震台
48	13048	秦皇岛遥测地震台
49	13049	青龙逃军山遥测地震台
50	13050	抚宁鸡冠山遥测地震台
51	13051	抚宁附马寨遥测地震台
52	13052	山海关燕塞湖遥测地震台
53	13053	抚宁紫荆山遥测地震台
54	13054	青龙桃口东遥测地震台
55	13055	阳原起风坡遥测地震台
56	13056	涞源遥测地震台
57	13057	怀安遥测地震台
58	13058	张北遥测地震台
59	13059	赞皇遥测地震台
60	13060	遵化遥测地震台
61	13061	沧州农科院遥测地震台
62	13062	黄骅遥测地震台

表3（续）

序号	数字代码	台站名称
63	13063	徐水遥测地震台
64	13064	蠡县遥测地震台
65	13065	河间遥测地震台
66	13066	赵县遥测地震台
67	13067	无极遥测地震台
68	13068	平山岗南遥测地震台
69	13069	井径遥测地震台
70	13070	元氏遥测地震台
71	13071	石家庄市桥西强震台
72	13072	石家庄市桥东强震台
73	13073	石家庄市开发区强震台
74	13074	正定石家庄机场强震台
75	13075	正定强震台
76	13076	藁城强震台
77	13077	栾城强震台
78	13078	栾城窦妪强震台
79	13079	兴隆遥测地震台
80	13080	行唐遥测地震台
81	13081	兴隆兰旗营乡遥测地震台
82	13082	唐山京唐港遥测地震台
83	13083	石家庄财贸学院强震台
84	13084	鹿泉强震台
85	13085	阳原三马坊观测站
86	13086	万全地震台
87	13087	涿鹿矾山地震台
88	13088	涿鹿大堡地震台
89	13089	承德滦河电厂地震台
90	13090	张家口下花园电厂地震台
91	13091	怀来县地震观测站
92	13092	卢龙地震台
93	13093	卢龙崔庄地震台
94	13094	玉田冀03井观测站
95	13095	唐山冀05井观测站
96	13096	滦南冀06井观测站
97	13097	滦县冀07井观测站
98	13098	丰南冀08井观测站
99	13099	永清龙虎庄地震台
100	13100	容城冀10井观测站
101	13101	雄县冀11井观测站

表3（续）

序号	数字代码	台站名称
102	13102	顺平冀15井观测站
103	13103	河间冀17井观测站
104	13104	沧县冀18井观测站
105	13105	黄骅冀19井观测站
106	13106	无极冀20井观测站
107	13107	辛集冀21井观测站
108	13108	宁晋冀22井观测站
109	13109	深州冀23井观测站
110	13110	邯郸峰峰冀24井观测站
111	13111	永年北杜观测站
112	13112	深泽冀29井观测站
113	13113	涞源水氡观测站
114	13114	保定热电厂观测站
115	13115	高碑店市电磁波观测站
116	13116	芦台农场地震台
117	13117	唐山钢厂地震台
118	13118	唐山电厂地震台
119	13119	唐山机车厂地震站
120	13120	滦县地震台
121	13121	遵化科委地震站
122	13122	迁安徐流营观测站
123	13123	迁安鼓店子观测站
124	13124	唐山赵各庄矿地震台
125	13125	唐山林西矿地震台
126	13126	唐山马家沟矿地震台
127	13127	唐山钱家营子矿地震台
128	13128	香河安屯观测站
129	13129	三河市地震台
130	13130	霸州地震台
131	13131	青县地震台
132	13132	昌黎黄金海岸地震台
133	13133	临漳地震台
134	13134	邯郸磁山机修厂地震台
135	13135	邯郸棉纺二厂观测站
136	13136	邯郸峰峰矿地震台
137	13137	临城地震台
138	13138	邢台朱庄水库地震台
139	13139	宁晋地震台
140	13140	巨鹿地震台

表3（续）

序号	数字代码	台站名称
141	13141	任县地震台
142	13142	衡水冀16井观测站
143	13143	元氏地震台
144	13144	廊坊电磁波观测中心站
145	13145	任丘华北油田地震台
146	13146	新乐地震台
147	13147	新河地震台
148	13148	石家庄小马村观测站
149	13149	平山温塘地震站
150	13150	藁城地震观测站
151	13151	高邑地震观测站
152	13152	灵寿东青同观测站
153	13153	赵县西湘洋观测站
154	13154	藁城梅化观测站
155	13155	栾城王家庄观测站
156	13156	正定西平乐观测站
157	13157	石家庄热电一厂观测站
158	13158	沧州济1井观测站
159	13159	沧州沧2井观测站
160	13160	涞水地震台
161	13161	唐山地震台

5.4 山西省地震台站代码

山西省地震台站代码见表4。

表4 山西省地震台站代码

序号	数字代码	台站名称
1	14001	太原基准地震台
2	14002	大同中心地震台
3	14003	临汾中心地震台
4	14004	代县中心地震台
5	14005	夏县中心地震台
6	14006	定襄地震台
7	14007	昔阳地震台
8	14008	离石地震台
9	14009	灵丘地震台
10	14010	长治中心地震台
11	14011	太原武家寨地震台
12	14012	介休地震台

表4（续）

序号	数字代码	台站名称
13	14013	大同上皇庄地震台
14	14014	临汾龙祠地震台
15	14015	侯马地震台
16	14016	永济地震台
17	14017	沂州奇村地震台
18	14018	运城中条山地震台
19	14019	陵川地震台
20	14020	榆次长凝地震台
21	14021	大同镇川堡地震台
22	14022	阳泉地震台
23	14023	朔州市二十里铺地震台
24	14024	静乐地震台
25	14025	广灵地震台
26	14026	阳城地震台
27	14027	忻州地震台
28	14028	祁县地震台
29	14029	孝义地震台
30	14030	霍县地震台
31	14031	运城东郭地震台
32	14032	临猗地震台
33	14033	沁县漫水地震台
34	14034	朔州地震台
35	14035	临汾地震观测站
36	14036	介休地震观测站
37	14037	永济地震观测站
38	14038	晋中地震观测站
39	14039	太原地震观测站
40	14040	侯马地震观测站
41	14041	大同城区地震观测站
42	14042	大同矿务局地震观测站
43	14043	大同机车厂地震观测站
44	14044	山西焦化厂地震观测站
45	14045	临汾纺织厂地震观测站
46	14046	太原市太钢地震观测站
47	14047	太原重机厂地震观测站
48	14048	太谷遥测地震台
49	14049	太原东山遥测地震台
50	14050	榆次遥测地震台
51	14051	平遥遥测地震台

表 4（续）

序号	数字代码	台站名称
52	14052	介休遥测地震台
53	14053	汾阳遥测地震台
54	14054	交城遥测地震台
55	14055	阳曲遥测地震台
56	14056	应县遥测地震台
57	14057	大同山自皂遥测地震台
58	14058	阳原遥测地震台
59	14059	浑源恒山遥测地震台
60	14060	天镇遥测地震台
61	14061	右玉遥测地震台
62	14062	大同镇川堡遥测地震台
63	14063	代县雁门关遥测地震台
64	14064	右玉遥测数字地震台
65	14065	万荣遥测地震台
66	14066	侯马遥测地震台
67	14067	翼城遥测地震台
68	14068	乡宁遥测地震台
69	14069	洪洞东遥测地震台
70	14070	洪洞西遥测地震台
71	14071	襄汾遥测地震台
72	14072	龙祠遥测地震台
73	14073	长治遥测台网中心地震台
74	14074	壶关遥测地震台
75	14075	武乡遥测地震台
76	14076	沁县遥测地震台
77	14077	屯留遥测地震台
78	14078	黎城遥测地震台
79	14079	长治市淮海遥测地震台
80	14080	运城遥测台网中心地震台
81	14081	夏县遥测地震台
82	14082	永济遥测地震台
83	14083	万荣稷王庄遥测地震台
84	14084	闻喜黄楼庄遥测地震台
85	14085	山西遥测台网中心地震台
86	14086	岢岚遥测地震台
87	14087	阳城遥测地震台
88	14088	雁门关遥测地震台
89	14089	翼城县地震观测站
90	14090	曲沃县地震观测站

表4（续）

序号	数字代码	台站名称
91	14091	襄汾县地震观测站
92	14092	洪洞县地震观测站
93	14093	怀仁县地震观测站
94	14094	右玉滴水岩地震观测站
95	14095	长治县地震观测站
96	14096	潞城市地震观测站
97	14097	盂县地震观测站
98	14098	太原市小店区地震观测站
99	14099	阳曲县地震观测站
100	14100	平遥县地震观测站
101	14101	祁县地震观测站
102	14102	太谷县地震观测站
103	14103	榆社红崖头地震观测站
104	14104	左权县地震观测站
105	14105	寿阳县地震观测站
106	14106	大同市南郊地震观测站
107	14107	大同市赵家小村地震观测站
108	14108	大同市北村地震观测站
109	14109	大同市马军营地震观测站
110	14110	灵丘县地震观测站
111	14111	永济市地震观测站
112	14112	平陆县地震观测站
113	14113	芮城县地震观测站
114	14114	垣曲县地震观测站
115	14115	运城市地震观测站
116	14116	夏县地震观测站
117	14117	河津市地震观测站
118	14118	稷山县地震观测站
119	14119	闻喜县地震观测站
120	14120	万荣县地震观测站
121	14121	新绛县地震观测站
122	14122	绛县地震观测站
123	14123	交城县地震观测站
124	14124	孝义市地震观测站
125	14125	汾阳地震观测站
126	14126	离石市地震观测站
127	14127	吕梁地区地震观测站
128	14128	翼城541－3分支地震观测站
129	14129	侯马市501T地震观测站

表4（续）

序号	数字代码	台站名称
130	14130	临汾钢铁公司地震观测站
131	14131	临汾铁路局地震观测站
132	14132	山西师大地震观测站
133	14133	山西维尼纶厂地震观测站
134	14134	长治市淮海机械厂地震观测站
135	14135	山西天脊煤化集团地震观测站
136	14136	太原市西山矿务局地震观测站
137	14137	太原市晋机厂地震观测站
138	14138	太原铁路局地震观测站
139	14139	太原市中幅院地震观测站
140	14140	灵石县地震观测站
141	14141	介休纺织厂地震观测站
142	14142	榆次地震观测站
143	14143	山西柴油机厂地震观测站
144	14144	大同矿务局煤峪口地震观测站
145	14145	大同七〇研究所地震观测站
146	14146	山西省化工厂地震观测站
147	14147	大同矿物局1中地震观测站
148	14148	绛县17号信箱地震观测站
149	14149	绛县541－4厂地震观测站
150	14150	绛县541－1厂地震观测站
151	14151	翼城县541－3厂地震观测站
152	14152	绛县541－5厂地震观测站
153	14153	闻喜县541－10厂地震观测站
154	14154	河津铝厂地震观测站
155	14155	永济电机厂地震观测站
156	14156	闻喜县3534厂地震观测站
157	14157	闻喜县3531厂地震观测站
158	14158	芮城风陵渡中学地震观测站
159	14159	晋城矿务局地震观测站

5.5 内蒙古自治区地震台站代码

内蒙古自治区地震台站代码见表5。

表5 内蒙古自治区地震台站代码

序号	数字代码	台站名称
1	15001	呼和浩特地震台
2	15002	呼和浩特攸攸板地电观测站
3	15003	海拉尔地震台

表5（续）

序号	数字代码	台站名称
4	15004	赤峰地震台
5	15005	乌加河地震台
6	15006	锡林浩特地震台
7	15007	满洲里地震台
8	15008	宝昌地震台
9	15009	集宁地震台
10	15010	包头地震台
11	15011	百灵庙地震台
12	15012	乌兰浩特地震台
13	15013	乌兰花地震台
14	15014	乌海地震台
15	15015	西山嘴地震台
16	15016	宁城地震台
17	15017	东胜地震台
18	15018	鲁北地震台
19	15019	阿古拉地震台
20	15020	二连浩特地震台
21	15021	新惠地震台
22	15022	清水河地震台
23	15023	化德地震台
24	15024	林东地震台
25	15025	兴和遥测地震台
26	15026	和林格尔遥测地震台
27	15027	察素齐遥测地震台
28	15028	料木山遥测地震台
29	15029	清水河遥测地震台
30	15030	乌兰花遥测地震台
31	15031	旗下营遥测地震台
32	15032	凉城遥测地震台
33	15033	包头观测站
34	15034	包头石拐地震台
35	15035	包头 202 厂观测站
36	15036	包头一机厂观测站
37	15037	包头二机厂观测站
38	15038	萨拉齐观测站
39	15039	固阳观测站
40	15040	呼和浩特地震局观测站
41	15041	呼和浩特东鼓楼观测站
42	15042	和林格尔地震台

表5（续）

序号	数字代码	台站名称
43	15043	托县古城观测站
44	15044	呼和浩特西把栅观测站
45	15045	呼和浩特察素旗观测站
46	15046	海拉尔观测站
47	15047	扎兰屯地震台
48	15048	根河地震台
49	15049	阿荣旗那吉屯地震台
50	15050	莫尔道嘎地震台
51	15051	塔尔气镇绰尔地震台
52	15052	新巴尔虎右旗地震台
53	15053	新巴尔虎左旗地震台
54	15054	满洲里扎赉诺尔地震台
55	15055	乌兰浩特观测站
56	15056	音德尔地震台
57	15057	突泉县观测站
58	15058	阿尔山观测站
59	15059	通辽市观测站
60	15060	开鲁县观测站
61	15061	库伦旗观测站
62	15062	赤峰市观测站
63	15063	林西县地震台
64	15064	翁牛特旗地震台
65	15065	大甸子观测站
66	15066	天山地震台
67	15067	凉城观测站
68	15068	兴和观测站
69	15069	三号地观测站
70	15070	丰镇观测站
71	15071	伊克乌素观测站
72	15072	临河市观测站
73	15073	临河八一观测站
74	15074	东升庙地震台
75	15075	蹬口县观测站
76	15076	杭锦后旗观测站
77	15077	五原县观测站
78	15078	乌前旗观测站
79	15079	乌中旗观测站
80	15080	乌后旗观测站

表5（续）

序号	数字代码	台站名称
81	15081	西卓泥地震台
82	15082	苏海图观测站
83	15083	乌海化厂观测站
84	15084	乌海千里山钢厂观测站
85	15085	乌海乌达矿观测站
86	15086	巴彦浩特地震台
87	15087	吉兰泰盐场观测站
88	15088	巴音木仁观测站
89	15089	雅布赖盐场观测站
90	15090	集宁遥测地震台
91	15091	百灵庙遥测地震台
92	15092	东胜遥测地震台
93	15093	西山嘴遥测地震台
94	15094	乌海遥测地震台
95	15095	清水河遥测地震台
96	15096	乌兰花遥测地震台

5.6 辽宁省地震台站代码

辽宁省地震台站代码见表6。

表6 辽宁省地震台站代码

序号	数字代码	台站名称
1	21001	人连地震台
2	21002	大连磊子山地震台
3	21003	金州地震台
4	21004	沈阳地震台
5	21005	盘锦地震台
6	21006	盘锦盘Ⅰ井观测站
7	21007	营口地震台
8	21008	丹东地震台
9	21009	丹东四道沟观测站
10	21010	朝阳地震台
11	21011	朝阳公皋井观测站
12	21012	辽阳地震台
13	21013	辽阳汤河冷泉观测站
14	21014	鞍山地震台
15	21015	鞍山西鞍山井观测站
16	21016	阜新地震台
17	21017	铁岭地震台

表6（续）

序号	数字代码	台站名称
18	21018	铁岭龙首山形变观测站
19	21019	本溪地震台
20	21020	本溪Ⅰ号井观测站
21	21021	锦州地震台
22	21022	抚顺地震台
23	21023	岫岩地震台
24	21024	岫岩汤沟水氡观测站
25	21025	岫岩Ⅰ号井观测站
26	21026	清源地震台
27	21027	彰武地震台
28	21028	建昌地震台
29	21029	沈阳市新城子地震台
30	21030	沈阳市苏家屯地震台
31	21031	沈阳市辽中地震台
32	21032	沈阳市新民地震台
33	21033	沈阳市康平地震台
34	21034	沈阳市法库地震台
35	21035	普兰店地震站
36	21036	普兰店安波观测站
37	21037	瓦房店地震站
38	21038	瓦房店李官井观测站
39	21039	瓦房店楼房井观测站
40	21040	庄河地震台
41	21041	长海县石城岛地震站
42	21042	长海县地震站
43	21043	旅顺区地震站
44	21044	大连市海洋岛遥测地震台
45	21045	大连市横山遥测地震台
46	21046	大连市大黑山遥测地震台
47	21047	大连市长兴岛遥测地震台
48	21048	大连市广麓岛遥测地震台
49	21049	凌源市地震站
50	21050	凌源市伍佰町井观测站
51	21051	北票市地震站
52	21052	大石桥市周家井观测站
53	21053	大石桥市吕王井观测站
54	21054	盖州市地震站
55	21055	海城市地震站
56	21056	岫岩县Ⅱ号井观测站

表6（续）

序号	数字代码	台站名称
57	21057	台安县地震站
58	21058	本钢南芬地震站
59	21059	本钢歪头山地震站
60	21060	桓仁县地震站
61	21061	丹东市变电井观测站
62	21062	丹东市地电观测站
63	21063	宽甸县地震站
64	21064	宽甸县明安井观测站
65	21065	东港市汤池观测站
66	21066	东港市孤山地震站
67	21067	凤城市地震站
68	21068	凤城市山东沟井观测站
69	21069	丹东凤凰山遥测地震台
70	21070	丹东弟兄山遥测地震台
71	21071	丹东娘娘顶遥测地震台
72	21072	丹东太平湾遥测地震台
73	21073	丹东柞木山遥测地震台
74	21074	抚顺市南山城地震站
75	21075	抚顺市木奇地震站
76	21076	抚顺市山龙峪地震站
77	21077	抚顺市三块石遥测地震台
78	21078	抚顺市清原遥测地震台
79	21079	抚顺市新宾遥测地震台
80	21080	昌图县地震站
81	21081	昌图县泉头井观测站
82	21082	盘锦市齐一井观测站
83	21083	盘锦市兴一井观测站
84	21084	盘锦市高七井观测站
85	21085	盘锦市荣二井观测站
86	21086	义县地震站
87	21087	北宁市地震站
88	21088	凌海市沈家台地震站
89	21089	凌海市西八千井观测站
90	21090	锦州市东港电力公司地震台
91	21091	阜新市甘沟井观测站
92	21092	阜新市哈达户稍观测站
93	21093	本溪遥测地震台
94	21094	法库遥测地震台
95	21095	西丰遥测地震台

表6（续）

序号	数字代码	台站名称
96	21096	葫芦岛市药王庙井观测站
97	21097	兴城市地震局地震台
98	21098	兴城市水氡观测站
99	21099	辽宁监测中心地震台
100	21100	抚顺遥测台网中心地震台
101	21101	沈阳遥测台网中心地震台
102	21102	丹东遥测台网中心地震台
103	21103	大连遥测台网中心地震台

5.7 吉林省地震台站代码

吉林省地震台站代码见表7。

表7 吉林省地震台站代码

序号	数字代码	台站名称
1	22001	长春净月地震台
2	22002	长春合隆地震台
3	22003	长春双阳地震台
4	22004	长白山天池火山地震监测站
5	22005	长白山气象站火山地震监测站
6	22006	长白山双目峰火山地震监测站
7	22007	长白山维东火山地震监测站
8	22008	长白山东大坡火山地震监测站
9	22009	延边地震台
10	22010	延边帽儿山地震台
11	22011	四平地震台
12	22012	四平营城三队地震台
13	22013	敦化地震台
14	22014	通化地震台
15	22015	吉林丰满地震台
16	22016	磐石地震台
17	22017	乾安地震台
18	22018	白城地震台
19	22019	白城永茂地震台
20	22020	榆树地震台
21	22021	榆树青顶地震台
22	22022	辽源地震观测站
23	22023	抚松地震观测站
24	22024	松原地震观测站
25	22025	前郭地震观测站

表7（续）

序号	数字代码	台站名称
26	22026	蛟河观测站
27	22027	农安观测站
28	22028	白城观测站
29	22029	舒兰观测站
30	22030	榆树土桥观测站
31	22031	长春新立城观测站
32	22032	九台卢家观测站
33	22033	汪清观测站
34	22034	和龙观测站
35	22035	珲春观测站
36	22036	通化二密观测站
37	22037	梅河口观测站
38	22038	白山观测站
39	22039	长岭观测站
40	22040	云峰地震台

5.8 黑龙江省地震台站代码

黑龙江省地震台站代码见表8。

表8 黑龙江省地震台站代码

序号	数字代码	台站名称
1	23001	牡丹江地震台
2	23002	宾县地震台
3	23003	绥化地震台
4	23004	五大连池北山地震台
5	23005	五大连池青山地磁地震台
6	23006	五大连池引龙河遥测地震台
7	23007	五大连池小洪山遥测地震台
8	23008	五大连池凤凰山遥测地震台
9	23009	鹤岗地震台
10	23010	黑河地震台
11	23011	齐齐哈尔碾子山地震台
12	23012	密山地震台
13	23013	加格达奇地震台
14	23014	依兰地震台
15	23015	哈尔滨地震台
16	23016	佳木斯四丰山地震台
17	23017	大庆杏五井遥测地震台
18	23018	大庆火炬遥测地震台

表8（续）

序号	数字代码	台站名称
19	23019	大庆杏南遥测地震台
20	23020	大庆庆新遥测地震台
21	23021	大庆创业遥测地震台
22	23022	大庆图强遥测地震台
23	23023	伊春市南山遥测地震台
24	23024	伊春市常青遥测地震台
25	23025	伊春市十三公里遥测地震台
26	23026	哈尔滨阿城遥测地震台
27	23027	哈尔滨巴彦遥测地震台
28	23028	哈尔滨五常团山子遥测地震台
29	23029	哈尔滨呼兰遥测地震台
30	23030	双鸭山地震台
31	23031	嫩江地震观测站
32	23032	萝北地震观测站
33	23033	林甸地震观测站
34	23034	甘南地震观测站
35	23035	绥化北林地震观测站
36	23036	延寿地震观测站
37	23037	望奎地震观测站
38	23038	尚志地震观测站
39	23039	密山裴德地震观测站
40	23040	富裕地震观测站
41	23041	泰来地震观测站
42	23042	海伦地震观测站
43	23043	孙吴地震观测站
44	23044	依安地震观测站
45	23045	北安地震观测站
46	23046	克东地震观测站
47	23047	宁安地震观测站
48	23048	东宁地震观测站
49	23049	桦南地震观测站
50	23050	虎林地震观测站
51	23051	沾河地震观测站
52	23052	庆安地震观测站
53	23053	五常地震观测站
54	23054	木兰地震观测站

5.9 上海市地震台站代码

上海市地震台站代码见表9。

表9　上海市地震台站代码

序号	数字代码	台站名称
1	31001	松江佘山地震台
2	31002	崇明地震台
3	31003	松江佘山遥测地震台
4	31004	金山秦皇山遥测地震台
5	31005	崇明遥测地震台
6	31006	虹桥遥测地震台
7	31007	南汇遥测地震台
8	31008	上戏遥测地震台
9	31009	海运遥测地震台
10	31010	上海数字遥测台网中心地震台
11	31011	佘山岛遥测地震台
12	31012	上海台阵 s 01 遥测地震台
13	31013	上海台阵 s 02 遥测地震台
14	31014	上海台阵 s 03 遥测地震台
15	31015	上海台阵 s 04 遥测地震台
16	31016	上海台阵 s 05 遥测地震台
17	31017	上海台阵 s 06 遥测地震台
18	31018	上海台阵 s 07 遥测地震台
19	31019	上海台阵 s 08 遥测地震台
20	31020	上海台阵 s 09 遥测地震台
21	31021	上海台阵 s 10 遥测地震台
22	31022	上海台阵 s 11 遥测地震台
23	31023	上海台阵 s 12 遥测地震台
24	31024	上海台阵 s 13 遥测地震台
25	31025	上海台阵 s 14 遥测地震台
26	31026	上海台阵 s 15 遥测地震台
27	31027	金山区东海啤酒厂地震观测站
28	31028	松江区松江二中地震观测站
29	31029	崇明县新海农场地震观测站
30	31030	南汇区南汇中学地震观测站
31	31031	青浦区白鹤水厂地震观测站
32	31032	闸北区市北中学地震观测站
33	31033	上海造漆厂地震观测站
34	31034	上海氯碱总厂电化厂地震观测站
35	31035	闵行区莘庄工业园区地震观测台
36	31036	宝山区长兴岛地震台
37	31037	浦东新区六里 810 厂地震台
38	31038	浦东新区通用汽车厂地震台
39	31039	浦东国际机场地震台（强震台）

表9（续）

序号	数字代码	台站名称
40	31040	卢湾区五爱中学地震台
41	31041	普陀区曹阳二中地震台
42	31042	嘉定区徐行中学地震台(强震台)
43	31043	崇明县崇明中学地震观测台

5.10 江苏省地震台站代码

江苏省地震台站代码见表10。

表10 江苏省地震台站代码

序号	数字代码	台站名称
1	32001	南京基准地震台
2	32002	南京江浦地震台
3	32003	句容苏16井观测站
4	32004	徐州地震台
5	32005	徐州苏02井观测站
6	32006	宿迁苏05井观测站
7	32007	南通地震台
8	32008	南通苏12井观测站
9	32009	南通苏14井观测站
10	32010	新沂地震台
11	32011	溧阳地震台
12	32012	镇江苏17井观测站
13	32013	武进苏19井观测站
14	32014	溧阳苏22井观测站
15	32015	连云港地震台
16	32016	常熟地震台
17	32017	常熟苏20井观测站
18	32018	昆山苏21井观测站
19	32019	高邮地震台
20	32020	兴化苏08井观测站
21	32021	金湖苏06井观测站
22	32022	盐城地震台
23	32023	射阳地震台
24	32024	淮阴地震台
25	32025	宿迁地震台
26	32026	灌云地震台
27	32027	无锡地震台
28	32028	海安地震台
29	32029	赣榆地震台

表10（续）

序号	数字代码	台站名称
30	32030	东海地震台
31	32031	扬州平山地震台
32	32032	仪征铜山地震台
33	32033	靖江孤山地震台
34	32034	常州地震台
35	32035	金坛地震台
36	32036	铜山大黄山地震台
37	32037	沛县大屯地震台
38	32038	铜山义安山地震台
39	32039	江宁地震台
40	32040	大丰地震台
41	32041	沭阳地震台
42	32042	盱眙地震台
43	32043	镇江地震台
44	32044	六合地震台
45	32045	溧水地震台
46	32046	梅山地震台
47	32047	高淳地震台
48	32048	南京苏 15 井观测站
49	32049	南京炼油厂观测站
50	32050	和平观测站
51	32051	大丰苏 25 井观测站
52	32052	响水观测站
53	32053	东台枪港观测站
54	32054	盐城纺织厂观测站
55	32055	新海电厂观测站
56	32056	连云港港务局观测站
57	32057	连云港盐场观测站
58	32058	连云港锦屏观测站
59	32059	溧阳南渡观测站
60	32060	如东拼茶观测站
61	32061	南通东海观测站
62	32062	南通东元观测站
63	32063	如东如城观测站
64	32064	海安蚕种场观测站
65	32065	无锡拖拉机厂观测站
66	32066	无锡电影胶片厂观测站

表10（续）

序号	数字代码	台站名称
67	32067	无锡惠山观测站
68	32068	无锡藜园观测站
69	32069	宜兴桥涯观测站
70	32070	常熟支塘观测站
71	32071	张家港港务局观测站
72	32072	张家港化肥厂观测站
73	32073	张家港南丰观测站
74	32074	太仓化肥厂观测站
75	32075	苏州三中观测站
76	32076	苏州工业园观测站
77	32077	吴江肖甸湖观测站
78	32078	徐州琵琶山地震台
79	32079	徐州卧牛山观测站
80	32080	丰县苏23井观测站
81	32081	新沂嶂苍观测站
82	32082	宝应小官庄观测站
83	32083	姜堰苏10井观测站
84	32084	姜堰苏24井观测站
85	32085	泰州苏11井观测站
86	32086	高邮东43井观测站
87	32087	高邮苏09井观测站
88	32088	江都小纪观测站
89	32089	丹阳白龙寺观测站
90	32090	丹徒苏18井观测站
91	32091	睢宁苏03井观测站
92	32092	常州青明山地震台
93	32093	连云港东陬山地震台
94	32094	连云港车牛山地震台
95	32095	睢宁地震台
96	32096	宜兴地震台
97	32097	昆山地震台
98	32098	启东地震台
99	32099	兴化地震台
100	32100	泰州地震台
101	32101	涟水地震台
102	32102	如东地震台
103	32103	泗洪地震台

表 10（续）

序号	数字代码	台站名称
104	32104	张家港凤凰山地震台
105	32105	吴中东山地震台
106	32106	太仓归庄地震台
107	32107	昆山玉山地震台
108	32108	苏州天平山遥测地震台

5.11 浙江省地震台站代码

浙江省地震台站代码见表 11。

表 11 浙江省地震台站代码

序号	数字代码	台站名称
1	33001	杭州老和山地震台
2	33002	杭州植物园地震台
3	33003	宁波地震台
4	33004	温州地震台
5	33005	湖州地震台
6	33006	建德新安江地震台
7	33007	舟山地震台
8	33008	临安马啸遥测地震台
9	33009	鄞州樟水遥测地震台
10	33010	萧山楼塔遥测地震台
11	33011	嘉兴地震台
12	33012	宁海遥测地震台
13	33013	余姚遥测地震台
14	33014	衢州乌溪江遥测地震台
15	33015	庆元遥测地震台
16	33016	新昌遥测地震台
17	33017	永康遥测地震台
18	33018	平湖乍浦地震观测站
19	33019	嘉善西塘地震观测站
20	33020	嘉善魏塘地震观测站
21	33021	桐乡地震观测站
22	33022	海宁地震观测站
23	33023	海盐地震观测站
24	33024	萧山北干山地震观测站
25	33025	余杭瓶窑地震观测站
26	33026	富阳万市地震观测站
27	33027	临安湍口地震观测站
28	33028	宁波庄市地震观测站

表 11（续）

序号	数字代码	台站名称
29	33029	镇海地震观测站
30	33030	鄞州中学地震观测站
31	33031	宁波北仑地震观测站
32	33032	永嘉地震观测站
33	33033	瑞安地震观测站
34	33034	余杭横湖遥测地震台
35	33035	瓶窑横湖遥测地震台

5.12 安徽省地震台站代码

安徽省地震台站代码见表 12。

表 12 安徽省地震台站代码

序号	数字代码	台站名称
1	34001	合肥地震台
2	34002	合肥形变地震台
3	34003	庐江地震台
4	34004	蒙城地震台
5	34005	黄山地震台
6	34006	泾县地震台
7	34007	安庆地震台
8	34008	金寨地震台
9	34009	霍山佛子岭地震台
10	34010	嘉山地震台
11	34011	蚌埠地震台
12	34012	阜阳地震台
13	34013	淮北地震台
14	34014	合肥遥测地震台
15	34015	含山遥测地震台
16	34016	舒城遥测地震台
17	34017	六安遥测地震台
18	34018	霍山老皇寺遥测地震台
19	34019	霍山豹子崖遥测地震台
20	34020	霍山石家河遥测地震台
21	34021	定远遥测地震台
22	34022	淮南遥测地震台
23	34023	肥东遥测地震台
24	34024	霍山地震台
25	34025	石台地震台
26	34026	灵璧地震台

表 12（续）

序号	数字代码	台站名称
27	34027	巢湖地震台
28	34028	宿州市地震台
29	34029	泗县地震台
30	34030	肖县地震台
31	34031	利辛县地震台
32	34032	怀远县地震台
33	34033	滁洲市地震台
34	34034	淮南市地震台
35	34035	六安市地震台
36	34036	和县香泉地震台
37	34037	马鞍山市地震台
38	34038	桐城市地震台
39	34039	铜陵有色公司地震台
40	34040	铜陵狮矿地震台
41	34041	铜陵立新矿地震台
42	34042	泾县水化观测站
43	34043	舒城水化观测站
44	34044	寿县水化观测站
45	34045	临泉水化观测站
46	34046	蚌埠铁中观测站
47	34047	定远皖 04 井观测站
48	34048	金寨皖 05 井观测站
49	34049	天长皖 07 井观测站
50	34050	临泉皖 08 井观测站
51	34051	黄山皖 09 井观测站
52	34052	五河皖 11 井观测站
53	34053	巢湖皖 14 井观测站
54	34054	合肥皖 16 井观测站
55	34055	涡阳皖 18 井观测站
56	34056	含山皖 19 井观测站
57	34057	宣城皖 20 井观测站
58	34058	淮北皖 22 井观测站
59	34059	安庆皖 23 井观测站
60	34060	无为皖 24 井观测站
61	34061	马鞍山皖 27 井观测站
62	34062	芜湖皖 28 井观测站
63	34063	芜湖皖 29 井观测站
64	34064	黄山皖 30 井观测站

表 12（续）

序号	数字代码	台站名称
65	34065	全椒皖 31 井观测站
66	34066	霍山皖 32 井观测站
67	34067	霍山皖 33 井观测站
68	34068	淮北皖 35 井观测站
69	34069	合肥电厂地震台
70	34070	淮北朱庄矿地震台
71	34071	凤台县地震台

5.13 福建省地震台站代码

福建省地震台站代码见表 13。

表 13 福建省地震台站代码

序号	数字代码	台站名称
1	35001	泉州基准地震台
2	35002	泉州白水营地磁台
3	35003	泉州南安地磁台
4	35004	厦门地震台
5	35005	厦门集美天马地震台
6	35006	福州地震台
7	35007	福州水化学中心观测站
8	35008	漳州地震台
9	35009	漳州九湖地震台
10	35010	南平地震台
11	35011	莆田地震台
12	35012	宁德地震台
13	35013	龙岩地震台
14	35014	邵武地震台
15	35015	永安地震台
16	35016	东山地震台
17	35017	长汀地震台
18	35018	平潭地震台
19	35019	福州遥测地震台
20	35020	福清东张遥测地震台
21	35021	连江遥测地震台
22	35022	闽清遥测地震台
23	35023	永春遥测地震台

表 13（续）

序号	数字代码	台站名称
24	35024	惠安遥测地震台
25	35025	华安遥测地震台
26	35026	平和遥测地震台
27	35027	永安小陶遥测地震台
28	35028	古田遥测地震台
29	35029	永定遥测地震台
30	35030	上杭遥测地震台
31	35031	福鼎遥测地震台
32	35032	政和遥测地震台
33	35033	武夷山遥测地震台
34	35034	泰宁遥测地震台
35	35035	尤溪遥测地震台
36	35036	浦城遥测地震台
37	35037	明溪遥测地震台
38	35038	寿宁遥测地震台
39	35039	南日岛遥测地震台
40	35040	福清市地震办龙田地震台
41	35041	福清市地震办江兜地震台
42	35042	长乐市地震办长乐地震台
43	35043	闽清县地震办闽清地震台
44	35044	闽清县地震办梅埔地震台
45	35045	平潭县地震办北雾里地震台
46	35046	福州市地震局长乐遥测地震台
47	35047	福州市地震局永泰遥测地震台
48	35048	厦门市地震局东孚地震台
49	35049	厦门市地震局狗山遥测地震台
50	35050	厦门市地震局大帽山遥测地震台
51	35051	厦门市地震局吴田山遥测地震台
52	35052	厦门市地震局二帽山遥测地震台
53	35053	厦门市地震局石泉山遥测地震台
54	35054	泉州市地震局泉州地震台
55	35055	永春县地震办永春地震台
56	35056	南安市地震办南安地震台
57	35057	安溪县地震办安溪地震台
58	35058	晋江市地震办晋江地震台

表13（续）

序号	数字代码	台站名称
59	35059	惠安县地震办惠安地震台
60	35060	云霄县地震办云霄地震台
61	35061	华安县地震办华安地震台
62	35062	南靖县地震办汤坑地震台
63	35063	龙海市地震办龙海地震台
64	35064	南平市地震办南平地震台
65	35065	莆田市地震局莆田地震台
66	35066	仙游县地震办仙游地震台
67	35067	尤溪县地震办尤溪地震台
68	35068	古田县地震办古田地震台
69	35069	龙岩市地震局龙岩地震台
70	35070	长汀县地震办长汀地震台

5.14 江西省地震台站代码

江西省地震台站代码见表14。

表14 江西省地震台站代码

序号	数字代码	台站名称
1	36001	南昌中心地震台
2	36002	会昌地震台
3	36003	会昌地震台黄坊观测站
4	36004	九江地震台
5	36005	九江地震台星子观测站
6	36006	上饶地震台
7	36007	宜春地震台
8	36008	修水地震台
9	36009	南城地震台
10	36010	赣州地震台
11	36011	安远地震台
12	36012	寻乌地震台
13	36013	龙南地震台
14	36014	石城地震台
15	36015	万安地震台
16	36016	大余地震台
17	36017	彭泽地震台
18	36018	柘林电厂地震台

5.15 山东省地震台站代码

山东省地震台站代码见表15。

表15 山东省地震台站代码

序号	数字代码	台站名称
1	37001	泰安基准地震台
2	37002	烟台地震监测中心台
3	37003	聊城地震水化观测站
4	37004	聊城地磁台
5	37005	郯城马陵山地震台
6	37006	安丘地震台
7	37007	菏泽地震中心台
8	37008	菏泽地电台
9	37009	东营地震台
10	37010	东营地宫地震台
11	37011	东营孤岛地震台
12	37012	潍坊地震监测中心台
13	37013	临沂地震监测中心台
14	37014	荣城地震台
15	37015	长岛地震台
16	37016	莱阳地震台
17	37017	昌邑地震台
18	37018	五莲地震台
19	37019	临沂相公地震台
20	37020	费县牛岚地震台
21	37021	沂水地震台
22	37022	莒县陵阳地震台
23	37023	苍山地震台
24	37024	无棣大山地震台
25	37025	长清地震台
26	37026	嘉祥地震台
27	37027	邹城地震台
28	37028	济南地震台
29	37029	德州地震台
30	37030	青岛地震台
31	37031	昌邑鲁02井地震台
32	37032	广饶鲁03井地震台
33	37033	禹城鲁04井地震台
34	37034	兖州鲁06井地震台
35	37035	栖霞鲁07井地震台
36	37036	商河鲁09井地震台

表 15（续）

序号	数字代码	台站名称
37	37037	巨野鲁 11 井地震台
38	37038	莒南鲁 14 井观测站
39	37039	枣庄鲁 15 井地震台
40	37040	威海鲁 17 井地震台
41	37041	苍山鲁 22 井地震台
42	37042	乐陵鲁 26 井地震台
43	37043	菏泽鲁 27 井观测站
44	37044	高青鲁 28 井地震台
45	37045	聊城鲁 29 井地震台
46	37046	济南鲁 30 井地震台
47	37047	青岛鲁 31 井地震台
48	37048	荣成鲁 32 井地震台
49	37049	蒙阴鲁 33 井地震台
50	37050	梁山遥测地震台
51	37051	沂山遥测地震台
52	37052	申桥遥测地震台
53	37053	日照地震台
54	37054	莒南地震台
55	37055	潍坊海化集团地震台
56	37056	枣庄陶庄煤矿地震台
57	37057	莱芜钢厂地震台
58	37058	临朐地震台
59	37059	威海地震局地震台
60	37060	威海疗养院观测站
61	37061	文登淡水养殖厂观测站
62	37062	乳山午极镇观测站
63	37063	荣城港西镇观测站
64	37064	龙口地办地震台
65	37065	莱州地办地震台
66	37066	栖霞观测站
67	37067	蓬莱地震观测站
68	37068	长岛福泉观测站
69	37069	长岛南城观测站
70	37070	青岛市地震局地震台
71	37071	青岛胶州地办地震台
72	37072	莱西地办地震台
73	37073	胶南地办地震台
74	37074	平度地办观测台
75	37075	即墨地办地震台

表 15（续）

序号	数字代码	台站名称
76	37076	青岛城阳区地办地震台
77	37077	青岛潜艇学院监测台
78	37078	青岛黄岛区地办地震台
79	37079	潍坊羊口井观测站
80	37080	安丘温泉观测站
81	37081	嵩山观测站
82	37082	峄城观测站
83	37083	高密夏庄水井地震台
84	37084	高密周戈庄水位站
85	37085	潍坊央子水井地震台
86	37086	云门山遥测地震台
87	37087	寿光羊口观测站
88	37088	寿光王高观测站
89	37089	安丘景芝观测站
90	37090	昌乐伦家埠地震台
91	37091	诸城孟疃观测站
92	37092	诸城地震局地震台
93	37093	青州地震局地震台
94	37094	昌邑夏营观测站
95	37095	莒县地震局地震台
96	37096	淄博遥测中心地震台
97	37097	博山地震遥测地震台
98	37098	齐鲁石化遥测地震台
99	37099	淄博张店四宝山遥测地震台
100	37100	沂源遥测地震台
101	37101	邹平地震观测站
102	37102	郯城县地震局地震台
103	37103	郯城县一中地震台
104	37104	蒙阴县地震局地震台
105	37105	临沭县地震局地震台
106	37106	沂水县地震局地震台
107	37107	莒南县地震局地震台
108	37108	费县地震局地震台
109	37109	沂南县地震局地震台
110	37110	平邑县地震局地震台
111	37111	临沂市矿务局地震台
112	37112	济南杜庙观测站
113	37113	济南明水井观测站
114	37114	济南平阴洪范池观测站

表15（续）

序号	数字代码	台站名称
115	37115	莱芜吴家岭观测站
116	37116	莱芜东泉观测站
117	37117	邹城南屯煤矿地震台
118	37118	邹城市观测站
119	37119	泗水地震观测站
120	37120	济宁石桥地震台
121	37121	兖州地震台
122	37122	济宁新汶矿务局地震台
123	37123	新泰市地震台
124	37124	肥城水利局水井观测站
125	37125	枣庄市市中区观测站
126	37126	枣庄台儿庄地震台
127	37127	鲁南水泥厂地震台
128	37128	枣庄十里泉电厂观测站
129	37129	枣庄柴里煤矿地震台
130	37130	东明县地震局地震台
131	37131	曹县科委地办地震台
132	37132	成武地震办地震台
133	37133	郓城县科委地办地震台
134	37134	单县科委地办地震台

5.16 河南省地震台站代码

河南省地震台站代码见表16。

表16 河南省地震台站代码

序号	数字代码	台站名称
1	41001	洛阳地震台
2	41002	郑州侯寨地震台
3	41003	郑州荥阳地震台
4	41004	信阳地震台
5	41005	林州地震台
6	41006	浚县地震台
7	41007	辉县地震台
8	41008	卢氏地震台
9	41009	陕县地震台
10	41010	周口地震台
11	41011	潢川地震台
12	41012	南阳卧龙地震台
13	41013	南阳镇平地震台

表 16（续）

序号	数字代码	台站名称
14	41014	商城地震台
15	41015	安阳市东风地震台
16	41016	安阳市高村地震台
17	41017	郑州遥测台网中心地震台
18	41018	和顺遥测地震台
19	41019	合涧遥测地震台
20	41020	鹤壁遥测地震台
21	41021	浚县遥测地震台
22	41022	薄壁遥测地震台
23	41023	兰考遥测地震台
24	41024	罗圈遥测地震台
25	41025	焦作市地震台
26	41026	清丰县地震台
27	41027	濮阳市地震台
28	41028	商丘市地震台
29	41029	郑州市航海地震台
30	41030	郑州市尖山地震台
31	41031	开封市地震台
32	41032	许昌市地震台
33	41033	驻马店市地震台
34	41034	驻马店市确山地震台
35	41035	新乡市地震台
36	41036	鹤壁市地震台
37	41037	新密地震台
38	41038	平顶山市地震台
39	41039	义马市地震台
40	41040	济源 531 地震台
41	41041	三门峡大安地震台
42	41042	郑州白鸽地震台
43	41043	汝州温泉地震台
44	41044	范县豫 01 井地震台
45	41045	平顶山豫 02 井地震台
46	41046	邓州豫 03 井地震台
47	41047	灵宝豫 04 井地震台
48	41048	鹤壁豫 05 井地震台
49	41049	封丘豫 06 井地震台
50	41050	开封豫 07 井地震台
51	41051	焦作豫 08 井地震台
52	41052	焦作豫 09 井地震台

表 16（续）

序号	数字代码	台站名称
53	41053	内乡豫 10 井地震台
54	41054	兰考豫 11 井地震台
55	41055	南阳豫 12 井地震台
56	41056	郸城豫 13 井地震台
57	41057	杞县豫 14 井地震台
58	41058	汝洲豫 15 井地震台
59	41059	南阳豫 16 井地震台
60	41060	唐河豫 17 井地震台
61	41061	郑州豫 18 井地震台
62	41062	南阳豫方城井地震台
63	41063	南阳豫 ZK－8 井地震台

5.17　湖北省地震台站代码

湖北省地震台站代码见表 17。

表 17　湖北省地震台站代码

序号	数字代码	台站名称
1	42001	武汉珞珈山地震台
2	42002	武汉九峰地震台
3	42003	宜昌地震台
4	42004	麻城地震台
5	42005	恩施地震台
6	42006	黄梅地震台
7	42007	襄樊地震台
8	42008	丹江口地震台
9	42009	钟祥地震台
10	42010	郧县地震台
11	42011	咸宁地震台
12	42012	荆门地震台
13	42013	随州地震台
14	42014	十堰地震台
15	42015	竹山地震台
16	42016	竹溪地震台
17	42017	宜都地震台
18	42018	襄樊万山观测站
19	42019	荆州纪南观测站
20	42020	黄梅独山观测站
21	42021	房县小汤池观测站
22	42022	咸宁温泉观测站

表 17（续）

序号	数字代码	台站名称
23	42023	宜昌雾渡河地震台
24	42024	丹江口水库强震台
25	42025	宜昌葛洲坝强震台
26	42026	清江遥测中心地震台
27	42027	长阳刘家包遥测地震台
28	42028	长阳观坪遥测地震台
29	42029	长阳方家湾遥测地震台
30	42030	长阳鸡公山遥测地震台
31	42031	长阳马鞍山遥测地震台
32	42032	长阳土堰子遥测地震台
33	42033	长阳洛雁山遥测地震台
34	42034	宜都五眼泉遥测地震台
35	42035	宜都小宋山遥测地震台
36	42036	宜都狮子岩遥测地震台
37	42037	武汉遥测中心地震台
38	42038	黄陂遥测地震台
39	42039	新洲遥测地震台
40	42040	江夏遥测地震台
41	42041	蔡甸遥测地震台
42	42042	汉江集团遥测中心地震台
43	42043	丹江口羊山遥测地震台
44	42044	淅川仓房遥测地震台
45	42045	淅川黄庄遥测地震台
46	42046	淅川九重遥测地震台
47	42047	长江三峡遥测中心地震台
48	42048	夷陵牛坪垭遥测地震台
49	42049	夷陵鸡冠石遥测地震台
50	42050	夷陵三堡遥测地震台
51	42051	夷陵白云山遥测地震台
52	42052	夷陵代石沟遥测地震台
53	42053	夷陵长岭遥测地震台
54	42054	秭归大块田遥测地震台
55	42055	秭归百佛寺遥测地震台
56	42056	秭归黄土坡遥测地震台
57	42057	秭归双山遥测地震台
58	42058	秭归赵家山遥测地震台
59	42059	秭归石头垭遥测地震台
60	42060	秭归周坪遥测地震台
61	42061	秭归卢家山遥测地震台

表 17（续）

序号	数字代码	台站名称
62	42062	秭归肖家坪遥测地震台
63	42063	兴山郑家坪遥测地震台
64	42064	巴东茅山岭遥测地震台
65	42065	巴东梅花山遥测地震台
66	42066	巴东金子山遥测地震台
67	42067	巴东淹水塘遥测地震台
68	42068	巴东较场坝遥测地震台
69	42069	巴东炮台山遥测地震台
70	42070	巫山梨子坪遥测地震台
71	42071	巫山猫子山遥测地震台
72	42072	长委遥测中心地震台
73	42073	巴东遥测地震台
74	42074	兴山郑家坪遥测地震台
75	42075	夷陵长岭遥测地震台
76	42076	夷陵黄牛岩遥测地震台
77	42077	点军遥测地震台
78	42078	秭归双山遥测地震台
79	42079	秭归周坪遥测地震台
80	42080	秭归大块田遥测地震台
81	42081	兴山地震台
82	42082	五峰地震台
83	42083	宜昌窑湾地震台
84	42084	宜昌高家溪地震台
85	42085	宜昌丁家坪地震台
86	42086	秭归茅坪地震台
87	42087	宜昌韩家湾地震台
88	42088	秭归大河口地震台
89	42089	秭归屈家湾地震台
90	42090	秭归周坪地震台
91	42091	秭归郭家坝地震台

5.18 湖南省地震台站代码

湖南省地震台站代码见表 18。

表 18 湖南省地震台站代码

序号	数字代码	台站名称
1	43001	长沙地震台
2	43002	邵阳地震台

表 18（续）

序号	数字代码	台站名称
3	43003	吉首地震台
4	43004	桃源地震台
5	43005	茶陵地震台
6	43006	华容地震台
7	43007	宁乡地震台
8	43008	益阳地震台
9	43009	娄底地震台
10	43010	汨罗地震台
11	43011	津市地震台
12	43012	郴州地震台
13	43013	洪江地震台
14	43014	岳阳岳化地震台
15	43015	岳阳长炼地震台
16	43016	邵阳大祥地震台
17	43017	冷水江地震台
18	43018	平江地震台
19	43019	石门地震台
20	43020	湘阴地震台
21	43021	安乡地震台
22	43022	韶山地震台
23	43023	新宁清江地震台
24	43024	冷水江禾青地震台
25	43025	冷水江中连地震台
26	43026	涟源洪源地震台
27	43027	邵阳物探院地震台
28	43028	津市涔澹地震台
29	43029	益阳泉交河观测站
30	43030	益阳新桥河观测站
31	43031	益阳灵泉寺观测站
32	43032	张家界茅岩观测站
33	43033	新邵田心观测站
34	43034	绥宁金屋观测站
35	43035	临湘地震台
36	43036	岳阳铁山观测站
37	43037	隆回金石观测站

5.19 广东省地震台站代码

广东省地震台站代码见表 19。

表 19 广东省地震台站代码

序号	数字代码	台站名称
1	44001	广州基准地震台
2	44002	广州从化地震台
3	44003	肇庆莲塘地震台
4	44004	广州五山观测站
5	44005	汕头地震台
6	44006	田心遥测地震台
7	44007	揭阳遥测地震台
8	44008	潮州地震台
9	44009	南澳遥测地震台
10	44010	汕头东山湖观测站
11	44011	河源新丰江中心地震台
12	44012	河源新港遥测地震台
13	44013	河源龙潭口遥测地震台
14	44014	河源湖羊角遥测地震台
15	44015	河源和平地震台
16	44016	河源黄子洞地震台
17	44017	河源新丰江测量观测站
18	44018	深圳地震台
19	44019	信宜地震台
20	44020	信宜西江温泉观测站
21	44021	广东省数字遥测地震台网中心台
22	44022	梅州地震台
23	44023	龙川地震台
24	44024	汕尾地震台
25	44025	韶关地震台
26	44026	阳江地震台
27	44027	湛江地震台
28	44028	连南地震台
29	44029	珠海地震台
30	44030	台山地震台
31	44031	花都地震台
32	44032	肇庆鼎湖山地震台
33	44033	丰顺地震台
34	44034	新会地震台
35	44035	中山遥测地震台
36	44036	东莞遥测地震台
37	44037	清远遥测地震台
38	44038	惠州遥测地震台
39	44039	湛江市遥测地震台网中心地震台

表 19（续）

序号	数字代码	台站名称
40	44040	廉江遥测地震台
41	44041	遂溪遥测地震台
42	44042	雷州遥测地震台
43	44043	吴川遥测地震台
44	44044	茂名市遥测地震台网中心地震台
45	44045	宴镜岭遥测地震台
46	44046	合江遥测地震台
47	44047	六里塘遥测地震台
48	44048	曲水遥测地震台
49	44049	茂名遥测地震台
50	44050	广州市地震遥测台网中心地震台
51	44051	从化遥测地震台
52	44052	番禺遥测地震台
53	44053	增城遥测地震台
54	44054	帽峰山遥测地震台
55	44055	饶平地震台
56	44056	汕头市地震监测站
57	44057	电白地下流体观测站
58	44058	雷州盐场观测站
59	44059	梅县柱坑观测站
60	44060	梅县龙虎观测站
61	44061	普宁市地观测站
62	44062	仁化县地观测站
63	44063	广州增城观测站
64	44064	广州花都观测站
65	44065	三水市地观测站
66	44066	台山市地观测站
67	44067	中山市地观测站
68	44068	顺德市地观测站
69	44069	南海市地观测站

5.20 广西壮族自治区地震台站代码

广西壮族自治区地震台站代码见表 20。

表 20 广西壮族自治区地震台站代码

序号	数字代码	台站名称
1	45001	桂林地震台
2	45002	灵山地震台
3	45003	邕宁地震台

表20（续）

序号	数字代码	台站名称
4	45004	凭祥地震台
5	45005	北海遥测地震台
6	45006	玉林地震台
7	45007	梧州地震台
8	45008	河池地震台
9	45009	邕宁遥测地震台
10	45010	武鸣遥测地震台
11	45011	钦州遥测地震台
12	45012	扶绥扶南遥测地震台
13	45013	南宁银岭遥测地震台
14	45014	柳州龙潭遥测地震台
15	45015	融水遥测地震台
16	45016	鹿寨遥测地震台
17	45017	金秀遥测地震台
18	45018	忻城遥测地震台
19	45019	来宾遥测地震台
20	45020	平果地震台
21	45021	大化地震台
22	45022	大化岩滩地震台
23	45023	天峨地震台
24	45024	百色澄碧河地震台
25	45025	田东平一井观测站
26	45026	田东香一井观测站
27	45027	田阳元四井观测站
28	45028	桂平观测站
29	45029	南宁石埠观测站
30	45030	邕宁九塘观测站
31	45031	岑溪河三观测站
32	45032	北海咸田观测站
33	45033	北海石康观测站
34	45034	钦州观测站
35	45035	北流隆盛观测站
36	45036	贵港东津观测站
37	45037	横县观测站
38	45038	陆川观测站
39	45039	北流观测站
40	45040	北海观测站

5.21 海南省地震台站代码

海南省地震台站代码见表21。

表21 海南省地震台站代码

序号	数字代码	台站名称
1	46001	琼中地震台
2	46002	西沙地震台
3	46003	海口地震台
4	46004	海口水化台
5	46005	三亚地震台
6	46006	那大地震台
7	46007	海口遥测地震台
8	46008	琼山旧州岭中继观测站
9	46009	文昌七星岭遥测地震台
10	46010	文昌青山岭遥测地震台
11	46011	定安白石岭遥测地震台
12	46012	定安白蒙岭遥测地震台
13	46013	东方高坡岭遥测地震台
14	46014	雷州英峰岭遥测地震台
15	46015	海口市强震地震台
16	46016	海口长流中学观测站
17	46017	海口第七中学观测站
18	46018	海南农垦卫校观测站
19	46019	海口化工二厂观测站
20	46020	海口中丹观测站
21	46021	三亚市观测站
22	46022	三亚市南滨观测站
23	46023	文昌市地震观测站
24	46024	文昌市官新观测站
25	46025	琼山市观测站
26	46026	定安县地震观测站
27	46027	琼海市加积观测站
28	46028	儋州市兰洋地震观测站
29	46029	儋州市西流观测站
30	46030	临高县观测站
31	46031	东方市地震观测站

5.22 重庆市地震台站代码

重庆市地震台站代码见表22。

表22 重庆市地震台站代码

序号	数字代码	台站名称
1	50001	重庆地震台
2	50002	黔江地震台
3	50003	荣昌地震台
4	50004	万盛地震台
5	50005	渝北地震台

5.23 四川省地震台站代码

四川省地震台站代码见表23。

表23 四川省地震台站代码

序号	数字代码	台站名称
1	51001	成都地震台
2	51002	泸州地震台
3	51003	松潘地震台
4	51004	攀枝花仁和地震台
5	51005	攀枝花南山地震台
6	51006	攀枝花红格地震台
7	51007	西昌地磁地震台
8	51008	西昌水化地震台
9	51009	西昌小庙地震台
10	51010	姑咱形变地震台
11	51011	姑咱水化地震台
12	51012	甘孜地震台
13	51013	炉霍虾拉沱地震台
14	51014	康定地震台
15	51015	道孚地震台
16	51016	巴塘地震台
17	51017	乡城地震台
18	51018	九龙地震台
19	51019	雅安地震台
20	51020	江油地震台
21	51021	马尔康地震台
22	51022	冕宁地震台
23	51023	昭觉地震台
24	51024	木里地震台
25	51025	盐源地震台

表23（续）

序号	数字代码	台站名称
26	51026	松潘川主寺地震台
27	51027	汶川县地震台
28	51028	茂县地震台
29	51029	黑水县地震台
30	51030	小金县地震台
31	51031	若尔盖县地震台
32	51032	壤塘县地震台
33	51033	理县地震台
34	51034	松潘地办地震台
35	51035	马尔康地办地震台
36	51036	广元市地震台
37	51037	青川县地震台
38	51038	剑阁县地震台
39	51039	平武县地震台
40	51040	安县地震台
41	51041	北川地办地震台
42	51042	德阳金河地震台
43	51043	德阳清平地震台
44	51044	都江堰市地办地震台
45	51045	石棉地震台
46	51046	宝兴地办地震台
47	51047	马边县地震台
48	51048	乐山八一四厂地震台
49	51049	峨眉西南交大地震台
50	51050	雷波县地震台
51	51051	会理县地震台
52	51052	冕宁县地震局地震台
53	51053	攀枝花马兰山地震台
54	51054	攀枝花乌龟井地震台
55	51055	筠连县地震台
56	51056	德阳白马地震台
57	51057	甘孜川 15 井观测站
58	51058	小金川 07 井观测站
59	51059	安县川 09 井观测站
60	51060	江油川 10 井观测站
61	51061	蒲江川 11 井观测站
62	51062	邛崃川 22 井观测站
63	51063	石棉川 02 井观测站
64	51064	石棉川 20 井观测站

表23（续）

序号	数字代码	台站名称
65	51065	西昌川03井观测站
66	51066	会理川06井观测站
67	51067	会理川18井观测站
68	51068	攀枝花川05井观测站
69	51069	南溪川12井观测站
70	51070	泸州川13井观测站
71	51071	理塘毛垭川51泉观测站
72	51072	乡城热乌川52泉观测站
73	51073	道孚玉科川53泉观测站
74	51074	道孚龙普沟川54泉观测站
75	51075	康定二道桥川55泉观测站
76	51076	康定龙头沟川57泉观测站
77	51077	巴塘305K川58泉观测站
78	51078	昭觉竹核川61泉观测站
79	51079	泸定共和川63泉观测站
80	51080	汶川草坡温泉观测站
81	51081	茂县吉鱼温泉观测站
82	51082	炉霍虾拉沱地震台
83	51083	道孚老乾地震台
84	51084	道孚恰叫地震台
85	51085	道孚沟普地震台
86	51086	道孚龙灯地震台
87	51087	石棉紫马地震台
88	51088	成都华西坝遥测地震台
89	51089	马尔康遥测地震台
90	51090	康定郭达山遥测地震台
91	51091	都江堰油榨坪遥测地震台
92	51092	广元垠台山遥测地震台
93	51093	江油仲家沟遥测地震台
94	51094	中江金鸡寺遥测地震台
95	51095	永川老寨子遥测地震台
96	51096	高县汉王山遥测地震台
97	51097	荣县花马寺遥测地震台
98	51098	沐川五马坪遥测地震台
99	51099	峨眉山交大遥测地震台
100	51100	雅安蒙顶山遥测地震台
101	51101	汉源鲜家坪遥测地震台
102	51102	仁寿油罐顶遥测地震台
103	51103	理塘遥测地震台

表23（续）

序号	数字代码	台站名称
104	51104	南充遥测地震台
105	51105	巴中遥测地震台
106	51106	雅江遥测地震台
107	51107	达州遥测地震台
108	51108	西昌园艺场遥测地震台
109	51109	西昌大堡村遥测地震台
110	51110	西昌大箐遥测地震台
111	51111	西昌核桃湾遥测地震台
112	51112	喜德北山遥测地震台
113	51113	喜德猫猫嘴遥测地震台
114	51114	昭觉玄生坝遥测地震台
115	51115	金阳丙乙底遥测地震台
116	51116	普格依普遥测地震台
117	51117	普格大坪遥测地震台
118	51118	会东石门坎遥测地震台
119	51119	盐源小高山遥测地震台
120	51120	盐源棉桠遥测地震台
121	51121	米易普威遥测地震台
122	51122	富顺椅子湾遥测地震台
123	51123	沿滩石佛寺遥测地震台
124	51124	荣县花马寺遥测地震台
125	51125	威远赵家坡遥测地震台
126	51126	自流井灯贸馆遥测地震台
127	51127	大安三元井遥测地震台
128	51128	龙泉望长坡遥测地震台
129	51129	彭州困牛山遥测地震台
130	51130	大邑高塘寺遥测地震台
131	51131	蒲江看灯山遥测地震台
132	51132	盐边国胜遥测地震台
133	51133	米易五斗种遥测地震台
134	51134	华坪大雪场遥测地震台
135	51135	攀枝花苍铺地遥测地震台
136	51136	攀枝花大黑山中继观测站
137	51137	盐边大村子遥测地震台
138	51138	盐边猎头山遥测地震台
139	51139	盐边廖家山遥测地震台
140	51140	米易灯草坪遥测地震台
141	51141	米易磨房梁子遥测地震台
142	51142	米易田坪子遥测地震台

表23（续）

序号	数字代码	台站名称
143	51143	米易青杠林遥测地震台
144	51144	米易三台坡遥测地震台
145	51145	冕宁鲁坝遥测地震台
146	51146	冕宁大石头遥测地震台
147	51147	冕宁凉风岗遥测地震台
148	51148	冕宁瓦坡支遥测地震台
149	51149	冕宁彝海子遥测地震台
150	51150	喜德瓦吉木遥测地震台
151	51151	汶川县映秀地震台
152	51152	广元盘龙温泉观测站
153	51153	绵竹川 39 井观测站
154	51154	什邡 K2 井观测站
155	51155	彭州市地办地震台
156	51156	大邑地办地震台
157	51157	大邑西岭镇地震台
158	51158	蒲江地办地震台
159	51159	汉源川 16 井观测站
160	51160	米易地办地震台
161	51161	盐源干海子井观测站
162	51162	木里下麦地龙洞水观测站
163	51163	攀枝花地龙箐地震台
164	51164	攀枝花龙洞观测站
165	51165	泸定新兴温泉观测站
166	51166	泸定沈村观测站
167	51167	炉霍侏倭观测站
168	51168	理塘 210 道班温泉观测站
169	51169	理塘翟桑温泉观测站
170	51170	理塘热柯温泉观测站
171	51171	巴塘城区温泉观测站
172	51172	巴塘小坝区温泉观测站
173	51173	乡城达根温泉观测站
174	51174	稻城洗澡塘温泉观测站
175	51175	九龙城区温泉观测站
176	51176	九龙汤古温泉观测站
177	51177	白玉沙玛温泉观测站
178	51178	白玉盖玉温泉观测站
179	51179	会理松平关温泉观测站
180	51180	冕宁秧柴沟观测站
181	51181	石棉紫马垮观测站

表23（续）

序号	数字代码	台站名称
182	51182	自贡晨光3井观测站
183	51183	南溪南山观测站
184	51184	江安井10井观测站
185	51185	高县双河温泉观测站
186	51186	屏山龙桥观测站
187	51187	什邡双盛K2井观测站
188	51188	什邝四平什1井观测站
189	51189	安县上清村观测站
190	51190	北川清真寺观测站
191	51191	北川香泉井观测站
192	51192	旺苍地办观测站
193	51193	广元市中区地办观测站
194	51194	广元元坝区地办观测站
195	51195	广元朝天区地办观测站
196	51196	九寨沟地办地震台
197	51197	荣县碾子山遥测地震台
198	51198	广元宝珠寺电厂地震台
199	51199	江油624所地震台
200	51200	江油长钢三厂地震台
201	51201	成都132厂地办地震台
202	51202	川化集团地震观测站
203	51203	南溪长庆厂地震台
204	51204	荣县长山盐矿地震台
205	51205	成都发动机公司观测站
206	51206	乐山半导体材料厂观测站
207	51207	乐山铁合金厂观测站
208	51208	自贡邓关盐厂地震台
209	51209	江安川安厂观测站
210	51210	屏山云天化厂观测站
211	51211	德阳什化总厂观测站
212	51212	德阳东气厂地办观测站
213	51213	绵竹伐木厂地办观测站
214	51214	安县桑枣中学观测站
215	51215	安县桑枣一中观测站
216	51216	平武903所观测站
217	51217	平武伐木厂观测站
218	51218	江油654所观测站
219	51219	江油电厂观测站
220	51220	泸定川01井观测站
221	51221	盐边川04井观测站

5.24 贵州省地震台站代码

贵州省地震台站代码见表24。

表24 贵州省地震台站代码

序号	数字代码	台站名称
1	52001	贵阳地震台
2	52002	贵阳地磁地震台
3	52003	贞丰地震台
4	52004	六盘水地震台
5	52005	毕节地震台
6	52006	威宁地震台
7	52007	织金地震台
8	52008	晴隆地震台
9	52009	兴义地震台
10	52010	德江地震台
11	52011	南电公司地震台
12	52012	台江县地办地震台

5.25 云南省地震台站代码

云南省地震台站代码见表25。

表25 云南省地震台站代码

序号	数字代码	台站名称
1	53001	昆明黑龙潭地震台
2	53002	腾冲董库地震台
3	53003	洱源水化观测站
4	53004	洱源地震台
5	53005	楚雄地震台
6	53006	永胜灵源地震台
7	53007	弥渡地震台
8	53008	云龙地震台
9	53009	通海地震台
10	53010	通海金家湾地磁地震台
11	53011	巧家地震台
12	53012	嵩明地震台
13	53013	建水西庄地震台
14	53014	丽江地震台
15	53015	罗平地震台
16	53016	建水曲江水化观测站

表25（续）

序号	数字代码	台站名称
17	53017	澜沧地震台
18	53018	个旧地震台
19	53019	剑川地震台
20	53020	元谋地震台
21	53021	云县地震台
22	53022	昭通地震台
23	53023	潞西芒市地震台
24	53024	东川地震台
25	53025	保山地震台
26	53026	华坪新庄地震台
27	53027	鹤庆地震台
28	53028	盐津地震台
29	53029	下关水化观测站
30	53030	富民县地震局地震台
31	53031	安宁市地震局地震台
32	53032	宜良县地震局地震台
33	53033	光学仪器厂地震台
34	53034	昭通地方地震台
35	53035	水富县地震局地震台
36	53036	镇雄县地震局地震台
37	53037	绥江县地震局地震台
38	53038	彝良县地震局地震台
39	53039	威信县地震局地震台
40	53040	曲靖市地震局地震台
41	53041	会泽县地震局地震台
42	53042	马龙县地震局地震台
43	53043	楚雄地方地震台
44	53044	禄丰县地震局地震台
45	53045	大姚县地震局地震台
46	53046	双柏县地震局地震台
47	53047	牟定县地震办地震台
48	53048	玉溪市地震局地震台
49	53049	易门县地震局地震台
50	53050	华宁局地震局地震台
51	53051	峨山县地震局地震台

表25（续）

序号	数字代码	台站名称
52	53052	澄江县地震局地震台
53	53053	思茅市地震局地震台
54	53054	景谷县地震局地震台
55	53055	镇源县地震局地震台
56	53056	勐海黎明农场地震台
57	53057	勐腊县地震局地震台
58	53058	南涧县地震局地震台
59	53059	宁蒗县地震局地震台
60	53060	泸水县地震局地震台
61	53061	贡山县地震抗震办公室地震台
62	53062	迪庆州地震台
63	53063	临沧地震台
64	53064	凤庆地震台
65	53065	沧源地震台
66	53066	镇康地震台
67	53067	永德地震台
68	53068	耿马地震台
69	53069	新平地震台
70	53070	红河州地震台
71	53071	开远地震台
72	53072	石屏地震台
73	53073	金平地震台
74	53074	泸西地震台
75	53075	红河地震台
76	53076	文山州地震台
77	53077	麻栗坡地震台
78	53078	富宁地震台
79	53079	昆明市官渡区小哨观测站
80	53080	晋宁市地震办公室地震台
81	53081	嵩明县地震局地震台
82	53082	禄劝县地震办公室地震台
83	53083	宜良县阳宗海电厂地办地震台
84	53084	东川市地震局地震台
85	53085	东川市黄水箐观测站
86	53086	东川因民矿观测站

表25（续）

序号	数字代码	台站名称
87	53087	寻甸县地震局地震台
88	53088	鲁甸县地震局地震台
89	53089	巧家县地震局地震台
90	53090	盐津县地震局地震台
91	53091	永善县地震办公室地震台
92	53092	大关县地震局地震台
93	53093	宣威县地震局地震台
94	53094	师宗县地震局地震台
95	53095	富源县地震局地震台
96	53096	曲靖市麒麟区地震局地震台
97	53097	沾益县维尼纶厂地震台
98	53098	宣威羊场煤矿地震办公室地震台
99	53099	南华县地震局地震台
100	53100	姚安县地震局地震台
101	53101	元谋县地震局地震台
102	53102	永仁县地震局地震台
103	53103	武定县地震局地震台
104	53104	江川县地震局地震台
105	53105	元江县地震局地震台
106	53106	通海县地震局地震台
107	53107	思茅市地震局地震台
108	53108	孟连县地震局地震台
109	53109	澜沧县地震局地震台
110	53110	普洱县地震局地震台
111	53111	景东县地震局地震台
112	53112	江城县地震局地震台
113	53113	西盟县地震局地震台
114	53114	西双版纳州地震局地震台
115	53115	勐海县地震局地震台
116	53116	大理州地震局地震台
117	53117	大理市地震局地震台
118	53118	鹤庆县地震局地震台
119	53119	洱源县地震局地震台
120	53120	漾濞县地震局地震台
121	53121	宾川县地震局地震台

表25（续）

序号	数字代码	台站名称
122	53122	剑川县地震局地震台
123	53123	保山行署地震局地震台
124	53124	腾冲县地震局地震台
125	53125	龙陵县地震局地震台
126	53126	施甸县地震局地震台
127	53127	保山市地震办公室地震台
128	53128	昌宁县地震局地震台
129	53129	昌宁湾甸农场观测站
130	53130	德宏州地震局地震台
131	53131	陇川县地震办公室地震台
132	53132	盈江县地震办公室地震台
133	53133	瑞丽县地震办公室地震台
134	53134	梁河县地震办公室地震台
135	53135	丽江地区地震局（巨甸台）
136	53136	丽江县地震局地震台
137	53137	永胜县地震局地震台
138	53138	华坪县地震局地震台
139	53139	怒江州地震局地震台
140	53140	兰坪县地震局地震台
141	53141	双江县地震局地震台
142	53142	弥勒县地震办公室地震台
143	53143	建水县地震局地震台
144	53144	禄春县地震办公室地震台
145	53145	蒙自县地震局地震台
146	53146	关南县地震局地震台
147	53147	黑龙潭遥测地震台
148	53148	通海遥测地震台
149	53149	弥勒遥测地震台
150	53150	马龙遥测地震台
151	53151	易门遥测地震台
152	53152	禄劝遥测地震台
153	53153	楚雄遥测地震台
154	53154	永胜遥测地震台
155	53155	丽江遥测地震台
156	53156	云龙遥测地震台

表 25（续）

序号	数字代码	台站名称
157	53157	鹤庆遥测地震台
158	53158	东川遥测地震台
159	53159	沧源遥测地震台
160	53160	思茅遥测地震台
161	53161	团山遥测地震台
162	53162	保山遥测地震台
163	53163	云县遥测地震台
164	53164	景洪遥测地震台
165	53165	中甸遥测地震台
166	53166	畹町遥测地震台
167	53167	文山遥测地震台
168	53168	昭通遥测地震台
169	53169	昆明遥测地震台

5.26 西藏自治区地震台站代码

西藏自治区地震台站代码见表 26。

表 26 西藏自治区地震台站代码

序号	数字代码	台站名称
1	54001	拉萨地震台
2	54002	拉萨地磁地震台
3	54003	那曲地震台
4	54004	昌都地震台
5	54005	狮泉河地震台
6	54006	日喀则地震台
7	54007	乃东地震台
8	54008	林芝地震台
9	54009	察隅地震台

5.27 陕西省地震台站代码

陕西省地震台站代码见表 27。

表 27 陕西省地震台站代码

序号	数字代码	台站名称
1	61001	西安子午地震台
2	61002	西安翠华路地震台
3	61003	乾县乾陵地震台

表27（续）

序号	数字代码	台站名称
4	61004	榆林地震台
5	61005	宝鸡高家村地震台
6	61006	宝鸡潘溪地震台
7	61007	临潼地震台
8	61008	周至楼观台地震台
9	61009	周至县西关地震台
10	61010	泾阳地震台
11	61011	韩城地震台
12	61012	宁陕地震台
13	61013	安康地震台
14	61014	汉中地震台
15	61015	彬县地震台
16	61016	商州地震台
17	61017	蒲城地震台
18	61018	西安数字遥测地震台
19	61019	蒲城大孔遥测地震台
20	61020	兰田遥测地震台
21	61021	合阳遥测地震台
22	61022	华阴遥测地震台
23	61023	太白遥测地震台
24	61024	潼关地震观测站
25	61025	华阴地震观测站
26	61026	渭南双王地震观测站
27	61027	三原地震观测站
28	61028	陇县地震观测站
29	61029	宝鸡县上王地震观测站
30	61030	眉县汤峪地震观测站
31	61031	风翔县地震观测站
32	61032	勉县地震观测站
33	61033	汉中洋县地震观测站
34	61034	西安空军工程大学地震观测站
35	61035	西安77号信箱地震观测站
36	61036	蓝田县地办中心地震观测站
37	61037	耀县水泥厂地震观测站
38	61038	安康市恒口地震观测站
39	61039	丹凤县中学地震观测站
40	61040	韩城市地震观测站
41	61041	华县秦岭电厂地震观测站

5.28 甘肃省地震台站代码

甘肃省地震台站代码见表28。

表28 甘肃省地震台站代码

序号	数字代码	台站名称
1	62001	兰州地震台
2	62002	兰州十里店地震台
3	62003	高台地震台
4	62004	山丹地震台
5	62005	平凉地震台
6	62006	平凉崆峒地震台
7	62007	平凉柳湖地震台
8	62008	平凉附件厂水氡观测站
9	62009	平凉铁路住宅小区地震观测站
10	62010	武都地震台
11	62011	武都汉王地震台
12	62012	天水地震台
13	62013	武山地震台
14	62014	天水五里铺地震台
15	62015	嘉峪关地震台
16	62016	安西地震台
17	62017	平凉峡门地震遥测观测站
18	62018	兰州十里店地震遥测地震台
19	62019	静宁地震遥测观测站
20	62020	天水地震遥测地震台
21	62021	武威石岗地震遥测观测站
22	62022	民勤红崖山地震遥测观测站
23	62023	金昌河西堡地震遥测观测站
24	62024	永登散场沟地震遥测观测站
25	62025	青海湟源地震遥测观测站
26	62026	文县地震遥测观测站
27	62027	迭部地震遥测观测站
28	62028	武都汉王地震遥测地震台
29	62029	岷县地震遥测观测站
30	62030	成县地震遥测观测站
31	62031	景泰地震遥测观测站
32	62032	合作地震遥测观测站
33	62033	山丹地震遥测地震台
34	62034	肃南地震遥测地震台
35	62035	定西地震遥测地震台
36	62036	嘉峪关金佛寺地震观测站

表28（续）

序号	数字代码	台站名称
37	62037	嘉峪关俞井子地震观测站
38	62038	嘉峪关青头山地震观测站
39	62039	肃南地震台
40	62040	武威地震台
41	62041	成县地震台
42	62042	礼县地震台
43	62043	清水地震台
44	62044	天水北道观测站
45	62045	通渭地震台
46	62046	通渭温泉观测站
47	62047	静宁地震台
48	62048	华亭地震台
49	62049	庆阳地震台
50	62050	刘家峡地震台
51	62051	靖远地震台
52	62052	合作地震台
53	62053	临夏地震台
54	62054	定西地震台
55	62055	兰州大滩地震台
56	62056	兰州五泉山地震台
57	62057	张掖地震台
58	63058	岷县地震台
59	62059	武都两水地震台
60	62060	酒泉黄泥堡遥测观测站
61	62061	酒泉电磁波观测站
62	62062	酒泉水氡观测站
63	62063	玉门遥测地震台
64	62064	敦煌电磁波观测站
65	62065	张掖西武当水氡观测站
66	62066	张掖仁宗口地下流体观测站
67	62067	临泽县新华水位观测站
68	62068	高台电磁波观测站
69	62069	山丹观测站
70	62070	民乐观测站
71	62071	肃南观测站
72	62072	天祝地震观测站
73	62073	古浪观测站
74	62074	武威市观测站
75	62075	民勤观测站

表28（续）

序号	数字代码	台站名称
76	62076	武威扎子沟综合地震台
77	62077	金昌微波站地震观测站
78	62078	金昌草大板地震观测站
79	62079	金昌南坝地震观测站
80	62080	金昌龙口地震观测站
81	62081	永登电磁波观测站
82	62082	兰州市红古观测站
83	62083	兰州市西固观测站
84	62084	兰州市安宁地震台
85	62085	榆中观测站
86	62086	白银市观测站
87	62087	景泰观测站
88	62088	通渭温泉观测站
89	62089	漳县观测站
90	62090	平凉观测站
91	62091	静宁观测站
92	62092	庄浪观测站
93	62093	灵台观测站
94	62094	华亭观测站
95	62095	清水温泉地震观测站
96	62096	天水市街子观测站
97	62097	玛曲地震观测站
98	62098	舟曲地震观测站
99	62099	迭部观测站
100	62100	宕昌地震观测站
101	62101	礼县观测站
102	62102	西和观测站
103	62103	文县观测站
104	62104	镇原三岔中学地震观测站
105	62105	玉门市四〇四厂观测站
106	62106	兰州市兰石厂观测站
107	62107	兰州市连城铝厂地震观测站
108	62108	白银市西铜厂地震观测站
109	62109	白银市靖远电厂观测站
110	62110	白银市白银公司地震观测站
111	62111	白银市靖远矿务局地震观测站

5.29 青海省地震台站代码

青海省地震台站代码见表29。

表 29　青海省地震台站代码

序号	数字代码	台站名称
1	63001	格尔木小岛地震台
2	63002	格尔木南山口地震台
3	63003	西宁西山湾地震台
4	63004	西宁佐署地震台
5	63005	西宁拉脊山地震台
6	63006	西宁青沙王地震台
7	63007	西宁龙王山地震台
8	63008	西宁南山地震台
9	63009	西宁二十里铺地震台
10	63010	德令哈地震台
11	63011	都兰地震台
12	63012	花土沟中心地震台
13	63013	花土沟西沟地震台
14	63014	花土沟小黑山地震台
15	63015	花土沟石棉矿地震台
16	63016	花土沟大乌斯地震台
17	63017	花土沟干柴沟地震台
18	63018	湟源地震台
19	63019	玛沁大武地震台
20	63020	门源地震台
21	63021	祁连中心地震台
22	63022	祁连冰沟地震台
23	63023	祁连白杨沟地震台
24	63024	同仁中心地震台
25	63025	同仁吾屯地震台
26	63026	乐都地震台
27	63027	玉树地震台
28	63028	平安地震台
29	63029	共和地震台
30	63030	民和地震台
31	63031	大通地震台
32	63032	互助地震台
33	63033	龙羊峡电厂地震台
34	63034	龙羊峡瓦里关地震台
35	63035	龙羊峡过马营地震台
36	63036	龙羊峡娃彦山地震台
37	63037	龙羊峡千卜禄寺地震台

5.30 宁夏回族自治区地震台站代码

宁夏回族自治区地震台站代码见表30。

表30 宁夏回族自治区地震台站代码

序号	数字代码	台站名称
1	64001	银川北塔地震台
2	64002	银川小口子地震台
3	64003	银川永宁地震台
4	64004	陶乐红崖子遥测地震台
5	64005	灵武横山遥测地震台
6	64006	灵武磁窑堡遥测地震台
7	64007	青铜峡牛首山遥测地震台
8	64008	同心罗山遥测地震台
9	64009	石嘴山地震台
10	64010	石嘴山正谊关地震台
11	64011	石嘴山简泉地震台
12	64012	盐池地震台
13	64013	固原地震台
14	64014	固原海子峡地震台
15	64015	固原明家庄地震台
16	64016	灵武地震台
17	64017	中卫地震台
18	64018	中卫黑山嘴地震台
19	64019	海原地震台
20	64020	海原红羊地震台
21	64021	海原小山地震台
22	64022	石炭井地震台
23	64023	平罗地震台
24	64024	泾源地震台
25	64025	石嘴山九泉井地震观测站
26	64026	平罗136井地震观测站
27	64027	贺兰金贵井地震观测站
28	64028	海原干盐池井地震观测站
29	64029	固原东山坡井地震观测站
30	64030	西吉王民井地震观测站
31	64031	西吉苏堡井地震观测站
32	64032	吴忠九公里地震台
33	64033	陶乐47井地震观测站
34	64034	惠农08井地震观测站
35	64035	银川芦花台井地震观测站
36	64036	银川水利工程处井地震观测站

表 30（续）

序号	数字代码	台站名称
37	64037	银川春林井地震观测站
38	64038	灵武杨洪桥井地震观测站
39	64039	固原南郊井地震观测站

5.31 新疆维吾尔自治区地震台站代码

新疆维吾尔自治区地震台站代码见表31。

表 31 新疆维吾尔自治区地震台站代码

序号	数字代码	台站名称
1	65001	乌鲁木齐水磨沟地震台
2	65002	乌鲁木齐红山地震台
3	65003	乌鲁木齐雅玛里克山观测站
4	65004	乌鲁木齐六道湾观测站
5	65005	乌鲁木齐观测站
6	65006	乌鲁木齐马料地 03 号井观测站
7	65007	乌鲁木齐水磨沟疗养院 0 4 井观测站
8	65008	乌鲁木齐水磨沟公园井泉观测站
9	65009	乌鲁木齐红雁池井泉观测站
10	65010	喀什地震台
11	65011	和田地震台
12	65012	乌什地震台
13	65013	库尔勒 043 地震台
14	65014	库尔勒铁门关地震台
15	65015	库尔勒霍拉山观测站
16	65016	温泉地震台
17	65017	温泉 30 号井观测站
18	65018	富蕴地震台
19	65019	富蕴乌恰沟 37 号泉观测站
20	65020	巴里坤地震台
21	65021	克拉玛依地震台
22	65022	巴楚地震台
23	65023	石河子石场地震台
24	65024	新源地震台
25	65025	阿克苏地震台
26	65026	阿克苏西大桥观测站
27	65027	拜城地震台

表 31（续）

序号	数字代码	台站名称
28	65028	库车地震台
29	65029	阿合奇地震台
30	65030	乌鲁木齐遥测地震台网中心台
31	65031	乌鲁木齐二宫遥测地震台
32	65032	奇台北塔山遥测地震台
33	65033	和静莫托萨拉遥测地震台
34	65034	托里柳树沟遥测地震台
35	65035	合布克赛尔布合图遥测地震台
36	65036	乌鲁木齐乌什城遥测地震台
37	65037	乌鲁木齐高崖子遥测地震台
38	65038	阜康天池遥测地震台
39	65039	呼图壁石梯子遥测地震台
40	65040	昌吉硫磺沟遥测地震台
41	65041	乌苏遥测地震台
42	65042	呼图壁红山遥测地震台
43	65043	木垒地震台
44	65044	乌鲁木齐高崖子地震台
45	65045	呼图壁形变观测站
46	65046	呼图壁达拉拜 21 号泉观测站
47	65047	精河地震台
48	65048	昭苏地震台
49	65049	阿勒泰地震台
50	65050	阿图什地震台
51	65051	乌恰地震台
52	65052	塔什库尔干地震台
53	65053	乌鲁木齐七纺观测站
54	65054	乌鲁木齐西山 20 号井观测站
55	65055	石河子遥测地震台
56	65056	石河子红山嘴观测站
57	65057	石河子市观测站
58	65058	石河子 152 团 10 连观测站
59	65059	石河子南山水沟观测站
60	65060	石河子 143 团 1 营观测站
61	65061	石河子南山红沟观测站
62	65062	阜康魏家泉 05 号井观测站

表31（续）

序号	数字代码	台站名称
63	65063	阜康天池白杨沟观测站
64	65064	沙湾金沟河25号泉观测站
65	65065	沙湾霍尔果斯26号泉观测站
66	65066	乌苏达子庙29号井观测站
67	65067	乌苏下双河33号井观测站
68	65068	乌苏待普曾27号井观测站
69	65069	克拉玛依独山子28号井观测站
70	65070	克拉玛依独山子形变观测站
71	65071	阿拉山口观测站
72	65072	博乐S11号井观测站
73	65073	奇台观测站
74	65074	托克逊库米什39号泉观测站
75	65075	吐鲁番芒硝湖42号井观测站
76	65076	鄯善41号井观测站
77	65077	库尔勒501（43号泉）观测站
78	65078	和静观测站
79	65079	轮台观测站
80	65080	轮西2号（45号）井观测站
81	65081	阿克苏一团观测站
82	65082	阿克苏四团观测站
83	65083	阿克苏五团观测站
84	65084	库车东风煤矿观测站
85	65085	库车36337部队观测站
86	65086	库车东方红电站观测站
87	65087	柯坪观测站
88	65088	塔什库尔干塔曼温泉观测站
89	65089	拜城克孜尔水库遥测台网中心地震台
90	65090	拜城克孜尔水库千佛洞遥测地震台
91	65091	拜城克孜尔水库克孜尔遥测地震台
92	65092	拜城克孜尔水库赛里木遥测地震台
93	65093	拜城克孜尔水库阿克孜遥测地震台
94	65094	拜城克孜尔水库山口遥测地震台
95	65095	拜城克孜尔水库形变观测站

5.32 台湾省地震台站代码（暂缺）

5.33 香港特别行政区地震台站代码（暂缺）

5.34 澳门特别行政区地震台站代码（暂缺）

ICS 91.120.25
P 15
备案号:12287—2003

中华人民共和国地震行业标准

DB/T 5—2003

地震地形变数字水准测量技术规范

Specification for the digital leveling of crustal deformation for seismology

2003-09-05发布　　2004-02-01实施

中国地震局　发布

前　言

本标准是在现有的数字水准仪和用此类仪器进行大量实测的基础上，按照 GB 12897 — 1991《国家一、二等水准测量规范》和中国地震局《跨断层测量规范》（1991 年）的规定，结合数字水准仪的特点制定的。

本标准的附录 A、附录 B、附录 C、附录 D、附录 E、附录 F、附录 G、附录 H、附录 I 和附录 K 都为规范性附录，附录 J 为资料性附录。

本标准由中国地震局提出。

本标准由全国地震标准化技术委员会（CSBTS/TC 225）归口。

本标准起草单位：中国地震局第二监测中心。

本标准主要起草人：任道胜、陈如丽、罗官德、杨辉、陈文礼。

地震地形变数字水准测量技术规范

1 范围

本标准规定了使用数字水准仪进行测量的技术要求、施测和仪器检测方法及数据处理。

本标准适用于地壳形变监测的区域和流动水准测量、定点水准测量，也适用于使用数字水准仪进行一、二等水准测量和精密工程测量。

2 规范性引用文件

下列文件中的条款通过本标准的引用而成为本标准的条款。凡是注日期的引用文件，其随后所有的修改单（不包括勘误的内容）或修订版均不适用于本标准，然而，鼓励根据本标准达成协议的各方研究是否可使用这些文件的最新版本。凡是不注日期的引用文件，其最新版本适用于本标准。

GB 12897 — 1991 国家一、二等水准测量规范

JJG 8 — 1991 水准标尺

JJG 425 — 2003 水准仪

3 术语和定义

下列术语和定义适用于本标准。

3.1

数字水准仪 digital leveling instrument

能够自动采集、处理和储存测量数据的光电水准测量仪器。

3.2

区域水准测量 region leveling

地壳形变监测中具有地域性或跨越地震构造带多个断层的水准测量。

3.3

流动水准测量 mobile leveling

地壳形变监测中具有周期性的跨断层水准测量。

3.4

定点水准测量 leveling at fixed place

具有固定地点和点位，需要连续重复观测或小于一个月的周期性水准测量。如地震台站、大型工程和建筑物的形变监测中的水准测量。

3.5

数字水准测量 digital leveling

用数字水准仪或其他类似仪器自动采集和处理数据而进行的水准测量。

4 水准网布设、选点埋石

4.1 区域水准测量

对于区域水准测量的水准网布设原则和标石的分类、选点造埋技术要求按 GB 12897 — 1991 中第 5 章的规定执行。

4.2 流动水准测量

4.2.1 流动水准测量点网布设，应依据场地地质构造和地形跨越断层不同块体（主断面）布设测

线网。

4.2.2 多功能场地的测线一般为大地四边形或中点多边形，也可以是单线、多线或折线，测点间长度应不大于 2 km。一条测线（网）或环可由多个测段组成。

4.2.3 土层点位标石应埋设在冻土层以下，避开低洼处，埋设点位标石后须经定型期或稳定期方可施测，基岩点定型期不应少于一个月，土层点稳定期应至少经过一个雨季和解冻期。

4.3 测量点、线、网的选取

4.3.1 测量点、线、网的选取，应避开车辆来往繁忙的公路、铁路以及有感震动的地段。

4.3.2 应避开沿高压输电线、电气化铁路供电线、发电站、变电站等大于一倍地磁场强度的地段和地点。

5 仪器

5.1 数字水准仪的选用

5.1.1 用于一等水准测量的数字水准仪应满足 JJG 425 — 2003 表 1 中 DSZ05 级仪器的要求，用于二等水准测量的数字水准仪应满足 DSZ1 级仪器的要求并配备相应级别的水准标尺。

5.1.2 仪器应具有精密水准测量模式、数据输出和参数选择、限差参数输入等功能，并具有通用标准接口（如串口 RS232）。

5.1.3 数据储存容量和电源供给，应能满足两天以上连续外业水准测量的要求。

5.2 仪器的检验

5.2.1 新购置的数字水准仪和条码标尺应进行全面检验，检验合格后方可投入使用。仪器和标尺检验项目如表 1。对于使用中的仪器和标尺应定期一般不超过一年进行有关项目的检验。

表 1 数字水准仪和条码标尺的检验项目

序号	仪器	检验项目	新仪器	作业期间		
				前	中	后
1	数字水准仪	通电检视（见附录 A）	+	+	+	
2		圆水准器（见附录 B）	+	+	+	+
3		调焦透镜运行误差（见附录 C）	+	+		
4		视线距离测量误差的测定（见附录 D）	+			
5		视线观测标准差（安平精度）（见附录 E）	+	+		
6		视准线误差（i 角）（见附录 F）	+	+	+	+
7		望远镜分划板横丝与竖丝的垂直度	+			
8		补偿误差（见附录 G）	+	+		
9		磁致误差（0.05 mT 水平方向稳恒和交变磁场下）（见 JJG 425 — 2003 中 6.3.15 款）	+			
10		测站高差测量标准差（见附录 H）	+			
11	条码标尺	标尺检视	+	+		
12		圆水准器	+	+	+	
13		标尺条码面的弯曲（见 JJG 8 — 1991 第 3 节第 7 条）	+	+		+
14		标尺条码名义米长及其条码偶然标准差（见附录 I）	+	+		
15		标尺温度膨胀系数	+			
16		一副标尺零点差之差(见 JJG 8 — 1991 第 3 节第 9 条)	+	+		
17		标尺中轴线与标尺底面垂直性（见 JJG 8 — 1991 第 3 节第 8 条）	+	+		
注：“+”为必检项目。						

5.2.2　经过修理和校正后的仪器应检验受其影响的相关项目。

5.2.3　每天工作开始前应检校仪器和标尺上的圆水准器。

5.2.4　仪器视准线误差（i 角）检验，对于区域水准测量，开始作业一周内应每天检测一次，若其值较稳定，可每隔 15 天检测一次。对于流动水准测量，应每隔 15 天检测一次。检测时应在接近其作业时段内的平均气温下进行。

5.2.5　仪器及条码标尺的技术指标限差按表 2 执行。

表 2　仪器和条码标尺的技术指标限差

序号	项　　目	指标限差		超限差处理措施
		一等	二等	
1	视线距离测量误差	50 mm/30 m	50 mm/30 m	退货或修理
2	补偿误差	0.20″	0.30″	禁止使用或调整后使用
3	视线观测标准差（安置精度）	0.40″	0.55″	同上
4	调焦透镜运行误差	0.50 mm	0.50 mm	同上
5	视准线误差（i 角）	15.0″	20.0″	同上
6	磁致误差（直流）	0.02″（0.10 mm/km）	0.04″（0.2 mm/km）	更换仪器
7	测站高差测量标准差	0.08 mm	0.15 mm	退货或修理
8	竖轴误差	0.05 mm	0.10 mm	退货或修理
9	标尺条码面弯曲差（矢距）	4.00 mm	4.00 mm	使用前进行整形 使用中施加改正
10	一副标尺零点差之差	0.10 mm	0.10 mm	调整
11	标尺条码名义米长偏差	100 μm	100 μm	禁止使用或返厂
12	标尺条码分划偶然标准差	13 μm	13 μm	禁止使用或返厂
13	一副标尺条码名义米长偏差	50 μm	50 μm	同上
14	使用前后一副标尺名义米长变化	30 μm	30 μm	调整后使用
15	标尺中轴线与标尺底面垂直性误差	0.10 mm	0.10 mm	分析后使用

6　水准观测

6.1　观测时间和气象条件

水准观测应在标尺条码呈像清晰且稳定时进行，下列情况不应进行观测：

a）日出后与日落前 30 min 内；

b）太阳中天前、后各 2 h（区域水准：3 月～5 月、9 月～11 月，流动水准：4 月～10 月）、1 h（区域水准：12 月～2 月，流动水准：11 月～3 月）内或 2.5 h（区域水准：6 月～8 月）内（按地区太阳日出日落时刻表执行，而浓重阴天时可向中天放宽 1 h）；

c）标尺条码呈像不清或影像跳动或标尺面上有局部阴影而难于测量时；

d）气温突变大于 10℃时；

e）风力过大而使标尺与仪器不能稳定时；

f）过强逆光和闪电时。

6.2 设站

6.2.1 标尺点应根据测线土质条件选用尺桩或尺台，尺台重量应大于或等于5 kg，作为转点尺承。所用尺桩或尺台数应不少于4个。特殊地段可用大帽钉，作为转点尺承。

6.2.2 仪器站应使用稳固可靠的脚架（或仪器墩），设在便于操作处，做到等视距观测，其视距、前后视距差、视高等限差值应按表3规定输入仪器，仪器不能输入的，按其规定由观测员控制。在标尺的0.7 m或0.5 m和2.8 m处应做出标记。

表3 输入参数限差值　　单位为米（m）

等级	视距	前后视距差	任一测站前后视距差累计	视高（中丝位置）
一等	≤30	≤0.5	≤1.5	≥0.7且≤2.8
二等	≤50	≤1.0	≤3.0	≥0.5且≤2.8

6.3 观测方法和程序

6.3.1 首先将仪器及三脚架安置稳固，用脚螺旋将仪器整平，使仪器圆气泡位于指标环中央。当仪器旋转180°后气泡发生偏离时，用脚螺旋将气泡调至偏离量的一半，观测员应记住此时的气泡位置，或调校气泡使其在居中位置。

6.3.2 打开电源进行测量之前，应完成下列准备工作：

a）设置仪器基本参数（如高程单位、数位、日期、时间等），输入测量限差参数（如视距、视高、测站高差之差等）。在激活记录模式下，输入测量附加信息和注记。选择测量模式，输入测线编号和起始点高程值。

b）将仪器对准标尺（此时扶尺员用标尺上圆水准器整置标尺垂直），用调焦螺旋将标尺条码像调整清晰，用水平微动螺旋将仪器竖丝调至条码中间，然后按动测量键，即开始测量。

6.3.3 仪器照准标尺的观测顺序，往测时，奇数测站应用后前前后，偶数测站应用前后后前。返测时，奇数测站前后后前，偶数测站后前前后。在仪器内设置的测量模式不能实现上述观测顺序时，观测顺序往测与返测也可相同。如选择aBFFB方式，即奇数站：后视1—前视1—前视2—后视2，偶数站：前视3—后视3—后视4—前视4。

6.3.4 一条测线应进行往返测量，使用同一类型仪器和转点尺承，沿同一线路进行。同一测段应连续往测或返测，并且应将往测（或返测）与返测（或往测）分别在上午或下午对称进行。对于日气温变化不大的阴天或观测条件较好时，部分里程的往返测可同在上午或下午进行，但总站数不应超过20%。每一测段的往测与返测，测站数均应为偶数。往测与返测转换时，两支标尺应互换位置。

6.3.5 同一站观测过程中，不允许两次调焦。

6.3.6 在作业过程中如温度变化大于10℃时（应在一个整站测量结束后），应及时用注记键（如Rem键）输入温度值，输入后继续测量。

6.4 间歇与检测

6.4.1 使用仪器内部间歇程序进行间歇和检测。

6.4.2 在使用仪器内部无间歇程序时，按以下步骤进行：

a）观测间歇宜选在水准点上结束，否则应在最后一站选择两个坚固可靠、圆滑突出、便于安置标尺的固定点，或者埋设两个稳固可靠的尺桩，并能妥善安置，作为间歇点；

b）当准备间歇时，在间歇站上，应完整地完成测量程序后用注记键（如Rem键）在附加信息内输入字母jx和温度作为间歇的标志后关机（注意：不要按结束键，如Lend键）；

c）间歇后应对间歇点进行检测，其方法为：打开电源，用查询键（如Edit键）查寻最后地址的高差值并记录，然后回到测量状态（即开机时的显示状态），按重测键（如Rpt键），重测间歇点这一站，将重测显示的高差值与记录值进行比较，若超限，应采用重测键再重测一次，若仍然超限，则应从水准点起测。

6.4.3 若与光学自动安平水准仪记簿程序衔接的接口程序解决后，可按 GB 12897 — 1991 中的 7.5 条规定执行间歇。

6.5 测站观测值限差

测站观测值限差应符合表 4 的规定。

测站点高差之差的限差输入仪器，由仪器控制，间歇点高差之差限差，由观测员控制。

表 4 测站高差之差限差 单位为毫米（mm）

等级	测站高差之差限差	间歇点检测高差之差限差
一等	0.4	0.7
二等	0.6	1.0

6.6 结点的观测

当结点站的完整测量完成后，按动结束键（如软键 Lend）结束测量，仪器将显示测段总高差、后视距离总和、前视距离总和。在结点结束后，应输入附加信息，如结束时的温度等。

6.7 夜间观测

6.7.1 一般情况，不得在夜间观测。只有穿越交通繁忙、车辆流量甚大的桥梁或街区的水准测量难以正常观测时，方可在夜间进行。夜间观测成果作为同光段成果处理。

6.7.2 在夜间测量路线的两端应预先埋设水准点或选择固定点，并在路线上选定设置仪器和放置标尺的地点，并作出明显标记，在标尺点打入尺桩或帽钉。其视距长度可根据标尺照明的光源亮度及其照明范围而定，但不应超过 25 m。

6.7.3 标尺处应有专人给标尺照明，其光源的频谱应类似于自然光，并保证使测量有效标尺段（如 DiNi 仪器应大于 30 cm）照明亮度均匀。

6.7.4 夜间水准测量的观测方法和各项限差均与相应的各等级的水准测量规定相同。

6.7.5 夜间作业后，应将仪器在干燥处晾置或擦干，不得将带有露水的仪器装入仪器箱内。

6.8 观测要求

6.8.1 观测前应将仪器置于露天阴影下晾置，使仪器与外界气温趋于一致。仪器的晾置时间应不少于 20 min。提前 3 min 打开电源预热，此时检查设置测量模式、各种参数和限差等。

6.8.2 设站时，应用白色测伞遮蔽阳光；迁站时，应罩上白色仪器罩。

6.8.3 每一测站仪器和前后标尺的设置，应尽量在一条直线上（路线拐弯处除外），连续各测站安置三脚架时，应使其中的两脚连线与路线平行，另一脚轮换置于路线两侧。禁止为增加标尺读数而将尺桩（台）安置在壕坑里。

6.8.4 在高差甚大的地区（如山区），应选用尺长稳定、条码名义米长偏差较小的水准标尺作业。

6.8.5 不应雨天作业。仪器受雨受潮后，应立即用干软布擦去水珠，晾干后放入干燥的仪器箱中。

6.8.6 阳光过强时，仪器应装遮光罩。严禁强光（如阳光）直射仪器望远镜。

6.8.7 在观测作业时，如遇突发性震动影响，应重测该站。

6.8.8 扶尺员应集中精力观察仪器的操作全过程，应及时、正确、稳固地安置标尺。

6.8.9 严禁使用仪器内设置的操作（硬、软）键和有关功能，以免影响和改动原始测量数据。

6.8.10 每次测量中，观测员应在现场记录观测日志。观测日志内容和格式见附录 J。

6.9 新旧路线连接时的检测

6.9.1 新设的水准路线与已测的水准点连（接）测时，若该水准点的前后观测时间超过 3 个月，应进行检测。

6.9.2 对高等级路线的检测，按新设路线的等级进行；对低等级路线的检测，按已测路线的等级进行。

6.9.3 检测时，应单程检测一已测测段。若单程检测超限，则应检测该测段另一单程。若高差中数仍超限，则继续往前检测，以确定稳固可靠的已测点作为连接点。

6.9.4 检测测段长度不应小于1 km。

6.10 往返高差不符值、环线闭合差限差

6.10.1 测段往返测高差不符值、环线闭合差，以及每千米水准测量往返测高差平均值的标准差 M_{Δ} 等一般不应超过表5规定值。

表5 测量精度和限差 单位为毫米（mm）

测量等级及类型	区域水准测量		流动水准测量
	一等	二等	
M_{Δ}	0.45	1.0	0.5
测段往返测高差不符值 Δ	$1.8\sqrt{R}$	$4\sqrt{R}$	$2\sqrt{R}$
环线闭合差 W	$2\sqrt{F}$	$4\sqrt{F}$	$2\sqrt{F}$
附合路线闭合差	/	$4\sqrt{L}$	/
检测已测测段高差之差	$3\sqrt{R}$	$6\sqrt{R}$	/

注：R 为测段长度，单位为千米（km）；对于长度不足百米的以0.10 km计算；F 为环线长度，单位为千米（km）；L 为附合路线长度，单位为千米（km）；“/”表示该项不作限差。

6.10.2 检测已测测段高差之差的限差，对单程检测或往返检测均适用。

6.10.3 水准环线由不同等级线路构成时，环线闭合差的限差应按各等级线路长度及其限差分别计算，然后取其平方和的平方根为限差。

6.10.4 若连续若干测段的往返测高差不符值保持同一符号，且大于限值的20%时，则应在以后各测段的观测中采取酌情缩短视距、加强仪器隔热和防止尺桩（台）位移的措施。

6.11 成果的重测和取舍

6.11.1 凡是超过6.2.2条、6.5条和6.10.1条规定限差的成果均应重测。在本站发现应立即重测，否则，应从水准点起重测。

6.11.2 测段往返测高差不符值的超限，应先就可靠性较差的单程（往测或返测）进行整段重测，并按下列原则取舍：

a）若重测的高差与同方向原测高差的不符值超过往返测高差不符值的限差，但与另一单程高差的不符值不超出限差，则取用重测结果；

b）若重测的高差与同方向原测高差的不符值未超出限差，且其中数与另一单程高差的不符值也未超出限差，则取同方向中数作为该单程高差；若其中数与另一单程高差的不符值超出限差，而重测高差与另一单程高差的不符值不超限，则取用重测结果；

c）若重测高差或两同方向高差中数与另一单程的高差不符值超出限差，应重测另一单程；

d）若超限测段经过两次或多次重测后，出现同向观测结果靠近而与异向观测结果不符值超限的分群现象时，如果同方向高差不符值小于限差之半，则取原测的往返测高差中数作为往测结果，取重测的往返测高差中数作为返测结果。

6.11.3 区段、路线往返测高差不符值超限时，应对往返测高差不符值与区段（路线）不符值同符号中数大的测段进行重测，若重测后仍超出限差，则须重测其他测段。

6.11.4 符合路线和环线闭合差超限时，应对路线上可靠程度较小（往返测高差不符值较大或观测条件较差）的某些测段进行重测，若重测后仍超出限差，则须重测其他测段。

6.11.5 若每千米水准测量往返测高差平均值的标准差 M_Δ 超限时，应分析原因，重测有关测段或路线，测段重测与原测时间超过 3 个月，并且重测高差与原测高差之差超过检测限差时，应进行测段两端点可靠性检测。

6.11.6 当观测过程中各项限差均符合要求时，不应进行重测。

6.11.7 对于流动水准测量，其成果取舍原则一般只取用重测后合格成果，舍去原测超限成果。对长度超过 1 km 以上的测线，按 6.11.2 、6.11.3 、6.11.4 款所述重测和取舍原则执行。年终计算每千米水准测量往返测平均值的标准差 M_Δ 超限时，不应进行重测，应在成果表中注明。

7 测量记录格式和结果转存

7.1 按仪器内记录格式

7.1.1 原始数据格式应符合下列规定：

a）在每一测线（或场地）开始观测前应输入观测条件的注记标识和附加信息，其代码和格式按附录 K 的规定执行；

b）数据行应包括：测站序号、测量时间、前后视距及前后视距分别累计、视高读数和高差累计。

7.1.2 数据的转存应满足下列要求：

a）对于定点和流动水准测量，可通过接口适时下载或将储存卡（或模块）记录的原始数据通过装有通讯程序的计算机转存其他存储介质或打印；

b）对于区域水准测量，宜采用专用电缆将仪器输出接口与装有通讯程序的微型计算机直接连接起来进行适时下载压缩转存；

c）转存过程中任一原始数据不应丢失，数据的有效数字不应减少；小数点后数位要求：视高，单位为米（m），取小数点后 5 位；视距，单位为米（m），取小数点后 2 位。

7.2 用微型计算机记录格式

用数字水准仪采集数据而由微型计算机记簿时，可按光学水准测量记簿和数据管理系统格式执行。

8 外业计算

8.1 水准测量外业计算项目

计算项目包括：

a）外业高差和概略高程表；

b）测段、测线往返测高差不符值和每千米水准测量往返测高差平均值的标准差；

c）附合路线和环线闭合差；

d）按环线闭合差计算每千米水准测量平均值的标准差（流动水准测量不做此项）。

8.2 外业计算的实施

外业高差和概略高程表的编算，应由两人各自独立完成一份，并核对无误。流动水准测量成果和精度统计也应有两人进行，一人编算，另一人校核。

8.3 计算水准点高程的改正项目

计算水准点概略高程时，所用的高差应加入下列改正：

a）水准标尺尺长误差；

b）水准标尺温度；

c）正常水准面不平行；

d）重力异常；

e）日月引力；

f）环线闭合差。

对于定点和流动水准测量，测段高差只做水准标尺尺长误差和环线闭合差的改正。

8.4 水准线路（或场地）每千米标准差的计算

每完成一条水准线路（或场地）的测量，应进行往返测高差不符值及每千米水准测量往返测平均值的标准差 M_Δ 的计算（小于 100 km 或测段数不足 20 个子样时，可纳入相邻路线或场地一并计算）。

M_Δ 计算公式为：

$$M_\Delta = \sqrt{[\Delta\Delta/R]/4n} \qquad \cdots\cdots(1)$$

式中：

Δ —— 测段往返测高差不符值，单位为毫米（mm）；

R —— 测段长度，单位为千米（km）；

n —— 测段数。

8.5 按环线闭合差计算每千米水准测量往返测平均值的标准差

每完成一个闭合环线的水准测量，应对观测高差施加水准标尺长度误差改正、水准标尺温度改正、正常水准面不平行改正、重力异常改正、日月引力改正，然后计算环线闭合差，并符合 6.10.1 条中限差规定。当构成水准网的水准环数超过 20 时，还应按环线闭合差 W 计算每千米水准测量往返测平均值的标准差 M_W。

M_W 的计算公式为：

$$M_W = \sqrt{[WW/F]/N} \qquad \cdots\cdots(2)$$

式中：

W —— 经过各项改正后的水准环线闭合差，单位为毫米（mm）；

F —— 水准环线长度，单位为千米（km）；

N —— 水准环线数。

8.6 外业测量计算数据取位

外业测量计算数据取位应按表 6 规定执行。

表 6 外业测量计算数据取位

等级	往(返)测距离总和/km	测段距离中数/km	各测段高差/mm	往(返)测高差总和/mm	测段高差中数/mm	水准点高程/mm
一等	0.01	0.1	0.01	0.01	0.1	1
二等	0.01	0.1	0.01	0.01	0.1	1
流动水准测量	0.01	0.01	0.01	0.01	0.01	

9 上交资料

9.1 区域水准测量

按 GB 12897 — 1991 中第 9.8 条规定执行。

9.2 流动水准测量

经过有关技术人员检查验收的流动水准测量成果，应按场地（或线路）进行清点和整理，编制目录，开列清单，上交资料管理部门。上交资料应包括：

a）数字水准仪和条码标尺的检验资料；

b）水准观测手簿（或软盘、光盘）；

c）流动水准测量外业成果表两份；
d）每千米水准测量往返测平均值的标准差计算资料；
e）外业技术总结；
f）验收报告；
g）从其他单位收集的资料和观测日志。

附 录 A
（规范性附录）
检视

A.1 外观检视

不应有影响仪器精度的缺陷。

A.1.1 各部件应清洁，记录有无碰伤、划痕、污点、胶合脱胶、镀膜霉点或脱落等现象。

A.1.2 各转动部件，如转轴、调整制动螺旋等转动应灵活、平稳可靠。记录各部件有无松动、失调、明显的隙动和跳动、阻滞等现象。

A.1.3 望远镜视场呈像应明亮、清晰、均匀，调焦性能应正常，特别要查看 1.5 m 处和 150 m 距离的近、远点的呈像是否正常。

A.1.4 仪器部件、附件和备件应齐全。

A.2 通电试验

A.2.1 电池和记忆模块或 PC 卡的装卸应方便、有效。

A.2.2 仪器的各操作键、功能键应舒适、有效；在正常环境下，数字显示应清晰，仪器的各种功能应正常。

A.2.3 仪器的补偿器在概略置平时应正常有效，无停摆现象。

A.3 评价

检视和通电情况应作记载，并作出评价。

附　录　B
（规范性附录）
仪器圆水准器的检校

B.1　用脚螺旋将圆水准气泡调至中央，然后旋转仪器 180°，此时若气泡不在中央，用脚螺旋改正偏离量的一半，用水准器的改正螺丝改正其另一半，使气泡回到中央。如此反复检校，直到仪器无论转到任何方向，气泡中心始终位于中央为止。

B.2　对于在机外无圆水准器改正螺丝的仪器，用脚螺旋使气泡调至中央，旋转仪器 180°后，若气泡不在中央，用脚螺旋改正一半，再将仪器旋转 180°，观察气泡是否移动，若移动，再用脚螺旋调整气泡移动的一半，这样反复调整，直到仪器无论转到任何方向，气泡位置始终不变，并标记气泡中心的所在位置，即圆水准器的置平点。若气泡偏离标志线中心太大（触及或超出标志环），应交专业修理人员调校。

附 录 C
（规范性附录）
调焦透镜运行误差的测定

C.1 准备

a）选择一平坦场地，根据场地状况在一直线上或半径为 25 m 的半圆周上依次布设 0、1、2、3、4、5 号点，各打入尺桩，并用钢卷尺丈量，使 0 号点到其余各点的距离分别为：

D_1 = 5 m，D_2 = 10 m，D_3 = 20 m，D_4 = 30 m，D_5 = 50 m

b）检测应选在呈像清晰稳定的时间段内进行。

C.2 观测方法

a）用单点测量模式，后前前后方法测量，手工记录处理。

b）每一安置仪器点，观测 4 测回，测回间变换仪器基座 180°及仪器高。每测回先测往测，后测返测，返测观测标尺秩序与往测秩序相反。

c）采用直线法时，首先应分别在 0 号点到其他各点 i 的中点或中点一侧安置仪器，且使得设站点到 0 号点的距离等于到 i 号点的距离，然后按规定秩序观测 0 号点和 i 号点的标尺读数；采用圆弧法时，在圆心安置仪器，按规定秩序观测 0 至 5 号点的标尺读数。两种方法每测回中均不得变动焦距。最后置仪器于 0 号点，按规定程序观测 1 号点至 5 号点上的标尺读数。

d）整个观测过程中，应采用单个标尺。采用直线法在 0 号点可用一根标尺固定立尺，而用另一根标尺作移动尺立于 1 至 5 号点上。

C.3 计算方法

a）分别求出 0 号点与其他各点的高差 h_i：

$$h_i = L_0 - L_i \qquad \cdots\cdots\cdots(C-1)$$

式中：

L_0—— 对应于 L_i 的 0 号点各测回往返测读数平均值，单位为毫米（mm）；

L_i—— 对应于 L_0 的 i 号点各测回往返测读数平均值，单位为毫米（mm）。

b）分别求出在 0 号点观测 1 号到 5 号点的视线高度 H_i：

$$H_i = M_i + h_i - 7.8 \times 10^5 \cdot D_i^2 \qquad \cdots\cdots\cdots(C-2)$$

式中：

M_i—— 在 0 号点观测 1 至 5 号点的各测回往返标尺读数平均值，单位为毫米（mm）；

D_i—— 0 号点到其他各点的距离，单位为米（m）。

c）求调焦运行误差 V_i：

$$V_i = \Delta_i + (23 - D_i) \cdot k \qquad \cdots\cdots\cdots(C-3)$$

式中：

$\Delta_i = H_i - \sum H_i/5$

$k = \sum(D_i \cdot \Delta_i)/1\,280$

取 V_i 绝对值的最大值为检定结果。

示例：

表 C.1 调焦透镜运行误差的测定和计算

仪器型号：DiNi10　　　　观测者：

记录者：

出厂编号：209065　　　　1999 年 06 月 07 日　　　　检查者：

测回		0	1	0	2	0	3	0	4	0	5
Ⅰ	往 返	1.43826 1.43827	1.41954 1.41954	1.44440 1.44440	1.42079 1.42078	1.42895 1.42890	1.34971 1.34971	1.47763 1.47762	1.33505 1.33505	1.55605 1.55608	1.47050 1.47050
Ⅱ	往 返	1.44825 1.44824	1.42955 1.42955	1.45259 1.45258	1.42895 1.42895	1.43806 1.43802	1.35882 1.35882	1.48221 1.48222	1.33963 1.33962	1.55988 1.55988	1.47431 1.47432
Ⅲ	往 返	1.44840 1.44838	1.42966 1.42967	1.46102 1.46101	1.43742 1.43742	1.44631 1.44630	1.36709 1.36709	1.48767 1.48768	1.34508 1.34509	1.56506 1.56508	1.47951 1.47951
Ⅳ	往 返	1.45850 1.45849	1.43977 1.43977	1.46810 1.46812	1.44448 1.44448	1.45509 1.45507	1.37589 1.37589	1.49611 1.49612	1.35353 1.35354	1.56950 1.56947	1.48386 1.48383
中数 L_i（m）		1.44835	1.42963	1.45653	1.43291	1.44209	1.36288	1.48591	1.34332	1.56262	1.47704
$h_i = L_0 - L_i$（mm）		18.72		23.62		79.21		142.59		85.58	

测回		桩号				
		1	2	3	4	5
标尺距离 D_i		5 m	10 m	20 m	30 m	50 m
Ⅰ	往 返	1.37828 1.37830	1.37358 1.37356	1.31831 1.31836	1.25527 1.25528	1.31322 1.31314
Ⅱ	往 返	1.38748 1.38743	1.38277 1.38277	1.32742 1.32747	1.26442 1.26442	1.32243 1.32241
Ⅲ	往 返	1.39418 1.39422	1.38949 1.38950	1.33422 1.33424	1.27118 1.27121	1.32897 1.32892
Ⅳ	往 返	1.40217 1.40215	1.39742 1.39745	1.34218 1.34222	1.27904 1.27910	1.33704 1.33699
中数 M_i（mm）		1390.53	1385.82	1330.55	1267.49	1325.39
h_i		18.72	23.62	79.21	142.59	85.58
$-7.8\times10^{-5}\cdot D_i^2$		0	-0.01	-0.03	-0.07	-0.20
$H_i = M_i + h_i - 7.8\times10^{-5}\cdot D_i^2$		1409.25	1409.43	1409.73	1410.01	1410.77
$\Delta_i = \sum H_i - H_i/5$		-0.59	-0.41	-0.11	0.17	0.93
$V_i = \Delta_i + (23 - D_i)\cdot k$(mm)		0.00	0.02	-0.01	-0.06	0.04
$k = \sum(D_i\cdot\Delta_i)/1280 = 0.033$ 检核　$\sum\Delta_i \approx \sum V_i \approx 0$						

附 录 D
（规范性附录）
视线距离测量误差的测定

D.1 观测方法

D.1.1 在平坦场地上，用钢卷尺丈量 30 m 的距离，在其一端架设仪器，用垂球对准零点，在 10 m 和 30 m 处各打一尺桩，分别直立标尺。然后用钢卷尺精确丈量仪器中心与标尺面的水平距离 D，并记录。

D.1.2 用仪器的单点测量模式或距离测量模式，对两个视距点各测量 10 次，读取标尺距离显示数 D_i，并分别求其平均值 $\overline{D}$ 和视距显示数的标准偏差。

D.2 计算和限差

各视距点测量距离平均值 $\overline{D}$ 与精确丈量距离 D 之差，其绝对值不超过 5 cm，30 m 距离显示数标准偏差 $\sigma_{距}$ 不得超过 5 cm。

示例：

表 D.1 视线距离测量误差的测定

仪器型号：DiNi10　　观测日期：2000 年 04 月 06 日　　观测者：

出厂编号：209065　　记录者：

丈量距离：D_1 = 30.00 m　　D_2 = 10.00 m　　检查者：

序号	视距显示数 D_i/m	V_i/cm	VV	视距显示数 D_i/m	V_i/cm	VV
1	30.010	0.0	0.00	10.009	0.1	0.01
2	30.011	0.1	0.01	10.008	0.0	0.00
3	30.015	0.5	0.25	10.008	0.0	0.00
4	30.000	−1.0	1.00	10.008	0.0	0.00
5	30.011	0.1	0.01	10.008	0.0	0.00
6	30.005	−0.5	0.25	10.008	0.0	0.00
7	30.016	0.6	0.36	10.008	0.0	0.00
8	30.011	0.1	0.01	10.008	0.0	0.00
9	30.012	0.2	0.04	10.008	0.0	0.00
10	30.007	−0.3	0.09	10.008	0.0	0.00
中数或和	30.010	−0.2	2.02	10.008	0.1	0.01

$\overline{D}_1 - D_1 = 30.010 - 30.00 = 1.0$ cm　　$\overline{D}_2 - D_2 = 10.008 - 10.00 = 0.8$ cm

$$\sigma_{距1} = \sqrt{\sum [VV] / (n-1)} = 0.47 \text{ cm}$$

$$\sigma_{距2} = \sqrt{\sum [VV] / (n-1)} = 0.03 \text{ cm}$$

附 录 E
（规范性附录）
视线观测标准差（安置误差）的测定

E.1 准备

选择一平坦处，在距仪器 30 m 处打一尺桩安置标尺。安置仪器时使其两脚螺旋连线与标尺方向垂直。仪器需经晾置和遮阳置平后，方可进行测定。

E.2 观测方法

测定尽可能在三种不同气温下观测三组，每种气温下观测两测回为一组，共测六测回，每测回十次观测，仪器设置在单点测量模式。

每次观测旋转位于标尺方向上的一脚螺旋约 1/4 周，使仪器倾斜，然后再调整脚螺旋使仪器恢复水平状态，即使圆气泡精密居中，照准标尺后，启动测量，记录视高显示值。

E.3 计算方法

视线观测标准差 m 按下式计算：

$$m = \sqrt{\sum [VV]/54} \times \rho/D \qquad ('') \qquad \cdots\cdots\cdots(E-1)$$

式中：

V —— 显示值与其测回中数之差，单位为毫米（mm）；

$[VV]$ —— 每测回 V 平方和；

$\sum[VV]$ —— 各测回 $[VV]$ 之和；

ρ —— 206 265，单位为角秒（″）；

D —— 标尺至仪器的距离，单位为米（m）。

示例:

表 E.1　视线观测标准差(安置误差)的测定

仪器: DiNi10　　No. 209065　　观测者:

记录者:

距离: $D = 30.00$ m　　检查者:

日期	1999.07.22		1999.07.22		1999.07.23	
时间	9:00	9:06	15:02	15:09	8:22	8:28
温度/℃	28.2	28.2	31.8	31.8	27.0	27.0
测回	1	2	3	4	5	6
测次	仪器显示数/m					
1	1.41890	1.43781	1.42626	1.38636	1.41771	1.43486
2	1.41895	1.43781	1.42628	1.38645	1.41781	1.43483
3	1.41895	1.43784	1.42632	1.38639	1.41777	1.43487
4	1.41897	1.43772	1.42632	1.38639	1.41776	1.43486
5	1.41899	1.43772	1.42618	1.38648	1.41772	1.43489
6	1.41897	1.43777	1.42617	1.38647	1.41774	1.43485
7	1.41890	1.43781	1.42630	1.38638	1.41772	1.43486
8	1.41892	1.43780	1.42630	1.38636	1.41772	1.43484
9	1.41894	1.43778	1.42628	1.38643	1.41775	1.43486
10	1.41898	1.43777	1.42619	1.38631	1.41773	1.43486
平均值	1.41895	1.43778	1.42626	1.38640	1.41774	1.43486
[VV] /mm	0.0093	0.0141	0.0306	0.0266	0.0085	0.0024
$m = \sqrt{\sum [VV]/54} \times \rho/D = \sqrt{0.0915/54} \times 206265/30000 = 0.28''$						

附 录 F
（规范性附录）
视准线误差（i 角）的测定

F.1 准备

在平坦的场地上选择一直线，并将其分为三段，点号设置为：AI_1I_2B、I_1ABI_2、或 AI_1BI_2，其中 I_1、I_2 为安置仪器处，A、B 为安置标尺处，在 A、B 处各打一尺桩。

Ⅰ. AI_1I_2B 设置，$AI_1 = I_1I_2 = I_2B$，总长 45 m ~ 60 m；

Ⅱ. I_1ABI_2 设置，$I_1A = AB = BI_2$，总长约 45 m；

Ⅲ. AI_1BI_2 设置，$AI_1 = 2I_1B = 2BI_2$，总长约 45 m。

F.2 观测方法

在 I_1、I_2 处分别安置并整平仪器，启动距离测量模式，先后对 A、B 处标尺照准并启动测量，记录显示视高数据。

F.3 计算方法

视准线误差 i 为：

$$i = \frac{(L_{A2} - L_{B2}) - (L_{A1} - L_{B1})}{(D_{A2} - D_{B2}) - (D_{A1} - D_{B1})} \times 206\,265('') \qquad \cdots\cdots\cdots(F-1)$$

式中：

L_{A1}—— 在 I_1 处测量 A 标尺显示视高数，单位为毫米（mm）；

L_{B1}—— 在 I_1 处测量 B 标尺显示视高数，单位为毫米（mm）；

L_{A2}—— 在 I_2 处测量 A 标尺显示视高数，单位为毫米（mm）；

L_{B2}—— 在 I_2 处测量 B 标尺显示视高数，单位为毫米（mm）；

D_{A1}—— 在 I_1 处测量 A 标尺显示视距数，单位为毫米（mm）；

D_{B1}—— 在 I_1 处测量 B 标尺显示视距数，单位为毫米（mm）；

D_{A2}—— 在 I_2 处测量 A 标尺显示视距数，单位为毫米（mm）；

D_{B2}—— 在 I_2 处测量 B 标尺显示视距数，单位为毫米（mm）。

F.4 使用仪器内部的检测功能

若使用仪器内部的检测功能（adjustment function），只能按仪器说明书注明的该型仪器特定的设置方式来测定视准线误差值，如 DiNi10、10T、11、11T、12、12T 等，且只用 F.1 中的Ⅰ设置。

注：用仪器内的检测功能测定的视准线误差（i 角）值，将自动储存仪器中，并对以后每个视高测量值自动进行改正，直到被新的测定值取代。

附 录 G
（规范性附录）
补偿误差的测定

G.1 准备

在平坦的地方量取一段距离为45 m左右的直线，其两端点A、B处各打一尺桩安置标尺，在AB直线中点架设仪器。安置仪器时，使其两脚螺旋连线与AB垂直。

G.2 观测方法

将圆气泡分别置于如下位置时，交替照准A、B标尺各测量10次，求其显示视高中数并计算AB间高差 h_i（$i=0$、1、2、3、4）。

a）气泡精确居中（$i=0$）；

b）气泡向A标尺偏 α 角（α 为仪器标称补偿范围）（$i=1$）；

c）气泡向B标尺偏 α 角（$i=2$）；

d）面向A标尺，气泡向左方偏 α 角（$i=3$）；

e）面向A标尺，气泡向右方偏 α 角（$i=4$）。

G.3 计算方法

观测高差的计算方法如下：

$$h_i = A_i - B_i \qquad \cdots\cdots\cdots(\text{G}-1)$$

补偿误差的计算方法如下：

$$\Delta\alpha_i = (h_i - h_0)\rho/(D \cdot \alpha_i) \qquad \cdots\cdots\cdots(\text{G}-2)$$

两式中：

h_i—— 每一气泡位置上的观测高差，单位为毫米（mm）；

A_i—— 对A标尺的视高显示平均数，单位为毫米（mm）；

B_i—— 对B标尺的视高显示平均数，单位为毫米（mm）；

$\Delta\alpha_i$—— 不同方向上的补偿误差，单位为角秒每角分（″/′）；

D —— A、B标尺间的距离，单位为毫米（mm）；

ρ —— 206 265，单位为角秒（″）；

α —— 仪器倾斜角（仪器标称补偿范围），单位为角分（′）。

示例：

表 G.1　补偿误差的测定

仪器型号：DiNi10　　　　观测者：

出厂编号：209065　　　　记录者：

1999 年 06 月 02 日　　$D = 50.00$ m　　检查者：

仪器位置	次数	在A尺读数	在B尺读数	仪器位置	次数	在A尺读数	在B尺读数
仪器置平	1	1.40978	1.72225	仪器向A标尺倾斜 $\alpha_1 = 15'$	1	1.40956	1.72179
	2	85	24		2	55	80
	3	84	23		3	54	82
	4	80	25		4	54	82
	5	82	25		5	53	84
	6	85	26		6	53	87
	7	81	21		7	54	79
	8	80	19		8	52	80
	9	81	24		9	50	81
	10	80	23		10	53	80
	中数	1.409816	1.722235		中数	1.409534	1.721814
A、B 间高差 h_0		−312.419 mm		A、B 间高差 h_1		−312.280 mm	
仪器向B标尺倾斜 $\alpha_2 = 15'$	1	1.41009	1.72266	仪器向视准面左边倾斜 $\alpha_3 = 15'$	1	1.40959	1.72183
	2	04	58		2	54	84
	3	05	61		3	58	81
	4	01	61		4	57	79
	5	04	56		5	53	81
	6	02	56		6	52	80
	7	02	57		7	55	78
	8	05	55		8	54	78
	9	06	58		9	56	80
	10	07	58		10	50	80
	中数	1.410045	1.722586		中数	1.409548	1.721804
A、B 间高差 h_2		−312.541 mm		A、B 间高差 h_3		−312.256 mm	
仪器向视准面右边倾斜 $\alpha_4 = 15'$	1	1.41003	1.72260				
	2	01	59				
	3	05	60				
	4	07	60				
	5	05	61				
	6	07	62				
	7	07	62				
	8	03	59				
	9	05	55				
	10	03	57				
	中数	1.410046	1.722595				
A、B 间高差 h_4		−312.549 mm					

$$\Delta h_1 = h_1 - h_0 = 0.139\ \text{mm}$$

$$\Delta h_2 = h_2 - h_0 = -0.122\ \text{mm}$$

$$\Delta h_3 = h_3 - h_0 = 0.163\ \text{mm}$$

$$\Delta h_4 = h_4 - h_0 = -0.130\ \text{mm}$$

$$\Delta\alpha_1 = \frac{\Delta h_1 \cdot \rho}{D \cdot \alpha_1} = 0.04\ ''/'$$

$$\Delta\alpha_2 = \frac{\Delta h_2 \cdot \rho}{D \cdot \alpha_2} = -0.03\ ''/'$$

$$\Delta\alpha_3 = \frac{\Delta h_3 \cdot \rho}{D \cdot \alpha_3} = 0.04\ ''/'$$

$$\Delta\alpha_4 = \frac{\Delta h_4 \cdot \rho}{D \cdot \alpha_4} = -0.04\ ''/'$$

附 录 H
(规范性附录)
测站高差测量标准差和竖轴误差的测定

H.1 准备

在一平坦场地选择相距为60 m的A、B两点，分别各打一尺桩，仪器架设在AB连线的中点。

H.2 测量方法

检验分六组进行，相邻两组应在一个时间段内完成。每组测量前，应将仪器三个脚螺旋ijk的安置位置顺序为：第1、3、5组分别将两脚螺旋ij、jk、ki平行于AB，第2、4、6组分别在前一组脚螺旋的位置上转换180°。

选择BFFB（后前前后）测量模式，后视点位高程设置为0，测量A、B两点高差10次，奇数次以A点为后视点，偶数次以B点为后视点，记录每次测量的高差。

H.3 数据处理

a）测站高差测量标准差 m_k：

$$m_k = \sqrt{\sum [VV]/54} \quad \cdots\cdots\cdots(H-1)$$

式中：

V——每组观测高差平均值与测回观测高差之差，单位为毫米（mm）；

$[VV]$——一组 V^2 之和；

$\sum [VV]$——各组 $[VV]$ 之和；

m_k——测站高差测量标准差，单位为毫米（mm）。

b）竖轴误差 Δ_i

$$\Delta_i = (h_{2i-1} - h_{2i})/2 \quad \cdots\cdots\cdots(H-2)$$

式中：

Δ_i——基座三个位置上的竖轴误差，单位为毫米（mm）；

h_{2i-1}——奇数组观测高差，单位为毫米（mm）；

h_{2i}——偶数组观测高差，单位为毫米（mm）。

示例：

表 H.1 测站高差测量标准差和竖轴误差的测定

观测者：

仪器型号：DiNi10　　日期：1999 年 06 月 02 日　　记录者：

出厂编号：209065　　$D=60.00$ m　　温度：24.9℃　　检查者：

测回	标尺	标尺读数/m		测回	标尺	标尺读数/m	
Ⅰ	A	1.87693	1.87692	Ⅱ	A	1.86364	1.86363
	B	1.41442	1.41442		B	1.40107	1.40107
	A－B	0.46251	0.46250		A－B	0.46257	0.46256
	h	462.50 mm			h	462.56 mm	
Ⅲ	A	1.85692	1.85692	Ⅳ	A	1.86469	1.86468
	B	1.39436	1.39439		B	1.40220	1.40221
	A－B	0.46256	0.46253		A－B	0.46249	0.46247
	h	462.54 mm			h	462.48 mm	
Ⅴ	A	1.86830	1.86836	Ⅵ	A	1.87341	1.87341
	B	1.40579	1.40582		B	1.41098	1.41096
	A－B	0.46251	0.46254		A－B	0.46243	0.46245
	h	462.52 mm			h	462.44 mm	
Ⅶ	A	1.87824	1.87824	Ⅷ	A	1.88340	1.88339
	B	1.41573	1.41572		B	1.42088	1.42093
	A－B	0.46251	0.46252		A－B	0.46252	0.46246
	h	462.52 mm			h	462.49 mm	
Ⅸ	A	1.88623	1.88618	Ⅹ	A	1.88864	1.88863
	B	1.42376	1.42377		B	1.42613	1.42608
	A－B	0.46247	0.46241		A－B	0.46251	0.46255
	h	462.44 mm			h	462.53 mm	

其余五组的观测记录从略

$h_1 - 462.50$ mm，$h_2=462.52$ mm，$h_3=462.50$ mm，$h_4=462.48$ mm，$h_5=462.49$ mm，$h_6=462.50$ mm

$[VV]_1=0.0146$，$[VV]_2=0.0363$，$[VV]_3=0.0195$，$[VV]_4=0.0041$，$[VV]_5=0.0087$，$[VV]_6=0.0053$

$\sum[VV]=0.0885$ mm

$m_k=\sqrt{\sum[VV]/54}=0.04$ mm

$\Delta_1=(h_1-h_2)/2=(462.50-462.52)/2=-0.01$ mm

$\Delta_2=(h_3-h_4)/2=(462.50-462.48)/2=0.01$ mm

$\Delta_3=(h_5-h_6)/2=(462.49-462.50)/2=0.00$ mm

附　录 I
（规范性附录）
标尺条码名义米长及其条码分划偶然标准差的测定

用双频激光干涉仪（或准确度不低于 6 μm 的其他装置）测定，在无光电显微镜自动瞄准器的情况下，采用光学显微镜人工瞄准黑黄条码分界。

对于蔡司条码标尺，以 2 cm 为间隔的黑黄条码分界进行照准测量，从 0.5 m（第 25 个 2 cm 间隔）开始，直到 2.8 m（140 个 2 cm 间隔）为止。设各个条码间隔到起始间隔的标称长度为 L_i（2 cm 的整数倍），测量长度为 l_i，各条码间隔的分划误差为 y_i，则 $y_i = l_i - L_i$。其中 $i = 1, 2, 3, \cdots, N$（$N = 115$ 观测间隔数），初始值 $y_0 = 0$。

以 y_i 为纵坐标，L_i 为横坐标，绘出误差散点分布图，并作出拟合直线。其误差方程式为：

$$V_i = y_i - \alpha - kl_i \qquad \cdots\cdots\cdots(\mathrm{I}-1)$$

式中：

α —— 起始分划的刻划误差；

k —— 拟合直线斜率；

$\alpha = \bar{y}_i - k\bar{l}_i$；

$k = \dfrac{\sum (L_i - \bar{L}_i)(y_i - \bar{y}_i)}{\sum (L_i - \bar{L}_i)^2}$；

$\bar{L}_i = \dfrac{1}{N}\sum L_i$，　$\bar{y}_i = \dfrac{1}{N}\sum y_i$；

N —— 测试间隔数。

根据误差方程式求得 V_i，则条码标尺 2 cm 间隔分划标准差 m 为：

$$m = \sqrt{[VV]/(N-2)} = \sqrt{[VV]/113} \qquad \cdots\cdots\cdots(\mathrm{I}-2)$$

$$[VV] = \sum_{i=1}^{n} V_i^2$$

往测和返测拟合直线的斜率、初始值及计算条码间隔分划标准差分别为：k_1、k_2；α_1、α_2；m_1、m_2。取 $k = (k_1 + k_2)/2$，则米长改正数为：

$$f = k \cdot 1\,000 \quad (\mathrm{mm}) \qquad \cdots\cdots\cdots(\mathrm{I}-3)$$

f、m_1、m_2 不应超限，超限后应重新检定，若重测后仍超限，则不能用于一、二等水准测量。

对于 2 cm 间隔内的条码分划标准差的测定，可按照上述方法进行，每个条码宽度的标称宽度应是 0.5 mm 的整数倍。

对于莱卡条码标尺，其基准码宽为 2.025 mm，各条码的标称长度为基准码的整数倍。对于拓普康条码标尺，其参考码为等间隔条码，而参考码和两种不同波长的信息码其相邻间隔（以条码中心为准）均为 10 mm。标尺条码名义米长及其条码分划偶然标准差的测定，参照上述方法执行。

附 录 J
（资料性附录）
观测日志格式

作业组号：__________ 作业路线：__________ 路线编号：__________

序号	作业日期	时段	起止点号	往或返测	是否重测	i 角测定时间	数据所在模块/PC卡号和地址序号	是否转存或打印	转存或打印者
重大事故和处理记录									

附 录 K
(规范性附录)
观测条件的注记标识和信息代码及格式

K.1 观测条件代码

观测条件信息代码如下：

a）温度：精确到0.1 ℃，包括符号和小数点共5位（±00.0），例如：+10.2，-05.4；

b）天气云量：取2位（××），例如：晴无云为01；

表 K.1 天气情况级别代码

天气代码	天气	级别	意义
0	晴	1	云量0级
		2	云量1级
		3	云量2级
1	云	1	云量3~4级
		2	云量4~5级
		3	云量5~6级
2	阴	1	云量7~8级
		2	云量8~9级
		3	云量9~10级
3	雨	1	小雨
		2	中雨
		3	大雨
4	雾	1	小雾
		2	中雾
		3	大雾或阴霾天气

c）呈像：取1位（×）；

表 K.2 呈像代码

代码	意义
0	清晰，稳定
1	清晰，微跳
2	欠清晰，稳定
3	欠清晰，微跳
4	跳动略大，仍可观测

d）太阳方向：取 1 位（×），太阳取向是以测线方向确定的，其代码如图 K. 1，无太阳代码为 W；

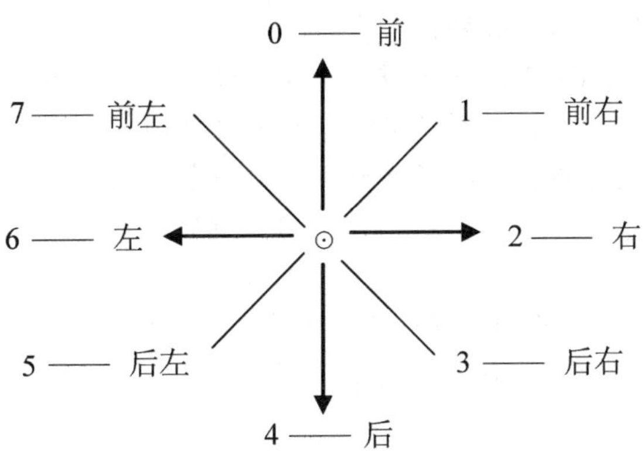

图 K. 1　太阳方向代码

e）风向风级：取 2 位（××），风向风级代码如图 K. 2，无风代码 00，例如，北风 5 级为 05；

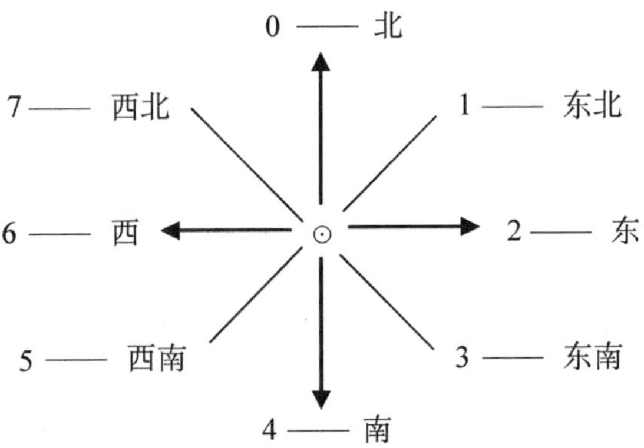

图 K. 2　风向风级代码

f）道路土质：取 2 位（××），道路和土质代码如表 K. 3，例如，土路、实土为 22。

表 K. 3　道路和土质代码

代码	道路情况	代码	土质情况
0	柏油路	0	柏油
1	水泥路	1	水泥
2	土路	2	实土
3	沙石路	3	沙石
4	铁路	4	草地
5	其他		

K. 2　注记标识和附加信息（可为共识的缩写标识，如 DiNi 12，缩写为 DNi 12）

a）第 1 附加信息行：仪器型号（5 位），编号（6 位），标尺号：快尺（5 位）、慢尺（5 位），例如：DNi102090653603536036（仪器 DiNi10 编号 209065 标尺 36035、36036）；

b）第 2 附加信息行：测段起点经纬度（15 位），点号（5 位），例如：109. 000034. 1000ST055

（经109°00′00″，纬34°10′00″，ST线55号）；

c）第3附加信息行：测段终点经纬度（15位），点号（5位），例如：109.000034.1000ST056（经109°00′00″，纬34°10′00″，ST线56号）；

d）第4附加信息行：组别（2位），观测者（姓拼音6位，不足6位补0），施测年、月、日（8位），例如：02zhang020000227（二组，张，2000年02月27日）；

e）第5附加信息行：观测条件：气温（读至0.1℃，5位），云量（2位），风向风级（2位），太阳方向（1位），道路土质（2位）、呈像状况（1位），例如：+15.001021220（气温15℃，晴，无云，北风2级，太阳前右方向，道路为土路实土，呈像清晰）；

f）第6附加信息行：测定 i 角时间（时、分，4位），气温（5位），i 角值（5位），例如：0931+16.0-05.0（9时31分，测定气温16℃，i 角为-05.0″）。

参 考 文 献

中国地震局，跨断层测量规范，北京：地震出版社，1991。

ICS 91.120.25
P 15
备案号:12687—2003

中华人民共和国地震行业标准

DB/T 6—2003

氡气固体源检定规程

Calibration code of Radon gas solid source

2003-11-03发布　　　　2004-05-01实施

中国地震局 发布

前　言

本标准的附录 A、B、C、D、E 是规范性附录，附录 F 是资料性附录。

本标准由中国地震局提出。

本标准由全国地震标准化技术委员会（CSBTS/TC 225）归口。

本标准起草单位：中国地震局兰州地震研究所、中国地震局分析预报中心、中国地震局地质研究所。

本标准主要起草人：吴永信、刘耀炜、陈兰庆、钟心、李彤起、潘树新、邢玉安、张培仁、高安泰。

氡气固体源检定规程

1 范围

本标准规定了氡气固体源的检定内容、检定方法。

本标准适用于地震行业校准测氡仪器用的氡气固体源的检定。

2 规范性引用文件

下列文件中的条款通过本标准的引用而成为本标准的条款。凡是注日期的引用文件，其随后所有的修改单（不包括勘误的内容）或修订版均不适用于本标准，然而，鼓励根据本标准达成协议的各方研究是否可使用这些文件的最新版本。凡是不注日期的引用文件，其最新版本适用于本标准。

JJF 1035 — 1992　电离辐射计量名词及定义

3 术语、定义和符号

3.1 术语和定义

下列术语和定义适用于本标准。

3.1.1

氡　Radon

化学元素周期表中第 86 号元素，有四个同位素（^{218}Rn、^{219}Rn、^{220}Rn、^{222}Rn），本标准中的氡系指^{222}Rn。

3.1.2

放射性活度　activity

在一确定的时刻，某一特定能态的一定量的放射性核素的活度 A 是 dN 除以 dt 所得的商，其中 dN 是时间间隔 dt 内该能态上核跃迁数的期望值，即

$$A = \mathrm{d}N / \mathrm{d}t$$

放射性活度单位是贝可〔勒尔〕，符号为 Bq，$1\mathrm{Bq} = 1\mathrm{s}^{-1}$。

（JJF 1035 — 1992 中的定义 1. 27）

3.1.3

氡气固体源　Radon gas solid source

由固体镭或镭的化合物提供已知活度氡气的装置。

3.1.4

定值分配器　dispenser of standard quantity

氡气固体源中用于从大储气罐中量取定量氡气的装置。

3.1.5

分配活度　dispensed activity

按照规定操作，由氡气固体源的定值分配器每次从大储气罐中量取的氡气的放射性活度值。

3.1.6

标称分配活度　nominal dispensed activity

氡气固体源标牌上标注的氡气的分配活度值。

3.1.7

泄漏检定　leak test

固体源大容器中的氡气向外部缓慢渗漏程度的检测。

3.1.8

本底　background

在没有被测辐射源存在的条件下，测量仪器的固有计数，或非起因于待测物理量的信号。这些计数来自宇宙射线、周围环境中的放射性物质和探测器本身的放射性污染等。

3.2　符号

表1中的符号适用于本标准。

表1　本标准采用的符号

序号	符号名称	符号	定　义
1	检定分配活度	A	检定得出的氡气固体源的分配活度值
2	标称分配活度	A_b	氡气固体源产品上标注的分配活度值
3	第 i 次测量分配活度	A_i	9次测量中的任一单次测量的分配活度，$i=1, 2, \cdots, 9$
4	测量计数率	N	仪器校准及分配活度检定时在计数时间内的脉冲计数
5	本底计数率	N_0	测量前对仪器本底的测量计数率，单位为脉冲数/min
6	合格测量分配活度总个数	n	$n=X+Y+Z$ 其中，X、Y、Z 分别为 $m1$、$m2$、$m3$ 闪烁室合格测量分配活度的个数；$m1$、$m2$、$m3$ 分别代表三个不同的闪烁室编号
7	测氡仪器的仪器常数	K	通过已知分配活度的标准氡气固体源对测氡仪器进行校准而得出的仪器系数，其意义是每分钟1个脉冲所对应的氡气的活度值
		K_i	第 i 次校准得到的仪器常数
		$\overline{K}$	9次校准得到的仪器常数的算术平均值
8	测量不确定度	U_b	用9次校准的 K_i 计算的测量不确定度
		U_{m1} U_{m2} U_{m3}	分别为 $m1$、$m2$、$m3$ 闪烁室 K 值的不确定度
		U_K	用于 A 计算的各 A_i 所对应的闪烁室 K 值的校准不确定度
		U_c	9次测量结果的算术平均值的测量不确定度
		U_J	检定分配活度 A 的测量不确定度
		U	总不确定度
9	扩展不确定度	u	确定测量结果区间的量，合理赋予被测量之值分布的大部分可望含于此区间，置信度为99.73%
10	修正值	ΔA	$\Delta A = A_b - A$
11	极限误差	S	$S=\frac{\mid \Delta A \pm u \mid}{A_b}\times 100\%$

4　技术要求

氡气固体源应符合表2的技术要求。

表2　氡气固体源的技术要求

内　　容	技　术　要　求
分配活度	极限误差≤4%
密封性	真空状态静置，真空度变化不大于250 Pa/min
泄漏检测	72 h内泄漏不大于300 Bq/m^3

5　检定条件

5.1　环境条件

5.1.1　环境温度：15℃ ~40℃。

5.1.2　相对湿度：小于80%。

5.1.3　室内要有排风换气设备。

5.1.4　测量计数仪器要单独使用交流稳压电源。

5.1.5　室内无电磁场干扰源。

5.1.6　室内不能使用地毯和放置泡沫塑料等易吸附氡气的材料。

5.2　检定专用设备、器具和材料

表3给出了检定专用设备、器具及专用材料的名称、技术指标和数量。

表3　检定专用设备、器具及专用材料

名　　称	技　术　指　标	数量
测氡仪	本标准规定用α闪烁法测氡仪，性能应符合仪器使用说明书给出的指标，闪烁室的仪器常数K应小于0.008 00 Bq/(脉冲·min^{-1})	2台
标准氡气固体源组	技术指标同表2	4台
定标器	输入阻抗≥2 kΩ，分辨时间≤0.1 μs，最小输入脉冲宽度：0.3 μs，最大计数容量10^5，最高计数频率≥1 MHz，甄别阈的连续可调范围：0.5 V ~ 10 V，并且能给出±10 V的直流电压	2台
专用高压电源	0V ~ −2 000 V连续可调，分度值≤50 V	2台
真空泵	抽气速率≥60 L /min	4台
泄漏检测室	箱体尺寸：V=45 cm×45 cm×45 cm，并带有取气嘴	1台
精密真空表	准确度0.4级	4个
秒表	分度值≤0.1 s	2个
^{239}Pu α检查源	计数率等于（1×10^4 ~6×10^4）±4%脉冲数/min	1个
数字万用表	$3^1/_2$或$4^1/_2$位	1个
干燥管	直径=22 mm，长度≥85 mm	10个
止血钳	长度18 cm	10把
弹簧夹	硬质	10个
橡胶管（直径×长度）	6 mm×12 mm；6 mm×10 mm；12 mm×24 mm	各20 m
变色硅胶	吸湿率≥31%，水分≤4%	2 kg
注：检定用的专用配套仪器都应经过国家计量部门的计量检定。		

5.3 标准氡气固体源

5.3.1 用一台经过国家法定计量部门计量检定的氡气固体源作为参考标准，每4年送检一次。

5.3.2 由3台氡气固体源组成的标准氡气固体源组，作为工作标准。各台氡气固体源的分配活度及其相互间的差值构成标准环，每两年对3台氡气固体源的分配活度及其相互间的差值进行检测，并和参考标准进行比较和校准。

6 检定项目和检定方法

6.1 检定记录格式

检定记录格式见附录D。

6.2 一般性检查

6.2.1 氡气固体源应当有下列标志：名称、型号、分配活度、编号、出厂日期、生产厂名。

6.2.2 技术资料完整：包括各种计量检定证书、维修记录。

6.2.3 主控阀无松动、转动灵活、定位准确。

6.2.4 净化阀转动灵活。

6.2.5 外观应无明显的损伤和变形。

6.2.6 接室（CELL）接口无碰伤、变形和裂痕。

6.2.7 配件齐全。

6.2.8 压控铜阀和净化阀不漏气。

6.3 密封性检定

6.3.1 将氡气固体源主控阀置于“关（OFF）”的位置，净化阀顺时针旋紧（关闭）。在接室（CELL）接口上安装压控铜阀，用橡胶管按照“真空泵—真空表—压控铜阀”的方式连接装置，如图1。

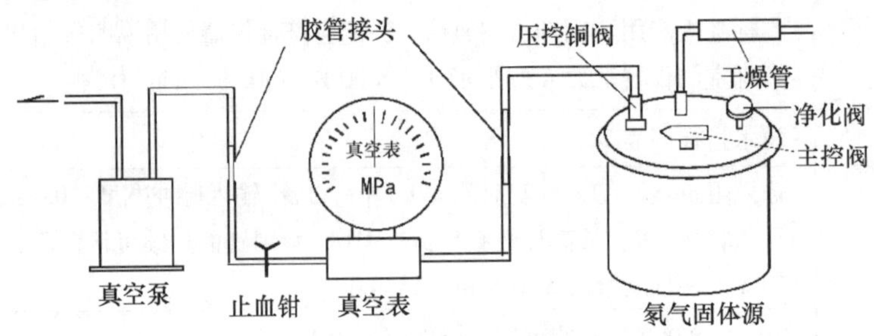

图1 密封性检定仪器连接示意图

6.3.2 压通压控铜阀，开启真空泵抽1 min后，用止血钳在真空泵和真空表之间靠近真空表一方夹紧，在胶管接头处断开真空泵和真空表的连接，并关闭真空泵电源。

6.3.3 观察真空表指示值的变化，变化率小于250 Pa/min，表明压控铜阀的密封性合格。

6.3.4 在确定压控铜阀的密封性合格后，将主控阀拨至“抽气（EXHAUST）”位置。30 s后，开始观察真空表指针的指示，真空度的变化率小于250 Pa/min，表明净化阀及主控阀的密封性合格。若表针持续缓慢下降，表明净化阀或主控阀有漏气。

6.3.5 在确定压控铜阀和净化阀及主控阀的密封性都合格时，认为氡气固体源的密封性为合格。

6.4 泄漏检定

6.4.1 闪烁室用真空泵抽真空2 min，吸取未放入氡气固体源的泄漏检测室中的气体，在测氡仪上测量计数10 min，将其脉冲计数换算成每分钟脉冲数，用N_0表示。

6.4.2 检查确认氡气固体源的主控阀和净化阀置于“关（OFF）”的位置。取下压控铜阀，将氡气固体源放入泄漏检测室，密封放置72 h。

6.4.3 闪烁室抽空2 min，抽取放有氡气固体源的泄漏检测室中的气体，计数10 min，将其脉冲计数换算成每分钟脉冲数，用 N 表示。计算 $N-N_0$，并换算成氡浓度，当氡浓度小于 300 Bq/m^3 时为合格。

6.5 分配活度检定

6.5.1 仪器的调试与检查

6.5.1.1 按照仪器说明书安装和连接仪器，接通电源，使之进入正常工作状态。

6.5.1.2 将定标器的甄别阈调到 2 V。

6.5.1.3 按照定标器说明书规定的操作程序进行定标器自检，结果应符合说明书的要求。

6.5.1.4 用数字万用表检查定标器输出的直流电压，应在 10 V ±0.5 V 范围内；

6.5.1.5 检查闪烁室的密封性。闪烁室的一端用止血钳夹紧，另一端按照“闪烁室—真空表—真空泵”方式用胶管接通。开启真空泵抽 3 min 后，用止血钳在真空泵和真空表之间靠近真空表一方夹紧，断开并关闭真空泵。真空放置，用秒表计时，观察真空表的示值变化。合格的闪烁室在 10 min 内真空度的变化应不大于 1 333.2 Pa。

6.5.2 工作高压的确定

6.5.2.1 **测定并绘制光电倍增管的坪曲线**（记录格式见附录 E 的表 E.1）

用^{239}Pu α 检查源作为计数源放在光电倍增管的上方，逐级升高光电倍增管的工作高压（步长不大于 50 V），并测量计数脉冲数每分钟，直到坪区完毕，计数率出现陡然上升为止。然后逐级降低高压复测，取同一高压时计数率的平均值为纵坐标，高压值为横坐标，绘出高压 - 计数率坪曲线。

6.5.2.2 **测定并绘制高压 - 本底计数率曲线**（记录格式见附录 E 的表 E.2）

用一个闪烁室做计数源，逐级调升高压（步长不大于 50 V），测量计数脉冲数每分钟，然后逐级降低高压复测，取同一高压时计数率的平均值为纵坐标，高压值为横坐标，绘制高压 - 本底计数率曲线。

6.5.2.3 **选定工作高压**

结合高压 - 计数率坪曲线和高压 - 本底计数率曲线，保证本底小于每分钟 15 脉冲数的条件下，在坪区的中段选定工作高压。

6.5.3 测氡仪器的校准和闪烁室的选取

6.5.3.1 测氡仪器的校准方法参照附录 A。

6.5.3.2 用标准氡气固体源校准测氡仪的 5 个以上闪烁室，每个闪烁室要用 3 台氡气固体源各校准 3 次。

6.5.3.3 每个闪烁室在 9 次校准结果中合格 K_i 值不足 5 个或 3 台氡气固体源中任何 1 台源校准的 K_i 全部被剔除时，要查找原因并重新进行校准。

6.5.3.4 选取校准合格的闪烁室连同该测氡仪一起作为氡气固体源的检定装置。

6.5.4 分配活度测量

分配活度测量记录见附录 D。

6.5.4.1 **测量本底**

对要使用的闪烁室分别测量其本底。测量计数 10 min，将其脉冲计数换算成脉冲数每分钟，用 N_0 表示。计数率 N_0 应小于每分钟 15 脉冲数。

6.5.4.2 **闪烁室抽真空**

将带有橡胶管的压控铜阀小心接在氡气固体源装置上标有“接室（CELL）”的接口上（听到有“咔嗒”弹簧跳起声表明已接好），通过玻璃管与闪烁室一端的胶管连接，用止血钳在靠近压控铜阀处夹住橡胶管，确认氡气固体源上“主控阀（MASTER CONTROL）”旋钮的胶木手柄拨在“关（OFF）”的位置上后，将闪烁室上另一端与真空泵连接，如图 2。抽真空 3 min 后，用止血钳在真空泵与闪烁室之间靠近闪烁室一方夹紧橡胶管，断开真空泵与闪烁室的连接并关停真空泵。

6.5.4.2.1 吸取氡气

松开氡气固体源压控铜阀橡胶管上的止血钳，启动秒表，将主控阀顺时针方向拨至“抽气（EXHAUST）”位置上，保持15 s后，将主控阀顺时针拨至“源（SOURCE）”的位置，吸取氡气15 s，再将主控阀顺时针拨至“接室（CELL）”位置，迅速打开净化阀（逆时针方向旋转，转不动为止），保持30 s，记下开始吸源的时间。将主控阀顺时针方向拨至“关（OFF）”位置上，用止血钳夹紧闪烁室上的橡胶管，断开闪烁室和氡气固体源的连接，关闭净化阀，顺时针旋转到底为止（注意切勿用力过大）。用弹簧夹换下闪烁室上的止血钳。

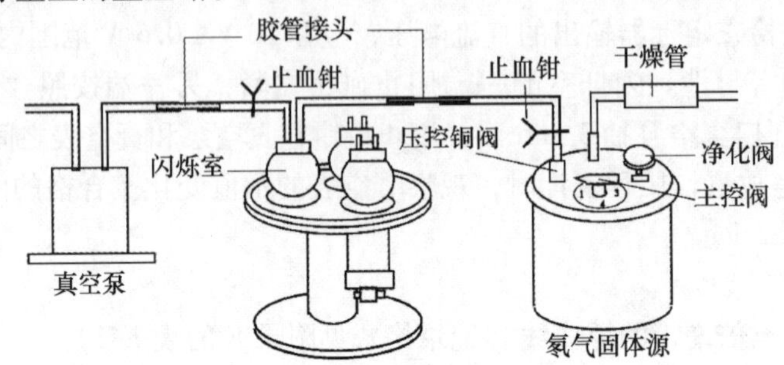

图2 分配活度测量装置连接示意图

6.5.4.2.2 静置和计数

从吸入氡气开始静置60 min后，立即进行测量计数10 min。将脉冲计数换算成每分钟脉冲数，称为测量计数率，用N表示。

6.5.4.2.3 冲洗闪烁室

测量完毕后及时用真空泵排除闪烁室中的氡气，并用空气冲洗闪烁室。

6.5.4.3 分配活度计算

6.5.4.3.1 单次测量分配活度计算

氡气固体源单次测量的分配活度按下式计算：

$$A_i = K(N - N_0) \qquad \cdots\cdots\cdots\cdots\cdots(1)$$

分配活度小于10 Bq时取3位有效数字，分配活度大于或等于10 Bq时取4位有效数字。

6.5.4.3.2 分配活度确定

每台氡气固体源都要用3个不同的闪烁室各测量3次，分别计算出测量分配活度A_i。

a）按下式计算A_i的算术平均值：

$$\overline{A} = \frac{1}{9}\sum_{i=1}^{9} A_i \qquad \cdots\cdots\cdots\cdots\cdots(2)$$

b）按下式计算被检氡气固体源的测量不确定度：

$$U_c = \sqrt{\frac{\sum_{i=1}^{9}(A_i - \overline{A})^2}{9(9-1)}} \qquad \cdots\cdots\cdots\cdots\cdots(3)$$

并剔除$|A_i - \overline{A}| > 3U_c$的$A_i$值；

c）剔除异常值后，取合格的A_i按下式计算平均值作为检定分配活度值A：

$$A = \frac{1}{n}\sum_{i=1}^{n} A_i \qquad \cdots\cdots\cdots\cdots\cdots(4)$$

要求$n \geqslant 5$。若剔除异常值后，合格A_i的个数不足5个或某一闪烁室测得的A_i值全部被淘汰时，本次测量无效，要查找原因，重新测量。

6.5.3 检定分配活度A的测量不确定度的计算

用参与式(4)计算的数据，按式（2）和式（3）计算检定分配活度A的测量不确定度U_J。

7 检定结果

7.1 修正值的计算

按下式计算修正值 ΔA：

$$\Delta A = A_b - A \qquad \cdots\cdots(5)$$

7.2 不确定度计算

a）对参与式(4)计算的 A_i 所用闪烁室，用下式计算其仪器常数的不确定度 U_K：

$$U_K = \sqrt{\frac{1}{n}(XU_{m1}^2 + YU_{m2}^2 + ZU_{m3}^2)} \qquad \cdots\cdots(6)$$

b）按下式计算被检氡气固体源的总不确定度：

$$U = \sqrt{U_K^2 + U_J^2} \qquad \cdots\cdots(7)$$

有效自由度按下式计算：

$$v = \frac{U^4}{\frac{U_K^4}{4} + \frac{U_J^4}{n-1}} \qquad \cdots\cdots(8)$$

计算结果舍弃小数部分，只保留整数；

c）按下式计算扩展不确定度：

$$u = 3U \qquad \cdots\cdots(9)$$

置信度为99.73%，包含因子为3。

7.3 极限误差计算

按下式计算被检氡气固体源的极限误差：

$$S = \frac{|\Delta A \pm u|}{A_b} \times 100\% \qquad \cdots\cdots(10)$$

极限误差 $S \leqslant 4\%$ 时为合格。

7.4 检定结果的处理

按本规程对氡气固体源进行检定，并达到表2的技术要求时，经核准后发给检定证书，证书格式见附录B。对未达到技术要求的氡气固体源发给检定通知书，检定通知书格式见附录C。

首次检定不发检定证书，待3年有效期满，第二次检定合格后再发给检定证书。

7.5 检定周期

氡气固体源的检定周期为3年。

8 档案管理

8.1 氡气固体源检定档案的内容

氡气固体源的检定档案包括：检定装置的检查校准原始记录、所有氡气固体源的检定原始记录、检定证书、检定通知书，以及出厂时随机附带的说明书、证书和业务主管部门颁发的操作规程。

8.2 氡气固体源检定档案的保管

检定装置的检查校准原始记录、所有送检氡气固体源的检定原始记录由检定单位妥善保存，检定合格证书、检定通知书以及出厂时随机附带的说明书、证书和业务主管部门颁发的操作规程由使用单位保存。

附　录　A
（规范性附录）
氡气测量仪器的校准方法

氡气测量仪器的校准方法与氡气固体源分配活度的检定方法完全一样。分配活度的检定是将氡气固体源作为未知样，用已校准过的测氡仪器来测量，而测氡仪器的校准是用已知分配活度的氡气固体源来对测氡仪器进行校准。

A.1　仪器第 i 次校准常数 K_i 的计算

第 i 次校准常数按下式计算，计算结果取 4 位有效数字。

$$K_i = \frac{A_b}{N - N_0} \qquad \cdots\cdots\cdots\cdots\cdots\cdots (A.1)$$

A.2　异常值的剔除

a）按下式计算 $\overline{K}$：

$$\overline{K} = \frac{1}{9}\sum_{i=1}^{9} K_i \qquad \cdots\cdots\cdots\cdots\cdots\cdots (A.2)$$

b）按下式计算测量不确定度：

$$U_b = \sqrt{\frac{\sum_{i=1}^{9}(K_i - \overline{K})^2}{9(9-1)}} \qquad \cdots\cdots\cdots\cdots\cdots\cdots (A.3)$$

c）剔除 $|K_i - \overline{K}| > 3U_b$ 的 K_i。

A.3　使用 K_i 值的计算

在剔除 $|K_i - \overline{K}| > 3U_b$ 的 K_i 后的 K_i 中，选取 5 个 $|K_i - \overline{K}|$ 最小的 K_i，按下式计算平均值作为该闪烁室的校准 K 值：

$$K = \frac{1}{5}\sum_{i=1}^{5} K_i \qquad \cdots\cdots\cdots\cdots\cdots\cdots (A.4)$$

A.4　仪器常数 K 的不确定度评定

取 $n=5$，用参与式(A.4)计算的 K_i 值按下式计算 K 的不确定度：

$$U_{m1} = \sqrt{\frac{\sum_{i=1}^{5}(K_i - \overline{K})^2}{5(5-1)}} \qquad \cdots\cdots\cdots\cdots\cdots\cdots (A.5)$$

自由度为 4。

U_{m2}、U_{m3}的计算方法同式(A.5)。

附 录 B
（规范性附录）
氡气固体源检定证书

氡气固体源检定证书

字　　第　　号

送检单位：______________________ 送检人：______________________

型号规格：______________________ 出厂编号：______________________

一般性检查结果：____

____

____

泄漏检定：______________________ 密封性检查：______________________

标称分配活度 A_b：________Bq 检定分配活度 A：________Bq 修正值 ΔA：________

扩展不确定度 u：________ 自由度：__________ 极限误差 S：__________%

检定结论：____

检定人：______________ 核检人：__________________ 负责人：______________

检定机构：（签章）

检定日期：________年____月____日

有效期：________年____月____日至________年____月____日

附 录 C
（规范性附录）
氡气固体源检定通知书

氡气固体源检定通知书

字 第 号

送检单位：________________ 送检人：________________

型号规格：________________ 出厂编号：________________

一般性检查结果：________________________________

____

____

泄漏检定：________________ 密封性检查：________________

标称分配活度 A_b：________ Bq 检定分配活度 A：________ Bq 修正值 ΔA：________

扩展不确定度 u：________ 自由度：________ 极限误差 S：________%

检定结论：____

检定人：____________ 核检人：____________ 负责人：____________

检定机构：（签章）

检定日期：________年____月____日

附 录 D
（规范性附录）
表 D.1 氡气固体源检定记录表

送检单位：__________ 收源日期________源型号______ 编号____ 标称分配活度______ Bq

1. 一般性检查：

外观：

构、配件：

资料：

2. 密封性：

3. 泄漏检定：

日期	闪烁室		N_0/（脉冲数/min）	吸源时刻	计数开始时刻	脉冲计数/（脉冲数/10 min）	N/（脉冲数/min）	分配活度/Bq	测量不确定度 U_c	检定分配活度/Bq
	编号	K 值								

检定人		核检人	

附　录　E
(规范性附录)
测氡仪工作高压确定登记表

表 E.1　测氡仪工作高压确定登记表一

<table>
<tr><td colspan="6">测氡仪型号________　编号________　定标器型号________　编号________
日期________年____月____日　　　甄别阈________　　衰减________</td></tr>
<tr><td colspan="4">高压－计数率测定值</td><td>固体α检查源示值/（脉冲数/min）</td><td></td></tr>
<tr><td rowspan="2">表头指示高压/V</td><td colspan="3">计数率/（脉冲数/min）</td><td colspan="2" rowspan="12">高压－计数率坪曲线</td></tr>
<tr><td>高压上升时段</td><td>高压下降时段</td><td>平均值</td></tr>
<tr><td>－300</td><td></td><td></td><td></td></tr>
<tr><td>－350</td><td></td><td></td><td></td></tr>
<tr><td>－400</td><td></td><td></td><td></td></tr>
<tr><td>－450</td><td></td><td></td><td></td></tr>
<tr><td>－500</td><td></td><td></td><td></td></tr>
<tr><td>－550</td><td></td><td></td><td></td></tr>
<tr><td>－600</td><td></td><td></td><td></td></tr>
<tr><td>－650</td><td></td><td></td><td></td></tr>
<tr><td>－700</td><td></td><td></td><td></td></tr>
<tr><td>－750</td><td></td><td></td><td></td></tr>
<tr><td></td><td></td><td></td><td></td><td rowspan="2">工作高压选定/V</td><td></td></tr>
<tr><td></td><td></td><td></td><td></td><td></td></tr>
<tr><td></td><td></td><td></td><td></td><td>检查人</td><td></td></tr>
<tr><td></td><td></td><td></td><td></td><td>验收人</td><td></td></tr>
<tr><td>备注</td><td colspan="5"></td></tr>
</table>

表 E. 2　测氡仪工作高压确定登记表二

<table>
<tr><td colspan="6">测氡仪型号____________　编号____________　定标器型号____________　编号____________
日期____________年____月____日　　甄别阈____________　衰减____________</td></tr>
<tr><td colspan="4">高压 - 本底计数率测定值</td><td>闪烁室号</td><td></td></tr>
<tr><td rowspan="2">表头指示高压/V</td><td colspan="3">计数率/（脉冲数/min）</td><td colspan="2" rowspan="13">高压 - 本底计数率曲线</td></tr>
<tr><td>高压上升时段</td><td>高压下降时段</td><td>平均值</td></tr>
<tr><td>-300</td><td></td><td></td><td></td></tr>
<tr><td>-350</td><td></td><td></td><td></td></tr>
<tr><td>-400</td><td></td><td></td><td></td></tr>
<tr><td>-450</td><td></td><td></td><td></td></tr>
<tr><td>-500</td><td></td><td></td><td></td></tr>
<tr><td>-550</td><td></td><td></td><td></td></tr>
<tr><td>-600</td><td></td><td></td><td></td></tr>
<tr><td>-650</td><td></td><td></td><td></td></tr>
<tr><td>-700</td><td></td><td></td><td></td></tr>
<tr><td>-750</td><td></td><td></td><td></td></tr>
<tr><td></td><td></td><td></td><td></td></tr>
<tr><td></td><td></td><td></td><td></td><td rowspan="2">工作高压选定/V</td><td></td></tr>
<tr><td></td><td></td><td></td><td></td><td></td></tr>
<tr><td></td><td></td><td></td><td></td><td>检查人</td><td></td></tr>
<tr><td></td><td></td><td></td><td></td><td>验收人</td><td></td></tr>
<tr><td>备注</td><td colspan="5"></td></tr>
</table>

附　录　F
(资料性附录)
氡气固体源的结构和工作原理

F.1　氡气固体源的结构

氡气固体源的结构示意图如图F.1。

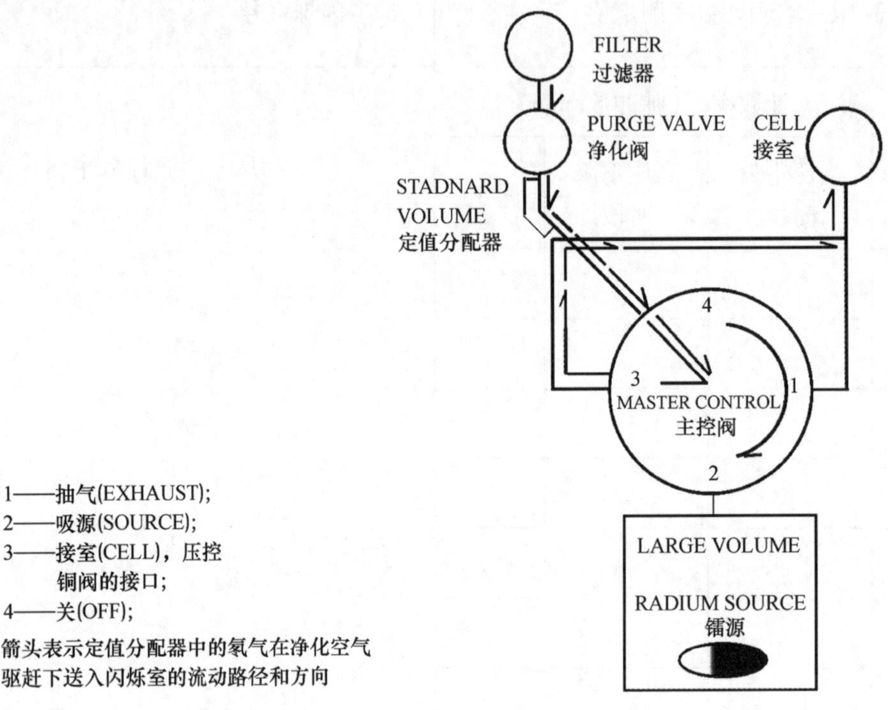

图F.1　氡气固体源结构示意图

F.2　氡气固体源的工作原理

氡气固体源中的大储气罐底部特制铅盒内装有固体放射性镭源（^{226}Ra），该镭源不断衰变产生氡气，在10~12个氡的半衰期（3.825天）后，达到放射性平衡（即$1-e^{-\lambda t}\approx 1$）状态，氡气的量保持不变。使用氡气固体源时，用标准体积的定值分配器量取储气罐中氡气总量的0.1%，送入测氡仪器进行测量。由于镭源的活度、衰变速率和体积都是确定的，所以每次吸取的氡气的量也是已知的。

参 考 文 献

国家地震局科技监测司．地震地下水手册．北京：地震出版社，1995
华中师范学院物理系电学教研室．电学（中册）．北京：人民教育出版社，1976
李正蒙．测氡仪器固体源标定法．地震，No. 5，1986
PYLON ELECTRONIC DEVLOPMENT COMPANY. Ltd OF CANADA PYLON MODEL RN－150 CALIBRATED RADON GAS SOUNCE INSTRUCTION MANUAL
PYLON ELECTRONIC DEVLOPMENT COMPANY. Ltd OF CANADA MODEL：RN－150 No. 129 LEAK TEST CERTIFICATE
PYLON ELECTRONIC DEVLOPMENT COMPANY. Ltd OF CANADA MODEL：RN－150 No. 129 CERTIFICATE OF CALIBRATION RADIUM－226
中国科学院原子能研究所．放射性同位素应用知识．北京：原子能出版社，1959
中国计量研究院．计量标准考核资料汇编．北京：计量出版社，1985
总后勤部军队医药卫生标准化技术委员会办公室．放射卫生防护法规与标准手册．北京：中国标准出版社，1999
浙江大学数学系高等数学教研组．工程数学概率论和数理统计．北京：人民教育出版社，1979

ICS 91.120.25
P 15
备案号:12688—2003

中华人民共和国地震行业标准

DB/T 7—2003

地震台站建设规范　重力台站

Specification for the construction of seismic station gravity observatoty

2003-11-03 发布　　2004-05-01 实施

中国地震局 发布

前　言

本标准是《地震台站建设规范》系列标准中的第四项标准。该系列标准结构及名称预计如下：

地震台站建设规范　测震台站

地震台站建设规范　地磁台站

地震台站建设规范　地电台站

地震台站建设规范　重力台站

地震台站建设规范　地形变台站

……

本标准的附录 A、附录 B、附录 C、附录 D、附录 E 和附录 F 为资料性附录。

本标准由中国地震局提出。

本标准由全国地震标准化技术委员会（CSBTS/TC 225）归口。

本标准起草单位：中国地震局地震研究所、天津市地震局。

本标准主要起草人：李辉、王晓权、张建新、邢灿飞、喻节林、孙少安、李家明。

地震台站建设规范　重力台站

1　范围

本标准规定了重力台站建设中的观测场地勘选、仪器墩与观测室建设、设备配置的技术要求。

本标准适用于地震监测预报和相关地球科学研究的重力台站的建设。

2　规范性引用文件

下列文件中的条款通过本标准的引用而成为本标准的条款。凡是注日期的引用文件，其随后所有的修改单（不包括勘误的内容）或修订版均不适用于本标准，然而，鼓励根据本标准达成协议的各方研究是否可使用这些文件的最新版本。凡是不注日期的引用文件，其最新版本适用于本标准。

GB 12897 — 1991　国家一、二等水准测量规范

GB/T 18207.1 — 2000　防震减灾术语　第1部分：基本术语

3　术语和定义

GB/T 18207.1 — 2000 确立的以及下列术语和定义适用于本标准。

3.1

重力　gravity

作用在地球表面任一质点的重力(g)是引力(F)和惯性离心力(P)的合力。

3.2

重力仪　gravimeter

用以测定空间某一点重力加速度(g)的仪器。

3.3

布格重力异常梯级带　gradient belt of Bouguer gravity anomaly

平均布格重力异常（正异常或负异常）绝对值不小于 $10\times10^{-5}ms^{-2}$的地质区域。

3.4

观测场地　the site of observation

用于重力观测的仪器室的场地。

4　观测场地勘选

4.1　观测场地类型

重力观测场地可按下列三种类型的顺序优选：

a）洞体型，进深不小于 20 m、岩土覆盖厚度不小于 20 m 的山洞；

b）地下室型，顶部岩土覆盖厚度不小于 3 m；

c）地表型，顶部无岩土覆盖。

4.2　观测场地工作条件

观测场地应选择在具备电力、通信、交通等工作条件的地方。

4.3　地质构造条件

4.3.1　观测场地应在下述地质构造范围踏勘选定：

a）布格重力异常梯级带；

b）具有发震构造特征的地质活动断层（含隐伏活动断层）附近。

4.3.2 观测场地不应选在破碎带上。

4.4 观测场地岩土类型

4.4.1 观测场地按优先顺序可分为基岩场地和黏性土场地两种类型。

4.4.2 基岩场地可按优先顺序分为结晶岩类（如花岗岩等）、细粒沉积岩类（如灰岩等）；选择作为观测场地的基岩场地宜具备下列条件：

a）岩层倾角不大于40°；

b）岩体完整；

c）岩性均匀致密。

4.4.3 基岩场地不宜选择在孔隙度大、吸水率高、松散破碎的砂岩、砾岩、砂页岩以及砂质岩等岩体上。

4.4.4 黏性土场地应选择在无明显垂向位移与破裂的密实黏土地段。

4.4.5 黏性土场地不应选择在含有淤泥质土层、膨胀土或湿陷性土地段。

4.5 地形地貌

4.5.1 洞体型场地宜选择在下列地段：

a）有植被或黏土覆盖的山体，顶部地形平缓、对称；

b）洞口宜位于下陡上缓的山坡下部；

c）高于最高洪水水位和地下水最高水位面处。

4.5.2 洞体型场地不宜选择在下列地段：

a）风口、山洪汇流处；

b）移动沙丘、滑坡体、塌陷体等附近。

4.5.3 地下室型和地表型场地宜选择在下列地段：

a）地形平缓、对称；

b）高于最高地下水水位面处。

4.5.4 地下室型和地表型场地不宜选择在风口或山脊处。

4.6 环境要求

4.6.1 观测场地应避开各种干扰源和雷击区。

4.6.2 观测场地距干扰源的最小距离，应符合表1的规定。

表1 干扰源距重力台站的最小距离

（以重力仪仪器墩中心为起算点） 单位为千米（km）

干扰源	干扰或影响因素类型	最小距离	备注
振动	飞机场、铁路编组站	5.00	
	铁路、冲压、粉碎作业场地	1.00	
	主干公路、搅拌机、重型车辆	0.30	仪器墩建于黏性土层时
载荷	大水库、大湖泊、大河流、深层抽水注水区	3.00	
	大型建筑、仓库、工厂等载荷变化区	0.30	
爆破	采石、采矿等人工爆破	3.00	
海浪	海潮、海啸	10.00	距海岸的距离

4.7 勘选的步骤与方法

4.7.1 收集场地区域地震地质图、布格重力异常图、地形图、交通、水文、气象、供电等资料。

4.7.2 了解场地地区未来20年内国民经济建设和社会发展长远规划。

4.7.3 根据观测场地勘选要求初步选定2个以上备选场地。

4.7.4 对备选场地实施野外踏勘，实地了解场地各种条件，结合室内设计确定最佳场地。

5 仪器墩

5.1 仪器墩规格

5.1.1 仪器墩长1.0 m~1.8 m，宽1.0 m。

5.1.2 仪器墩宜高出仪器室地面0.3 m。

5.1.3 仪器墩墩面的平整度优于3 mm。

5.2 仪器墩设计建造（参见附录A）

5.2.1 基岩场地的仪器墩，应直接建在基岩上，且与基岩连成整体。若基岩出露完整，可直接利用基岩作墩，但应将基岩打磨平整；基岩面较深时，应在开掘出的基岩上浇筑混凝土墩面。

5.2.3 黏性土场地的仪器墩采用混凝土浇筑，其整体高度应在2 m~2.3 m范围内。

5.2.3 仪器墩上应设置水准点、重力点和指北标志，水准点、指北标志可设置于仪器墩表面的任意一角上，重力点标志应设置于仪器墩面中心处。

5.2.4 采用混凝土制作仪器墩时，应按GB 12897 — 1991附录A6.2之表A4配料，按附录A6.3之a、b和c项制作。

5.2.5 在拟建仪器墩的地点，应先通过钻探或人工开挖选择符合仪器墩岩土结构要求的点位建设仪器墩，再根据仪器墩的位置开挖仪器室地基。不可用爆破方式建造仪器墩及开挖仪器室地基。

5.2.6 基岩基础的仪器墩周围应设置宽度不小于50 mm、深度不小于300 mm的隔振槽。黏性土层基础的仪器墩周围应设置宽度不小于50 mm、深度不小于1 000 mm的隔振槽。隔振槽应用细砂充填，并用沥青覆盖。

6 观测室

6.1 观测室组成

观测室由仪器室、记录室和辅助设施组成。

6.2 观测室布局

6.2.1 重力仪与记录设备之间的信号传输距离不宜超过20 m；超过20 m时，应在重力仪信号输出端加装有源信号放大器。

6.2.2 以洞体作仪器室时的观测室布局：

a）宜采用开凿的专用山洞，并由引洞和仪器室两部分组成；

b）洞体的坑道宜建成“L”形，仪器室与洞口之间应设置3道及3道以上船舱式密封门；

c）洞体底面应内高外低，坡度可在1∶500~1∶200之间选择；

d）洞壁两侧地面下应设排水暗沟；

e）记录室宜建在洞体内，面积不能满足时，可建在洞外。

6.2.3 以地下室型或地表型建筑作仪器室时，记录室不宜直接建在仪器室上部，不能满足时，可采用平顶式建筑，净高不宜超过3.2 m。

6.3 仪器室

6.3.1 仪器室的内部环境，应符合下列规定：

a）仪器室温度应在5℃~40℃之间设定；

b）日温差应小于0.1℃，年温差应小于1℃；

c）相对湿度不应大于90%。

6.3.2 建筑结构，应符合下列规定：

a）洞体型仪器室，宜建造高2.6 m、宽2.8 m，上部为半圆形、下部为平整地面的拱形洞室（参见附录 B)；

b）地下室型仪器室结构应为四周均有走廊式间隔的房中房，四壁的墙壁厚度不应小于 0.24 m，其内部的四壁和顶部应充填隔热防火材料，不应设置窗户，并应在仪器室和走廊式通道间设置3道及3道以上船舱式密封门；仪器室四周（走廊式通道）地面下应设排水暗沟（参见附录 C)；

c）地表型仪器室，除无覆盖层外，结构要求与地下室型仪器室相同（参见附录 D)；

d）仪器室宽度应大于 2.8 m，使用面积不应小于 9 m^2、不宜大于 15 m^2。

6.3.3 温度、湿度控制，应符合下列规定：

a）地下室型、地表型仪器室应加装恒温控制系统（参见附录 E)。恒温控制点应高于仪器室常温最高温度 1℃ ~2℃；但不应使用空调器。

b）防潮，不应使用去湿机。

6.4 记录室

记录室按下列要求建设：

a）使用面积不宜小于 20 m^2；

b）室温应保持在 10℃ ~30℃，相对湿度应小于 80%；

c）避免直接对外开门；

d）屋面、地面和墙体应做防潮和防水处理；

e）记录和校准等电子设备不得受阳光直射；

f）室内应有防尘措施。

6.5 辅助设施

辅助设施包括供电、接地与防雷装置，应满足下列要求：

a）具备 220 V ±20 V 电源，并配置 UPS 电源、蓄电池；

b）市电、信号线分开走线，并分设线盒；

c）加温电源距重力仪器主体的距离小于 10 m；

d）重力观测系统所使用的市电电源应设避雷装置；

e）交流电接地与设备外壳接地分开，并不得和避雷地线相连，且间距大于 5 m，接地电阻不大于 4 Ω；地线电极选用 L 50 mm ×50 mm 角钢（镀锌），连接材料用 40 mm ×3 mm 镀锌扁钢，与电极焊接后引入仪器室或记录室。在仪器室附近选择潮湿处，按图 F.1 尺寸呈“目”字形挖 500 mm 深沟，将角钢一端切割成尖状，用铁锤打入地下，然后用扁钢焊接，完成后盖土用水浇灌。用焊接的方法将地线与相关仪器连接。交流电接地参见附录 F；

f）低于 36 V 直流电源的设备接地，除遵照设备说明书的规定外，应在设备与交流电源间采用隔离变压器，将设备的工作电源闭合电路与输入端供电电源闭合电路分离。

7 设备配置

7.1 测量设备

测量设备及其技术指标参见表 2。

表 2 观测设备及其技术指标

设备名称	数量	主要技术指标	功能与用途
重力仪	1 台	分辨率 $0.1\times10^{-8}ms^{-2}$，月漂移率 $<500.0\times10^{-8}ms^{-2}$	定点连续重力观测
数字化采集系统	1 套	数据采样率优于 1 次/min，采集分辨率优于 16 位	观测数据数字化采集
记录仪	1 台	记录幅宽不小于 250.0 mm	观测数据模拟记录

7.2 校准设备

校准设备及其技术指标参见表3。

表3 校准设备及其技术指标

设备名称	数量	主要技术指标	功能与用途
独立或非独立记录系统格值校准装置	1套	分辨率0.1 mV，校准相对中误差≤1×10^{-4}	放大滤波及记录系统校准
独立或非独立调摆装置	1套	一次可调幅度不小于$150.0\times10^{-8}ms^{-2}$	调仪器测程

7.3 辅助设备

辅助设备及其技术指标参见表4。

表4 辅助设备及其技术指标

设备名称	数量	主要技术指标	功能与用途
恒温控制系统	1套	恒温控制精度0.01℃	仪器室恒温控制
数字化温度仪	1套	0℃～40℃，分辨率0.1℃	测环境温度
数字化湿度仪	1套	0℃～40℃，分辨率0.1℃	测环境湿度
数字化气压仪	1套	分辨率0.1 hPa	测环境气压
数字电压表	1台	5位	仪器格值校准
数字钟	1台	带时号输出	时间服务
数字万用表	1台	4位半	仪器日常维护
空调机	1台	输出功率1 000 W～3 000 W（视记录室面积）	记录室控温

7.4 电源供给设备

电源供给设备及其技术指标参见表5。

表5 电源供给设备及其技术指标

设备名称	数量	主要技术指标	功能与用途
交流发电机	1台	220 V±20 V	后备电源
电源避雷箱	1套	单向电源	室内仪器避雷
隔离变压器	2台	500 W	仪器室、记录室稳压与防雷
直流稳压器	2台	6V/5A	仪器恒温系统
蓄电池	9块	12V/120AH（6块）、12V/65AH（3块）	稳压器及UPS配套
直流稳压器	2台	24V/1A	仪器工作系统
UPS电源	2台	1 kW（配外接蓄电池）	备用电源
充电器	1台	（0～36）V/20A	蓄电池充电

8 资料管理与归档

8.1 资料归档基本要求

台址勘选和洞室建设完成后，完整的建台资料和相关图件（包括照片及底片）原件归入台站技术档案室保存，并应有复制件交台站所属省、直辖市、自治区地震局和中国地震局监测管理部门归档。

8.2 资料归档的介质要求

归档资料及图件应以纸介质和电子介质两种方式提供。

8.3 归档资料及图件内容

归档资料及图件包括：

a）台站建设计划书；

b）台址勘选报告，包含下列内容：任务来源；备选台址地理位置；地震地质（活断层等）、水文地质、地形地貌、被覆与植被、周边交通、气象、可能的干扰源、历史地震和地质灾害等图件、照片和文字描述；勘选过程和主要勘选人员；观测场地综合评价；勘选结论等；

c）台站建设土地征用报批文档；

d）建筑设计及施工图纸；

e）仪器墩施工过程，特别是开挖至墩基底部未浇灌仪器墩前的施工过程摄像或照片及说明；

f）建台施工技术文档；

g）台站竣工验收文档；

h）台站基本信息文档，应包含下列内容：

—— 经纬度（准确到1′）；

—— 仪器墩方位（准确到1°）；

—— 海拔高程（准确到1 m）；

—— 绝对重力值（准确到 $0.1\times10^{-5}ms^{-2}$）；

—— 山洞进深，覆盖层厚度（或地下室深度）；

—— 洞室年温变化范围和湿度；

—— 以仪器室为中心 400 m×400 m 范围内，比例尺为1∶1 000的地形图；

—— 以仪器室为中心 10 km×10 km 范围内，比例尺为1∶2.5万或1∶5万的地形图；

—— 以仪器室为中心 10 km×10 km 范围内的区域地质图（比例尺为1∶10万或1∶20万）；

—— 以仪器室为中心 20 km×20 km 范围内的重力布格异常图（比例尺为1∶20万或1∶50万）；

—— 仪器室的大比例尺地质素描图（比例尺为1∶100或1∶500）；

—— 仪器室特殊部位，如断裂、岩层风化或夹层等的详细部位、规模、渗水情况均应放大绘制，并附文字说明；

—— 被覆前的洞室、墩基、特殊部位的照片与地质采样标本及其有关说明；

—— 竣工后的观测室全貌照片；

—— 记录建设过程的摄像、照片、图件等资料。

附　录　A
（资料性附录）
仪器墩设计示意图

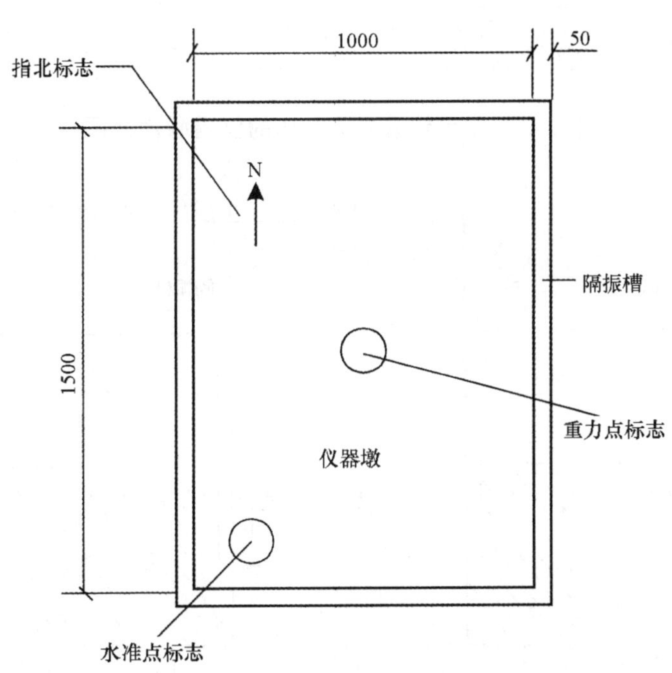

图 A.1　仪器墩平面图

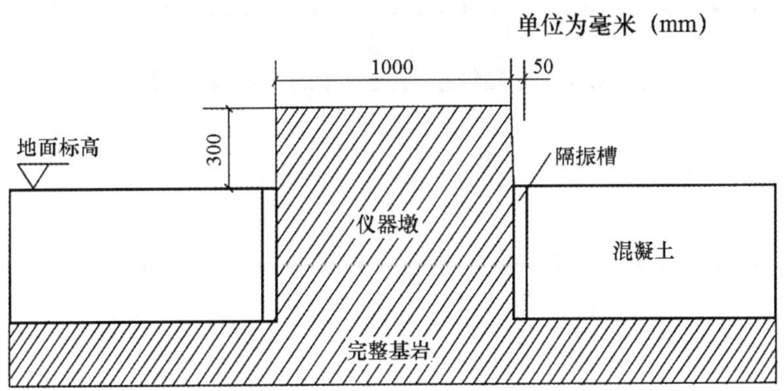

图 A.2　以完整基岩制作的仪器墩剖面图

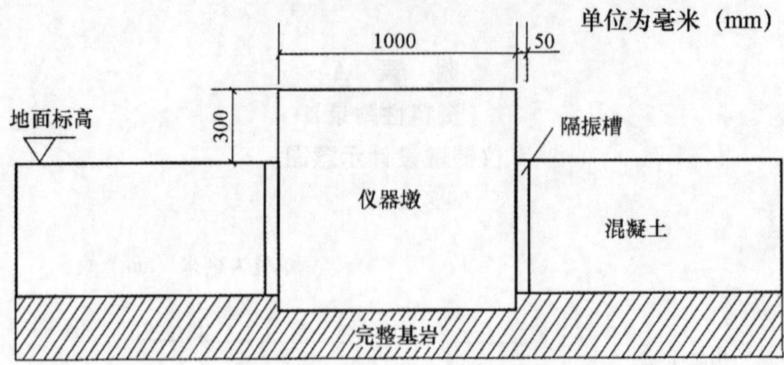

图 A.3　在完整基岩上制作的仪器墩剖面图

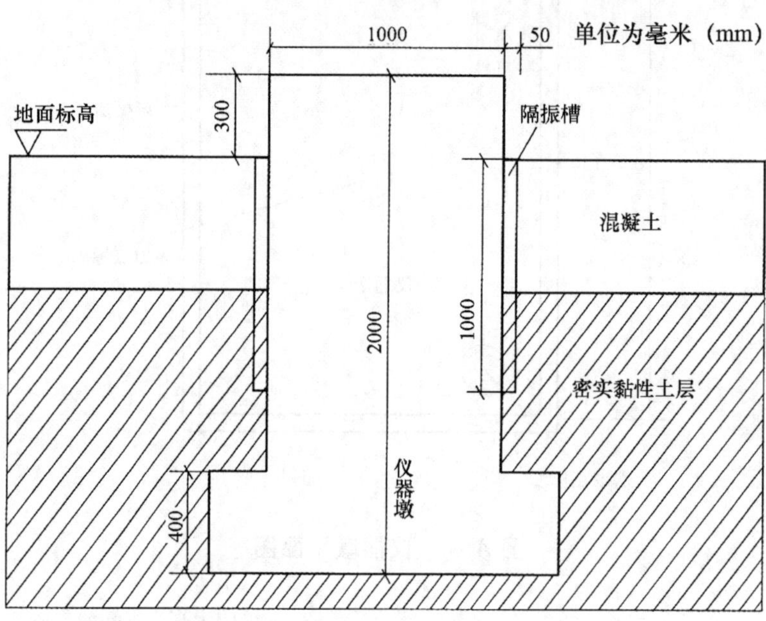

图 A.4　在黏性土层上制作的仪器墩剖面图

附 录 B
（资料性附录）
洞体型仪器室设计示意图

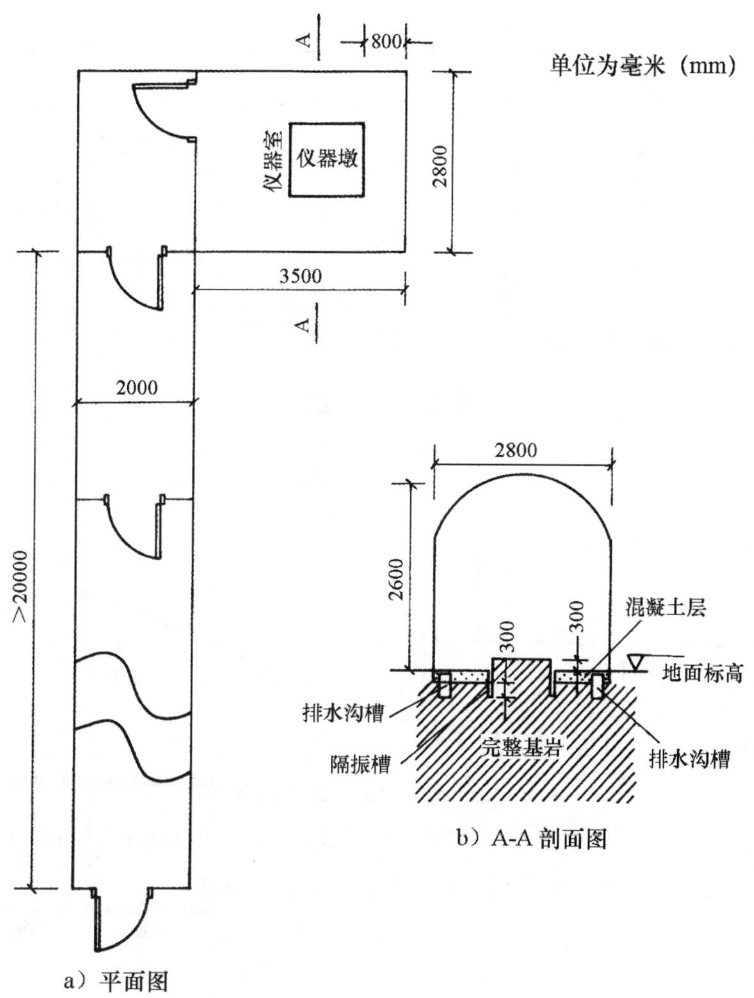

图 B.1 洞体型仪器室平面图、剖面图

附 录 C
（资料性附录）
地下室型仪器室设计示意图

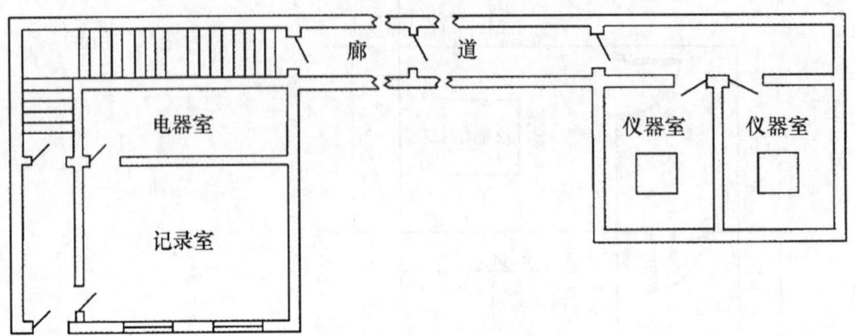

图 C.1 平面图

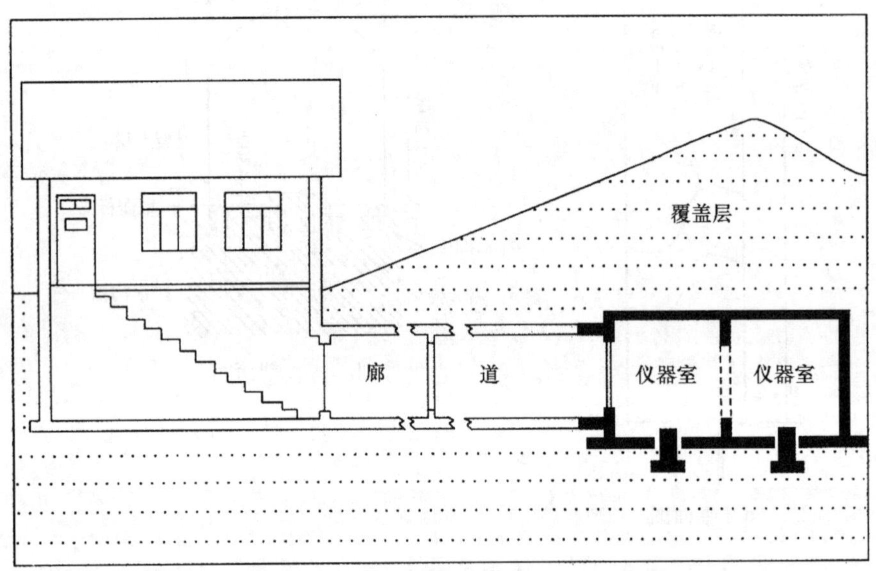

图 C.2 剖面图

附 录 D
(资料性附录)
地表型仪器室设计示意图

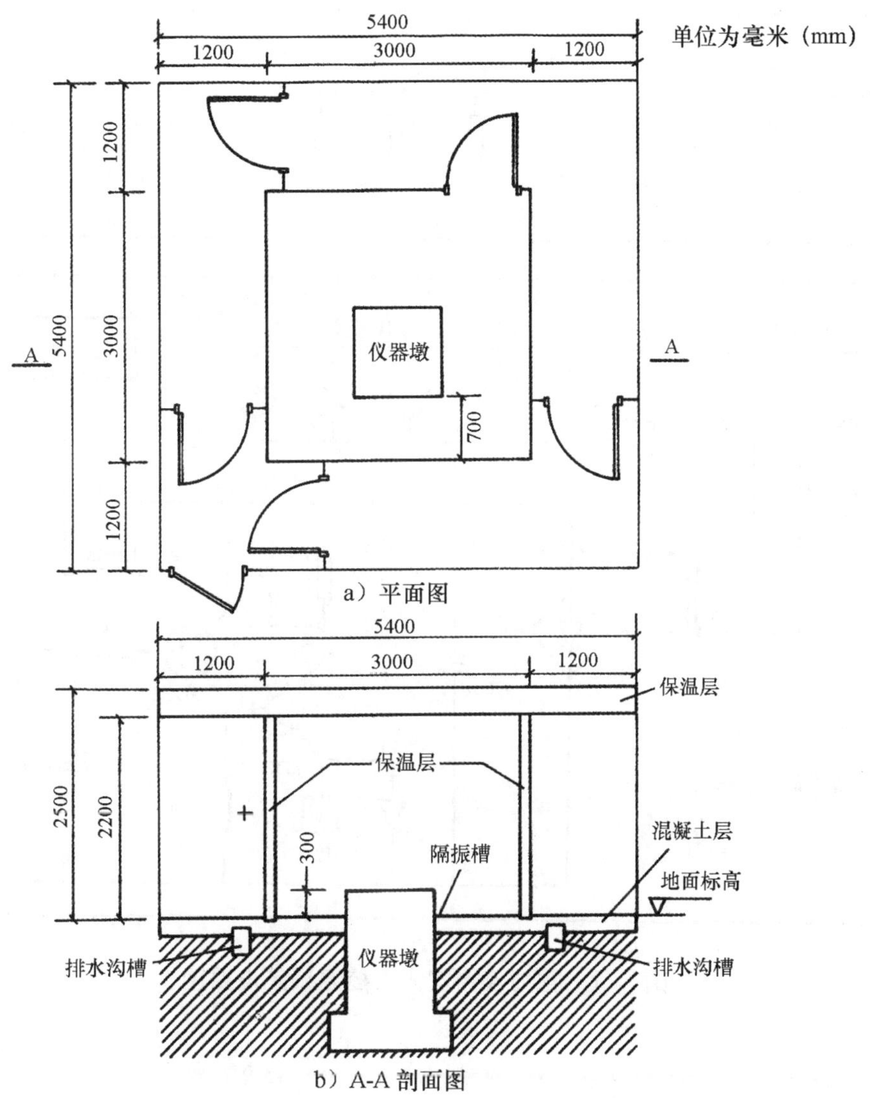

图 D.1 地表型仪器室平面图、剖面图

附 录 E
（资料性附录）
重力仪器室人工控温系统电路图

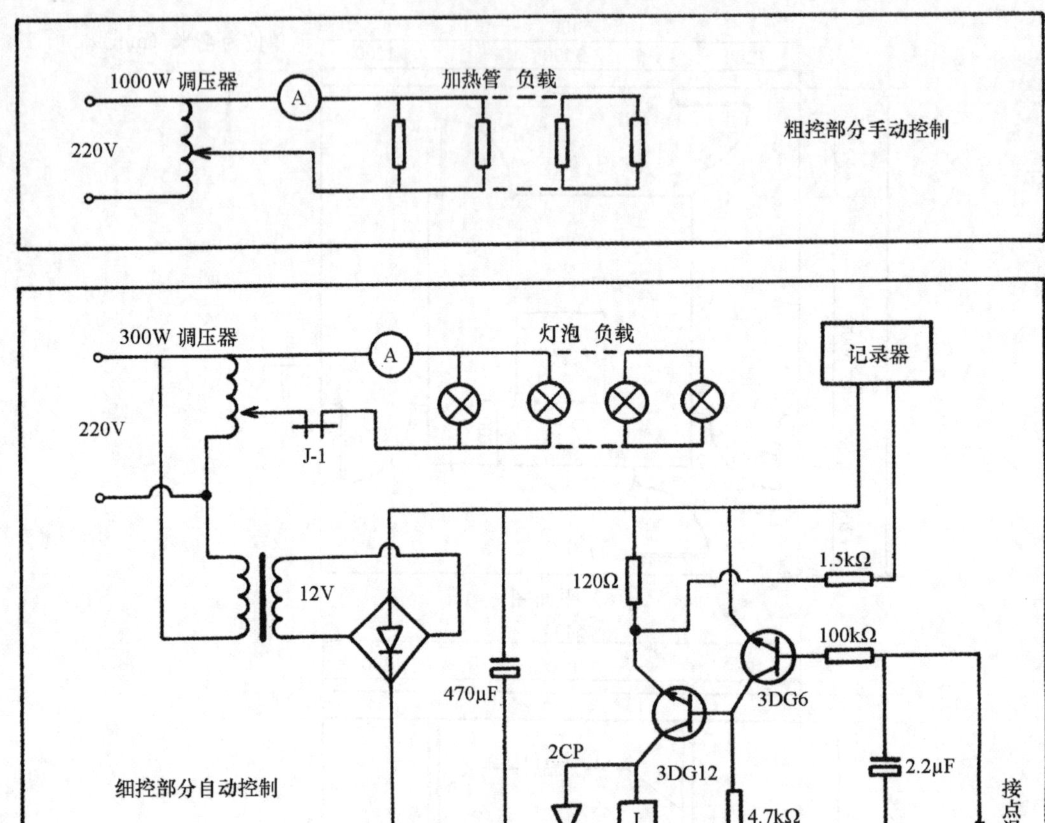

图 E.1 重力仪器室人工控温系统电路图

附 录 F
（资料性附录）
交流电接地

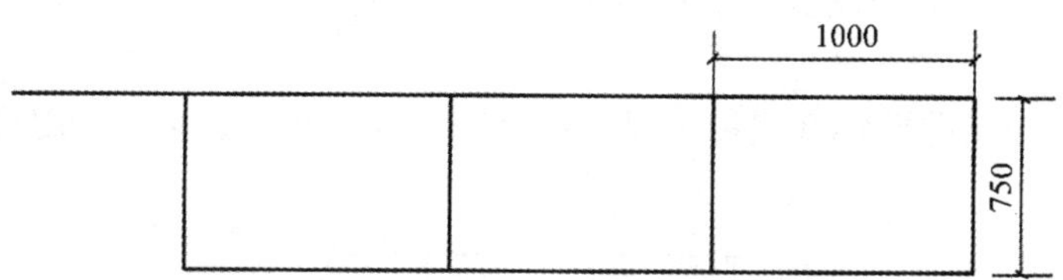

图 F.1 平面图

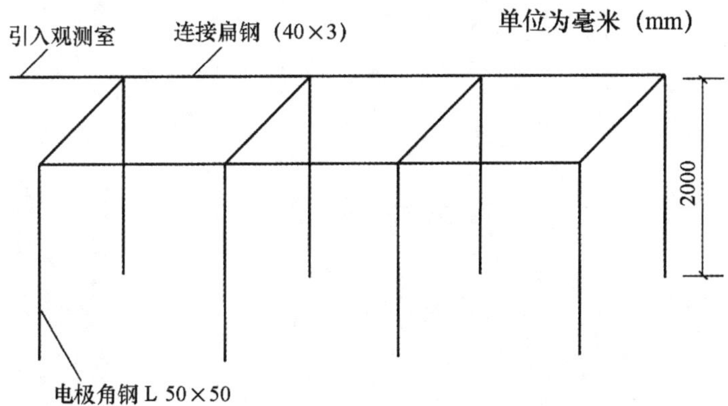

图 F.2 立面图

参 考 文 献

北京大学地震地质教研室、南京大学区域地质教研室、武汉地质学院地震地质教研室编，1982. 地震地质学．北京：地震出版社

国家地震局，1986. 重力台站观测规范．北京：地震出版社

国家地震局科技监测司，1989. 地震监测与预报方法清理成果汇编——重力、地倾斜、地应力分册．北京：地震出版社

中国地震局，2001. 地震及前兆数字观测技术规范　地壳形变观测．北京：地震出版社

ICS 91.120.25
P 15
备案号：12689—2003

中华人民共和国地震行业标准

DB/T 8.1—2003

地震台站建设规范　地形变台站
第1部分：洞室地倾斜和地应变台站

Specification for the construction of seismic station crust deformation station
Part 1: Crust tilt and strain observatory in cave

2003-11-03发布　　2004-05-01实施

中国地震局　发布

前　言

《地震台站建设规范　地形变台站》是《地震台站建设规范》系列标准中的第五项标准，由三个部分组成：

——第 1 部分：洞室地倾斜和地应变台站；

——第 2 部分：钻孔地倾斜和地应变台站；

——第 3 部分：断层形变台站。

本部分为第 1 部分。

本部分的附录 A、附录 B、附录 C、附录 D 和附录 E 是资料性附录。

本部分由中国地震局提出。

本部分由全国地震标准化技术委员会(CSBTS/TC 225)归口。

本部分起草单位：中国地震局地震研究所、中国地震局第一地形变监测中心、中国地震局地壳应力研究所。

本部分主要起草人：吴云、陈志遥、楼关寿、邱泽华、李正媛、陈德福。

地震台站建设规范　地形变台站
第1部分：洞室地倾斜和地应变台站

1　范围

本部分规定了洞室地倾斜和地应变台站建设中观测场地勘选、仪器墩与观测室建设、设备配置的技术要求。

本部分适用于地震监测预报和相关科学研究的洞室地倾斜和地应变台站的建设。

2　规范性引用文件

下列文件中的条款通过本标准的引用而成为本标准的条款。凡是注日期的引用文件，其随后所有的修改单（不包括勘误的内容）或修订版均不适用于本标准，然而，鼓励根据本标准达成协议的各方研究是否可使用这些文件的最新版本。凡是不注日期的引用文件，其最新版本适用于本标准。

GB 12897 — 1991　国家一、二等水准测量规范

GB/T 18207.1 — 2000　防震减灾术语第1部分：基本术语

3　术语和定义

GB/T 18207.1 — 2000 确立的以及下列术语和定义适用于本部分。

3.1　基线式仪器　baseline instrument

通过设置于两设定点间的线形装置，以检测两设定点间相对位置变化为工作原理的测量地倾斜、地应变的仪器。

3.2　摆式仪器　pendulum instrument

以检测设定的摆的偏转角为工作原理的测量地倾斜的仪器。

4　观测场地勘选

4.1　基本要求

4.1.1　观测场地应具备观测工作正常进行所需的电力、通信和交通等条件。

4.1.2　观测场地勘选应顾及当地国民经济建设和社会发展长远规划及其可能对观测环境造成的影响。

4.2　地震地质条件

4.2.1　观测场地宜选在活动断裂带两侧，但距断层破碎带的距离应大于等于 500 m。

4.2.2　地基岩体坚硬完整、致密均匀。

4.2.3　地基岩层倾角应小于等于 40°。

4.3　地形地貌条件

4.3.1　拟建洞室的山体顶部地形平缓、对称，宜有植被或黄土覆盖。

4.3.2　观测场地不宜选在下列地段：

—— 风口，山洪汇流处；

—— 移动沙丘、泥石流、滑坡易发地段；

—— 岩溶发育和易遭雷击区。

4.4　环境要求

4.4.1　洞室底面应高于当地洪水最高水位和地下水最高水位面。

4.4.2　距江河、湖泊、水库岸边的距离应大于3 000 m。

4.4.3　距大型建筑、大型仓库（物资集散地）和列车编组站的距离应大于2 000 m。

4.4.4　距采矿、爆破点的距离应大于2 000 m。

4.4.5　距抽、注地下水泵站的距离应大于1 000 m。

4.4.6　距冲、压设备作业场地的距离应大于300 m。

4.4.7　距输变电站、无线发射台的距离应大于200 m。

5　仪器墩

5.1　仪器墩的基本要求

5.1.1　仪器墩由花岗岩、大理岩、灰岩岩石加工而成，用水泥砂浆将其与墩基平面接触粘接。

5.1.2　应建倾斜、应变观测仪器整体密封小腔体（见附录A）。

5.2　基线式仪器墩的要求

5.2.1　倾斜、应变仪器共墩设置时，仪器墩的尺寸：长0.65 m，宽0.40 m。

5.2.2　倾斜、应变仪器单独设置时，仪器墩的尺寸：长0.40 m，宽0.40 m。

5.2.3　仪器墩高出地面的距离应小于等于0.30 m。

5.2.4　仪器墩墩面平整，高差小于等于2 mm。

5.2.5　同分量两仪器墩墩间高差小于等于3 mm。

5.2.6　仪器墩周围设隔振槽，槽深0.30 m，槽内填细砂，槽面沥青覆盖（见附录A）。

5.3　基线式仪器支墩的要求

5.3.1　仪器墩之间按1.50 m间隔设置支墩，但第1号支墩与仪器墩间距应小于等于1.00 m（见附录A）。

5.3.2　仪器支墩的尺寸：长0.40 m，宽0.20 m。

5.3.3　仪器支墩与仪器墩间高差小于等于5 mm。

5.3.4　应变仪支墩由岩石或混凝土构成，周围设隔振槽，槽深0.30 m，槽内填细砂，槽面沥青覆盖。

5.3.5　倾斜仪支墩可用砖砌，可不设隔振槽。

5.4　摆式仪器墩的要求

5.4.1　仪器墩尺寸：长1.60 m，宽1.0 m。

5.4.2　仪器墩高出地面的距离应小于等于0.30 m。

5.4.3　仪器墩墩面平整光滑，高差小于等于5 mm。

5.4.4　仪器墩周围设隔振槽，槽深0.30 m，槽内填细砂，槽面沥青覆盖。

6　观测室

6.1　洞室结构

6.1.1　洞室应是开凿的专用山洞，也可利用现成的山洞，由引洞和仪器室两部分组成（见附录D）。

6.1.2　洞室截面尺寸：高大于等于2.6 m，宽大于等于2.2 m，洞室顶部呈半圆形（洞室截面图见附录C）。

6.1.3　洞室的地面应内高外低，坡度应在1/500～1/200之间。

6.1.4　洞壁两侧应设排水暗沟。

6.1.5　洞室岩壁应完整、无剥落或掉石，否则应被覆。

6.1.6　宜用四道以上船舱密封门密封观测室（密封门设置见附录D）。

6.2　仪器室

6.2.1　仪器室的布局

——仪器室设置见附录D；

—— 倾斜观测按南北、东西两分量布设，若受场地限制，两分量夹角可在 60°~120°之间；
—— 应变观测按南北、东西两分量布设，若受场地限制，两分量夹角可在 60°~120°之间；应变观测，宜布设第三分量（见附录 D）；
—— 同分量仪器墩之间应无断层。

6.2.2 覆盖厚度要求

—— 仪器室的顶部覆盖厚度应大于等于 40 m，若地表有黄土覆盖层，顶部覆盖厚度也不应小于 20 m；
—— 仪器室的旁侧覆盖厚度应大于等于 30 m；
—— 利用已有山洞的观测室，覆盖厚度参见附录 E。

6.2.3 尺度要求

—— 基线式仪器室，长大于等于 10 m，宽 2 m，高 2.5 m（见附录 C 和附录 D）；
—— 摆式仪器室，长大于等于 3 m，宽 2 m，高 2.5 m（见附录 C 和附录 D）。

6.2.4 室温要求

—— 日变幅应小于等于 0.03℃；
—— 年变幅应小于等于 0.5℃。

6.2.5 电缆布设要求

交流电网线与仪器信号电缆应分开布线。

6.3 记录室

6.3.1 记录室宜建在洞口或设在引洞内，距仪器室的距离应小于 200 m。

6.3.2 洞口记录室建筑面积应大于 40 m^2（见附录 B）。

6.3.3 记录室室温 5℃ ~30℃，相对湿度小于等于 80%。

6.3.4 应防尘。

6.4 供电

不间断［220 ×（1 ±10%）］V 交流供电。

6.5 辅助设施

6.5.1 综合观测墩

综合观测墩的设置应达到以下要求：
—— 在记录室外开阔地埋设一个综合观测墩，墩的尺寸：长 0.4 m，宽 0.4 m，高 1.2 m；
—— 综合观测墩的埋深参照 GB 12897 — 1991 中 A5.3 条 a 和 b 的规定；
—— 综合观测墩用钢筋混凝土浇筑，材质及混凝土施工要求参照 GB 12897 — 1991 中 A6 的规定；
—— 综合观测墩墩面设置强制归心盘，靠近地平处设置水准标志。

6.5.2 气象要素（气温、气压和雨量）观测装置

台站应设置气象观测百叶箱、量雨桶等装置。

7 设备配置

7.1 地倾斜观测设备配置

7.1.1 水管倾斜仪

水管倾斜仪的配置及主要技术指标见表 1。

7.1.2 摆式倾斜仪

摆式倾斜仪的配置及主要技术指标见表 2。

7.2 地应变观测（伸缩仪）设备配置

伸缩仪的配置及主要技术指标见表 3。

表1 水管倾斜仪的配置及主要技术指标

设备名称	技术指标	单位	数量	备 注
水管倾斜仪	测量范围：±20″ 分辨率：≤0.001″ 日漂移：≤0.005″ 灵敏度系数：≤0.1 mV/0.001″ 非线性度：≤1% fs 零点漂移：≤5″/a 标定精度：优于1%	套	1	含2个或3个分量，包括自动标定装置、标定遥测仪（数字显示）等部件
数据采集传输装置	分辨率：100 μV 动态范围：≥90 dB 准确度：±（0.02% fs+1） （0℃～+40℃，6个月） 采样间隔：≤1 min 时间服务精度：≤1 s/d	套	1	0.02% fs+1是指在0.02% fs的末位数上加1，例如0.02% fs=1，0.1，0.01，则0.02% fs+1分别为2，0.2，0.02，余类推
电源装置		个	1	
自动扩展测微仪		台	1	模拟记录时配置
时号钟		个	1	模拟记录时配置
模拟记录器		台	1	模拟记录时配置
注：表中fs为全量程(full scale)。				

表2 摆式(垂直摆、水平摆)倾斜仪的配置及主要技术指标

设备名称	技术指标	单位	数量	备 注
摆式倾斜仪	测量范围：≥2″ 日漂移：≤0.005″ 灵敏度：≤0.001″ 非线性度：≤1% fs 零点漂移：≤5″/a 标定精度：优于2%	套	1	含2个分量，其中包括自动标定装置、电源调零机箱等部件
数据采集传输装置	分辨率：100 μV 动态范围：≥90 dB 准确度：±（0.02% fs+1） （0℃～+40℃，6个月） 采样间隔：≤1 min 时间服务精度：≤1 s/d	个	1	0.02% fs+1是指在0.02% fs的末位数上加1，例如0.02% fs=1，0.1，0.01，则0.02% fs+1分别为2，0.2，0.02，余类推
时号钟		个	1	模拟记录时配置

表3 伸缩仪的配置及主要技术指标

设备名称	技术指标	单位	数量	备 注
伸缩仪	测量范围：≥2×10^{-5} 分辨率：≤1×10^{-9} 漂移：≤4×10^{-6}/a 灵敏度：≥0.1 mV/1×10^{-9} 非线性度：≤1% fs 温度系数：≤8×10^{-7}/℃ 标定精度：优于1%	套	1	含2个分量或3个分量，其中包括标定装置、应变数控仪、观测信号接口装置、传输装置等部件
数据采集装置	分辨率：100 μV 动态范围：≥90 dB 准确度：±(0.02% fs+1) (0℃～+40℃，6个月) 采样间隔：≤1 min 时间服务精度：≤1 s/d	个	1	0.02% fs+1是指在0.02% fs的末位数上加1，例如0.02% fs=1，0.1，0.01，则0.02% fs+1分别为2，0.2，0.02，余类推
电源装置		个	1	
自动调零器		台	1	需要模拟记录时配置
时号钟		个	1	模拟记录时配置
模拟记录器		台	1	模拟记录时配置

7.3 辅助设备配置

地倾斜观测辅助设备配置见表4。

表4 地倾斜观测辅助设备配置表

设备名称	技术指标	单位	数量
四位半万用表	直流电压摆优于0.1% fs	个	1
精密数字测温仪	温度范围：-20℃～+50℃ 精度：1% fs 分辨力：0.1℃	台	1
精密数字气压计		个	1
量雨桶		个	1

8 资料管理与归档

8.1 归档资料

归档资料应包括：

—— 选台报告；

—— 勘选资料；

—— 台站建设方案；

——洞室、记录室建设资料；
——试运行报告，技术总结，验收报告；
——台站土地使用证。

8.2 勘选资料归档内容

8.2.1 台址勘选报告内容应包括：
——台站地理位置（经度、纬度，可从1∶50000地图上量取，准确至1′）；
——台站的地震地质（活断层等）、水文地质、地形地貌、黄土植被、气象及其他自然条件；
——台站周围1 km^2 范围的大比例尺地形图（1∶5000）；
——台站附近可能的干扰源；
——台址山体概貌（素描或照片）。

8.2.2 利用人防、军事工事或现成洞体，应有试记记录（可用摆式仪光记录）。

8.2.3 台址综合性评价、勘选结论报告。

8.2.4 勘选过程记叙和主要勘选人员名单。

8.3 观测洞室建设归档内容

8.3.1 观测室洞体的新建设计或改造设计与施工归档内容如下：
——观测场地的详细设计与施工图件（含平面图）及其文字说明；
——洞体开挖过程中对观测室的顶部、两侧、地面做的地质素描图（1∶200），对洞内小断裂、夹层及岩性变化较显著部位应适当放大比例尺详细的描绘，并记载其规模、渗水情况等细节。

8.3.2 仪器墩基的施工归档内容如下：
——精确定位后的仪器墩墩位照片，开挖后的仪器墩基坑照片；
——采集、保存的岩样标本，现场敲击墩基岩石声的录音带。

8.3.3 仪器墩的加工与安置归档内容如下：
——仪器墩石材岩性，尺寸：长，宽，高；
——仪器墩安置方法，墩基平面平整程度，两者粘结充填水泥砂浆情况，墩面高出地平的距离；
——仪器墩四周隔振槽的充填物；
——仪器支墩材、尺寸、安置情况。

8.3.4 仪器小腔体保温体的施工归档内容如下：
——仪器小腔体设计图；
——仪器小腔体保温施工结果（腔体大小：长，宽，高，壁厚；侧面有否出入口等）；
——仪器小腔体保温聚苯乙烯泡沫板（5 cm 厚）密封情况（未封盖时照片和封盖后的照片）。

8.3.5 船舱密封门的施工归档内容如下：
——船舱密封门型号、尺寸、价格；
——船舱密封门布设、施工情况（平面图和照片）。

8.4 记录室施工归档内容

记录室施工归档内容应包括：
——记录室的布设平面图；
——记录室设计、施工方案与施工情况；
——记录室的电源、避雷接地、布线、防尘、防盗等设施建设情况。

8.5 辅助设施归档内容

辅助设施归档内容应包括：
——综合观测墩设计与施工情况；
——气象等辅助观测装置设计与施工情况。

附录 A
(资料性附录)
仪器墩布设图

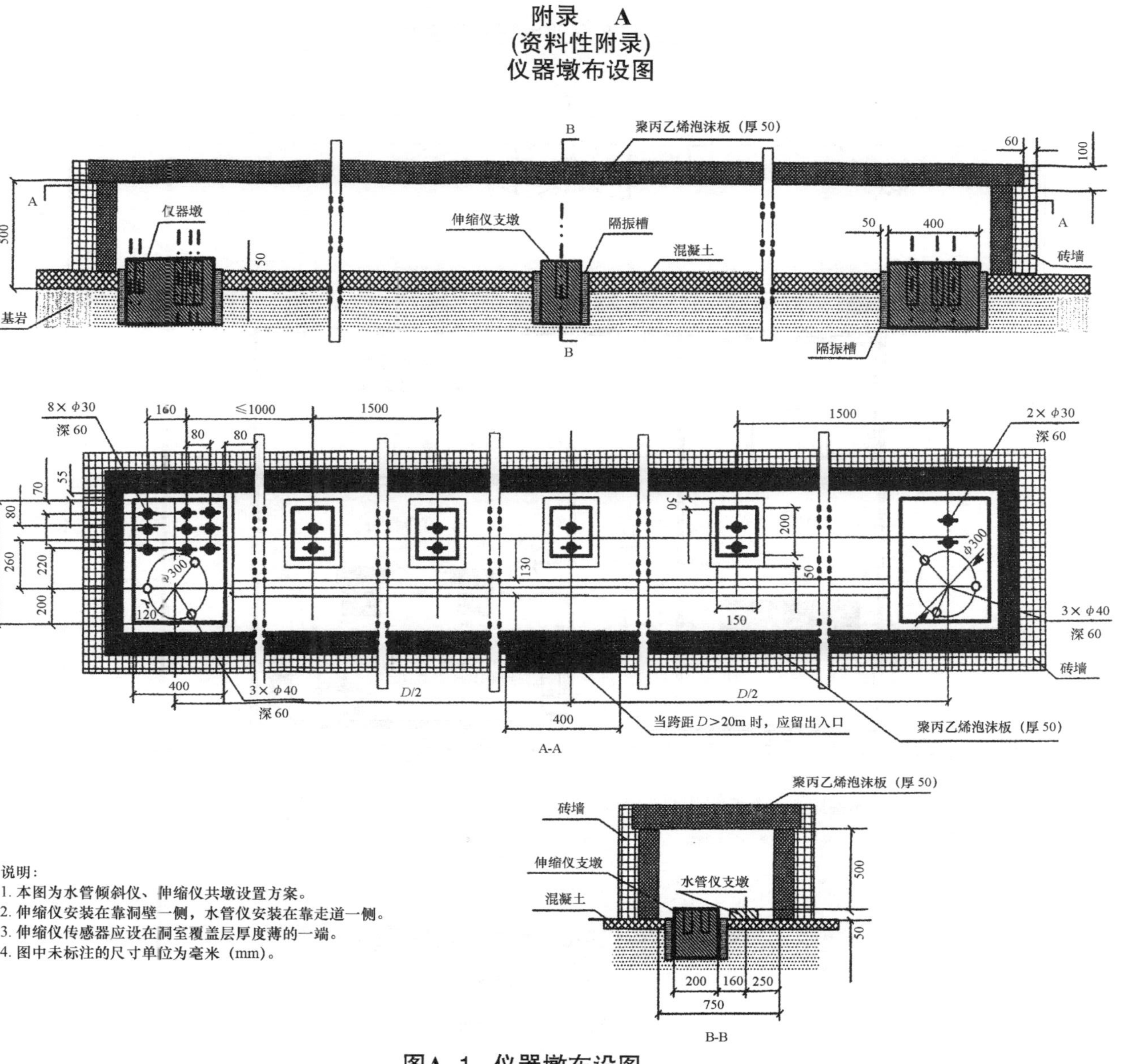

说明：

1. 本图为水管倾斜仪、伸缩仪共墩设置方案。
2. 伸缩仪安装在靠洞壁一侧，水管仪安装在靠走道一侧。
3. 伸缩仪传感器应设在洞室覆盖层厚度薄的一端。
4. 图中未标注的尺寸单位为毫米（mm）。

图A.1 仪器墩布设图

附　录　B
（资料性附录）
洞室地倾斜和地应变记录示意图

单位为毫米(mm)

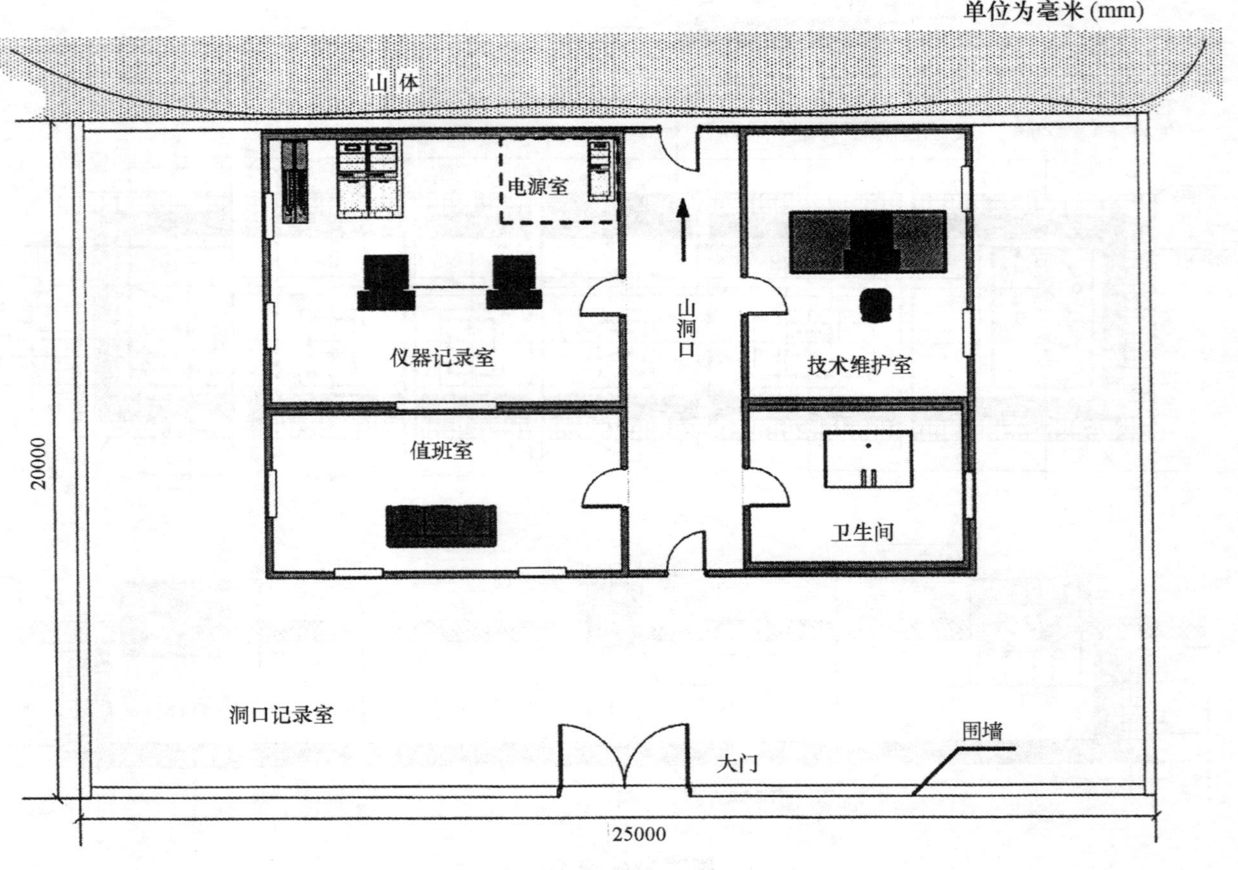

图B.1　洞室地倾斜和地方应变记录示意图

附　　录　C
（资料性附录）
洞室截面图

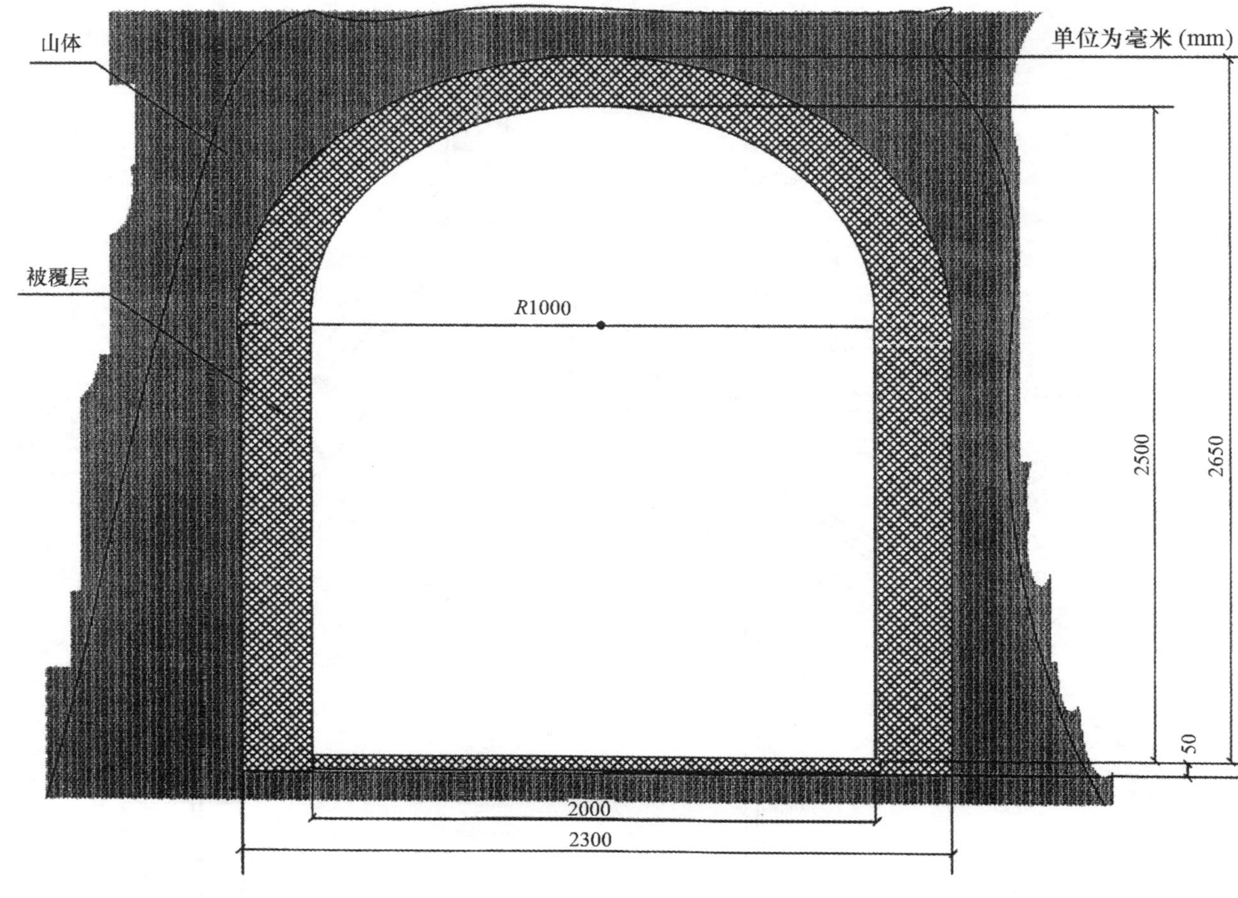

图C.1　洞室截面图

附　录　D
（资料性附录）
观测室布局图

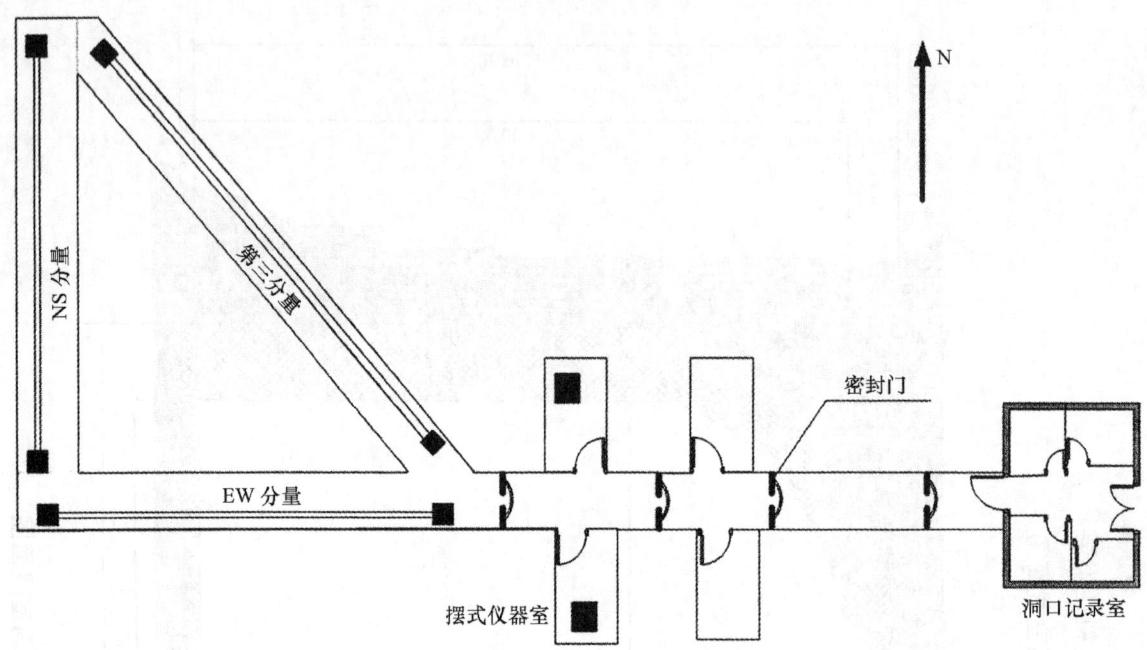

图 D.1　观测室布局图

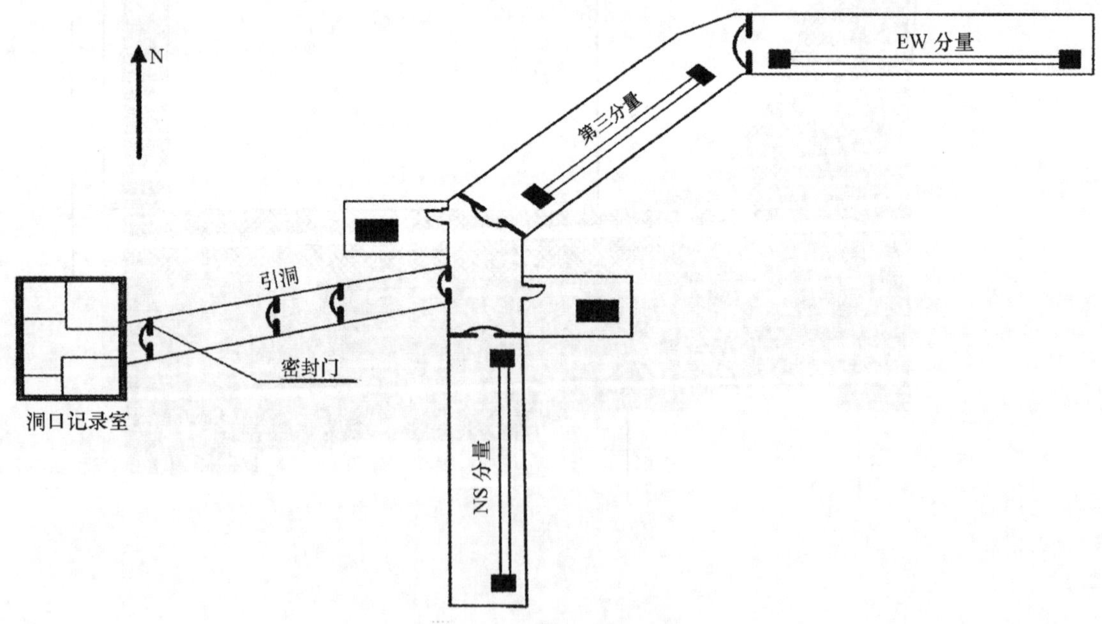

图 D.2　观测室布局图

附 录 E
（资料性附录）
利用已有山洞的观测室覆盖厚度下限值参考表

表 E.1 利用已有山洞的观测室覆盖厚度 Z 参考表（a_* =0.05℃）

单位为米(m)

覆盖岩类	a_0										
	30℃	35℃	40℃	45℃	50℃	55℃	60℃	65℃	70℃	75℃	80℃
石英岩	32.0	32.8	33.4	34.0	34.5	35.0	35.4	35.8	36.2	36.6	36.9
砂　岩	25.6	26.3	26.8	27.3	27.7	28.1	28.4	28.7	29.0	29.3	29.6
花岗岩	23.2	23.8	24.2	24.7	25.1	25.4	25.7	26.0	26.3	26.6	26.9
片麻岩	21.2	21.7	22.1	22.5	22.8	23.2	23.5	23.7	24.0	24.2	24.4
石灰岩	20.4	20.9	21.3	21.7	22.0	22.3	22.6	22.8	23.1	23.3	23.5
玄武岩	18.9	19.5	19.8	20.1	20.4	20.7	21.0	21.2	21.4	21.6	21.8
石膏岩	15.2	15.4	15.8	16.1	16.4	16.6	16.8	17.0	17.2	17.3	17.5
干(黄)土	11.3	11.6	11.8	12.0	12.2	12.4	12.5	12.6	12.8	12.9	13.1
蛇纹岩	10.1	10.4	10.6	10.8	10.9	11.1	11.2	11.4	11.5	11.6	11.7

注：$Z=-0.5642(\ln a_*-\ln a_0)\sqrt{T\cdot K_S}$，式中，$a_*$为室温年变幅值；$a_0$为室外温度年变幅值；$T(=3.1536\times10^7\mathrm{s})$为气温变化周期（以一年为周期）；$K_S$为观测洞室覆盖岩石热扩散率（单位：$\mathrm{cm^2/s}$）。

参 考 文 献

国家地震局，1986. 地倾斜台站观测规范．北京：地震出版社

国家地震局科技监测司，1995. 地震地形变观测技术．北京：地震出版社

中国地震局，2000. 地震及前兆数字观测技术规范（地壳形变观测）．北京：地震出版社

ICS 91.120.25
P 15
备案号：12690—2003

中华人民共和国地震行业标准

DB/T 8.2—2003

地震台站建设规范　地形变台站
第2部分：钻孔地倾斜和地应变台站

Specification for the construction of seismic station crust deformation station
Part 2: Crust tilt and strain observatory in borehole

2003-11-03 发布　　2004-05-01 实施

中国地震局 发布

前　言

《地震台站建设规范　地形变台站》是《地震台站建设规范》系列标准中的第五项标准，由三个部分组成：

——第 1 部分：洞室地倾斜和地应变台站；

——第 2 部分：钻孔地倾斜和地应变台站；

——第 3 部分：断层形变台站。

本部分为第 2 部分。

本部分的附录 A 和附录 B 是资料性附录。

本部分由中国地震局提出。

本部分由全国地震标准化技术委员会（CSBTS/TC 225）归口。

本部分起草单位：中国地震局地震研究所、中国地震局第一地形变监测中心、中国地震局地壳应力研究所。

本部分主要起草人：吴云、陈志遥、楼关寿、邱泽华、李正媛、陈德福。

地震台站建设规范　地形变台站
第2部分：钻孔地倾斜和地应变台站

1　范围

本部分规定了钻孔地倾斜和地应变台站建设中观测场地勘选、仪器墩与观测室建设、设备配置的技术要求。

本部分适用于地震监测预报和相关科学研究的钻孔地倾斜和地应变台站的建设。

2　规范性引用文件

下列文件中的条款通过本标准的引用而成为本标准的条款。凡是注日期的引用文件，其随后所有的修改单（不包括勘误的内容）或修订版均不适用于本标准，然而，鼓励根据本标准达成协议的各方研究是否可使用这些文件的最新版本。凡是不注日期的引用文件，其最新版本适用于本标准。

GB 12897 — 1991　国家一、二等水准测量标准

GB/T 18207.1 — 2000　防震减灾术语　第1部分：基本术语

3　术语和定义

GB/T 18207.1 — 2000 确立的术语和定义适用于本部分。

4　观测场地勘选

4.1　地震地质条件

4.1.1　观测场地宜选在活动断裂带两侧，但距断层破碎带的距离应大于等于 500 m。

4.1.2　地层倾角小于等于 40°，岩体完整，岩石结构均匀、致密。

4.2　地形地貌条件

4.2.1　避开冲、洪积扇，山洪通道，风口，易遭雷击区域。

4.2.2　避开地热异常高温区。

4.2.3　避开地下水强泾流区。

4.2.4　避开地下岩溶发育区。

4.3　环境条件

4.3.1　距江河、湖泊、水库岸边应大于等于 1 000 m。

4.3.2　距抽（注）水站、采矿（石）区应大于等于 1 000 m。

4.3.3　距高层建筑、大型仓库、列车编组站大于等于 500 m。

4.3.4　距高速公路、铁路、轻轨、地铁大于等于 300 m。

4.3.5　距大型输（变）电设备、无线电发射天线、电机大于等于 500 m。

4.3.6　距压模机、冲床等振动源大于等于 200 m。

5　钻孔（见附录 A）

5.1　基本指标

钻孔的斜度应小于等于 3°，深度应大于等于 30 m（若在山洞中则大于 2 m）。

5.2 安置探头的测量段

5.2.1 基岩孔应避开岩石裂隙密集段（采芯率宜大于等于70%）、岩脉、透镜体。

5.2.2 土层孔应避开砾石层。

5.2.3 应避开富含水层。

5.3 套管

5.3.1 基岩孔，从地表到基岩顶面安装钢制密封套管；套管长度应大于10 m；钻孔口套管周围应砌水泥井台，并加带锁井盖。

5.3.2 土层孔，可不安装套管；对于钻孔需要填平的情况，钻孔口应设立耐久性明显标志。

5.4 回填

5.4.1 基岩孔应充填专用膨胀水泥。

5.4.2 土层孔应充填原土。

6 记录室

6.1 记录室距钻孔应小于20 m（见附录B）。

6.2 记录室应有不间断［220×(1±10%)］V交流供电。

6.3 记录室温度应保持在5℃~30℃之间，相对湿度应小于80%。

6.4 记录室应有防尘装置。

6.5 记录室中交流电网线和信号线应分开布设。

6.6 记录室应设置地线，接地电阻应小于4 Ω。

7 设备

7.1 主要观测设备及其技术要求

7.1.1 地应变仪

地应变仪的技术要求如下：

—— 分辨率小于等于1×10^{-9}；

—— 日漂移小于等于1×10^{-8}；

—— 量程大于等于5×10^{-6}；

—— 动态范围大于等于80 dB；

—— 噪声水平小于等于1×10^{-9}；

—— 非线性度小于等于1% fs①；

—— 输出±2 V；

—— 标定准确度优于5% fs；

—— 时间服务精度小于等于1 s/d；

—— 采样时间间隔小于等于1 min。

7.1.2 地倾斜仪

地倾斜仪的技术要求如下：

—— 分辨率小于等于0.000 2″；

—— 日漂移小于等于0.005″；

—— 灵敏度优于0.1 mV/0.001″；

—— 非线性度小于等于1% fs；

—— 量程大于等于2″；

① fs为全量程（full scale）。

—— 输出 ±2 V;

—— 标定准确度优于1% fs;

—— 时间服务精度小于等于1 s/d;

—— 采样时间间隔小于等于1 min。

7.2　辅助观测设备及其技术要求

7.2.1　气压计

—— 分辨率小于等于0.1 hPa。

7.2.2　地下水位计

—— 分辨率小于等于0.001 m;

—— 量程大于等于5 m。

7.2.3　水温计

—— 分辨率小于等于0.01℃。

7.3　配套设备

配套设备应包括:

—— 数据采集器;

—— 标定装置;

—— 信号传输装置;

—— 电源装置;

—— 防雷系统。

7.4　综合观测墩

7.4.1　在记录室外开阔地埋设综合观测墩，尺寸：长0.4 m，宽0.4 m，高1.2 m。

7.4.2　综合观测墩埋深技术要求参照GB 12897 — 1991中A5.3条a和b的规定。

7.4.3　用钢筋混凝土浇筑，材质和混凝土施工要求参照GB 12897 — 1991中A6的规定。

7.4.4　设强制归心盘、靠近地平处设置水准标志。

8　归档资料

归档资料及其完成单位如下:

—— 选址论证报告，由勘选小组完成;

—— 土地使用许可证书，由建台单位完成;

—— 钻孔施工报告，由钻孔施工单位完成;

—— 钻孔地倾斜和地应变观测仪器安装报告，由观测仪器研制、安装单位完成;

——台站建设报告，由建台单位完成。

附　录　A
（资料性附录）
测量地应变、地倾斜用钻孔（基岩孔）示意图

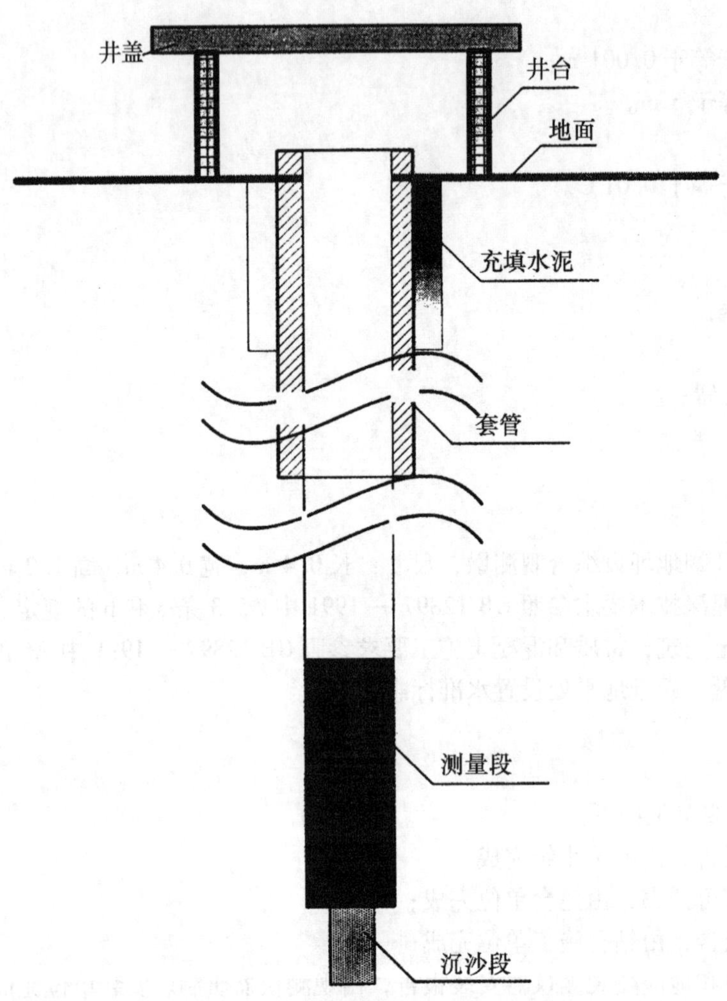

图 A.1　测量地应变、地倾斜用钻孔（基岩孔）示意图

附　录　B

（资料性附录）

钻孔地倾斜和地应变记录室示意图

单位为毫米（mm）

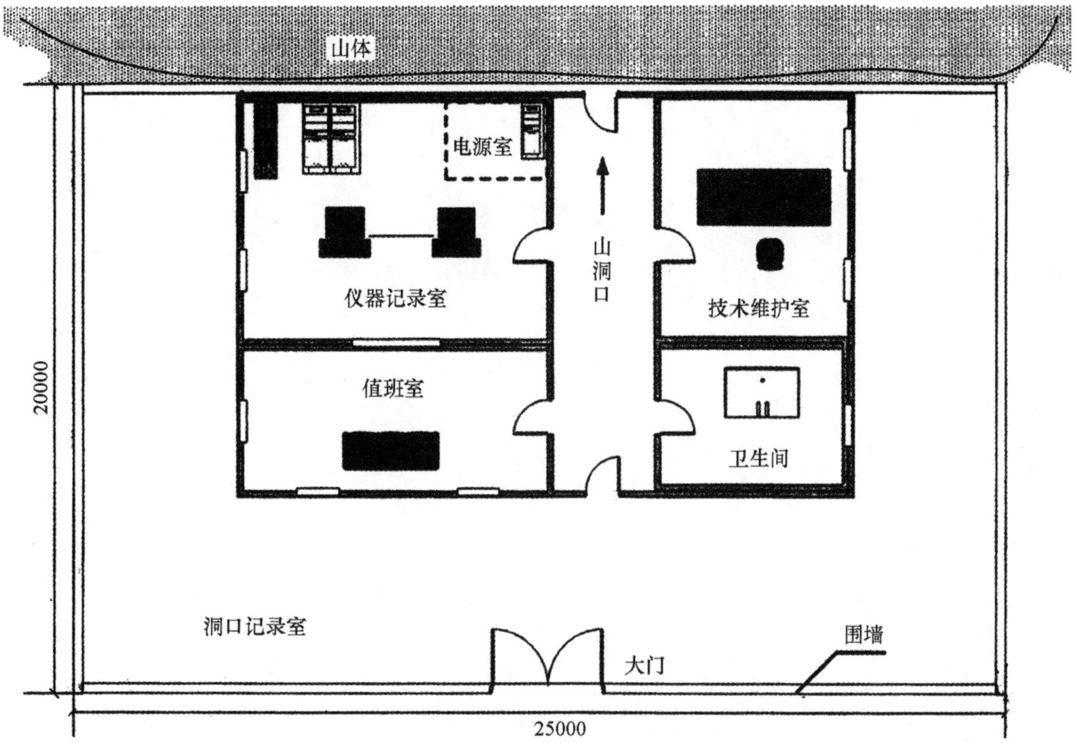

图 B.1　钻孔地倾斜和地应变记录室示意图

ICS 91.120.25
P 15
备案号：12691—2003

中华人民共和国地震行业标准

DB/T 8.3—2003

地震台站建设规范 地形变台站 第3部分：断层形变台站

Specification for the construction of seismic station crust deformation station Part 3: Fault-crossing crust deformation observatory

2003-11-03 发布 2004-05-01 实施

中国地震局 发布

前　言

《地震台站建设规范　地形变台站》是《地震台站建设规范》系列标准中的第五项标准，由三个部分组成：

——第 1 部分：洞室地倾斜和地应变台站；

——第 2 部分：钻孔地倾斜和地应变台站；

——第 3 部分：断层形变台站。

本部分为第 3 部分。

本部分的附录 A、附录 B、附录 C、附录 D、附录 E、附录 F、附录 G、附录 H 和附录 I 均为资料性附录。

本部分由中国地震局提出。

本部分由全国地震标准化技术委员会（CSBTS/TC 225）归口。

本部分起草单位：中国地震局地震研究所、中国地震局第一地形变监测中心、中国地震局地壳应力研究所。

本部分主要起草人：吴云、陈志遥、楼关寿、邱泽华、李正媛、陈德福。

地震台站建设规范　地形变台站
第3部分：断层形变台站

1　范围

本部分规定了断层形变台站建设中观测场地勘选、仪器墩与观测室建设、设备配置的技术要求。

本部分适用于为地震监测预报和相关科学研究服务的断层形变台站的建设。

2　规范性引用文件

下列文件中的条款通过本部分的引用而成为本标准的条款。凡是注日期的引用文件，其随后所有的修改单（不包括勘误的内容）或修订版均不适用于本标准，然而，鼓励根据本标准达成协议的各方研究是否可使用这些文件的最新版本。凡是不注日期的引用文件，其最新版本适用于本标准。

GB 12897 — 1991　国家一、二等水准测量规范

GB/T 18207.1 — 2000　防震减灾术语 第1部分：基本术语

GB/T 18314 — 2001　全球定位系统(GPS)测量规范

3　术语和定义

GB/T 18207.1 — 2000 确立的以及下列术语和定义适用于本部分。

3.1

断层形变观测　fault-crossing crust deformation observatory

对断层两盘垂直向相对位移和水平向相对位移的观测。

3.2

固定标石　fixed markstone

断层形变台站用来观测某点地壳运动信息的、嵌有测量标志的钢筋混凝土标墩(或钻孔套管)。

3.3

过渡标石　transition markstone

断层形变台站用来传递测量信息的、埋设稳固、嵌有测量标志的混凝土标墩。

4　观测场地勘选

4.1　基本要求

4.1.1　观测场地的选择应考虑当地国民经济建设和社会发展的长远规划及其可能对观测环境造成的影响。

4.1.2　观测场地应具备开展正常断层形变观测工作所需的电力、通信和交通等条件。

4.2　地震地质条件

4.2.1　观测场地应布设在活动构造带的端部、拐折、分叉或交汇部位附近，且应跨越活动构造带的主断层。

4.2.2　基岩出露地区的观测场地的基岩应坚硬、完整。

4.2.3　无基岩出露地区的观测场地覆盖层(包括风化岩石层)厚度应小于等于 50 m，且地表土坚实。

4.3　地形地貌条件

4.3.1　观测点位宜选在地形平坦、视野开阔处，并应考虑利于观测点位长期保存和观测。

4.3.2　下列地段不宜选作观测场地：

—— 地势低洼、易于淹没或地下水水位较高的地区；

—— 泥石流、土崩、滑坡易发的地段；

—— 地下有溶洞、流沙及近期古河道、近期海相、湖相沉积的地区；

—— 土堆、河堤、冲积层河岸；

—— 陡坎和风口。

4.3.3　综合观测墩位置视线高度角15°以上应无阻挡物，特殊地区允许局部(累积水平视角小于等于60°)水平视线高度角25°以上无阻挡物。

4.4　环境要求

4.4.1　观测场地环境应满足下列要求：

—— 距矿区、油气开采区的最近点距离应大于5 000 m；

—— 观测场地不应建在填方区上；

—— 距大型抽注水站、大工厂、大型仓库及大型建筑物等的距离应大于500 m；

—— 距铁路的距离应大于50 m，距公路的距离应大于30 m；

—— 距大树的距离应大于10 m。

4.4.2　综合观测场地的观测点位还应满足GB/T 18314 — 2001中7.2条b、c、d、e和h项的要求，在观测点上能接收到GPS卫星的信号。

5　观测场地的布设(见图A.1)

5.1　测线布设

5.1.1　断裂破碎带两侧以外至少各有两座固定标石，固定标石间可设立过渡标石。

5.1.2　水准测线总长度不宜大于1.5 km(断裂破碎带较宽时，可适当延长)，综合观测墩的间距应大于等于300 m。

5.2　测站布设

5.2.1　每条水准测线的测站数应为偶数。

5.2.2　每测站的视距应小于等于30 m。

5.2.3　每测站的两标志间高差应小于等于2.5 m。

6　观测标石

6.1　观测标石分类与要求

6.1.1　观测标石分类

观测标石分为固定标石和过渡标石两类。固定标石又分为水准标石和综合观测墩两种。

6.1.2　水准标石的要求

水准标石的要求如下：

—— 水准标石分为普通基岩水准标石(见图B.1)和套管基岩水准标石(见图B.2)两种；

—— 普通基岩水准标石在标石表面中央嵌入上标志，在距上标志0.5 m处设下标志；

—— 套管基岩水准标石在标杆管上焊接主标志，在保护管上焊接副标志。

6.1.3　综合观测墩的要求

综合观测墩的要求如下：

—— 综合观测墩分为Ⅰ型、Ⅱ型和Ⅲ型(见图C.1、图C.2和图C.3)；

—— 综合观测墩墩面设置强制归心盘作为GPS观测标志，墩体底部两对称侧面离墩体10 cm处各设立一个水准观测标志，水准点位置可根据测线方向及保护房的房门位置确定。

6.1.4 过渡标石

过渡标石包括基岩过渡水准标石(见图D.1)和土层过渡水准标石(见图D.2)。

6.2 观测标石的选择

6.2.1 水准标石的选择

水准标石的选择要求如下:

—— 在基岩出露或覆盖层厚度不超过2 m的地方,可选择普通基岩水准标石;

—— 在覆盖层厚度为(2~5)m的地方,可选择普通基岩水准标石,也可选择套管基岩水准标石;

—— 在覆盖层厚度为(5~50)m的地方,应选择套管基岩水准标石。

6.2.2 综合观测墩的埋设

综合观测墩的埋设要求如下:

—— 在覆盖层厚度超过4 m的地方应埋设Ⅰ型综合观测墩;

—— 在覆盖层厚度为(0.5~4)m的地方可埋设Ⅱ型综合观测墩;

—— 在覆盖层厚度不超过0.5 m的地方可埋设Ⅲ型综合观测墩。

6.2.3 过渡标石的埋设

过渡标石的埋设要求如下:

—— 在基岩出露或覆盖层厚度不超过1.5 m的地方可埋设基岩过渡水准标石;

—— 在覆盖层厚度超过1.5 m的地方,应埋设土层过渡水准标石。

6.3 标石制作

6.3.1 标石的材质要求

—— 灌制混凝土的材料应符合GB 12897—1991附录A中A6.1的要求;

—— 各类型观测标石钢筋的要求见附录B、附录C、附录D的有关说明;

—— 水准标志用不锈钢、铜或玛瑙材料制作,上表面制成半球形。各类标志的结构见图E.1、E.2、E.3;

—— 强制归心标志用不锈钢材料制作,其结构见图F.1和图F.2。

6.3.2 标石的制作要求

—— 混凝土配比按GB 12897—1991表A4的规定执行;

—— 混凝土调制按GB 12897—1991附录A中A6.3的要求执行。

6.4 标石埋设

套管基岩水准标石埋设要求如下:

—— 标杆管置于套管内,标杆管与基岩应牢固连接,标杆管上的滑轮扶正器应焊接固定;

—— 套管与基岩固结可靠、不渗水,套管外壁要采取防腐措施,用水泥砂浆回填,使之与孔壁固结;

—— 标杆管与套管间应采取隔温措施;

—— 施工应使用钻探设备,钻孔要求圆直,孔斜不得大于1°;

—— 钻孔过程要取样,并保存地质分层资料。

6.5 辅助设施

6.5.1 观测标石应设有排水设施,固定标石还应建立保护房。保护房的要求如下:

—— 保护房的长、宽均应大于等于2.0 m,室内净高应大于等于3.2 m;

—— 综合观测墩墩面应出露于保护房房顶,且观测墩侧面与保护房墙面平行。

6.5.2 在水准测线安置仪器处可设立混凝土观测平台,平台尺寸为1.2 m×0.2 m×0.2 m,平台中心至相邻两观测标志的距离差应小于等于0.1 m。

7 设备配置

7.1 测量设备

测量设备的配置见表1。

表1 断层形变台站测量设备配置表

设备名称	技术指标	数量	附件
自动安平水准仪 （光学水准仪或数字水准仪）	仪器标称精度优于 ±0.45 mm； 光学水准仪：测微器最小读数0.05 mm； 数字水准仪：测高读数最小显示优于0.01 mm，测距读数最小显示优于0.01 m	1台	脚架、仪器箱 以下仅对数字水准仪：电池、充电器、记录卡和传输电缆
水准标尺	铟钢尺带，尺长3 m，与水准仪配套	2副 （4根）	尺箱
水银温度计	刻度最小范围：−30～+50℃； 分辨率：优于0.5℃	1根	
GPS 接收机（仅综合观测台）	双频，标称观测精度达到或优于 $\pm(5+S\times10^{-6})$ mm（S 为基线边长）	4台	仪器箱、基座、对中杆、传输电缆及相关预处理和后处理程序等
掌上型计算机或便携型计算机 （用于自动安平水准仪或 数字水准仪非自动记录）	轻便，省电，便于野外作业	1个	

7.2 校准设备

校准设备的配置见表2。

表2 断层形变台站校准设备配置表

设备名称	技术指标	数量	备注
钢卷尺	刻划1 mm	1个	
游标卡尺	刻划0.2 mm	1个	仅限于非数字水准仪

7.3 辅助设备

辅助设备的配置见表3。

表3 断层形变台站测量辅助配置表

设备名称	技术指标	数量	备注
测伞	直径≥2 m	1把	
微机	根据采购时情况配置	1台	用于数据处理和文档资料整理
打印机	激光或喷墨，A3或A4幅面	1台	用于成果打印
自记气压计		1个	辅助观测
自记气温计		1个	辅助观测
自记降水记录设备		1套	辅助观测，也可用量雨筒和量杯
百叶箱		1个	用于放置气压计、气温计
地温观测设备		1套	辅助观测，有条件时配备
地下水位观测设备		1套	辅助观测，有条件时配备

8 资料归档

8.1 断层形变台站档案材料

断层形变台站建设完成后应提交以下档案材料：

——勘选报告；

——建设报告；

——与项目建设有关的报告、批复、设计等材料；

——土地占用批准文件。

8.2 勘选报告

勘选报告包含下列内容：

——任务来源(包括立项报告及有关批复)；

——台站地理位置(经度、纬度，可在地形图上量取，准确至1′)和行政所属；

——勘选过程和主要勘选人员情况；

——台站及观测场地的地震地质(活断层等)、水文地质、地形地貌、植被、气象及其他自然条件(附相关图件)；

——台站及观测场地附近1:5万地形图；

——观测场地附近存在的可能干扰源；

——观测场地试观测情况记录；

——观测标石、观测墩和观测标志的建议类型(附图，包括综合观测墩的环视图)；

——观测场地的综合性评价、勘选结论及对建设(包括仪器配备)的建议。

8.3 建设报告

建设报告应包含下列内容：

——施工过程基本情况；

——台站及观测场地(可测线两侧各250 m的范围)1:5 000比例尺的地质地形图，包括断层位置和走向(见图G.1)；

——实埋观测标石和观测标志剖面图；

——观测点位的土地使用证明材料；

——坑位地质素描图(见图H.1)；

——井孔地质柱状图(仅限于套管基岩水准标石，根据井孔岩芯鉴定结果绘制，见图I.1)；

——施工过程的照片及其底片(仅固定标石)：

· 开挖后的基坑；

· 安置好的钢筋架及基坑(仅限于普通基岩水准标石和水准、GPS综合观测墩)；

· 拆模后的标石近景；

· 整饰好的标石近景；

· 保护房外景；

——仪器购置有关资料；

——施工过程中的有关问题、处理情况及对观测工作的建议。

附 录 A

（资料性附录）

断层形变台观测场地布设示意图

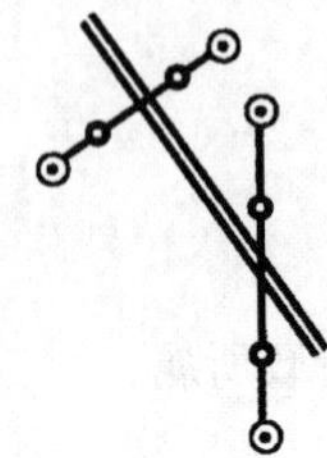
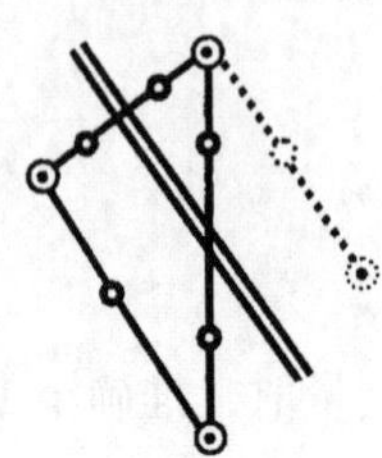
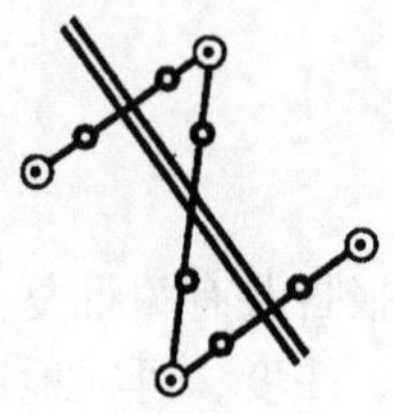
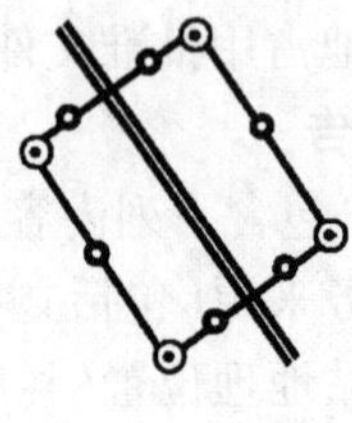

图例：

—— 断层；

—— 基本标石和水准测线；

—— 过渡标石及水准测线；

—— 检测点和检测水准线路。

图 A.1 断层形变台观测场地布设示意图

附　录　B
（资料性附录）
水准标石示意图

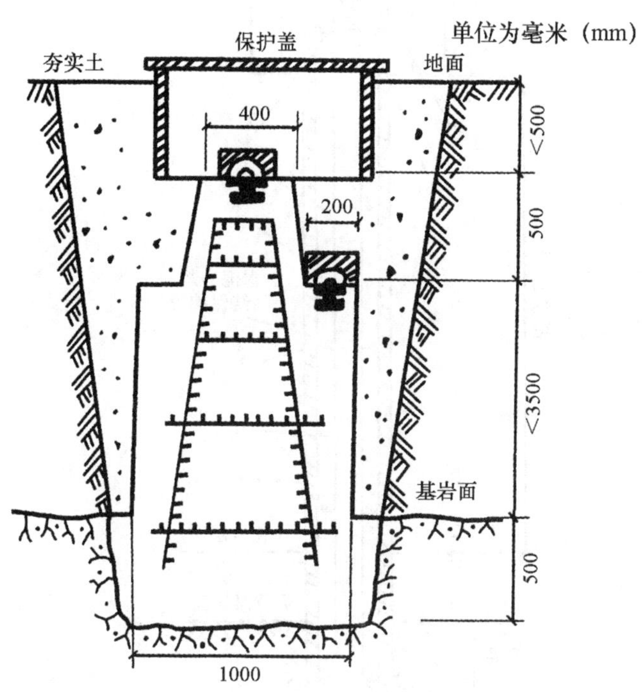

注：

① 标石顶面刻制台站名、点名及埋设年、月；

② 标石高度视基岩距地面深度而定；

③ 钢筋间距约为 0.2 m；

④ 标石可用花岗岩柱石代替，顶部标志可用玛瑙标志。

图 B.1　普通基岩水准标石示意图

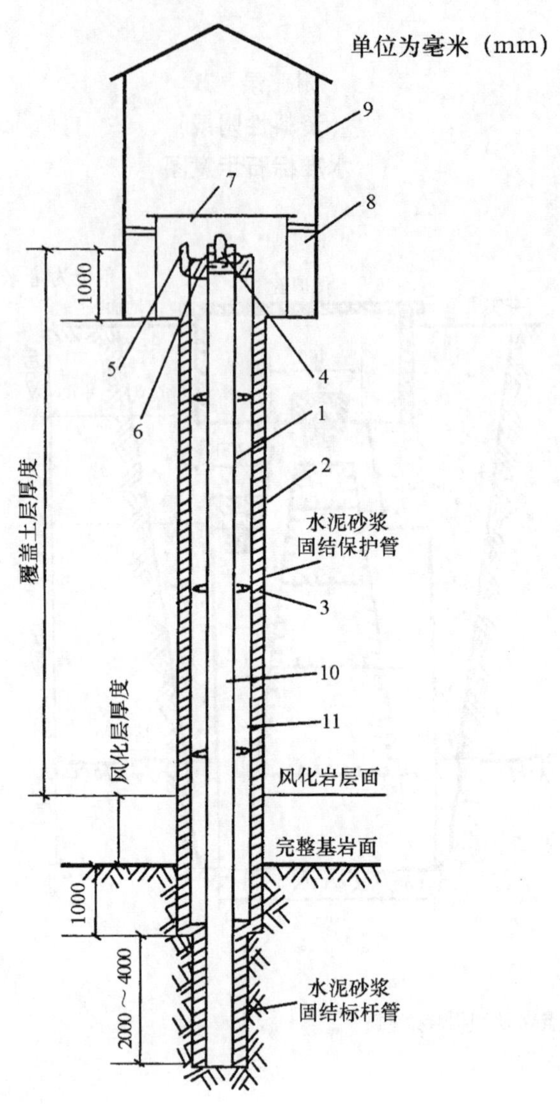

1 —— 标杆管(2～2.5英寸无缝钢管)，管壁厚4 mm以上；
2 —— 保护管(5～6英寸无缝钢管)，管壁厚4 mm以上；
3 —— 滑轮扶正器；
4 —— 主点标志：水泥砂浆浇灌的玛瑙水准标志(或焊接不锈钢标志)，标志在地表下不超过0.5 m；
5 —— 副点标志：焊接不锈钢标志，标志在地表下不超过0.5 m；
6 —— 油封(软连接)；
7 —— 标口护井；
8 —— 隔温层；
9 —— 保护标房；
10 —— 标杆管内灌蓖油或水泥砂浆；
11 —— 标杆管与保护管之间灌蓖油。

图B.2　套管基岩水准标石

附 录 C
（资料性附录）
综合观测墩示意图

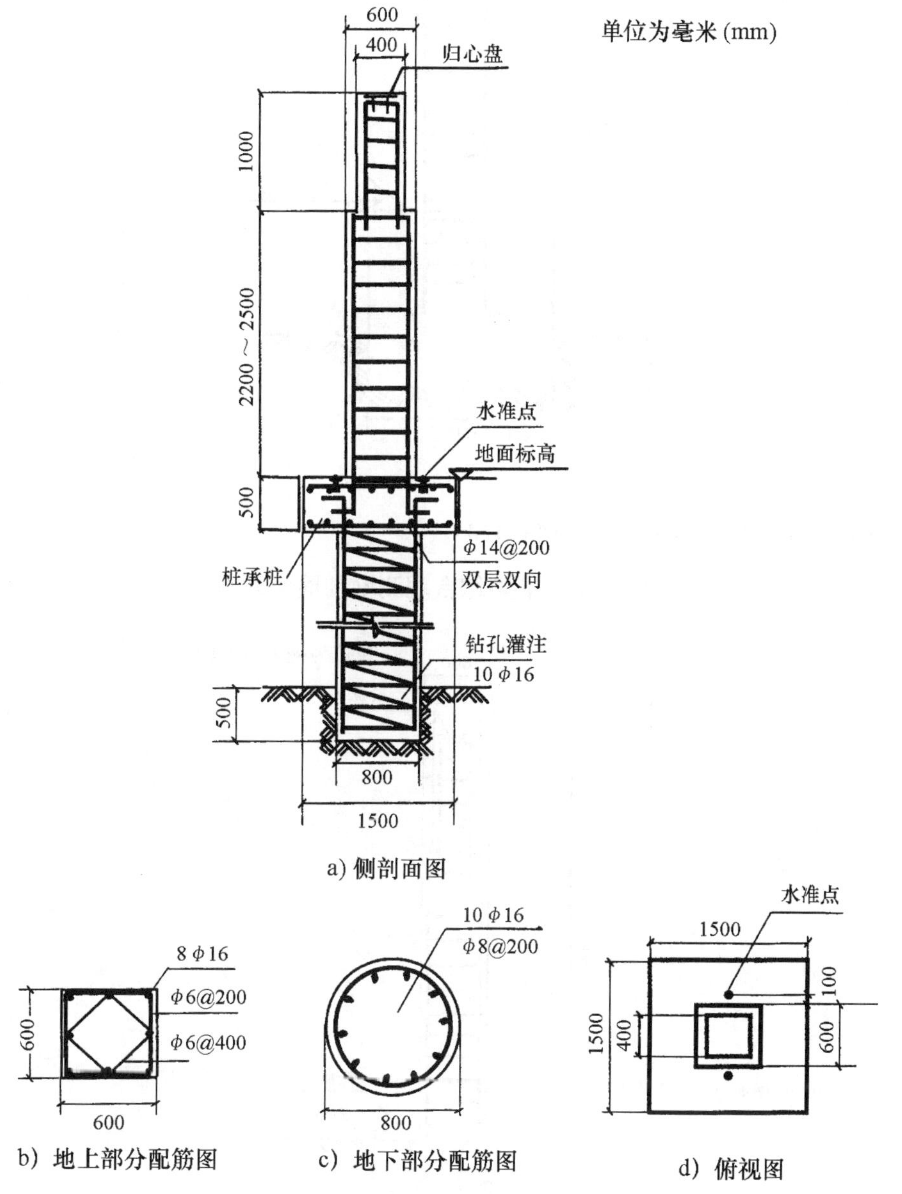

图 C.1 Ⅰ型综合观测墩示意图

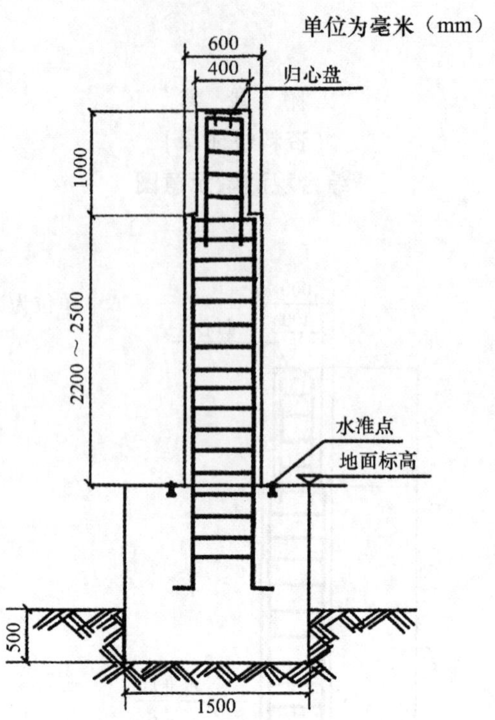

注：
配筋图和观测墩俯视图分别见图 C.1(b)和图 C.1(d)。

图 C.2　Ⅱ型综合观测墩剖面示意图

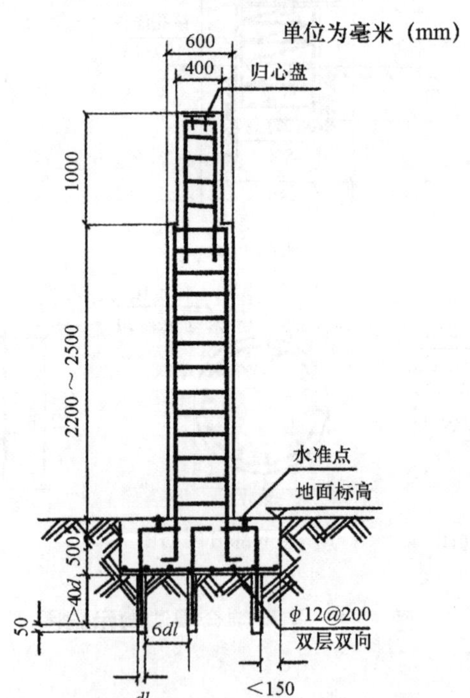

注：
① 配筋图和观测墩俯视图分别见图 C.1(b)和图 C.1(d)；
② 图中 d 为铆钢直径，$d=16$ mm；dl 为下铆钢孔径，$dl=20$ mm。

图 C.3　Ⅲ型综合观测墩剖面示意图

附 录 D
(资料性附录)
过渡水准标石示意图

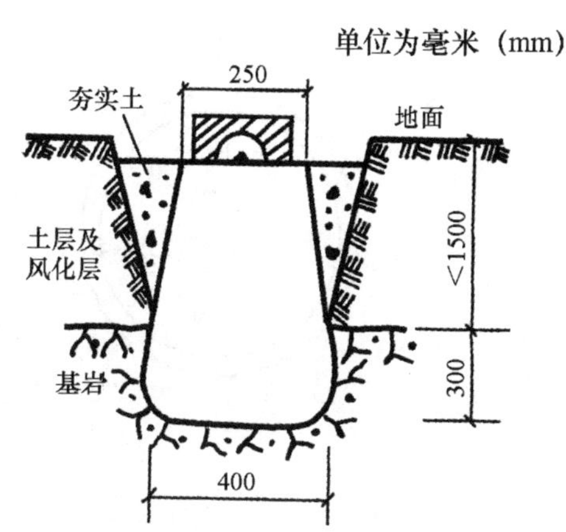

说明：

① 标石顶面刻制台站名、点名及埋设年、月；

② 标石顶面可与地面平或略低于地面。

图 D.1 基岩过渡水准标石示意图

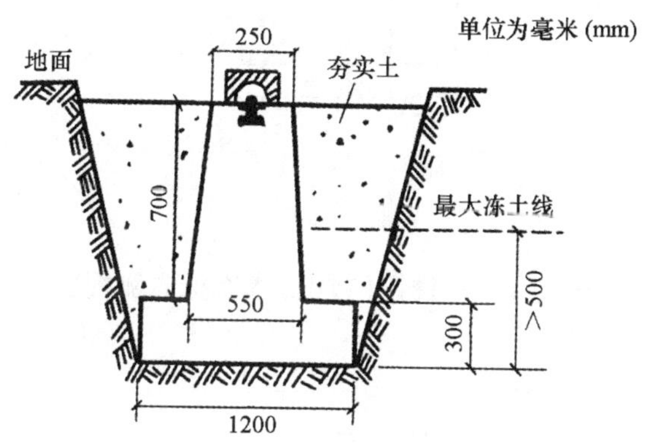

说明：

① 标石顶面刻制台站名、点名及埋设年、月；

② 标石顶面可与地面平或略低于地面，当最大冻土深度线较深时，适当增加标石深度。

图 D.2 土层过渡水准标石示意图

附 录 E
(资料性附录)
水准标志图

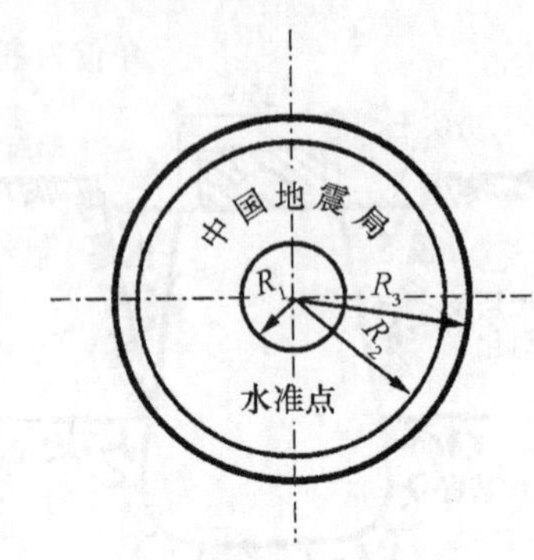

注：

$R_1=10$ mm；

$R_2=60$ mm；

$R_3=70$ mm。

图 E.1 水准标志俯视图

单位为毫米（mm）

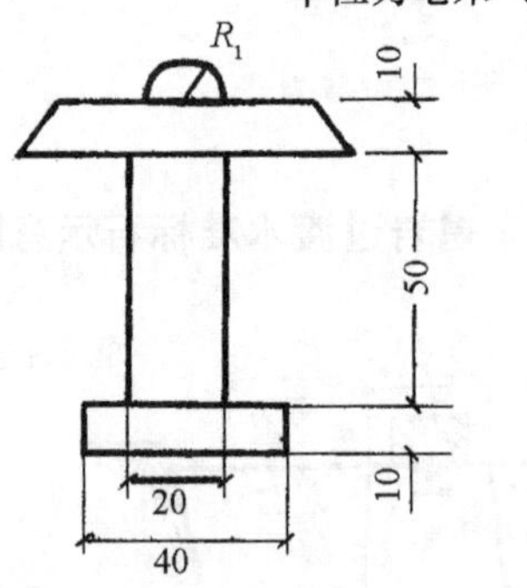

注：

$R_1=10$ mm。

图 E.2 不锈钢(或铜)水准标志侧视图

单位为毫米（mm）

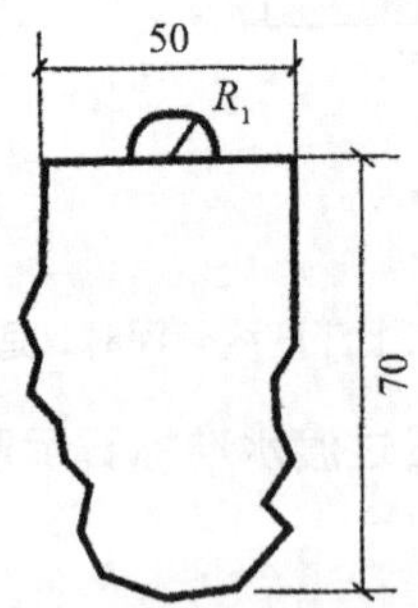

注：

$R_1=10$ mm。

图 E.3 玛瑙水准标志侧视图

附 录 F
(资料性附录)
GPS 归心标志图

单位为毫米（mm）

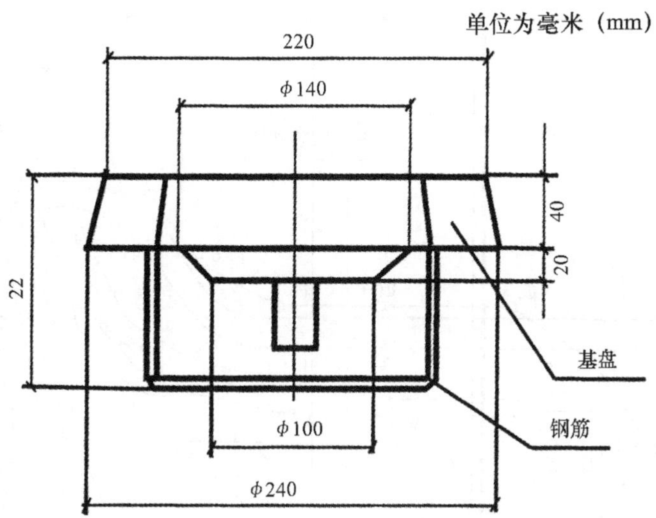

图 F.1 GPS 归心标志侧视图

单位为毫米（mm）

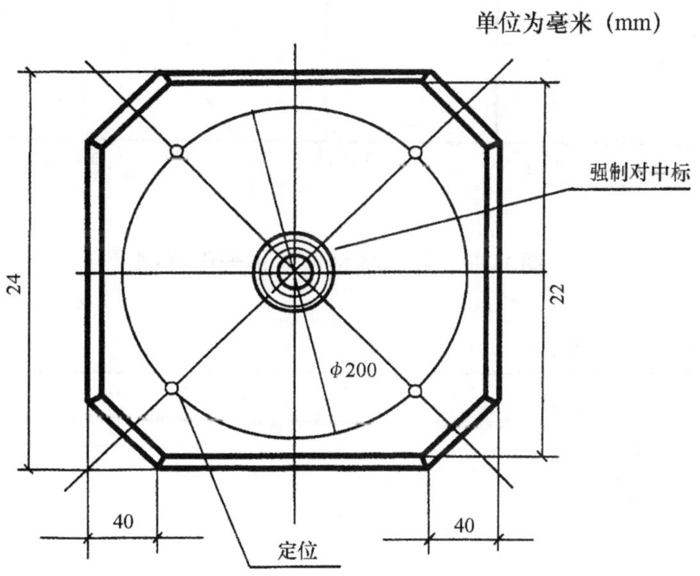

图 F.2 GPS 归心标志俯视图

附 录 G
(资料性附录)
观测场地地质地形图样例

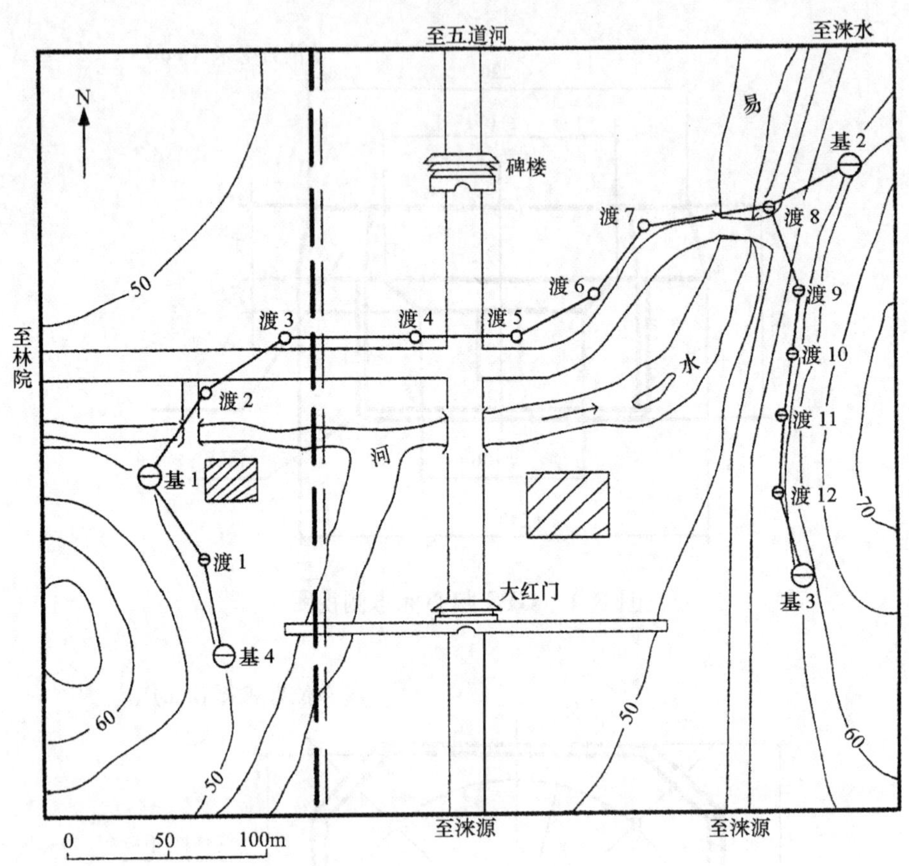

图 G.1 观测场地地质地形图样例

绘制地质地形图符号说明如下:

名称	符号
水准路线	——
普通基岩水准标石	⊖
套管基岩水准标石	⊕
水准、GPS 综合观测墩	Ⓐ
基岩过渡水准标石	⊖
土层过渡水准标石	○
断裂	═
隐伏断裂	══

附 录 H
(资料性附录)
地质素描图

水准标石位置的地质素描图为桩坑位五面展开图，如图 H.1 所示。

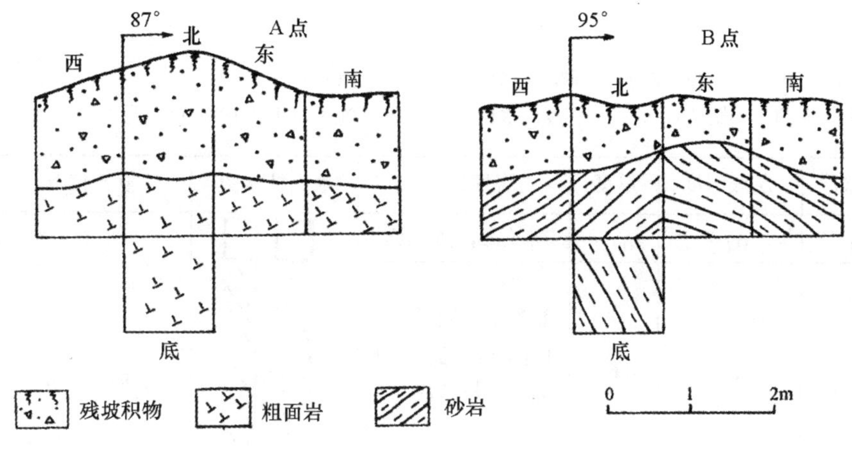

图 H.1 地质素描图

附 录 I
（资料性附录）
井孔地质柱状图样例

断层形变观测台站钻孔井位的地质柱状图根据采样的井孔岩芯鉴定结果绘制，如图 I.1 所示。

工作地点：×× 标高：2.96 初见水位：6.45 点号：××
终孔孔深：13.50 钻法：×× 静止水位：6.30 施工日期：1981 年 3 月

层底标高	层底深度	厚度	岩性描述	地层柱状图	取样位置	备注
45.34	0.60	0.60	耕植土，黄灰色	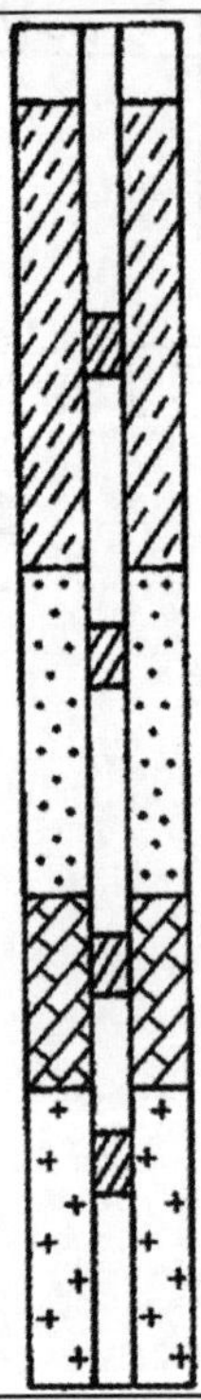		
40.69	5.25	4.65	亚黏土，灰黑色，局部灰绿色，中下部含少量砂质		2.83 ~ 3.43	
37.39	8.55	3.30	粉砂，灰黄色夹黏土带条，松散		5.95 ~ 6.55	
35.46	10.48	1.93	风化石灰岩，松散，裂隙发育		9.06 ~ 9.66	
32.44	13.50	3.02	花岗岩，含裂隙，有铁染		11.06 ~ 11.66	

施工单位：××××× 绘图者：××× 检查者：×××
单位：m

图 I.1 井孔地质柱状图样例

参考文献

国家地震局．跨断层测量规范．北京：地震出版社，1991
国家地震局科技监测司．大地形变台站测量规范(短水准测量)．北京：中国铁道出版社，1990
国家地震局科技监测司．地震地形变观测技术．北京：地震出版社，1995
中国地震局．地震及前兆数字观测技术规范(地壳形变观测)．北京：地震出版社，2000

ICS 91.120.25
P 15
备案号：14143—2004

中华人民共和国地震行业标准

DB/T 9—2004

地震台站建设规范 地磁台站

Specification for the construction of seismic station Geomagnetic station

2004-07-16 发布 2004-12-01 实施

中国地震局 发布

前 言

本标准是《地震台站建设规范》系列标准中的一项。该系列标准结构及名称预计如下：

地震台站建设规范　测震台站

地震台站建设规范　地磁台站

地震台站建设规范　地电台站

地震台站建设规范　地形变台站

地震台站建设规范　重力台站

地震台站建设规范　地下流体台站

……

本标准的附录 B、附录 C、附录 D 为规范性附录，附录 A 为资料性附录。

本标准由中国地震局提出。

本标准由全国地震标准化技术委员会（SAC/TC 225）归口。

本标准由中国地震局地球物理研究所负责起草，吉林省地震局、天津市地震局参加起草。

本标准主要起草人：杨冬梅、周锦屏、高玉芬、李永华、王晨、张良怀、韩润泉、冯义钧、周勋、任熙宪、赵永芬。

地震台站建设规范 地磁台站

1 范围

本标准规定了地磁台站观测场地勘选、观测设施和观测室建设、建筑物磁性跟踪控制和观测设备配置的技术要求。

本标准适用于地磁台站建设，不同地磁台站根据功能要求和设备配置，按本标准相关部分执行。流动地磁观测点的选建、弱磁性测量实验室的建设可参照使用。

2 规范性引用文件

下列文件中的条款通过本标准的引用而成为本标准的条款。凡是注日期的引用文件，其随后所有的修改单（不包括勘误的内容）或修订版均不适用于本标准，然而，鼓励根据本标准达成协议的各方研究是否可使用这些文件的最新版本。凡是不注日期的引用文件，其最新版本适用于本标准。

GB/T 19531. 2 — 2004 地震台站观测环境技术要求 第2部分：电磁观测

GB 50011 — 2001 建筑抗震设计规范

3 术语和定义

GB/T 18039. 1 — 2000 和 GB/T 18207. 1 — 2000 中确立的以及下列术语和定义适用于本标准。

3.1

观测墩 absolute measurement pillar

用于安装地磁绝对观测仪器传感器的无磁性墩。

3.2

记录墩 variation recording pillar

用于安装地磁记录仪器传感器的无磁性墩。

3.3

方位标 azimuth mark

在照准点上安置的用于方位角或磁偏角测量的地面目标。

3.4

监测桩 monitoring pillar

在用于监测地磁观测环境变化的观测点上埋设的仪器安装位置标识。

3.5

绝对观测室 absolute measurement house

用作测量地磁要素绝对数值的场所的建筑物。

3.6

相对记录室 variation recording room

用作记录地磁要素相对某一基值变化量的场所的建筑物。

3.7

质子矢量磁力仪室 proton vector magnetometer hut

用作质子矢量磁力仪对地磁要素变化进行连续记录的场所的建筑物。

3.8

比测亭 instrument comparison hut

用作地磁观测仪器对比观测的场所的建筑物。

3.9

密跨度测量 dense survey of geomagnetic field

以不大于 10 m×10 m 的网格间距对地磁场总强度 F 的测量。

4 观测场地勘选

4.1 区域地磁场背景条件

4.1.1 要求

观测场地应避开分布范围小于 1 000 km^2 的磁异常区。

4.1.2 初选区域勘选方法

应按以下方法进行：

——收集当地航磁图，宜选择在航磁图上磁场等值线变化宽缓均匀的区域；

——收集相关地质图件，宜选择地层接近水平、土层覆盖较厚或以灰岩、白云岩等弱磁性岩石为基底的区域。几种常见岩石的磁化率参见附录 A；

——考察地形地貌条件，宜选择地势相对较高，排水顺畅，并且周围 300 m 范围内可建立方位标的地区；

——按附录 B 的规定进行地磁场总强度跨度测量。

4.2 场地磁场梯度条件

4.2.1 要求

观测场地 100 m×100 m 范围内地磁场总强度 F 的水平梯度 $\Delta F_h \leqslant 1$ nT/m。

4.2.2 勘选方法

应按附录 C 的规定进行地磁场总强度密跨度测量。

4.3 人为电磁骚扰背景条件

4.3.1 要求

人为电磁骚扰背景条件应符合 GB/T 19531.2 — 2004 的规定，并保证至少在 30 年内得到保护。

4.3.2 勘选方法

应按以下方法进行：

——咨询地方政府规划部门，结合当地发展规划选择地磁观测环境在 30 年内不致遭受破坏的地区；

——调查场地人工骚扰源情况，应按 GB/T 19531.2 — 2004 的规定进行实际测量。

5 观测设施建设

5.1 观测墩建设的要求

5.1.1 观测墩主体建设的要求

5.1.1.1 应使用磁化率 χ 绝对值不大于 $4\pi \times 10^{-6}$（SI 单位制）的材料。

5.1.1.2 尺寸宜为 0.4 m×0.4 m×1.5 m。

5.1.1.3 底部宜深于室内地板 0.3 m，并应与室内地板保持不小于 0.03 m 宽的防振缓冲槽。

5.1.1.4 应建在基座上，嵌入基座的深度应不小于 0.2 m。

5.1.1.5 墩主体建设完成后，墩面总强度 F 的水平梯度 ΔF_h 和垂直梯度 ΔF_v 均应不大于 1 nT/m。

5.1.2 基座建设的要求

5.1.2.1 应使用磁化率 χ 绝对值不大于 $4\pi \times 10^{-5}$（SI 单位制）的材料。

5.1.2.2　在可挖至基岩时，基座应直接建在基岩上，嵌入基岩的深度应不小于0.2 m。

5.1.2.3　在不能挖至基岩时，基座与墩基础应连为一体。

5.1.2.4　基座长、宽均宜为0.8 m。

5.1.2.5　基座四周宜加回填土。

5.1.2.6　基座上顶面低于室内地面的距离宜不小于0.1 m。

5.1.2.7　基座建设完成后，周围1 m范围内 F 的水平梯度 ΔF_h 和垂直梯度 ΔF_v 均应不大于1.5 nT/m。

5.1.3　墩基础建设的要求

5.1.3.1　在不能挖至基岩时应建设墩基础。

5.1.3.2　应使用磁化率 χ 绝对值不大于 $4\pi \times 10^{-5}$（SI单位制）的材料。

5.1.3.3　墩基础厚度宜不小于0.5 m。

5.1.3.4　墩基础底面应置于较坚硬的天然土层冻结深度以下，并以在天然地平线1 m以下为宜。

5.1.3.5　在不能挖至较坚硬的天然土层时，应打桩加固。

5.1.3.6　墩基础应与墙体基础分离，并应深于墙基。

5.1.3.7　当同一观测室内建有2个以上的观测墩时，各墩基础宜连为一体。

5.2　记录墩建设的要求

5.2.1　记录墩主体尺寸宜为0.4 m×0.4 m×1.1 m。

5.2.2　墩基础宜与墙体基础分离，并宜深于墙基。

5.2.3　其他按5.1的要求执行。

5.3　方位标建设的要求

5.3.1　至少应建设两个方位标。

5.3.2　方位标应能与绝对观测室内和比测亭内的观测墩水平通视，与绝对观测室和比测亭的距离以150 m~300 m为宜。

5.3.3　方位标应结实稳固，基础的建设可参照5.1.2.2条或5.1.3.4条、5.1.3.5条中的要求。

5.3.4　方位标上的标志符号应牢固、醒目，并易于瞄准。

5.4　监测桩建设的要求

5.4.1　台站应设立至少1个监测桩，最好在2~3个不同方向上分别设立监测桩。

5.4.2　监测桩与台站的距离应不小于500 m。

5.4.3　未设绝对观测室的台站，还应在距相对记录室或质子矢量磁力仪室30 m~100 m范围内设立1个监测桩。

5.4.4　监测桩应建在人为地磁骚扰背景条件符合GB/T 19531.2 — 2004规定的地点。

5.4.5　监测桩周围10 m范围内 F 水平梯度 ΔF_h 应不大于1.5 nT/m。

5.4.6　监测桩上方2 m范围内 F 垂直梯度 ΔF_v 应不大于1.5 nT/m。

5.4.7　监测桩应使用磁化率 χ 绝对值不大于 $4\pi \times 10^{-5}$（SI单位制）的材料。

5.4.8　监测桩的尺寸宜为0.2 m×0.2 m×0.7 m，宜埋入地下0.6 m，出露地面0.1 m。

5.4.9　监测桩的顶面应刻有用于仪器安装置中的十字形标志。

6　观测室建设

6.1　总要求

6.1.1　抗震设防

观测室的抗震设防应按GB 50011 — 2001中的乙类建筑要求进行设计。

6.1.2　建筑材料

建设观测室使用的各种建筑材料，其磁化率 χ 绝对值均应不大于 $4\pi \times 10^{-5}$（SI单位制）。

6.1.3 建设完成后应达到的技术指标

建设完成后，各观测室内 F 水平梯度 ΔF_h 和垂直梯度 ΔF_v 均应不大于 1.5 nT/m。

6.2 绝对观测室建设的要求

6.2.1 室内应建设至少 4 个观测墩，观测墩主体中心间距应不小于 3 m，与墙壁距离应不小于 1.5 m。

6.2.2 至少应有 2 个观测墩可通视 2 个方位标，通视效果应不受其他观测墩上安装仪器的影响。

6.2.3 观测墩周围 2 m 以外应有放置仪器主机的位置。

6.2.4 室内地面宜高出天然地平线 0.5 m 以上。

6.2.5 室内应有交流供电，线路应双向布设，与观测墩的最小距离为 1.5 m。

6.3 相对记录室建设的要求

6.3.1 室内应建设至少 2 个记录墩，墩主体中心间距应不小于 3 m，与墙壁距离应不小于 1.5 m。

6.3.2 记录墩周围 3 m 以外应有放置仪器模拟电路装置的位置。

6.3.3 日温差宜不大于 0.3 ℃，年温差宜不大于 10 ℃。

6.3.4 相对湿度宜不大于 85%。

6.3.5 室内应有交流供电，线路与记录墩的最小距离为 1.5 m。

6.3.6 距离记录墩 15 m ~ 40 m 范围内应有放置仪器主机的位置。

6.3.7 主机安放位置应有交、直流供电和通信线路，供电和通信线路均应采取避雷措施。

6.4 质子矢量磁力仪室建设的要求

6.4.1 室内设 1 个记录墩。

6.4.2 墩主体中心与墙壁距离应不小于 1.5 m。

6.4.3 室内应有交流供电，线路与记录墩的最小距离为 1.5 m。

6.4.4 距离记录墩 15 m ~ 90 m 范围内应有放置仪器主机的位置。主机安放位置要求同 6.3.7 条的规定。

6.5 比测亭建设的要求

6.5.1 亭内设 1 个观测墩。

6.5.2 观测墩应能通视方位标、北极星及绝对观测室内的观测墩。

6.6 观测场地布局的要求

6.6.1 以最接近的墙体之间的距离计算，观测室之间的距离应满足以下要求：

—— 质子矢量磁力仪室距绝对观测室、相对记录室、比测亭不小于 30 m；

—— 相对记录仪和质子矢量磁力仪的主机安放位置距所有观测室不小于 15 m。

6.6.2 台站内部生活、办公等用房及其他观测项目在建设时，应以建设过程和建设结果对地磁观测和记录的影响量不超过 0.5 nT 的指标进行设计和实施。

7 建筑物磁性跟踪控制

观测设施和观测室建设过程中，应按附录 D 的规定，由地磁专业技术人员对建筑物的磁性进行跟踪控制。

8 设备配置

可供地磁台站选用的各种设备及其主要技术指标见表 1。台站可根据承担的任务和功能对设备进行选择。

表1　可供选用的设备及其主要技术指标

<table>
<tr><th>类　型</th><th>名　称</th><th>主要技术指标</th></tr>
<tr><td rowspan="2">绝对观测设备</td><td>偏角倾角磁力仪</td><td>精密度：$\delta D \leqslant 0.1'$，$\delta I \leqslant 0.1'$
最大允许误差：0.3′
检零传感器分辨力：不大于0.1 nT
工作温度：－10 ℃～40 ℃</td></tr>
<tr><td>总强度磁力仪</td><td>测量范围：20 000 nT～70 000 nT
精密度：$\delta F \leqslant 0.3$ nT
最大允许误差：0.5 nT
分辨力：不大于0.1 nT
采样间隔：不大于6 s
工作温度：－10 ℃～40 ℃
时间服务最大允许误差：0.1 s</td></tr>
<tr><td>相对记录设备</td><td>地磁 D、H、Z 三分量记录仪</td><td>测量范围：0 nT～70 000 nT
动态范围：不小于－2 000 nT～2 000 nT
分辨力：不大于0.1 nT
温度系数：不大于1 nT/℃
采样间隔：不大于1 s
时间服务最大允许误差：0.1 s
工作温度：－10 ℃～40 ℃</td></tr>
<tr><td>质子矢量磁力仪</td><td>质子矢量磁力仪</td><td>精密度：$\delta F \leqslant 0.5$ nT，δH（δZ）$\leqslant 1.0$ nT，
$\delta D \leqslant 0.15'$
分辨力：不大于0.1 nT
采样间隔：不大于5 min
时间服务最大允许误差：0.1 s</td></tr>
<tr><td rowspan="3">辅助设备</td><td>电瓶</td><td>输出电压：15 V
容量＞100 Ah</td></tr>
<tr><td>基准频率校准源</td><td>频率：2.441 kHz
频率稳定度：1×10^{-7}</td></tr>
<tr><td>数字温度计</td><td>温度范围：－20 ℃～50 ℃
最大允许误差：0.1 ℃
分辨力：不大于0.1 ℃</td></tr>
<tr><td colspan="3">注：δD、δI、δF、δH、δZ 分别为在同一天内用仪器测量获得的数据确定的地磁场连续记录数据的基线值的均方差。当天连续记录数据的实际基线值应不变，参与计算的基线值数据个数不应少于6个。</td></tr>
</table>

附　录　A

（资料性附录）

几种常见岩石的磁化率χ值一览表

表 A.1　几种常见岩石的磁化率χ值一览表

岩石类型	岩石名称	$\chi/4\pi \times 10^{-6}$（SI 单位制）
岩浆岩	花岗岩	50 ~ 2 800
	闪长岩	50 ~ 10 000
	玄武岩	100 ~ 50 000
	橄榄岩	760 ~ 16 000
变质岩	石英岩	0 ~ 40
	大理岩	−2 ~ 5
	片麻岩	10 ~ 3 000
沉积岩	砂　岩	40 ~ 60
	页　岩	20 ~ 70
	石灰岩	0 ~ 25
注：资料取自《中国大百科全书·固体地球物理、测绘、空间科学卷》，1985 年。		

附 录 B
（规范性附录）
观测场地地磁场总强度跨度测量方法

B.1 定义

观测场地地磁场总强度跨度测量，是为进一步查明地磁观测场地及其周围地区的地磁场分布特征，以观测场地为中心做十字型测线，对地磁场总强度 F 沿测线的空间分布进行的测量。

B.2 测量设备

测量设备包括：

—— 质子旋进式磁力仪 3 台：分辨力不大于 0.1 nT，精密度不大于 0.3 nT；

—— 秒表 2 个；

—— 便携式 GPS 或罗盘 1 台。

B.3 测量准备

B.3.1 测线选定要求

收集比例尺 1:200 000 或 1:1 000 000 的航磁图和比例尺 1:50 000 的地形图，初步确定观测场地。

在地形图上，以观测场地为中心做各长 30 km 的两条十字型测线，按南北和东西方向设计测线，测线上测点点距 3 km。

对测线和测点进行编号。测点编号顺序为西小东大、南小北大，共计 22 个测点。

测线端点设木桩标志，测点设简易标志。

B.3.2 日变站设立和观测

在测区中心附近设立记录 F 的日变站。日变站的设立和观测应满足以下要求：

—— 环境：10 m 范围内 F 水平梯度 ΔF_h 应不大于 1 nT/m；

—— 仪器架设：架设 1 台质子旋进式磁力仪，探头架设高度 1.5 m；

—— 观测：在测线测量之前，日变站应提前 30 min 投入记录，采样间隔 10 s。

B.4 测线测量

B.4.1 磁力仪时间校准

测量前应对使用的 3 台质子旋进式磁力仪设置统一时间，时间系统采用北京时，准确到秒。测量结束后应对仪器时钟进行检查，以保证日变站观测仪器和测线观测仪器时间同步。

B.4.2 测定仪器差

测量前后应测定使用的 3 台质子旋进式磁力仪的仪器差 dF，$dF = F_{日变站} - F_{测线}$，准确到 0.1 nT，以保证整个测量过程中所有仪器工作状态正常。

B.4.3 测量时间选择

测量应避开磁扰日。受到人为干扰的观测数据应重测。

B.4.4 技术要求

测量时，质子旋进式磁力仪探头的架设高度为 1.5 m，采样间隔为 10 s，每测点读取 6 个数。

测量结果按表 B.1 的格式进行记录。

表 B.1　地磁观测场地地磁场总强度跨度测量记录表

测线名称：　　　　仪器型号：　　　　测量人员：　　　　页码：

测线编号：　　　　仪器差 dF：　　　　记录人员：　　　　日期：

测点编号	起止时间	F/nT						$\overline{F}$/nT
		1	2	3	4	5	6	

注：$\overline{F}$ 为 F 的平均值，$\overline{F}=\frac{1}{6}\sum_{j=1}^{6}F_j$。

B.5　测量结果表述

B.5.1　数据处理

B.5.1.1　数据处理方法

设 i 为测点序号，j 为磁力仪在测点 i 的读数序号，相应磁力仪读数为 F_{ij}，相同时刻日变站的观测值为 F_j。则

$$\Delta F_{ij}=F_{ij}-F_j+\mathrm{d}F \qquad \cdots\cdots\cdots(\mathrm{B.1})$$

$$\Delta F_i=\frac{1}{6}\sum_{j=1}^{6}\Delta F_{ij} \qquad \cdots\cdots\cdots(\mathrm{B.2})$$

$$\sigma F_i=\sqrt{\sum_{j=1}^{6}(\Delta F_{ij}-\Delta F_i)^2/5} \qquad \cdots\cdots\cdots(\mathrm{B.3})$$

ΔF_i 反映测点 i 处相对于日变站处的磁场空间差别，σF_i 反映观测值离散程度。

B.5.1.2　数据处理要求

计算结果应取位到 0.1 nT。

所有计算结果应进行复核。

B.5.2　ΔF 分布曲线制作

以日变站为原点，以测线为横轴，ΔF 值为纵轴，作沿测线的 ΔF 分布曲线。横轴单位为千米（km），纵轴单位为纳特（nT）。

B.5.3　结果分析

ΔF 分布曲线应是水平或稍有倾斜的直线。若异常点偏离直线不大于 50 nT，则观测场址合格。

B.5.4　资料归档

所有原始记录、计算结果、ΔF 分布曲线和结果分析应整理归档。

附　录　C
（规范性附录）
观测场地地磁场总强度密跨度测量方法

C.1　定义

观测场地地磁场总强度密跨度测量，是为进一步勘察观测场地范围内的磁场分布以及是否存在局部隐伏干扰体，在观测场地范围内对 F 进行的测量。

C.2　测量设备

测量设备包括：

—— 质子旋进式磁力仪 2 台：分辨力不大于 0.1 nT，精密度不大于 0.3 nT；

—— 量尺 1 个：长度 50 m 或 100 m，最小刻度 0.01 m；

—— 秒表 1 个；

—— 测量花杆 3 根；

—— 铁锤 2 把及木桩若干。

C.3　测量准备

C.3.1　布设测线

C.3.1.1　初测

在观测场地 200 m×200 m 范围内，沿东西或南北方向以 10 m 线距布设测线，在测线上自西向东或自南向北按 10 m 点距设点，打桩设标，依次编号，如 15/Ⅱ代表第Ⅱ条测线上的第 15 个测点。

C.3.1.2　细测

在初测合格基础上确定场址并征地后，在场址 100 m×100 m 范围内，沿东西或南北方向以 5 m 线距布设测线，在测线上自西向东或自南向北按 5 m 点距设点，打桩设标，依次编号。

C.3.2　日变站设立和观测

按 B.3.2 条规定执行。

C.4　测量实施

除每测点读数 3 次、测量结果按表 C.1 的格式进行记录外，其他按 B.4 条执行。

细测过程中，当相邻两测点磁场观测值差异相对于其他测点间的差异明显较大时，应首先检查日变站的观测值变化情况。如日变站观测值发生同步明显变化，则说明磁场有扰动，应暂停测量，等磁场平静后再测；如日变站观测值没有发生明显变化，则应在测点周围水平方向和垂直方向进行加密测量，查明并清除测点附近的浅层磁性干扰体，然后重新测定该点的磁场值。

表 C.1　地磁观测场地地磁场总强度密跨度测量记录表

测线名称：　　　　　　仪器型号：　　　　　　测量人员：　　　　　　页码：

测线编号：　　　　　　仪器差 dF：　　　　　记录人员：　　　　　　日期：

测点编号	起止时间	F/nT			$\overline{F}$/nT
		1	2	3	

C.5　测量结果表述

C.5.1　数据处理

计算各测点观测值的均值与同时段日变站观测值均值的差值 ΔF_{ij}，i 为测点编号，j 为测线编号。

计算结果取位到 0.1 nT。

所有计算结果应进行复核。

C.5.2　图件绘制

利用 ΔF_{ij} 值绘制场地地磁场分布等值线图，等值线间距为 1 nT。对等值线密集部位，可按 3 nT 或 5 nT间距绘制。

C.5.3　结果分析

C.5.3.1　初测结果分析

考察等值线图，磁场分布基本均匀，磁场梯度大体在 2 nT/m 以下，且磁场梯度在 1 nT/m 以下的区域范围不小于100 m×100 m，则初测结果合格，该 100 m×100 m 的区域可被征作地磁台站的观测场地，并对此区域进行细测。

C.5.3.2　细测结果分析

考察等值线图，选择磁场梯度最小的地段作为地磁绝对观测室的最佳位置。在此基础上对台站布局进行整体规划。

C.5.4　资料归档

所有原始记录、计算结果、等值线图和结果分析报告等资料应整理归档。

附 录 D
（规范性附录）
建筑物磁性跟踪控制方法

D.1 范围

本附录规定了在地磁观测设施和观测室建筑施工过程中，为了及时发现和排除混入建筑体内的磁性物质，对建筑物的基础、墙体、地面、墩体等的磁性进行跟踪式控制的方法。

D.2 设备

质子旋进式磁力仪2套：分辨力不大于0.1 nT，精密度不大于0.3 nT。

D.3 步骤

D.3.1 场地清理

开工前应对建设场地进行认真的清理，排除磁污染源，使建设场地磁场水平梯度 $\Delta F_h \leqslant 1$ nT/m。

D.3.2 建筑物磁性跟踪控制

D.3.2.1 基础、基座和墙体测试

基础、基座和墙体采用砖、石等块体砌筑时，每铺高0.3 m时，以0.3 m为间隔，在每点上作标记，持磁力仪探头在距被测物100 mm处逐点进行测试，每测点读数1次，相邻两点的差值超过0.5 nT时须重测，必要时应开挖被测物，寻找并排除暗埋的铁磁性物质，直到合格为止。

基础、基座和墙体建设采用混凝土整体浇灌技术时，不必照上述方法进行测试，但应对混凝土的磁性进行严格控制。

D.3.2.2 地面测试

回填土每增高0.3 m时及地面铺设完毕后，沿地面以0.3 m×0.3 m为网格，按D.3.2.1条的测量和处理要求进行地面测试。

D.3.2.3 墩体测试

在墩体上表面0.25 m高处，以0.2 m×0.2 m的网格密度对墩面的水平梯度 ΔF_h 进行测量。

在墩面中心上方1.5 m范围内，以0.5 m的间距对墩体的垂直梯度 ΔF_v 进行测量。

D.3.3.4 整体建筑测试

建筑物主体完成后，应对室内空间进行整体梯度测试。将室内空间进行布网、编号，每个测点的编号由测点号、测线号、高度编号、房间编号四部分组成，测网网点间距为0.5 m×0.5 m×0.5 m。测量采用2台质子旋进式磁力仪同步进行，一台磁力仪在固定的参考点上记录日变，另一台按顺序进行逐点测量。

D.4 结果表述

D.4.1 数据处理

计算各测点与参考点对应时刻的磁力仪读数差值 ΔF，取位到0.1 nT。

D.4.2 图件制作

应制作下列图件：

—— 室内分层 ΔF 图；

—— 所有观测墩、记录墩的墩面 ΔF_h 图；

—— 所有观测墩、记录墩的 ΔF_v 图。

D. 4. 3　数据分析与处理

墩体测试结果应满足 5. 1. 1. 5 条的要求，其他测试结果应满足 6. 1. 3 条的要求。达不到要求时，应进行复测，查找并清除异常源。

D. 4. 4　技术资料归档

所有原始记录、数据处理结果、图件、根据测量数据对建筑采取的处理行动及结果均应整理归档。

参 考 文 献

周锦屏、高玉芬等译，1996. 地磁测量与地磁台站工作指南. 北京：地震出版社.

曾小平等译，1979. 地磁台站及巡测工作要点. 北京：地震出版社.

中国地震局，2001. 地震及前兆数字观测技术规范（试行）——电磁观测. 北京：地震出版社.

ICS 91.120.25
P 15
备案号：9639—2002

中华人民共和国地震行业标准

DB/T 10—2001

数字强震动加速度仪

Digital strong motion accelerograph

2001-12-03 发布 2002-05-01 实施

中国地震局 发布

前　言

本标准由中国地震局提出。

本标准由全国地震标准化技术委员会归口。

本标准起草单位：北京市地震局、中国地震局工程力学研究所、中国地震局分析预报中心、中国地震局地球物理研究所。

本标准主要起草人：李沙白、周雍年、魏继武、王家行、杨大克、冯义钧、侯丽娟。

数字强震动加速度仪

1　范围

本标准规定了数字强震动加速度仪(包括加速度传感器和记录器,下同)的技术要求、检验方法、检验规则及环境适用性。

本标准适用于数字强震动加速度仪的设计、生产和质量监督。

2　规范性引用文件

下列文件中的条款通过本标准的引用而成为本标准的条款。凡是注日期的引用文件，其随后所有的修改单(不包括勘误的内容)或修订版均不适用于本标准，然而，鼓励根据本标准达成协议的各方研究是否可使用这些文件的最新版本。凡是不注日期的引用文件，其最新版本适用于本标准。

GB/T 2298 —1991　机械振动与冲击　术语

GB/T 2900.1—1992　电工术语　基本术语

GB 3102.1—1993　空间和时间的量和单位

GB/T 6587.1—1986　电子测量仪器　环境试验总纲

GB/T 6587.2—1986　电子测量仪器　温度试验

GB/T 6587.3—1986　电子测量仪器　湿度试验

GB/T 6587.4—1986　电子测量仪器　振动试验

GB/T 6587.5—1986　电子测量仪器　冲击试验

GB/T 6587.6—1986　电子测量仪器　运输试验

GB/T 6592 —1996　电工和电子测量设备性能表示

GB/T 13978 —1992　数字多用表　通用技术条件

GB/T 13983 —1992　仪器仪表基本术语

GB/T 18207.1—2000　防震减灾术语　第一部分：基本术语

DB/T 13 —2000　地震计接口

JJG 298 —1982　中华人民共和国计量器具检定规程

IRIG Standard 200 —1995　IRIG Serial Time Code Formats

3　术语、定义、符号和缩略语

3.1　术语和定义

下列术语和定义适用于本标准。

3.1.1

强震动　strong motion

地震和爆破等引起的场地或工程结构的强烈震动。

3.1.2

强震观测　strong motion observation

记录地震动和工程结构的地震反应的地震观测。

[GB/T 18207.1 — 2000，定义 3.2.24]

3.1.3

重力加速度　acceleration due to gravity

标准自由落体加速度：$g_n = 9.806\ 65 m/s^2$(准确值)。

[GB 3102.1 — 1993，定义 1.11.2]

3.1.4

灵敏度　sensitivity

传感器的指定输出量与指定输入量之比。

[GB/T 2298 — 1991，定义 5.18]

3.1.5

横向灵敏度　transverse sensitivity

传感器在与其灵敏轴垂直的方向被激励时的灵敏度。

[GB/T 2298 — 1991，定义 5.22]

3.1.6

横向灵敏度比　transverse sensitivity ratio

直线传感器的横向灵敏度与沿灵敏轴方向的灵敏度之比。

[GB/T 2298 — 1991，定义 5.23]

3.1.7

线性度　linearity

校准曲线与规定直线的一致程度。

注：线性度分为独立线性度、端基线性度和零基线性度。当仅称线性度时，是指独立线性度。

[GB/T 13983 — 1992，定义 4.44]

3.1.8

噪声　noise

任何无用信号。引申之，可指在有用频带内的任何无用的骚扰。

[GB/T 2900.1 — 1992，定义 5.3.43]

3.1.9

分辨力　resolution

满量程输入时，记录器采样数据的二进制编码输出在扣除其噪声影响后的有效位数。

3.1.10

量程　range

满足规定误差极限的测量范围。测量范围的最大值或最小值即为量程的上限值或下限值。

[GB/T 13978 — 1992，定义 3.4.3]

3.1.11

满量程　full scale range

量程的最大值。

3.1.12

测量范围　measuring range

输入信号能够被测量的连续值域。

注：双极性仪器应包括正、负两个值域。

[GB/T 13978 — 1992，定义 3.4.2]

3.1.13

动态范围　dynamic range

满量程和噪声（均方根值）之比的常用对数与 20 的乘积，用分贝表示。

3.1.14

频率响应　frequency response

在定常线性系统中，输出与输入之比表示为输入信号频率的函数，通常以幅频特性曲线、相频特性曲线表示幅度、相移与频率的关系。

3.1.15

触发 trigger

记录器从等待状态转变为记录状态。

3.1.16

触发条件 trigger condition

从等待状态转变为记录状态的条件。

3.1.17

事件 event

满足触发条件的一个记录。

3.1.18

通道 channel

一个测点通常记录三个正交分量的运动，即一个垂直方向的运动和两个互相垂直的水平方向的运动。每一个分量对应一个通道。

3.1.19

阈值触发 threshold trigger

通道采样数据的绝对值大于某一预定的值(阈值)时，该通道满足触发条件。

3.1.20

短项平均 short term average

在宽度给定的较短的滑动时间窗内，通道采样数据绝对值的滑动平均。

3.1.21

长项平均 long term average

在宽度给定的较长的滑动时间窗内，通道采样数据绝对值的滑动平均。

3.1.22

差值触发 difference trigger

短项平均与长项平均的差超过某一预定的值时，该通道满足触发条件。

3.1.23

比值触发 ration trigger

短项平均与长项平均的比超过某一预定的值时，该通道满足触发条件。

3.1.24

通道加权 channel weighting

一个通道满足触发条件时，对触发记录贡献的权重。

注：权通常用票数表示。当满足触发条件时具有设定的票数，不满足触发条件为0票。

3.2 符号

下列符号适用于本标准。

A ——振动台振幅；

a ——振动台加速度值；

A_e ——采样记录的有效值；

A_m ——采样记录的振幅值；

A_{mc} ——记录器满量程输入时，与输入信号振幅相对应的采样值；

D_R ——记录器的动态范围；

D_S ——加速度传感器的动态范围；

IRIG-E——IRIG 串行时间编码的 E 格式码；

k——采用最小二乘法求出的回归系数；

L——加速度传感器的线性度；

N——采样个数；

n_R——记录器噪声均方根值；

n_S——加速度传感器噪声均方根值；

n_t——记录器噪声均方根值的上限；

S——加速度传感器的灵敏度；

S_H——水平向加速度传感器的灵敏度；

S_V——垂直向加速度传感器的灵敏度；

S_T——加速度传感器的横向灵敏度；

sps——每秒采样数。

T——振动台的振动周期；

R_S——加速度传感器的横向灵敏度比；

V_C——分度头逆时针转动 φ 角度时，加速度传感器的输出电压；

V_e——加速度传感器满量程输出电压有效值；

V_0——采用最小二乘法求出的回归常数项；

V_R——记录器的满量程输入电压；

V_S——加速度传感器的输出电压；

$\hat{V}_S$——加速度传感器输出电压的拟合值；

V_W——分度头顺时针转动 φ 角度时，加速度传感器的输出电压；

X_0——记录器采样数据的平均值；

X_i——记录器采样数据；

X_{max}——记录器输入端短接时采样数据的最大值；

X_{min}——记录器输入端短接时采样数据的最小值；

XMODEM——一种标准的数据通信协议；

Y_i——不同频率正弦波输入时记录器的输出峰值；

Y_0——输入正弦波信号频率为10Hz时记录器的输出峰值；

YMODEM——一种标准的数据通信协议；

ZMODEM——一种标准的数据通信协议；

φ——分度头转动的角度；

μ——记录器的分辨力。

3.3 缩略语

下列缩略语适用于本标准。

CMOS——互补型金属氧化物半导体(Complementary Metal - oxide - semiconductor)；

DCXO——数字补偿型晶体振荡器(Digital Compensated Crystal Oscillator)；

FIR——有限脉冲响应(Finite Impulse Response)；

GPS——全球定位系统(Global Position System)；

IIR——无限脉冲响应(Infinite Impulse Response)；

LTA——长项平均(Long Term Average)；

STA——短项平均(Short Term Average)；

TCXO——温度补偿型晶体振荡器(Temperature Compensated Crystal Oscillator)；

TCP/IP——传输控制协议和内部协议(Transmission Control Protocol and Internal Protocol)；

UTC——协调世界时(Universal Time Coordinated)。

4 加速度传感器

4.1 加速度传感器主要技术要求

4.1.1 加速度传感器的主要技术指标应符合表 1 的要求。

表 1 加速度传感器主要技术指标

序号	项 目	技术指标
1	测量范围	±2.0 g_n(标称值)或 ±0.5g_n、±1.0 g_n(选用)
2	灵敏度	±1.25 V/g_n (标称值) 或 ±2.5 V/g_n (选用)
3	动态范围	≥120 dB
4	满量程输出	±2.5 V(标称值)或 ±5.0 V(选用)
5	线性度	≤1%
6	频率响应	(0~50) Hz，相位呈线性变化
7	横向灵敏度比	≤1%
8	静态耗电电流(三分向)	<15 mA(±12 V DC)
9	噪声均方根值	$<10^{-6}$ g_n
10	零点漂移(-20~60)℃	<500 μg_n/℃
11	运行环境温度	(-20~60)℃
12	相对湿度(RH)	90%

4.1.2 加速度传感器的输出方式包括：

——信号与信号地输出方式；

——输出“正”与输出“负”双端差分输出浮地方式，并带有信号地线。

4.1.3 加速度传感器应提供自振频率和阻尼输出信号。

4.1.4 应给出加速度传感器输出极性、安装方式、安装角度范围以及最大能承受的极限加速度和运输过程中允许的最大冲击加速度。

4.1.5 加速度传感器的接口应符合 DB/T 13 — 2000 中 5.4.5.5 条的要求。

4.2 加速度传感器检验条件

4.2.1 加速度传感器检验用仪器应符合表 2 的要求。

表 2 加速度传感器检验用仪器及要求

序号	检验项目	检验用仪器	
		名称	技术要求
1	灵敏度 线性度 测量范围 满量程输出 幅频特性 横向灵敏度	振动台	加速度失真度 [(0.1~100) Hz]≤3%
		数字电压表	分辨力不低于 5 $\frac{1}{2}$位(十进制)
		数字频率计	频率分辨力不低于 8 位(十进制)
		标准信号源	失真度 <0.1%
		分度头	分辨力不低于 1［角］分
2	噪声	24 位数据采集器	分辨力不低于 21 位(二进制)

表2（续）

序号	检验项目	检验用仪器	
		名称	技术要求
3	动态范围	同1、2项中的所有仪器	同1、2项中的技术要求
4	相频特性	标准相位传感器及电子放大器	在(0.1～100)Hz内相位移<1° 精度优于0.1%
		数字相位计	精度优于0.3°
5	静态耗电电流	数字电流表	精度优于0.1%

4.2.2　检验环境应符合下列条件：

——温度应为(20±5)℃；

——湿度(RH)<75%；

——周围无强磁场干扰和强震动(符合JJG 298—1982中“校准振动台检验规程技术条件”第二条规定)。

4.3　传感器检验项目及检验方法

4.3.1　外观检查

加速度传感器壳体上应分别标有型号、出厂日期及编号、灵敏度、输出的正方向及输出电压的极性，外壳应无机械损伤。

4.3.2　灵敏度的检验

灵敏度可用下述二种方法检验：

——振动台法(动态法)，适用于(0.1～100)Hz；

——地球重力法(静态法)。

4.3.2.1　振动台法检验方框图见图1。

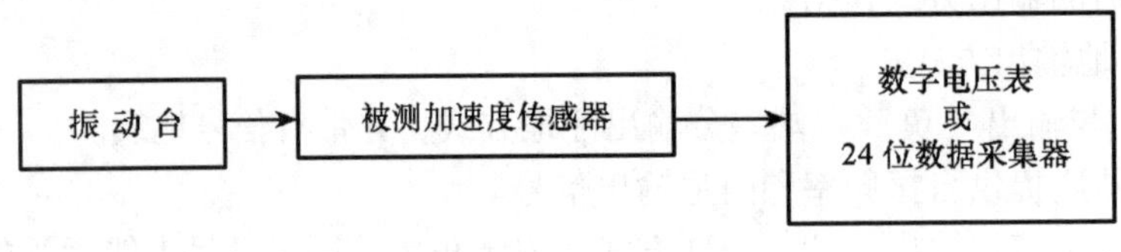

图1

4.3.2.2　振动台法检验方法

检验在振动台上进行。将被测加速度传感器固定在振动台台面中心，其灵敏轴应与振动方向相平行，振动台的振动频率设定为加速度传感器频带上限的1/3，波形为正弦波，最大振幅为1.0 g_n。被测加速度传感器的输出电压值和所承受的振动加速度值之比为加速度传感器的灵敏度。

加速度传感器的灵敏度应按式(1)计算。

$$S = V_S T^2/(4\pi^2 A) \qquad (1)$$

式中：

S——加速度传感器的灵敏度；

V_S——加速度传感器的输出电压，单位为伏(V)；

T——振动台的振动周期，单位为秒(s)；

A——振动台振幅，单位为米(m)。

4.3.2.3　地球重力法检验方框图见图2。

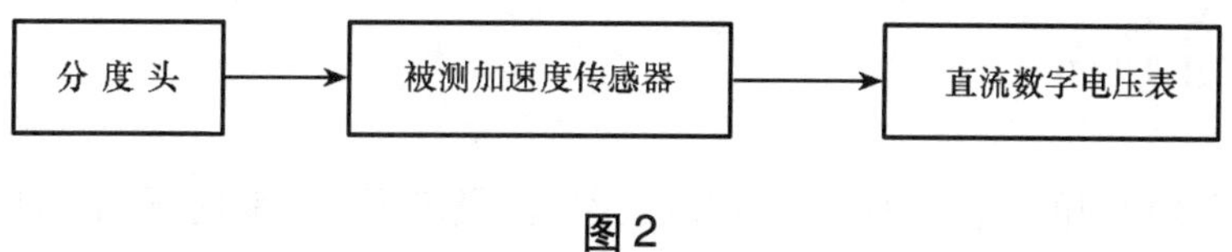

图 2

4.3.2.4 **地球重力法检验方法**

将被测加速度传感器固定于分度头基准面上，对于垂直向加速度传感器，其灵敏轴应平行于重力方向；对于水平向加速度传感器，其灵敏轴应垂直于重力方向。分度头分别逆时针转动 φ 角和顺时针转动 φ 角。加速度传感器输出用直流数字电压表来测量。垂直向和水平向加速度传感器灵敏度应分别按式(2)和式(3)计算。

$$S_V = \frac{1}{2}(|V_C| + |V_W|)/g_n(1 - \cos\varphi) \qquad \cdots\cdots\cdots\cdots(2)$$

$$S_H = \frac{1}{2}(|V_C| + |V_W|)/g_n \sin\varphi \qquad \cdots\cdots\cdots\cdots(3)$$

式中：

S_V——垂直向加速度传感器的灵敏度；

S_H——水平向加速度传感器的灵敏度；

φ ——分度头转动的角度(φ 宜取为 90°)；

V_C——分度头逆时针转动 φ 角度时，加速度传感器的输出电压值，单位为伏(V)；

V_W——分度头顺时针转动 φ 角度时，加速度传感器的输出电压值，单位为伏(V)。

灵敏度的检验结果应符合表 1 中第 2 项的规定。

4.3.3 **线性度的检验**

4.3.3.1 检验方框图见图 1。

4.3.3.2 **检验方法**

在规定的加速度测量范围内，采用与检验灵敏度相同的方法，检验不同输入加速度时加速度传感器的灵敏度变化情况。采用检验灵敏度时所用的频率，在（10～100)％最大测量范围内共测量 10 个检测点(包括 10％和 100％点在内)，相邻两个检测点的差为最大测量范围的 10％。其回归计算公式应如式(4)。

$$\hat{V}_S = V_0 + ka \qquad \cdots\cdots\cdots\cdots\cdots(4)$$

式中：

$\hat{V}_S$ ——加速度传感器输出电压的拟合值，单位为毫伏(mV)；

a ——振动台加速度值，单位为米每二次方秒(m/s^2)；

V_0 ——用最小二乘法求出的回归常数项；

k ——用最小二乘法求出的回归系数。

线性度 L 应按式(5)计算。

$$L = \left|\frac{\hat{V}_S - V_S}{\hat{V}_S}\right|_{max} \times 100\% \qquad \cdots\cdots\cdots\cdots\cdots(5)$$

式中：

L ——加速度传感器的线性度；

V_S——加速度传感器的输出电压，单位为毫伏(mV)。

线性度检验结果应符合表 1 中第 5 项的规定。

4.3.4 **测量范围的检验**

4.3.4.1 检验方框图见图1。

4.3.4.2 **检验方法**

采用与检验灵敏度相同的方法，检验加速度传感器测量范围。检验时振动台加速度设定为$2.0g_n$。

检验结果应符合表1中第1项的规定。

4.3.5 **满量程输出的检验**

4.3.5.1 检验方框图见图1。

4.3.5.2 **检验方法**

满量程输出即加速度传感器最大测量范围对应的输出电压值，采用与检验测量范围相同的方法进行检验。

满量程输出检验结果应符合表1中第4项的规定。

4.3.6 **噪声的检验**

4.3.6.1 检验方框图见图3。

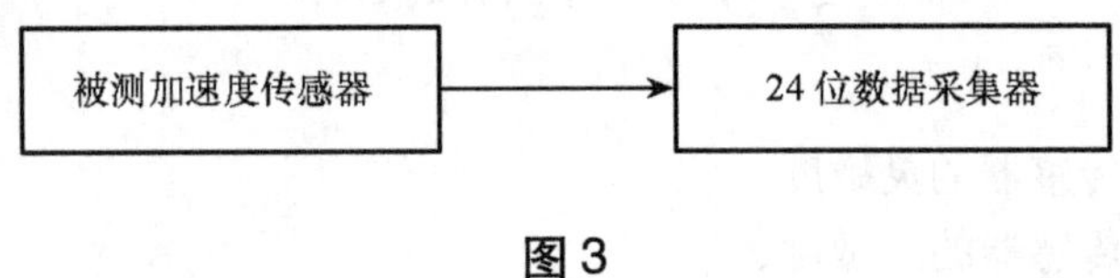

图3

4.3.6.2 **检验方法**

将加速度传感器固定在环境振动小于$10^{-6}g_n$的基座上，零位输出调到小于1 mV，加速度传感器输出用24位数据采集器记录2 min，采样率为200 sps。在(0.01～50)Hz频带内加速度传感器记录数据的均方根值为噪声均方根值。

噪声检验的结果应符合表1中第9项的规定。

4.3.7 **动态范围的检验**

4.3.7.1 检验方框图见图1及图3。

4.3.7.2 **检验方法**

利用4.3.5条加速度传感器满量程输出有效值的数据和4.3.6检验的加速度传感器噪声均方根值数据，按式(6)计算出加速度传感器的动态范围D_S。

$$D_S = 20\lg(V_e/n_S) \qquad \cdots\cdots(6)$$

式中：

D_S——加速度传感器的动态范围，单位为分贝(dB)；

V_e——加速度传感器满量程输出电压有效值，单位为毫伏(mV)；

n_S——加速度传感器噪声均方根值，单位为毫伏(mV)。

动态范围检验的结果应符合表1中第3项的规定。

4.3.8 **幅频特性的检验**

4.3.8.1 检验方框图见图1。

4.3.8.2 **检验方法**

检验在振动台上进行。将被测加速度传感器固定在振动台台面中心，对被测加速度传感器频带上限的0.04，0.1，0.4，0.5，0.6，0.8，0.9，1.0，1.2，1.4倍等10个频率检验点进行检验。

幅频特性检验的结果应符合表1中第6项的规定。

4.3.9 **相频特性检验**

4.3.9.1 检验方框图见图4。

4.3.9.2 **检验方法**

被测加速度传感器和标准相位传感器固定在振动台台面上，相互距离小于1 cm，两者的输出信号同时输出给数字相位计。频率检验点与4.3.8条幅频特性检验的频率点相同。

相频特性检验的结果应符合表1中第6项的规定。

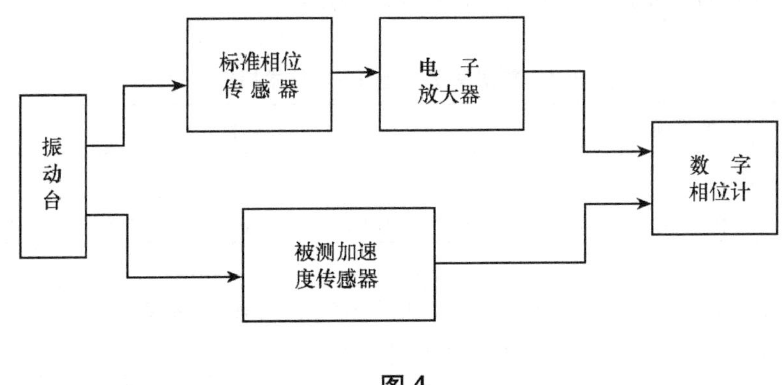

图4

4.3.10 横向灵敏度比的检验

4.3.10.1 检验方框图见图1。

4.3.10.2 检验方法

把被测加速度传感器固定在振动台中心。被测加速度传感器灵敏轴必须与振动方向相垂直。选取加速度传感器频带上限的1/3的频率点施加$1.0g_n$的加速度进行检验。按式(7)计算该加速度传感器的横向灵敏度比R_S。

$$R_S = (S_T/S) \times 100\% \qquad \cdots\cdots(7)$$

式中：

R_S——加速度传感器的横向灵敏度比；

S_T——加速度传感器的横向灵敏度；

S——加速度传感器的灵敏度。

横向灵敏度比的检验结果应符合表1中第7项的规定。

4.3.11 静态耗电电流(三分向)的检验

4.3.11.1 检验方框图见图5。

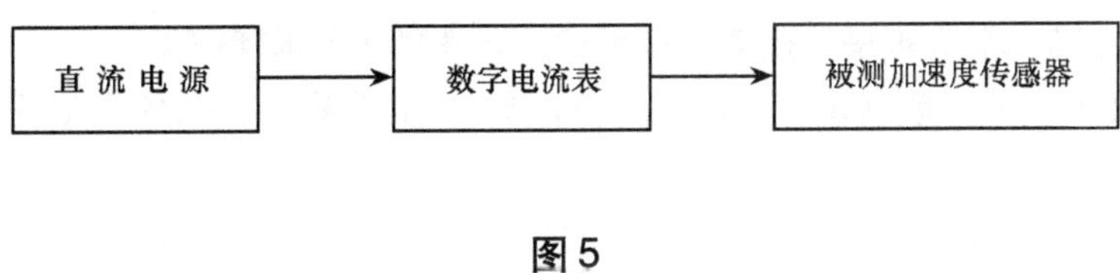

图5

4.3.11.2 检验方法

将三分向加速度传感器安放在小平台上，调水平后，加上±12 V直流电源。将数字电流表串联到正负电源回路，三分向加速度计的零位输出电压分别调到<1 mV，此时数字电流表显示出的电流值就是加速度传感器(三分向)的静态耗电电流。

静态耗电电流(三分向)的检验结果应符合表1中第8项的规定。

5 记录器

记录器应包括数据采集单元、触发单元、存贮单元、计时单元、通信单元、控制单元、显示单元及电源单元。

对记录器各单元进行检验所使用的检验设备必须经过计量，应符合国标GB/T 6592—1996中的规定。

5.1 数据采集单元

5.1.1 数据采集单元主要技术要求

5.1.1.1 数据采集单元的主要技术指标应符合表3的规定。

表3 数据采集单元的主要技术指标

序号	检验项目	技术指标
1	通道数	不少于3个通道
2	满量程输入	±2.5 V(标称值)或±5.0 V，±10.0 V(选用)
3	分辨力	不少于16位(二进制)
4	采样率	应至少有2档，程控，高档采样率不低于200 sps
5	噪声	小于式(9)的计算值
6	动态范围	不低于90 dB
7	频率响应	(0~50) Hz，平坦，线性相移或最小相移
8	道间延迟	无
9	零点漂移	<100 μV/℃

5.1.1.2 低通滤波器

低通滤波器宜使用线性相移或最小相移的FIR数字滤波器。下降3 dB的频率点应不小于采样率的40%；在大于采样率50%的频段，应至少衰减90 dB。

5.1.2 噪声的检验

5.1.2.1 检验方框图见图6。

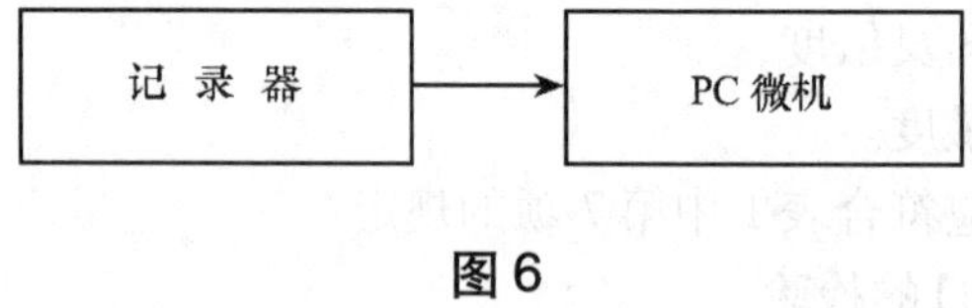

图6

5.1.2.2 检验方法

a）记录器各通道输入端应短接并接地，应至少记录4 000个采样数据。

b）PC微机回放N个采样数据$X_i(i=1, 2, \cdots, N)$，计算X_i的平均值X_0，应按式(8)计算噪声均方根值n_R。

$$n_R = \sqrt{\frac{\sum_{i=1}^{N}(X_i - X_0)^2}{N-1}} \qquad \cdots\cdots(8)$$

式中：

n_R——记录器噪声均方根值，单位为伏(V)。

c）噪声应小于式(9)的计算值n_t。

$$n_t = \frac{0.707V_R}{2^{\mu-1}} \qquad \cdots\cdots(9)$$

式中：

n_t——记录器噪声均方根值的上限，单位为伏(V)；

V_R——记录器的满量程输入电压，单位为伏(V)；

μ——记录器的分辨力。

5.1.3 动态范围的检验

5.1.3.1 检验方框图见图 7。

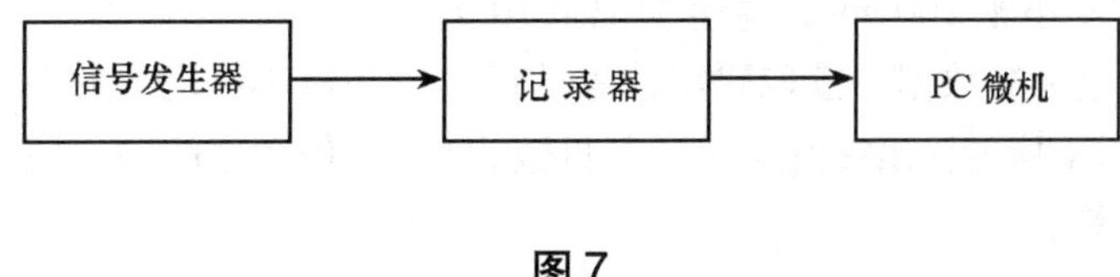

图 7

5.1.3.2 检验方法

a) 记录器通道输入端输入正弦信号(频率宜用 10 Hz,振幅应为满量程输入值)，记录器以 200 sps(或更高)采样率采样记录，用 PC 微机回放采样数据。应按式(10)计算采样记录的有效值A_e。

$$A_e = 0.707A_m \qquad \cdots\cdots(10)$$

式中：

A_e ——采样记录的有效值，单位为伏(V)；

A_m ——采样记录的振幅值，单位为伏(V)。

b) 应按式(11)计算记录器的动态范围 D_R。

$$D_R = 20\lg(A_e / n_R) \qquad \cdots\cdots(11)$$

式中：

D_R——记录器的动态范围，单位为分贝(dB)；

n_R——记录器噪声均方根值，单位为伏(V)。

c) 当 n_R 小于最低有效位对应的电压(均方根值)时，应按式(12)计算记录器的动态范围 D_R。

$$D_R = 20\lg(A_e/n_t) \qquad \cdots\cdots(12)$$

式中：

n_t——记录器噪声均方根值的上限，单位为伏(V)。

动态范围的检验应符合表 3 中第 6 项的规定。

5.1.4 分辨力的检验

5.1.4.1 检验方框图见图 6。

5.1.4.2 检验方法

a) 记录器各通道输入端应短接并接地，在 200 sps(或更高)采样率下记录至少 4 000 个采样数据。

b) 计算采样数据的最大值 X_{max} 和最小值 X_{min}。

c) 应按式(13)计算记录器的分辨力 μ。

$$\mu = \log_2\left(\frac{2A_{mc}}{X_{max} - X_{min}}\right) \qquad \cdots\cdots(13)$$

式中：

μ ——记录器的分辨力；

A_{mc} ——记录器满量程输入时，与输入信号振幅相对应的采样值；

X_{max}——记录器输入端短接时采样数据的最大值；

X_{min}——记录器输入端短接时采样数据的最小值。

注：当$(X_{max} - X_{min}) < 1$ 时，取$(X_{max} - X_{min}) = 1$。

分辨力的检验应符合表 3 中第 3 项的规定。

5.1.5 幅频响应的检验

5.1.5.1 检验方框图见图 7。

5.1.5.2 检验方法

a) 信号发生器应输出幅度稳定的正弦波电压，振幅宜为 1V；

b）输入信号频率宜分别取10 Hz，35 Hz，55 Hz，75 Hz，80 Hz，85 Hz，90 Hz，100 Hz，150 Hz，180 Hz；

c）记录器采样率应不小于200 sps，应至少记录10 s；

d）用PC微机回放记录的数据，读取输出信号的最大值和最小值之差的一半作为输出峰值；

e）设10 Hz输入信号对应的输出峰值为 Y_0，分贝数为0；其他频率的输入信号对应的输出峰值为 Y_i，相应的分贝数按式(14)计算。

$$d_i = 20\lg(Y_i/Y_0) \qquad \cdots\cdots(14)$$

绘制横坐标为输入信号频率、纵坐标为输出信号峰值对应的分贝数的关系曲线。

5.2 触发单元

5.2.1 带通滤波器

通道的采样输出数据，经数字带通滤波后，用于触发判别。宜采用IIR数字滤波器，频带为(0.1～15)Hz，倍频程衰减为20 dB。

5.2.1.1 检验方框图见图7。

5.2.1.2 检测方法

a）触发方式设置为阈值触发，总票数等于被测通道的触发票数，其余通道的触发票数为零；

b）信号发生器输出信号频率分别选0.05 Hz，0.1 Hz，0.2 Hz，1 Hz，10 Hz，15 Hz，20 Hz，30 Hz；

c）输入信号从小到大，直到找出触发的临界电压值。触发后再减小输入信号，结束一个事件的记录；

d）以频率为横坐标，以触发临界电压值为纵坐标，绘制曲线，结果应符合5.2.1条的要求。

5.2.2 触发方式

5.2.2.1 通道触发

宜采用阈值触发、短项平均(STA)对长项平均(LTA)的差值或比值触发。

5.2.2.2 外触发

应包括PC微机按键触发和定时触发。

5.2.3 投票表决

当各通道加权票数之和加上外触发加权票数大于总票数时，即满足触发条件，记录器触发记录。

5.2.4 事件前存贮时间

应有不少于20 s的预存能力。

5.2.5 事件后保持时间

应有不少于30 s的继续记录能力。

5.2.6 记录器互连

记录器应有互连的功能；应包括时标信号和触发信号的输入和输出；应有多台记录器共时标信号和共触发的记录能力。

5.3 存储单元

5.3.1 存储介质

宜采用：非易失CMOS静态存储芯片；速闪(flash)存储芯片；集成存储卡(例如PCMCIA卡)；或固态盘等固态存储介质。

5.3.2 存储容量

应不少于2 M字节。

5.4 计时单元

5.4.1 应采用协调世界时(UTC)，并可设置时区。

5.4.2　宜采用全球定位系统，安设 GPS 接收机，用于提供高精确校时信号和定位数据。

5.4.3　应提供准确的绝对时间和绝对时间编码。宜采用 IRIG – E 格式。

5.4.4　应有内部时钟。宜使用温度补偿型晶体振荡器(TCXO)、数字补偿型晶体振荡器(DCXO)或其他类型的高稳定振荡器。

5.4.5　守时精度的检验

5.4.5.1　检验方框图见图 8。

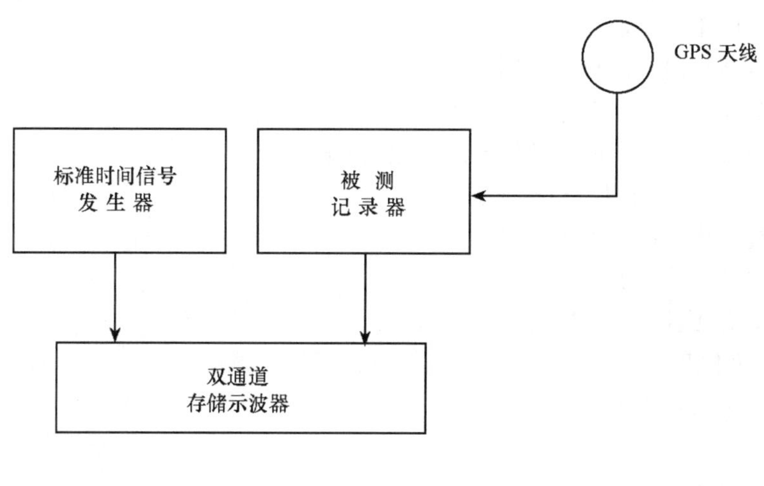

图 8

5.4.5.2　检验方法

被测记录器加电后通过接收 GPS 授时信号对内部时钟校时。用双通道存储示波器测量其时间编码输出和标准时间信号发生器产生的标准时间信号的偏差，记为原始钟差，以毫秒(ms)为单位。拔掉被测仪器的 GPS 天线，继续加电 6 h，再测量其时间编码输出和标准时间信号发生器产生的标准时间信号的偏差，记为结果钟差，以毫秒(ms)为单位。结果钟差与原始钟差的差的绝对值除以2.16×10^{7}为守时精度。

守时精度的检验结果应优于 10^{-6}。

5.4.6　校时精度的检验

5.4.6.1　检验方框图见图 8。

5.4.6.2　检验方法

被测记录器加电后通过接收 GPS 授时信号对内部时钟校时。用双通道存储示波器测量其时间编码输出和标准时间信号发生器产生的标准时间信号的偏差，记为原始校时差，以微秒(μs)为单位。拔掉被测仪器的 GPS 天线，继续加电若干时间(建议 6 h)后，再接通 GPS 天线，测量再次校时后被测记录器的时间编码输出和标准时间信号发生器产生的标准时间信号的偏差，记为结果校时差，以微秒(μs)为单位。取结果校时差绝对值和原始校时差绝对值中的较大者为校时精度。

校时精度的检验结果应优于 1 ms。

5.5　通信单元

5.5.1　应有本地通信和远程通信的能力。

5.5.2　应有一个以上的 RS 232 全双工异步通信接口。

5.5.3　应支持通过公共电话网与计算机的远程通信。

5.5.4　通信速率应不小于 9 600 bps。

5.5.5　应采用标准的数据通信协议，如：XMODEM、YMODEM、ZMODEM 或 TCP/IP 等协议。

5.5.6　通信方式应有两种形式：

——子台触发后自动呼叫指定的 PC 微机；

——PC 微机主动呼叫子台。

5.6 控制单元

5.6.1 应采用16位以上微处理器作为系统控制的核心硬件，数据采集和系统质询可同时进行。

5.6.2 数字强震动加速度仪可单台(1台记录器配接1套3分量加速度传感器)独立运行，又可多台组网运行。

5.6.3 工作过程的内部控制应保证：

——能保存预置的工作参数；

——当满足触发条件时，能自动识别和触发；

——能自动将地震事件文件存储到存储单元；

——当被地震事件触发后，能自动接通远程通信线路；

——能定时打开 GPS 接收机进行校时；

——浮充电源能对内部的直流蓄电池进行补给；

——能显示主要的工作状况；

——固化软件应有更新升级的能力。

5.6.4 应能显示如下信息：

——供电和系统补给浮充的指示；

——通信状态的指示；

——运行状态的指示；

——GPS 校时结果的指示；

——加速度传感器零位状态的指示；

——存储单元使用状态的指示；

——地震触发的指示。

5.6.5 在本地通信和远程通信两种方式下，应能通过 PC 微机对数字强震动加速度仪进行监控：

——设置和修改台站编号；

——设置和修改采样率；

——设置选用的数字滤波器；

——设置和修改放大倍数；

——设置和修改通信参数；

——设置和修改触发方式；

——设置和修改触发票数；

——设置和修改远程通信用的电话号码；

——对传感器的性能进行检测；

——对存储单元进行管理；

——转贮存储单元中的事件文件；

——图形显示记录的事件；

——将事件文件转换为 ASCII 码文件。

5.7 电源单元

5.7.1 应有外电池或太阳能供电接口。

5.7.2 内部应使用全密封、免维护蓄电池供电。宜使用胶体铅酸、镍氢或锂离子等类型蓄电池。

5.7.3 应有交流电自动浮充补给功能。

5.7.4 整机功耗在等待状态下宜小于3 W。

5.7.5 在(9～15)V 的供电范围内应能正常工作。

6 环境适用性

6.1 环境试验

6.1.1 环境试验应按 GB/T 6587.1—1986 的要求进行。

6.1.2 温度试验应按 GB/T 6587.1—1986 规定的对Ⅲ组仪器的要求，详见 GB/T 6587.2—1986。

6.1.3 湿度试验应按 GB/T 6587.1—1986 规定的对Ⅲ组仪器的要求，详见 GB/T 6587.3—1986。

6.1.4 振动试验应按 GB/T 6587.1—1986 规定的对Ⅲ组仪器的要求，详见 GB/T 6587.4—1986。

6.1.5 冲击试验应按 GB/T 6587.1—1986 规定的对Ⅲ组仪器的要求，详见 GB/T 6587.5—1986。

6.2 包装

6.2.1 包装技术与方法：

——仪器采用箱式的包装形式；

——包装箱的外部应印有防潮、防震、防水及防高温等标志；

——包装箱的外部应印有容许垂直码放几层的标志。

6.2.2 包装材料与要求：

——应采用纸箱或木箱对仪器进行包装；

——包装箱的内部应有减震材料。

6.2.3 仪器在包装箱内的要求：

——仪器应使用塑料袋进行包装；

——仪器应放置在减震材料之内；

——仪器应放置在包装箱的中央位置。

6.2.4 包装试验：

——应按 GB/T 6587.1—1986 规定的对 1 级仪器的要求，详见 GB/T 6587.6—1986；

——包装箱应能承受所规定层数的码放。

6.2.5 包装箱内应携带下列文件：

——产品合格证；

——产品指标出厂测试结果；

——产品质量保证书；

——产品使用说明书；

——装箱单；

——随机的附件。

6.3 运输

仪器在完整满包装后，应适应航空、船舶、汽车、铁路等运输方式。

运输过程中应采用遮篷方式，不宜长时间在大雨中进行，并应注意避免大于 $1.0g_n$ 的冲击。

6.4 储存

应在室内按照规定的层数码放，并应满足以下条件：

——温度在(-40～70)℃；

——湿度小于相对湿度(RH)90%；

——室内应通风，应无腐蚀气体。

储存期间，每 6 个月应对仪器连续通电 10 h。

7 使用说明书

使用说明书应包括以下内容：

——用途与适用范围及主要技术指标；

——工作原理、整机结构及装配图、机械部件结构图和电路原理图；
——安装指南、系统连接框图及接口定义；
——使用与维护(含监控软件的安装及使用)；
——印刷电路板及元器件布局图；
——数据的记录格式和数据波形的说明；
——常见故障及排除方法。

ICS 91.120.25
P 15
备案号：22218—2008

中华人民共和国地震行业标准

DB/T 11.1—2007
替代 DB/T 11.1—2000

地震数据分类与代码
第1部分：基本类别

Categories and codes for earthquake-related data—
Part 1: Basic categories

2007-11-21 发布　　　　2008-03-01 实施

中国地震局 发布

前 言

DB/T 11《地震数据分类与代码》分为八个部分：
—— 第 1 部分：基本类别(DB/T 11.1 — 2007)；
—— 第 2 部分：观测数据(DB/T 11.2 — 2007)；
—— 第 3 部分：探测数据；
—— 第 4 部分：调查(考察)数据；
—— 第 5 部分：实验(试验)数据；
—— 第 6 部分：专题数据；
—— 第 7 部分：防震减灾综合数据；
—— 第 8 部分：其他数据。

本部分为 DB/T 11《地震数据分类与代码》第 1 部分。

本部分代替 DB/T 11.1 — 2000《地震数据分类与代码　第 1 部分：基本类别》。

本部分与 DB/T 11.1 — 2000 相比的主要变化见附录 A。

本部分的附录 A 为资料性附录。

本部分由中国地震局提出。

本部分由全国地震标准化技术委员会(SAC/TC 225)归口。

本部分起草单位：中国地震台网中心、中国地震局地壳应力研究所、中国地震局地震预测研究所、中国地震局地球物理研究所。

本部分主要起草人：赵仲和、周克昌、李学良、冯义钧、杨满栋、付子忠、岳新宇、刘升礼、廖斌。

本部分于 2000 年 6 月首次发布，本次修订为第 1 次修订。

引　言

制定本部分的目的是为了对我国地震行业产生的各类与地震有关的数据进行统一分类和编码，以利于地震数据的汇集、管理、处理、交换和应用。

促成修订本部分的主要原因是：

—— 补充和修改自 DB/T 11.1—2000《地震数据分类与代码　第1部分：基本类别》实施以来应用中存在的不足；

—— 适应地震数据共享的需要；

—— 需要与相关国家标准和地震行业标准协调。

此次修订时吸取了自2000年以来地震数据共享工作中在地震数据分类方面的实践经验，例如在大类中增加“专题数据”就是为了适应地震数据汇集和共享管理的实际需要而设置的；在数据具体分类，特别是中类的划分中，注意遵循相关国家标准和地震行业标准(见参考文献)中对相应数据内容的具体规定，使本标准与其接轨，这在地震观测数据、地震调查(考察)数据和防震减灾综合各类数据中都有所体现。由于引用这些标准，也使得进一步划分小类时有章可循。

在修改后版本中，对原有的各中类进行了重新组合，形成了新的大类。原为大类的“地震观测数据”明确为“测震数据”，降为一个中类，和地磁、地电、地下流体等学科并列；原为大类的“航空与航天地震观测数据”根据其观测内容分解到各学科中类中。考虑到地震数据为防震减灾服务的特殊作用，在前述观测数据、探测数据、调查数据、实验数据、专题数据等大类之外，增加了“防震减灾综合数据”大类；在观测数据大类中，增加了“强震动观测数据”中类；在大类中，增加“专题数据”。这些都是为了适应国家层面上重大科学工程项目或科学研究项目的数据汇集和共享管理要求而设置的。

地震数据分类与代码
第1部分：基本类别

1 范围

本部分规定了地震数据的分类与编码方法以及地震数据基本类别的分类与代码。

本部分适用于我国防震减灾工作及相关科学研究中对地震数据的汇集、管理、处理、交换和应用。

2 术语和定义

下列术语和定义适用于本部分。

2.1

地震数据 earthquake - related data

与地震的孕育、发生、地震波传播及地震动造成的后果以及减轻地震灾害相关联的数据。

[GB/T 18207.2 — 2005，定义 5.3.1]

2.2

地震数据分类 categori of earthquake data

根据地震数据的属性和特征对地震数据进行的分类。

[GB/T 18207.2 — 2005，定义 5.3.12]

2.3

地震数据代码 code for earthquake data

按照地震数据的分类，对不同类别的地震数据赋予的编码。

[GB/T 18207.2 — 2005，定义 5.3.13]

3 分类原则和方法

3.1 分类方法

根据地震数据的特点，采用线分类法，把地震数据分成若干大类，在大类下划分中类，中类下划分小类。

3.2 大类划分

根据获取原始数据的基本方式进行大类的划分。具体划分为观测数据、探测数据、调查(考察)数据、实验(试验)数据、专题数据、防震减灾综合数据以及其他地震数据。

3.3 中类划分

中类的划分以数据的学科属性为基础，并在具体分类时考虑各大类的不同特点。

3.4 小类划分

在本部分中规定的大类和中类构成地震数据的基本类别。小类的划分由本部分以外的其他各部分规定。

4 编码方法

地震数据编码采用字母数字混合代码，代码长度为六位。其中，第一位固定为字母 D 表示地震数据，第二位表示大类，第三位表示中类，第四、五位表示小类，第六位表示属性。在本部分的表述中，大类的六位代码中，第三至六位设定为0；中类的六位代码中，第四至六位设定为0。从第二位到第六位每一位从数字1起顺序编码至9，在九个数字不够用时，继续以大写英文字母按字母顺序编码，Z代表其他类。具体编码结构如下：

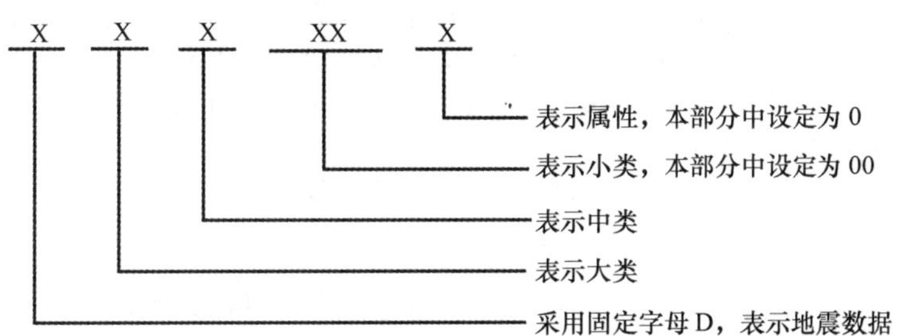

5 代码表

5.1 大类代码表

地震数据分成七个大类，其名称、代码及说明见表1。

表1

代　码	名　称	说　明
D10000	观测数据	由各类地震台网获取的原始记录，处理后的次生数据以及相关基础数据和辅助数据；利用航天或航空器或者地面与航天联合观测获取的与地震有关的原始数据，处理后获取的次生数据以及相关基础数据和辅助数据
D20000	探测数据	对地球内部结构、构造和变化的原始探测数据，处理后的次生数据和结果数据以及相关基础数据和辅助数据
D30000	调查(考察)数据	地震宏观现象、地震地质、地震灾害等通过调查(考察)获得的原始数据，处理后的次生数据和结果数据以及相关基础数据和辅助数据
D40000	实验(试验)数据	在实验室或实验场开展的各种实验或试验的原始测量数据及相关数据，包括原始记录、实验环境、实验条件和实验样品数据以及处理结果数据；与地震观测技术有关的检定、校准和测试数据也归于此类
D50000	专题数据	有数据汇集和共享要求的国家重大地震科学工程或地震科学研究项目在实施过程中收集、整理和产出的数据集合；专题数据具有综合性和时效性，在条件具备时，专题数据中的部分数据将移入D10000~D40000的相应类别
D60000	防震减灾综合数据	基于对地震观测数据、探测数据、调查(考察)数据、实验(试验)数据、专题数据以及相关的各种其他数据，通过综合、整理、分析、处理形成的为防震减灾服务的综合性数据
DZ0000	其他地震数据	以上各类以外的与地震有关的数据

5.2 中类代码表

5.2.1 观测数据(D10000)

观测数据大类分成10个中类，其名称、代码及说明见表2。

表2

代　码	名　称	说　明
D11000	测震数据	由测震台网(站)或测震台阵获取的原始记录、处理后的次生数据(其中包括反演地球内部结构的结果数据)以及相关基础数据和辅助数据；在其他星球表面获得的测震数据，如月震数据，也归于此类
D12000	强震动观测数据	由强震动观测台网(站)获取的原始记录、处理后的次生数据以及相关基础数据和辅助数据
D13000	地磁观测数据	由地磁观测台网(站)及航空与航天器地磁测量获取的原始记录、处理后的次生数据以及相关基础数据和辅助数据
D14000	地电观测数据	由地电观测台网(站)获取的原始记录、处理后的次生数据以及相关基础数据和辅助数据
D15000	地下流体观测数据	由地下流体观测台网(站)获取的原始记录、处理后的次生数据以及相关基础数据和辅助数据
D16000	大地形变测量数据	由大地形变观测台网及航空与航天器对地测量获取的原始记录、处理后的次生数据以及相关基础数据和辅助数据
D17000	定点地壳形变观测数据	由定点地壳形变观测网(站)获取的原始记录、处理后的次生数据以及相关基础数据和辅助数据
D18000	重力测量数据	由重力观测网(站)及航空与航天器重力测量获取的原始记录、处理后的次生数据以及相关基础数据和辅助数据
D19000	地震遥感数据	通过航天遥感、航空遥感或地面遥感技术观测地面对象对不同频段电磁波的反射和其发射的电磁波，由此获取的原始记录、处理后的次生数据以及相关基础数据和辅助数据
D1Z000	其他观测数据	以上各类以外的与地震观测有关的数据

5.2.2 探测数据(D20000)

探测数据大类分成七个中类，其名称、代码及说明见表5。

表3

代　码	名　称	说　明
D21000	地震测深数据	利用人工震源，通过地震计测线或阵列探测地球内部结构和构造等所获得的原始数据、对原始数据的解释结果数据及其相关的基础数据和辅助数据
D22000	大地电磁测深数据	利用大地电磁测深方法探测地下结构和构造等所获得的原始数据、对原始数据的解释结果数据及其相关的基础数据和辅助数据
D23000	其他测深数据	利用地震测深和大地电磁测深以外的其他方法探测地球内部结构和构造等所获得的原始数据、对原始数据的解释结果数据及其相关的基础数据和辅助数据
D24000	海上探测数据	利用海洋探测船和海底探测仪器探测海底地震构造环境及地震活动所获得的原始数据、对原始数据的解释结果数据及其相关的基础数据和辅助数据

表 3(续)

代　码	名　称	说　明
D25000	活断层探测数据	以探明地震活断层为主要目的进行的探测活动获得的原始数据、对原始数据的解释结果数据及其相关的基础数据和辅助数据
D26000	大地热流探测数据	以探明地面热流和地壳上地幔热状态为主要目的所获取的地下温度梯度和岩石热导率参数等原始数据、对原始数据的解释结果数据及其相关的基础数据和辅助数据
D2Z000	其他探测数据	以上各类以外的与地震探测有关的数据

5.2.3 调查(考察)数据(D30000)

调查(考察)数据大类分成五个中类，其名称、代码及说明见表 4。

表 4

代　码	名　称	说　明
D31000	地震地质数据	通过现场调查(考察)获取的关于地震地质背景状况的原始资料及经过加工和解释的资料和结果，通过探槽开挖和探槽地貌考察获得的古地震断层活动数据归于此类
D32000	地震现场调查数据	根据 GB/T 18208.3—2000《地震现场工作 第三部分：调查规范》在地震现场进行调查所获得的数据及其综合分析结果
D33000	地震灾害数据	根据 GB/T 18208.4《地震现场工作 第 4 部分：灾害直接损失评估》在地震现场对地震灾害的调查和直接损失评估结果数据以及地震灾害汇编数据
D34000	历史地震数据	历史上记载的关于地震的文字资料以及经后人整理、汇编而成的关于历史地震的资料汇编等。地震考古数据归于此类
D3Z000	其他地震调查(考察)数据	以上各类以外的与地震调查(考察)有关的数据

5.2.4 实验(试验)数据(D40000)

实验(试验)数据大类分成 10 个中类，其名称、代码及说明见表 5。

表 5

代　码	名　称	说　明
D41000	震源物理实验数据	在专业实验室，通过实验的方法观测岩石或其他材料样品的形变、破裂与摩擦等物理过程和伴随的物理现象，研究震源的孕育、破裂的物理机制及伴随的各种物理现象所获取的原始数据、分析结果及其相关数据
D42000	构造物理实验数据	在专业实验室，通过实验的方法研究不同条件下构造变形物理过程的实验所获取的原始数据、分析结果及其相关数据
D43000	新构造年代测定数据	在专业实验室，通过对岩土样本进行构造年代测定获得的数据及其相关数据

表5(续)

代　码	名　称	说　明
D44000	岩石力学实验数据	在专业实验室，用各种传感器测量在不同温度、压力环境下岩石样品的流变性质和物理性质所获取的数据及其相关数据，例如岩石声发射实验、岩石辐射遥感实验、岩石断裂力学实验、微裂纹演化实验、声波探测实验等
D45000	地震与电磁关系实验数据	诸如零磁空间实验、岩石磁性实验、地震电磁关系模拟实验、压磁效应实验等关于地震与电磁关系的实验所获取的原始数据、分析结果及其相关数据
D46000	地震与地下流体关系实验数据	诸如水动力模型实验、岩土内含流体物理化学变化与岩土变形关系实验、岩土震动与释放气体关系实验等关于地震与地下流体关系的实验所获取的原始数据、分析结果及其相关数据
D47000	结构抗震试验数据	通过各种加载设备模拟实际动态作用，施加于实际结构或其模型上，以测定结构动态特性和地震反应的试验所获取的数据及其相关数据
D48000	地震计量数据	对各类地震观测仪器，包括它们的传感器、数据采集设备、信号传输设备、数据接收与处理设备等进行计量检定和校准所获取的数据
D49000	计算机模拟仿真实验数据	在实验室中利用计算机模拟仿真方法和技术进行的与地震有关的各种模拟仿真实验所获取的原始数据及其相关数据
D4Z000	其他实验(试验)数据	以上各类以外的与实验(试验)有关的数据

5.2.5　**专题数据(D50000)**

专题数据大类分成三个中类，其名称、代码及说明见表6。

表6

代　码	名　称	说　明
D51000	地震科学工程专题数据	在实施国家重大地震科学工程中获取的原始数据和结果数据构成的数据集
D52000	地震科学研究项目专题数据	在实施国家重大地震科学研究项目过程中收集、整理、加工产生的数据以及研究结果数据构成的数据集
D5Z000	其他专题数据	以上各类以外的与专题有关的数据

5.2.6　**防震减灾综合数据(D60000)**

防震减灾综合数据大类分成七个中类，其名称、代码及说明见表7。

表 7

代　码	名　称	说　明
D61000	地震预测与预报数据	判定和描述地震重点监视防御区的数据和地震重点危险区的数据，地震预测与结果评估数据、地震预报与结果评估数据、震后趋势判定、平息地震谣传等数据
D62000	地震灾害预测与预防数据	根据 GB/T 19428 — 2003《地震灾害预测及其信息管理系统技术规范》收集和管理的各类基础数据、分析结果数据和震灾预测数据；为预防地震灾害提出的抗震设防要求和抗震设计；根据 GB 17741 — 2005《工程场地地震安全性评价》开展的四级工程场地地震安全性评价工作获得的数据
D63000	地震应急与救援数据	与地震救援队出动、救援行动、救助技术以及地震救援相关数据，如救援物资、救援人员的配置以及救援行动过程、效果等数据
D64000	震后救灾与重建数据	根据 GB/T 18208.2 — 2001《地震现场工作 第二部分：建筑物安全鉴定》地震现场建筑物安全鉴定意见表及其相关数据，以及救灾与灾区重建规划等数据
D65000	防震减灾管理数据	对防震减灾工作进行管理所制定的法规、预案、措施及所设立的机构、组织等有关数据
D66000	地震科技档案	在地震科技活动中形成的档案资料，包括已经数字化和尚未数字化的档案资料
D67000	地震科技统计数据	对国家地震科学技术活动的状况、规模、结构和科学技术的传播、应用及对经济、社会发展影响程度的统计数据和分析结果
D68000	社会地震学数据	在社会地震学研究过程中收集、整理、加工产生的数据以及研究结果数据
D6Z000	其他防震减灾综合数据	以上各类以外的与防震减灾综合有关的数据

附 录 A
（资料性附录）
修改后的分类与2000年版本中分类的对照

A.1 大类的调整

2000年版本的九个大类调整为修订后版本的七个大类，结果见表A.1。

表 A.1

<table>
<tr><th colspan="2">2000年版本</th><th colspan="2">修改后版本</th></tr>
<tr><th>代 码</th><th>名 称</th><th>代 码</th><th>名 称</th></tr>
<tr><td>D10000
D20000
D30000</td><td>地震观测数据
地震前兆观测数据
地震的航空与空间观测数据</td><td>D10000</td><td>观测数据</td></tr>
<tr><td rowspan="2">D40000
D60000</td><td rowspan="2">地震的现场勘察数据
地震灾害数据</td><td>D20000</td><td>探测数据</td></tr>
<tr><td>D30000</td><td>调查（考察）数据</td></tr>
<tr><td rowspan="2">D50000</td><td rowspan="2">地震实验数据</td><td>D40000</td><td>实验（试验）数据</td></tr>
<tr><td>D50000</td><td>专题数据（新增）</td></tr>
<tr><td>D70000
D80000</td><td>地震预测与预报数据
地震减灾数据</td><td>D60000</td><td>防震减灾综合数据</td></tr>
<tr><td>D90000</td><td>其他地震数据</td><td>DZ0000</td><td>其他地震数据</td></tr>
</table>

A.2 2000年版本的地震观测数据大类（D10000）成为修改后版本的测震数据中类（D11000）

2000年版本的地震观测数据大类（D10000）与修改后版本的测震数据中类（D11000）的对照见表A.2。

表 A.2

<table>
<tr><th colspan="2">2000年版本</th><th colspan="2">修改后版本</th></tr>
<tr><th>代 码</th><th>名 称</th><th>代 码</th><th>名 称</th></tr>
<tr><td>D11000</td><td>地震观测基础数据</td><td rowspan="9">D11000</td><td rowspan="9">测震数据</td></tr>
<tr><td>D12000</td><td>地震原始记录数据</td></tr>
<tr><td>D13000</td><td>地震事件记录数据</td></tr>
<tr><td>D14000</td><td>地震震相数据</td></tr>
<tr><td>D15000</td><td>地震基本参数</td></tr>
<tr><td>D16000</td><td>地震震源力学参数</td></tr>
<tr><td>D17000</td><td>地震目录</td></tr>
<tr><td>D18000</td><td>地震观测报告</td></tr>
<tr><td>D19000</td><td>其他地震观测数据</td></tr>
</table>

A.3 2000 年版本的地震前兆观测数据大类(D20000)中的中类变为修改后版本的地震观测数据大类(D10000)中的中类

2000 年版本的地震前兆观测数据大类(D20000)中的中类变为修改后版本的地震观测数据大类(D10000)中的中类，见表 A.3。

表 A.3

2000 年版本		修改后版本	
代　码	名　称	代　码	名　称
D21000	地震前兆观测基础数据	分解到以下各中类	
D22000	地磁观测数据	D13000	地磁观测数据
D23000	地电观测数据	D14000	地电观测数据
D24000 D25000	地下水动态观测数据 水文地球化学观测数据	D15000	地下流体观测数据
D26000	大地形变测量数据	D16000	大地形变测量数据
D27000	定点地壳形变观测数据	D17000	定点地壳形变观测数据
D28000	重力测量数据	D18000	重力测量数据
D29000	其他地面与地下地震前兆观测数据	D1Z000	其他观测数据

A.4 2000 年版本的地震的航空与空间观测数据大类(D30000)中的中类按其观测内容分解到修改后版本的地震观测数据大类(D10000)中的中类

2000 年版本的地震的航空与空间观测数据大类(D30000)中的中类按其观测内容分解到修改后版本的地震观测数据人类(D10000)中的中类，见表 A.4。

表 A.4

2000 年版本		修改后版本	
代　码	名　称	代　码	名　称
D31000	地震的航空与空间观测基础数据	分解到相应中类	
D32000	航空测量数据	分解到大地形变、地磁、重力观测数据中类	
D33000	航空摄影数据	按其获得的数据内容分解到相应中类	
D34000 D35000	人造卫星全球定位系统大地测量数据 其他空间大地测量数据	纳入 D16000	大地形变测量数据
D36000	卫星遥感数据	纳入 D19000	地震遥感数据

A.5　2000年版本的地震的现场查勘数据大类(D40000)分解成修改后版本的地震探测数据大类(D20000)和地震调查(考察)数据大类(D30000)

2000年版本的地震的现场查勘数据大类(D40000)分解成修改后版本的地震探测数据大类(D20000)和地震调查(考察)数据大类(D30000)，见表A.5。

表A.5

2000年版本		修改后版本	
代　码	名　称	代　码	名　称
D41000	地震的现场查勘基础数据	分解到相应中类	
D42000	地震地质数据	D31000	地震地质数据
D43000	地震宏观调查资料	D32000	地震现场调查数据
D45000	其他测深数据	D22000	大地电磁测深数据
		D23000	其他测深数据
D49000	其他地震现场查勘数据	D3Z000	其他地震调查(考察)数据
		D2Z000	其他地震探测数据

A.6　2000年版本的地震实验数据大类(D50000)的中类修改成修改后版本的地震实验(试验)数据大类(D40000)中的中类

2000年版本的地震实验数据大类(D50000)的中类修改成修改后版本的地震实验(试验)数据大类(D40000)中的中类，见表A.6。

表A.6

2000年版本		修改后版本	
代　码	名　称	代　码	名　称
D51000	地震实验基础数据	分解到相应中类	
D52000	构造物理实验数据	D42000	构造物理实验数据
D53000	岩石力学实验数据	D44000	岩石力学实验数据
D54000	地震前兆模拟实验数据	D45000	地震与电磁关系实验数据
		D46000	地震与地下流体关系实验数据
D55000	地震工程实验数据	D47000	结构抗震试验数据
D56000	地震计量检定数据	D48000	地震计量数据
D59000	其他地震实验数据	D4Z000	其他地震实验(试验)数据

A.7　2000年版本的地震灾害数据大类(D60000)变为修改后版本的地震调查(考察)数据大类(D30000)中的两个中类

2000年版本的地震灾害数据大类(D60000)变为修改后版本的地震调查(考察)数据大类(D30000)中的两个中类，见表A.7。

表 A.7

2000年版本		修改后版本	
代　码	名　称	代　码	名　称
D61000	历史地震资料	D34000	历史地震数据
D62000	地震直接灾害数据	D33000	地震灾害数据
D63000	地震次生灾害数据		
D64000	地震灾害汇编数据		
D69000	其他地震灾害数据		

A.8 2000年版本的地震预测与预报数据大类(D70000)变为修改后版本的防震减灾综合数据大类(D60000)的一个中类

2000年版本的地震预测与预报数据大类(D70000)变为修改后版本的防震减灾综合数据大类(D60000)的一个中类，见表A.8。

表 A.8

2000年版本		修改后版本	
代　码	名　称	代　码	名　称
D71000	地震重点监视防御区数据	D61000	地震预测与预报数据
D72000	地震重点危险区数据		
D73000	地震预测与结果评估数据		
D74000	地震预报与结果评估数据		
D75000	震后趋势判定数据		
D76000	平息地震谣传数据		
D79000	其他地震预测与预报数据		

A.9 2000年版本的地震减灾数据大类(D80000)纳入修改后版本的防震减灾综合数据大类(D60000)

2000年版本的地震减灾数据大类(D80000)纳入修改后版本的防震减灾综合数据大类(D60000)，结果见表A.9。

表 A.9

2000年版本		修改后版本	
代　码	名　称	代　码	名　称
D81000 D82000	地震区划数据 地震安全性评价数据	纳入 D62000	地震灾害预测与预防数据
D83000	震前准备与震时应急数据	D63000	地震应急与救援数据
D84000	震后救灾与重建数据	D64000	震后救灾与重建数据
D85000	防震减灾管理数据	D65000	防震减灾管理数据
D89000	其他地震减灾数据	D6Z000	其他防震减灾综合数据

A.10 修改后版本中新增的中类

修改后版本中新增的中类见表 A.10。

表 A.10

大类		中类	
代码	名称	代码	名称
D10000	地震观测数据	D12000	强震动观测数据
D20000	地震探测数据	D24000	海上探测数据
		D25000	活断层探测数据
		D26000	大地热流探测数据
D40000	地震实验(试验)数据	D41000	震源物理实验数据
		D43000	新构造年代测试数据
		D49000	计算机模拟仿真实验数据
D50000	地震专题数据(新增)	D51000	地震科学工程数据
		D52000	地震科学研究项目数据
		D59000	其他地震专题数据
D60000	防震减灾综合数据	D66000	地震科技档案
		D67000	地震科技统计数据
		D68000	社会地震学数据

参 考 文 献

[1] GB/T 18207.1—2000《防震减灾术语　第一部分：基本术语》
[2] GB/T 18207.2—2005《防震减灾术语　第二部分：专业术语》
[3] GB/T 18208.2—2001《地震现场工作　第二部分：建筑物安全鉴定》
[4] GB/T 18208.3—2000《地震现场工作　第三部分：调查规范》
[5] GB/T 18208.4—2005《地震现场工作　第四部分：灾害直接损失评估》
[6] GB/T 19428—2003《地震灾害预测及其信息管理系统技术规范》
[7] 中国地震局编．地震及前兆数字观测技术规范(试行)．北京：地震出版社．2001
[8] 国家地震局．地震数据库系统技术规范(试行)．北京：地震出版社．1986

ICS 91.120.25
P 15
备案号：22219—2008

中华人民共和国地震行业标准

DB/T 11.2—2007

地震数据分类与代码
第2部分：观测数据

Categories and codes for earthquake－related data—
Part 2：Observation data

2007－11－21 发布　　2008－03－01 实施

中国地震局 发布

前言

DB/T 11《地震数据分类与代码》分为八个部分：

——第1部分：基本类别(DB/T 11.1—2007)；

——第2部分：观测数据(DB/T 11.2—2007)；

——第3部分：探测数据；

——第4部分：调查(考察)数据；

——第5部分：实验与试验数据；

——第6部分：专题数据；

——第7部分：防震减灾综合数据；

——第8部分：其他数据。

本部分为DB/T 11《地震数据分类与代码》第2部分。

本部分由中国地震局提出。

本部分由全国地震标准化技术委员会(SAC/TC 225)归口。

本部分起草单位：中国地震台网中心、中国地震局地震预测研究所、中国地震局地球物理研究所、山东省地震局。

本部分主要起草人：周克昌、赵仲和、孙士铉、冯义钧、关华平、王方建、陈华静、纪寿文、叶青、张素灵。

引　言

本部分依据DB/T11.1《地震数据分类与代码　第1部分：基本类别》中划定的中类，对观测数据划分小类。本部分涵盖了测震、强震动、地磁、地电、地下流体、大地形变、定点地壳形变、重力、地震遥感等九个类别的观测数据。

本部分在编写时根据第1部分的修订情况进行了相应的修改，使其与DB/T11.1《地震数据分类与代码　第1部分：基本类别》保持一致。

地震数据编码的第六位表示数据属性。对前兆观测数据，属性位主要用于表示测项，测项的划分主要依据地震行业标准DB/T 3—2003《地震与地震前兆测项分类与代码》。对其他观测数据，参照用户的使用习惯，对属性位进行了细分，使不同属性数据有一个唯一的编码，以便于管理和使用。

地震数据分类与代码
第2部分：观测数据

1 范围

本部分规定了地震数据中观测数据的分类与代码。

本部分适用于我国防震减灾工作及相关科学研究中对地震观测数据的获取、汇集、管理、处理、交换和应用。

2 规范性引用文件

下列文件中的条款通过 DB/T 11 的本部分的引用而成为本部分的条款。凡是注日期的引用文件，其随后所有的修改单(不包括勘误的内容)或修订版均不适用于本部分，然而，鼓励根据本部分达成协议的各方研究是否可使用这些文件的最新版本。凡是不注日期的引用文件，其最新版本适用于本部分。

GB/T 19531.1 — 2004 地震台站观测环境技术要求 第1部分：测震

GB/T 19531.2 — 2004 地震台站观测环境技术要求 第2部分：电磁观测

GB/T 19531.3 — 2004 地震台站观测环境技术要求 第3部分：地壳形变观测

GB/T 19531.4 — 2004 地震台站观测环境技术要求 第4部分：地下流体观测

DB/T 3 — 2003 地震与地震前兆测项分类与代码

DB/T 7 — 2003 地震台站建设规范 重力台站

DB/T 8.1 — 2003 地震台站建设规范 地形变台站 第1部分：洞室地倾斜和地应变台站

DB/T 8.2 — 2003 地震台站建设规范 地形变台站 第2部分：钻孔地倾斜和地应变台站

DB/T 8.3 — 2003 地震台站建设规范 地形变台站 第3部分：断层形变台站

DB/T 9 — 2004 地震台站建设规范 地磁台站

DB/T 11.1 — 2007 地震数据分类与代码 第1部分：基本类别

DB/T 16 — 2006 地震台站建设规范 测震台站

DB/T 17 — 2006 地震台站建设规范 强震动台站

DB/T 18.1 — 2006 地震台站建设规范 地电观测台站 第1部分：地电阻率台站

DB/T 18.2 — 2006 地震台站建设规范 地电观测台站 第2部分：地电场台站

DB/T 20.1 — 2006 地震台站建设规范 地下流体台站 第1部分：水位和水温台站

DB/T 20.2 — 2006 地震台站建设规范 地下流体台站 第2部分：气氡和气汞台站

3 术语和定义

下列术语和定义适用于本部分。

3.1

基础数据 basic data

与地震观测数据获取相关的数据，包括观测环境、观测场地、观测设施、观测仪器、观测网络等方面的数据。

3.2

辅助数据 auxilary data

为了识别与排除各类前兆测项观测中与地震活动无关的信息而进行的辅助性观测获取的数据，如温度、湿度、气压、降水量等。

3.3

原始数据　raw data

由观测仪器直接产出的数据。

3.4

加工数据　processed data

对原始数据做必要的转换、规范化处理和质量检查订正后产出的数据。

4　分类原则和方法

4.1　分类原则

本部分在 DB/T 11.1 — 2007 中规定的大类和中类下划分小类。小类的划分原则按 DB/T 11.1 — 2007 中对中类的说明。具体小类中所含数据的特征用属性表示。

4.2　分类方法

4.2.1　分类方法

本部分采用混合分类法。首先按数据产出层次及其相关因素，将数据归为基础数据、原始数据、加工数据三个层面。在每个层面上，再对数据按台网类别或观测对象进行划分。

4.2.2　第一层分类

本部分对测震、强震动、地磁、地电、地下流体、大地形变、定点地壳形变、重力、地震遥感等在 DB/T 11.1 — 2007 所划分的第一大类的七个中类按照数据产出层次及其相关因素，分别在基础数据、原始数据、加工数据三个层面上划分小类。

4.2.3　第二层分类

在每个层面上，对于测震和强震动数据，小类依据台网类别进行划分，分为地震台站(单台)、地方性地震台网、省级区域地震台网、国家地震台网和全球地震台网。强震动数据与测震数据基本相同。对地磁、地电、地下流体、大地形变、定点地壳形变、重力、地震遥感等观测数据，小类依据同一观测类别中的不同观测对象进行划分，观测对象的确定主要以地球物理量或地球化学量为依据。

5　编码方法

5.1　编码方法

本部分采用 DB/T 11.1 — 2007 中规定的地震数据编码方法，代码由数字、字母混合组成，代码长度为六位。其中，第一位固定为字母 D 表示地震数据，第二位表示大类，第三位表示中类，第二、三位的编码由 DB/T 11.1 — 2007 规定，第四、五位表示小类，第六位表示属性。从第四位到第六位每一位从数字 1 起顺序编码至 9，在九个数字不够用时，继续以大写英文字母按字母顺序编码，Z 代表其他类。

5.2　小类第一位编码

小类编码的左边第一位以 1 表示基础数据，2 表示辅助数据，3 表示原始数据，4 ~ 9 表示不同层次的加工数据，Z 表示其他数据。

5.3　小类第二位编码

5.3.1　对于测震和强震动数据，小类编码的左起第二位一般表示数据涉及的区域范围：1 表示台站，2 表示地方性地震台网，3 表示省级区域地震台网，4 表示国家地震台网，5 表示中国全球地震台网，8 表示来自国外的地震数据中心的测震数据，9 表示不直接涉及区域的数据。

5.3.2　对于地磁、地电、地下流体、地壳形变、重力等观测数据，小类编码的左起第二位主要用以表示同一观测类别中的不同观测对象。

5.4 属性位编码

5.4.1 对于测震和强震动数据，属性位表示相应小类中所含数据的特征。

5.4.2 对于地磁、地电、地下流体、地壳形变、重力等观测数据，属性位表示测项。

5.4.3 属性位编码为“0”时，表示无属性要求。

具体编码结构如下：

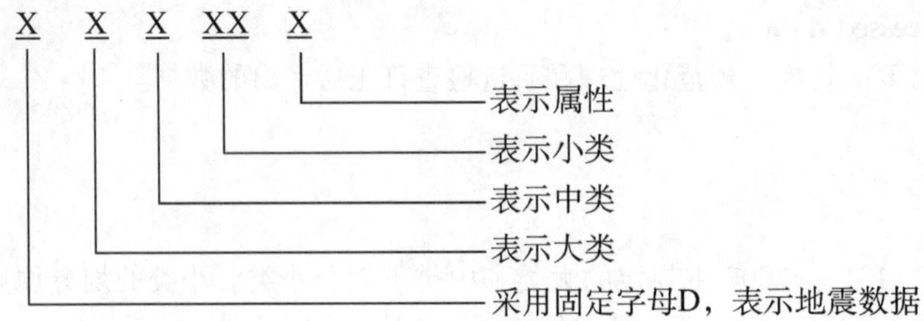

6 分类与代码表

6.1 测震数据

6.1.1 基础数据

测震基础数据分类、代码以及对数据的说明见表1。

表1 测震基础数据

代码	名称	说明
D11110	地震台基础数据	地震台站名称、代码与归属；GB/T 19531.1—2004 中的各项观测环境技术指标；DB/T 16—2006 中要求的资料归档内容；所用仪器类型及参数等；地震走时表；地壳或地球速度模型数据；对产出数据的格式描述等。境外地震台站基础数据也归于此类 属性位代码：1——基本数据；2——走时表；3——速度模型
D11120	地方性地震台网基础数据	地方性地震台网所含各台站及记录中心的基础数据的总和 属性位代码同 D11110
D11130	省级区域地震台网基础数据	由省、自治区、直辖市地震部门所管辖区域地震台网所含各台站和台网中心的基础数据的总和 属性位代码同 D11110
D11140	国家地震台网基础数据	国家地震台网所含各台站及国家地震台网中心的基础数据的总和 属性位代码同 D11110
D11150	中国全球地震台网基础数据	中国全球地震台网所含各台站及台网中心的基础数据的总和 属性位代码同 D11110
D11160	流动地震台网基础数据	流动地震台网所含各台站及记录中心的基础数据的总和 属性位代码同 D11110
D11180	国外地震台网基础数据	国外地震台网所含各台站及台网中心的基础数据的总和 属性位代码同 D11110
D11190	震级量规函数	计算不同类型震级的量规函数

6.1.2 原始记录数据

测震原始记录数据分类、代码以及对数据的说明见表2。

表2 测震原始记录数据

代码	名称	说明
D11210	地震台辅助数据	地震台站运行情况记录及测震仪器校准数据 属性位代码：1 —— 观测日志；2 —— 仪器校准数据
D11310	地震台原始记录	由地震台站的测震仪器获得的原始记录。对于模拟记录台站，指模拟记录图纸、磁带、胶片等；对于数字记录台站，指记录在计算机可读介质上的数字记录波形数据，及经过数/模转换后生成的模拟记录 属性位代码：1 —— 纸模拟记录；2 —— 磁模拟记录；3 —— 数字记录(12位)；4 —— 数字记录(16位)；5 —— 数字记录(24位)

6.1.3 加工数据

6.1.3.1 地震事件记录数据

地震事件记录数据分类、代码以及对数据的说明见表3。

表3 地震事件记录数据

代码	名称	说明
D11410	地震台事件记录数据	由地震台站的测震仪器获得的地震事件记录波形数据。对于模拟记录台站，指模拟记录图纸、磁带、胶片等；对于数字记录台站，指记录在计算机可读介质上的数字记录波形数据，及经过数/模转换后生成的模拟记录 属性位代码同 D11310
D11420	地方性地震台网事件记录数据	由地方性地震台网各地震台站的测震仪器获得的地震事件记录波形数据。对于模拟记录台站，指模拟记录图纸、磁带、胶片等；对于数字记录台站，指记录在计算机可读介质上的数字记录波形数据，及经过数/模转换后生成的模拟记录 属性位代码同 D11310
D11430	省级区域地震台网事件记录数据	由省、自治区、直辖市地震部门所管辖区域地震台网所含各台站的测震仪器获得的地震事件记录波形数据的总和。对于模拟记录台站，指模拟记录图纸、磁带、胶片等；对于数字记录台站，指记录在计算机可读介质上的数字记录波形数据，及经过数/模转换后生成的模拟记录 属性位代码同 D11310
D11440	国家地震台网事件记录数据	由国家地震台网所含各台站的测震仪器获得的地震事件记录波形数据的总和。对于模拟记录台站，指模拟记录图纸、磁带、胶片等；对于数字记录台站，指记录在计算机可读介质上的数字记录波形数据，及经过数/模转换后生成的模拟记录 属性位代码同 D11310

表3(续)

代 码	名 称	说 明
D11450	中国全球地震台网事件记录数据	由中国全球地震台网所含各台站的测震仪器获得的地震事件记录波形数据的总和。对于模拟记录台站，指模拟记录图纸、磁带、胶片等；对于数字记录台站，指记录在计算机可读介质上的数字记录波形数据，及经过数/模转换后生成的模拟记录 属性位代码同 D11310
D11460	流动地震台网事件记录数据	由流动地震台网所含各台站的测震仪器获得的地震事件记录波形数据的总和。对于模拟记录台站，指模拟记录图纸、磁带、胶片等；对于数字记录台站，指记录在计算机可读介质上的数字记录波形数据，及经过数/模转换后生成的模拟记录 属性位代码同 D11310
D11480	来自国外的事件记录数据	从国外的地震数据中心获得的地震事件记录波形数据的总和。对于模拟记录台站，指模拟记录图纸、磁带、胶片等；对于数字记录台站，指记录在计算机可读介质上的数字记录波形数据，及经过数/模转换后生成的模拟记录 属性位代码同 D11310

6.1.3.2 地震震相数据

地震震相数据分类、代码以及对数据的说明见表4。

表4 地震震相数据

代 码	名 称	说 明
D11510	地震台地震震相数据	从地震台站的测震仪器获得的原始记录数据或地震事件记录数据中识别出的地震波的震相数据 属性位代码：1 —— 到时；2 —— 极性；3 —— 振幅；4 —— 周期
D11520	地方性地震台网地震震相数据	从地方性地震台网各地震台站的测震仪器获得的原始记录数据或地震事件记录数据中识别出的地震波的震相数据 属性位代码同 D11510
D11530	省级区域地震台网地震震相数据	从省、自治区、直辖市地震部门所管辖区域地震台网所含各台站的测震仪器获得的原始记录数据或地震事件记录数据中识别出的地震波的震相数据 属性位代码同 D11510
D11540	国家地震台网地震震相数据	从国家地震台网所含各地震台站的测震仪器获得的原始记录数据或地震事件记录数据中识别出的地震波的震相数据 属性位代码同 D11510
D11550	中国全球地震台网震相数据	从中国全球地震台网所含各地震台站的测震仪器获得的原始记录数据或地震事件记录数据中识别出的地震波的震相数据 属性位代码同 D11510

表4(续)

代 码	名 称	说 明
D11560	流动地震台网震相数据	从流动地震台网所含各地震台站的测震仪器获得的原始记录数据或地震事件记录数据中识别出的地震波的震相数据 属性位代码同 D11510
D11580	来自国外的震相数据	从国外的地震数据中心获得的震相数据 属性位代码同 D11510

6.1.3.3 地震基本参数

地震基本参数分类、代码以及对数据的说明见表5。

表5 地震基本参数

代 码	名 称	说 明
D11610	单台地震基本参数	地震台在地震发生后做出的地震初定参数 属性位代码：1 —— 自动速报；2 —— 人机结合速报，3 —— 人机结合修定
D11620	地方性地震台网地震基本参数	地方性地震台网测定的地震基本参数 属性位代码同 D11610
D11630	省级区域地震台网地震基本参数	由省、自治区、直辖市地震部门所管辖区域地震台网测定的地震基本参数 属性位代码同 D11610
D11640	国家地震台网地震基本参数	国家地震台网中心或分中心测定的地震基本参数 属性位代码同 D11610
D11650	中国全球地震台网地震基本参数数据	中国全球地震台网中心测定的地震基本参数 属性位代码同 D11610
D11660	流动地震台网地震基本参数数据	流动地震台网中心测定的地震基本参数 属性位代码同 D11610
D11680	来自国外的地震基本参数数据	从国外的地震数据中心获得的地震基本参数数据 属性位代码同 D11610

6.1.3.4 地震震源力学参数

地震震源力学参数分类、代码以及对数据的说明见表6。

表6 地震震源力学参数

代 码	名 称	说 明
D11720	地方性地震台网震源力学参数	地方性地震台网测定的地震震源力学参数 属性位代码：1 —— 矩张量；2 —— 震源机制；3 —— 标量矩；4 —— 震源尺度；5 —— 应力降

表6(续)

代　码	名　称	说　明
D11730	省级区域地震台网震源力学参数	由省、自治区、直辖市地震部门所管辖区域地震台网测定的地震震源力学参数 属性位代码同 D11720
D11740	国家地震台网地震震源力学参数	国家地震台网中心或分中心测定的地震震源力学参数 属性位代码同 D11720
D11750	中国全球地震台网地震震源力学参数数据	中国全球地震台网中心测定的地震震源力学参数 属性位代码同 D11720
D11760	流动地震台网地震震源力学参数数据	流动地震台网中心测定的地震震源力学参数 属性位代码同 D11720
D11780	来自国外的地震震源力学参数数据	从国外的地震数据中心获得的地震震源力学参数数据 属性位代码同 D11720

6.1.3.5　地震目录

地震目录数据分类、代码以及对数据的说明见表7。

表7　地震目录

代　码	名　称	说　明
D11820	地方性地震台网地震目录	地方性地震台网编辑的地震目录 属性位代码：1 —— 地震基本参数目录；2 —— 地震基本参数和震源力学参数目录
D11830	省级区域地震台网地震目录	由省、自治区、直辖市地震部门所管辖区域地震台网编辑的地震目录 属性位代码同 D11820
D11840	国家地震台网地震目录	国家地震台网中心编辑的地震目录 属性位代码同 D11820
D11850	中国全球地震台网地震目录	中国全球地震台网中心编辑的地震目录 属性位代码同 D11820
D11860	流动地震台网地震目录	流动地震台网中心编辑的地震目录 属性位代码同 D11820
D11880	来自国外的地震目录	从国外的地震数据中心获得的地震目录 属性位代码同 D11820

6.1.3.6　地震观测报告

地震观测报告分类、代码以及对数据的说明见表8。

表8　地震观测报告

代　码	名　称	说　明
D11910	单台地震观测报告	地震台对地震记录进行分析处理后编辑的地震观测报告
D11920	地方性地震台网观测报告	地方性地震台网对地震记录进行分析处理后编辑的地震观测报告
D11930	省级区域地震台网观测报告	由省、自治区、直辖市地震部门所管辖区域地震台网编辑的地震观测报告
D11940	国家地震台网观测报告	国家地震台网中心或分中心按一定时间间隔编辑的地震观测报告
D11950	中国全球地震台网观测报告	中国全球地震台网中心编辑的地震观测报告
D11960	流动地震台网观测报告	流动地震台网中心编辑的地震观测报告
D11980	来自国外的地震观测报告	从国外的地震数据中心获得的地震观测报告

6.2　强震动观测数据

6.1.1　基础数据

强震动观测基础数据分类、代码以及对数据的说明见表9。

表9　强震动观测基础数据

代　码	名　称	说　明
D12110	强震动台站基础数据	强震动台站名称、代码与归属；各项观测环境技术指标；DB/T 17—2006中要求的资料归档内容；所用仪器类型及参数等；地震走时表；地壳或地球速度模型数据；对产出数据的格式描述等
D12120	专用强震动台网基础数据	专用强震动台网各台站及记录中心的基础数据的总和
D12130	省级区域强震动台网基础数据	由省、自治区、直辖市地震部门所管辖区域强震动台网所含各台站和台网中心的基础数据的总和
D12140	国家强震动台网基础数据	国家强震动台网所含各台站及国家强震动台网中心或分中心的基础数据的总和

6.2.2　原始数据

强震动观测原始数据分类、代码以及对数据的说明见表10。

表10　强震动观测原始数据

代　码	名　称	说　明
D12210	强震动台辅助数据	强震动台站运行情况记录及测震仪器校准数据 属性位代码：1——观测日志；2——仪器校准数据
D12310	强震动台原始记录	由强震动台上的强震动仪器获得的原始记录。对于模拟记录台站，指模拟记录图纸、磁带、胶片等；对于数字记录台站，指记录在计算机可读介质上的数字记录波形数据，及经过数/模转换后生成的模拟记录 属性位代码：1——纸模拟记录；2——磁模拟记录；3——数字记录(12位)；4——数字记录(16位)；5——数字记录(24位)

6.2.3 加工数据

6.2.3.1 强震动事件记录数据

强震动事件记录数据分类、代码以及对数据的说明见表11。

表11 强震动事件记录数据

代 码	名 称	说 明
D12410	强震动台事件记录数据	由强震动台上的强震动仪器获得的地震事件记录波形数据。对于模拟记录台站，指模拟记录图纸、磁带、胶片等；对于数字记录台站，指记录在计算机可读介质上的数字记录波形数据，及经过数/模转换后生成的模拟记录 属性位代码同D12310
D12420	专用强震动台网事件记录数据	由专用强震动台网各子台上的强震动仪器获得的地震事件记录波形数据。对于模拟记录台站，指模拟记录图纸、磁带、胶片等；对于数字记录台站，指记录在计算机可读介质上的数字记录波形数据，及经过数/模转换后生成的模拟记录 属性位代码同D12310
D12430	省级区域强震动台网事件记录数据	由省、自治区、直辖市地震部门所管辖区域强震动台网所含各台站和专用强震动台网各子台的强震动仪器获得的地震事件记录波形数据。对于模拟记录台站，指模拟记录图纸、磁带、胶片等；对于数字记录台站，指记录在计算机可读介质上的数字记录波形数据，及经过数/模转换后生成的模拟记录 属性位代码同D12310
D12440	国家强震动台网事件记录数据	由国家强震动台网所含各台站的强震动仪器获得的地震事件记录波形数据。对于模拟记录台站，指模拟记录图纸、磁带、胶片等；对于数字记录台站，指记录在计算机可读介质上的数字记录波形数据，及经过数/模转换后生成的模拟记录 属性位代码同D12310
D12480	来自国外的强震动事件记录数据	从国外的地震数据中心获得的地震事件记录波形数据。对于模拟记录台站，指模拟记录图纸、磁带、胶片等；对于数字记录台站，指记录在计算机可读介质上的数字记录波形数据，及经过数/模转换后生成的模拟记录 属性位代码同D12310

6.2.3.2 强震动事件校正记录数据

强震动事件校正记录数据分类、代码以及对数据的说明见表12。

表12 强震动事件校正记录数据

代 码	名 称	说 明
D12510	强震动台事件校正记录数据	由强震动台的地震事件记录波形数据经过仪器校正和基线校正后获得的事件波形数据

表 12(续)

代 码	名 称	说 明
D12520	专用强震动台网事件校正记录数据	由专用强震动台网各子台站的强震动地震事件记录波形数据经过仪器校正和基线校正后获得的事件波形数据
D12530	省级区域强震动台网事件校正记录数据	由省、自治区、直辖市地震部门所管辖区域强震动台网所含各台站和专用强震动台网各子台的强震动地震事件记录波形数据经过仪器校正和基线校正后获得的事件波形数据的总和
D12540	国家强震动台网事件记录校正数据	由国家强震动台网所含各台站的强震动地震事件记录波形数据经过仪器校正和基线校正后获得的事件波形数据的总和
D12580	来自国外的强震动事件记录校正数据	从国外的地震数据中心获得的强震动地震事件记录波形数据经过仪器校正和基线校正后获得的事件波形数据的总和

6.2.3.3 强震动三要素数据

强震动三要素数据分类、代码以及对数据的说明见表 13。

表 13 强震动三要素数据

代 码	名 称	说 明
D12610	强震动台记录的强震动三要素数据	从强震动台站的强震动仪器获得的原始记录数据或地震事件记录数据中得出的强震动三要素数据 属性位代码：1 —— 峰值；2 —— 持续时间；3 —— 谱特性
D12620	专用强震动台网记录的强震动三要素数据	从专用强震动台网各子台站的强震动仪器获得的地震事件记录数据中得出的强震动三要素数据属性位代码同 D12610
D12680	来自国外的强震动三要素数据	从国外的地震数据中心获得的强震动三要素数据 属性位代码同 D12610

6.2.3.4 强震动观测报告

强震动观测报告分类、代码以及对数据的说明见表 14。

表 14 强震动观测报告

代 码	名 称	说 明
D12910	单台强震动观测报告	强震动台站对强震动记录进行分析处理后编辑的强震动观测报告
D12920	专用强震动台网观测报告	专用强震动台网对强震动记录进行分析处理后编辑的强震动观测报告
D12930	省级区域强震动台网观测报告	由省、自治区、直辖市地震部门所管辖区域强震动台网编辑的强震动观测报告
D12940	国家强震动台网观测报告	国家强震动台网中心编辑的强震动观测报告
D12980	来自国外的强震动台网观测报告	从国外的地震数据中心获得的强震动观测报告

6.3 地磁观测数据

6.3.1 基础数据

地磁观测基础数据分类、代码以及对数据的说明见表15。

表15 地磁观测基础数据

代码	名称	说明
D13110	地磁观测基础数据	对地磁观测台站，指地磁台站名称、代码与归属；GB/T 19531.2—2004中的各项观测环境技术指标；DB/T 9—2004中要求的资料归档内容；所用仪器类型及参数等；对产出数据的格式描述等 对于地磁流动测量，指地磁流动测量的测网布设、测网环境、相关地震、地磁、地质构造、地球物理方面的基本数据；野外比测地磁测量日志以及对产出数据的格式描述等 属性位代码：1——绝对观测；2——相对观测；3——流动测量
D13120	航空地磁观测基础数据	有关航空地磁测量的航空器、地磁仪参数、气象背景、飞行参数以及对产出数据的格式描述等
D13130	卫星地磁观测基础数据	有关人造卫星地磁测量的卫星、地磁仪参数、空间环境背景、飞行参数以及对产出数据的格式描述等
D13140	海洋地磁观测基础数据	有关海洋地磁测量的地磁仪参数、海洋环境背景、测量路线等基础数据以及对产出数据的格式描述等

6.3.2 原始数据

地磁观测原始数据分类、代码以及对数据的说明见表16。

表16 地磁观测原始数据

代码	名称	说明
D13210	地磁观测辅助数据	为分析地磁观测数据所需要的辅助数据 属性位代码：1——观测日志；2——仪器校准数据；3——气温；4——室温；5——湿度；6——气压；7——降雨量
D13310	地磁观测原始数据	由地磁台站的地磁绝对观测或相对观测仪器获得的原始记录，或应用磁力仪在野外对多个测点进行重复测量所获得的地磁观测数据 属性位代码同D13110
D13220	航空地磁观测辅助数据	对航空地磁测量原始数据进行分析处理所需要的辅助观测数据
D13320	航空地磁观测原始数据	在航空器上用地磁仪观测得到的原始数据
D13230	卫星地磁观测辅助数据	对人造卫星地磁测量原始数据进行分析处理所需要的辅助观测数据
D13330	卫星地磁观测原始数据	在人造卫星上用地磁仪观测得到的原始数据
D13240	海洋地磁测量辅助数据	对海洋地磁测量原始数据进行分析处理所需要的辅助观测数据
D13340	海洋地磁测量原始数据	在海洋上用地磁仪观测得到的原始数据

6.3.3 加工数据

地磁观测加工数据分类、代码以及对数据的说明见表17。

表17 地磁观测加工数据

代 码	名 称	说 明
D13410	地磁观测预处理数据	对地磁台观测原始数据进行预处理后得到的数据 属性位代码：2——相对观测
D13910	地磁观测报告	对地磁台记录资料进行量算处理后编辑而成的地磁台观测报告，或对地磁流动测量原始观测数据或预处理数据进行通化处理得到的结果数据 属性位代码：1——地磁台观测报告；2——地磁流动测量处理结果；3——K指数报告；4——磁暴事件报告；5——年报
D13420	航空地磁观测预处理数据	对航空地磁观测原始数据进行预处理后得到的数据
D13920	航空地磁观测报告	对航空地磁观测原始数据或预处理数据进行处理后得到的结果数据
D13430	卫星地磁观测预处理数据	对人造卫星地磁观测原始数据进行预处理后得到的数据
D13920	卫星地磁观测报告	对人造卫星地磁观测原始数据或预处理数据进行处理后得到的结果数据
D13440	海洋地磁测量预处理数据	对海洋地磁观测原始数据进行预处理后得到的数据
D13940	海洋地磁测量结果数据	对海洋地磁观测原始数据或预处理数据进行处理后得到的结果数据

6.4 地电观测数据

6.4.1 基础数据

地电观测基础数据分类、代码以及对数据的说明见表18。

表18 地电观测基础数据

代 码	名 称	说 明
D14110	地电阻率观测基础数据	地电阻率台站名称、代码与归属；GB/T 19531.2—2004中的各项观测环境技术指标；DB/T 18.1—2006中要求的资料归档内容；所用仪器类型及参数等；对产出数据的格式描述等。 属性位代码：1——直流单极距地电阻率观测；2——直流多极距地电阻率观测
D14120	自然电位差观测基础数据	地电阻率台站名称、代码与归属；GB/T 19531.2—2004中的各项观测环境技术指标；DB/T 18.1—2006中要求的资料归档内容；所用仪器类型及参数等；对产出数据的格式描述等 属性位代码：1——长周期自然电位差观测

表 18(续)

代 码	名 称	说 明
D14130	地电场观测基础数据	地电场台站名称、代码与归属；GB/T 19531.2 — 2004 中的各项观测环境技术指标；DB/T 18.2 — 2006 中要求的资料归档内容；所用仪器类型及参数等对产出数据的格式描述等 属性位代码：1 —— 长极距地电场观测；2 —— 短极距地电场观测；3 —— 第三极距地电场观测
D14140	电磁扰动观测基础数据	电磁扰动台站名称、代码与归属；GB/T 19531.2 — 2004 中的各项观测环境技术指标；建台报告中的各项内容；所用仪器类型及参数等以及对产出数据的格式描述等 属性位代码：1 —— 低频；2 —— 高频

6.4.2 原始数据

地电观测原始数据分类、代码以及对数据的说明见表 19。

表 19 地电观测原始数据

代 码	名 称	说 明
D14210	地电阻率观测辅助数据	观测室温度、湿度和测区地下水位以及当地降水量、主导天气等数据 属性位代码：1 —— 观测日志；2 —— 仪器校准数据；3 —— 气温；4 —— 室温；5 —— 湿度；6 —— 气压；7 —— 降雨量
D14310	地电阻率观测原始数据	地电阻率小时均值及其均方差、相对均方差等数据 属性位代码同 D14110
D14220	自然电位差观测辅助数据	观测室温度、湿度和测区地下水位以及当地降水量、主导天气等数据 属性位代码同 D14210
D14320	自然电位差观测原始数据	自然电位差小时均值等数据 属性位代码同 D14120
D14230	地电场观测辅助数据	观测室温度、湿度和测区地下水位以及当地降水量、主导天气等数据 属性位代码：1 —— 观测日志；2 —— 仪器校准数据；3 —— 气温；4 —— 室温，5 —— 湿度，6 —— 气压，7 —— 降雨量；8 ——辅助水位；9 —— 辅助流量
D14330	地电场观测原始数据	地电场秒或分采样数据等 属性位代码同 D14130
D14240	电磁扰动观测辅助数据	为电磁扰动观测资料分析处理所需的有关观测室环境条件(温度)及测区的浅层地下水位动态观测数据等 属性位代码同 D14210
D14340	电磁扰动观测原始数据	由电磁扰动观测仪器获得的关于地球介质电性参数和地电场随时间变化的原始数据 属性位代码同 D14140

6.4.3 加工数据

地电观测加工数据分类、代码以及对数据的说明见表20。

表20 地电观测加工数据

代　码	名　称	说　明
D14410	地电阻率观测预处理数据	对地电阻率观测原始记录数据进行预处理后得到的数据 属性位代码同 D14110
D14910	地电阻率观测报告	由地电阻率预处理数据产生的日均值、五日均值、旬均值和月均值及其均方差、相对均方差等次生数据 属性位代码同 D14110
D14420	自然电位差观测预处理数据	对自然电位差预处理产生的日均值、五日均值、旬均值、月均值等次生数据 属性位代码同 D14120
D14920	自然电位差观测报告	由自然电位差观测原始数据或预处理数据进行必要处理后的结果数据以及由此产生的日均值、五日均值、旬均值等次生数据 属性位代码同 D14120
D14430	地电场观测预处理数据	对地电场观测原始记录数据进行预处理后得到的数据 属性位代码同 D14130
D14930	地电场观测报告	由地电场预处理数据产生的小时均值、日均值、五日均值、旬均值、月均值等次生数据 属性位代码同 D14130
D14440	电磁扰动观测预处理数据	对电磁扰动观测原始记录数据进行预处理后得到的数据 属性位代码同 D14140
D14940	电磁扰动观测报告	由电磁扰动观测原始数据或预处理数据进行必要处理后的结果数据以及由此产生的日均值、五日均值、旬均值等次生数据 属性位代码同 D14140

6.5 地下流体观测数据

6.5.1 基础数据

地下流体观测基础数据分类、代码以及对数据的说明见表21。

表21 地下流体观测基础数据

代　码	名　称	说　明
D15110	地下水观测基础数据	地下流体台站名称、代码与归属；GB/T 19531.4 — 2004 中的各项观测环境技术指标；DB/T 20.1 — 2006 和 DB/T 20.2 — 2006 中要求的资料归档内容；所用仪器类型及参数等；对产出数据的格式描述等。 属性位代码：1 —— 水位观测；2 —— 水压观测；3 —— 流量观测；4 —— 离子观测；5 —— 电导率观测；6 —— 其他观测

表21(续)

代码	名称	说明
D15120	地下气观测基础数据	地下流体台站名称、代码与归属；GB/T 19531.4 — 2004 中的各项观测环境技术指标；DB/T 20.1 — 2006 和 DB/T 20.2 — 2006 中要求的资料归档内容；所用仪器类型及参数等；对产出数据的格式描述等 属性位代码：1 —— 氡浓度观测；2 —— 汞浓度观测；3 —— 氢浓度观测；4 —— 氦浓度观测；5 —— 二氧化碳浓度观测；6 —— 气体总量观测；7 —— 其他气体观测
D15130	地热观测基础数据	地下流体台站名称、代码与归属；GB/T 19531.4 — 2004 中的各项观测环境技术指标；DB/T 20.1 — 2006 和 DB/T 20.2 — 2006 中要求的资料归档内容；所用仪器类型及参数等；对产出数据的格式描述等 属性位代码：1 —— 水温观测；2 —— 泉温观测；3 —— 地温观测

6.5.2 原始数据

地下流体观测原始数据分类、代码以及对数据的说明见表22。

表22 地下流体观测原始数据

代码	名称	说明
D15210	地下水观测辅助数据	为对地下水观测资料进行必要校正所需的辅助观测值，如气压等 属性位代码：1 —— 观测日志；2 —— 仪器校准数据；3 —— 气温；4 —— 室温；5 —— 湿度；6 —— 气压；7 —— 降雨量
D15310	地下水观测原始数据	对呈液态贮存并活动于地壳固体介质空隙中的水进行观测所获得的原始记录 属性位代码同 D15110
D15220	地下气观测辅助数据	为对地下气观测资料进行必要校正所需的辅助观测数据 属性位代码同 D15210
D15320	地下气观测原始数据	对溶解气、逸出气与土壤气进行观测所获得的原始记录 属性位代码同 D15120
D15230	地热观测辅助数据	为对地热观测资料进行必要校正所需的辅助观测数据 属性位代码同 D15210
D15330	地热观测原始数据	对大地热流、地下热状态和地下水温度进行观测所获得的原始记录 属性位代码同 D15130

6.5.3 加工数据

地下流体观测加工数据分类、代码以及对数据的说明见表23。

表 23　地下流体观测加工数据

代　码	名　称	说　明
D15410	地下水观测预处理数据	对地下水观测原始数据进行预处理后得到的数据 属性位代码同 D15110
D15910	地下水观测报告	由地下水观测原始数据或预处理数据进行必要处理后的结果数据以及由此产生的时均值、日均值、五日均值、旬均值等次生数据 属性位代码同 D15110
D15420	地下气观测预处理数据	对地下气观测原始数据进行预处理后得到的数据 属性位代码同 D15120
D15920	地下气观测报告	由地下气观测原始数据或预处理数据进行必要处理后的结果数据以及由此产生的时均值、日均值、五日均值、旬均值等次生数据 属性位代码同 D15120
D15430	地热观测预处理数据	对地热观测原始数据进行预处理后得到的数据 属性位代码同 D15130
D15930	地热观测报告	由地热观测原始数据或预处理数据进行必要处理后的结果数据以及由此产生的日均值、五日均值、旬均值等次生数据 属性位代码同 D15130

6.6　大地形变测量数据

6.6.1　基础数据

大地形变测量基础数据分类、代码以及对数据的说明见表 24。

表 24　大地形变测量基础数据

代　码	名　称	说　明
D16110	水准测量基础数据	关于水准观测的观测点、线网和所用测量仪器及测量过程的基本数据以及对产出数据的格式描述
D16120	水平形变测量基础数据	关于进行水平形变测量的观测网(锁和图形)、所用测量仪器及测量过程的基本数据以及对产出数据的格式描述 属性位代码：1 —— 三角测量；2 —— 测距
D16130	航空地物影像测量基础数据	有关航空地物影像测量所用航空器、摄影设备、气象背景、飞行参数等基本数据以及对产出数据的格式描述
D16140	GPS 观测基础数据	有关人造卫星全球定位系统(GPS)观测网的地面站点布设、仪器、构造背景、卫星参数等基本数据以及对产出数据的格式描述 属性位代码：1 —— GPS 区域网；2 —— GPS 基本网；3 —— GPS 基准网；4 —— 中国大陆以外其他地区 GPS 监测网；5 —— 全球 GPS 监测网
D16150	SLR 观测基础数据	有关人造卫星激光测距(SLR)观测网站点布设、仪器、构造背景等基本数据以及对产出数据的格式描述 属性位代码：1 —— 中国大陆地区 SLR 观测网；2 —— 中国大陆以外地区 SLR 观测网；3 —— 全球 SLR 观测网

表24(续)

代 码	名 称	说 明
D16160	VLBI 观测基础数据	有关甚长基线干涉(VLBI)观测网站点布设、仪器、构造背景等基本数据以及对产出数据的格式描述 属性位代码：1 —— 中国大陆 VLBI 观测网；2 —— 中国大陆以外地区 VLBI 观测网；3 —— 全球 VLBI 观测网
D16170	INSAR 大地测量基础数据	有关合成孔径雷达干涉(INSAR)大地测量的卫星参数、地面站点布设、仪器、构造背景等基本数据以及对产出数据的格式描述
D16180	卫星地物影像测量基础数据	有关地物影像测量所用人造卫星、摄影设备、空间环境背景、飞行参数等基本数据以及对产出数据的格式描述等

6.6.2 原始数据

大地形变测量原始数据分类、代码以及对数据的说明见表25。

表25 大地形变测量原始数据

代 码	名 称	说 明
D16210	水准测量辅助数据	为水准测量原始数据进行校正所需的辅助观测数据
D16310	水准测量原始数据	在水准观测的观测点、线网上进行水准测量得到的原始观测数据
D16220	水平形变测量辅助数据	为水平形变测量原始数据进行校正所需的辅助观测数据 属性位代码同 D16120
D16320	水平形变测量原始数据	在水平形变测量网上进行三角测量、距离测量得到的原始观测数据 属性位代码同 D16120
D16230	航空地物影像测量辅助数据	对航空地物影像测量原始数据进行分析处理所需要的辅助观测数据
D16330	航空地物影像测量原始数据	利用航空器上装载的摄影设备获得的地物影像原始记录数据
D16240	GPS 观测网辅助数据	对 GPS 观测网的原始数据进行分析处理所需要的辅助观测数据 属性位代码同 D16140
D16340	GPS 观测网原始数据	在 GPS 观测网的各站点上利用 GPS 接收机观测得到的原始数据 属性位代码同 D16140
D16250	SLR 观测辅助数据	为分析处理 SLR 观测网原始数据所需要的辅助数据 属性位代码同 D16150
D16350	SLR 观测原始数据	利用 SLR 观测网各站点固定及流动观测得到的原始数据 属性位代码同 D16150
D16260	VLBI 观测辅助数据	为分析处理 VLBI 观测网原始数据所需要的辅助数据 属性位代码同 D16160

表 25（续）

代码	名称	说明
D16360	VLBI 观测原始数据	利用 VLBI 观测网各站点观测得到的原始数据 属性位代码同 D16160
D16270	INSAR 大地测量辅助数据	为分析处理 INSAR 大地测量原始数据所需要的辅助数据
D16370	INSAR 大地测量原始数据	利用合成孔径雷达干涉技术进行大地测量获得的原始数据及其相关数据
D16280	卫星地物影像测量辅助数据	对卫星地物影像测量原始数据进行分析处理所需要的辅助观测数据
D16380	卫星地物影像测量原始数据	利用卫星上装载的摄影设备获得的地物影像原始记录数据

6.6.3 加工数据

大地形变测量加工数据分类、代码以及对数据的说明见表 26。

表 26 大地形变测量加工数据

代码	名称	说明
D16910	水准测量处理结果数据	以水准测量数据为基础进行分析处理得到的高程、位移等结果数据
D16920	水平形变测量处理结果数据	以水平形变测量数据为基础进行分析处理得到的坐标、位移等结果数据 属性位代码同 D16120
D16930	航空地物影像测量结果数据	对航空地物影像测量原始数据进行处理后得到的结果数据
D16940	GPS 观测网测量结果数据	利用 GPS 观测网原始数据经过处理后得到的有关地壳运动的测量结果数据 属性位代码同 D16140
D16950	SLR 观测结果数据	利用 SLR 观测网原始数据经处理后得到的有关大陆地壳运动的观测结果数据 属性位代码同 D16150
D16960	VLBI 观测结果数据	利用 VLBI 观测网原始数据经处理后得到的有关大陆地壳运动的观测结果数据 属性位代码同 D16160
D16970	INSAR 大地测量观测结果数据	利用 INSAR 大地测量原始数据经处理后得到的有关大陆地壳运动的观测结果数据
D16980	卫星地物影像测量结果数据	对卫星地物影像测量原始数据进行处理后得到的结果数据

6.7 定点形变测量数据

6.7.1 基础数据

定点形变测量基础数据分类、代码以及对数据的说明见表 27。

表27　定点形变观测基础数据

代　码	名　称	说　明
D17110	地倾斜观测基础数据	地倾斜台站名称、代码与归属；GB/T 19531.3 — 2004 中的各项观测环境技术指标；DB/T 8.1 — 2003 和 DB/T 8.2 — 2003 中要求的资料归档内容；所用仪器类型及参数等；对产出数据的格式描述等 属性位代码：1 —— 水平摆倾斜观测；2 —— 垂直摆倾斜观测；3 —— 水管倾斜观测；4 —— 水管倾斜端点观测
D17120	应力－应变观测基础数据	地应变台站名称、代码与归属；GB/T 19531.3 — 2004 中的各项观测环境技术指标；DB/T 8.1 — 2003 和 DB/T 8.2 — 2003 中要求的资料归档内容；所用仪器类型及参数等；对产出数据的格式描述等 属性位代码：1 —— 洞体应变观测；2 —— 钻孔应变观测；3 —— 体应变观测；4 —— 钻孔应力观测
D17130	断层形变观测基础数据	断层形变台站名称、代码与归属；GB/T 19531.3 — 2004 中的各项观测环境技术指标；DB/T 8.3 — 2003 中要求的资料归档内容；所用仪器类型及参数等；对产出数据的格式描述等 属性位代码：1 —— 室内水准观测；2 —— 定点水准观测；3 ——定点基线观测；4 —— 场地水准观测；5 —— 场地基线观测；6 —— 场地测距观测；7 —— 蠕变仪观测

6.7.2　原始数据

定点形变测量原始数据分类、代码以及对数据的说明见表28。

表28　定点形变观测原始数据

代　码	名　称	说　明
D17210	地倾斜观测辅助数据	为分析地倾斜观测资料所要求的天气、气温、气压、湿度等辅助观测获得的数据 属性位代码：1 —— 观测日志；2 —— 仪器校准数据；3 —— 气温；4 —— 室温；5 —— 湿度；6 —— 气压；7 —— 降雨量
D17310	地倾斜观测原始数据	地倾斜台站使用倾斜仪对地面法线方向的变化进行观测获得的原始记录 属性位代码同 D17121
D17220	应力－应变观测辅助数据	为分析应力－应变观测资料所要求的天气、气温、气压、湿度等辅助观测获得的数据 属性位代码同 D17210
D17320	应力－应变观测原始数据	应力－应变台站使用应力－应变观测仪器对地壳内部的应力和应变状态进行观测获得的原始记录 属性位代码同 D17120

表28(续)

代　码	名　称	说　明
D17230	断层形变观测辅助数据	为分析断层形变观测资料所要求的天气、气温、气压、湿度等辅助观测获得的数据 属性位代码同D17210
D17330	断层形变观测原始数据	使用水准仪、基线尺、激光或红外测距仪、蠕变仪等观测仪器对断层两侧的相对垂直或水平形变进行观测获得的原始记录 属性位代码同D17130

6.7.3 加工数据

定点形变测量加工数据分类、代码以及对数据的说明见表29。

表29　定点形变观测加工数据

代　码	名　称	说　明
D17410	地倾斜观测预处理数据	对地倾斜观测原始数据进行预处理后得到的数据 属性位代码同D17110
D17910	地倾斜观测报告	对地倾斜观测数据进行处理后得到的整点值、日均值、五日均值及数据月报等结果数据 属性位代码同D17110
D17420	应力－应变观测预处理数据	对应力－应变观测原始数据进行预处理后得到的数据 属性位代码同D17120
D17920	应力－应变观测报告	对应力－应变观测数据进行处理后得到的整点值、日均值、五日均值及数据月报等结果数据 属性位代码同D17120
D17430	断层形变观测预处理数据	对断层形变观测原始数据进行预处理后得到的数据 属性位代码同D17130
D17930	断层形变观测报告	对断层形变观测数据进行处理后得到的结果数据 属性位代码同D17130

6.8 重力观测数据

6.8.1 基础数据

重力测量基础数据分类、代码以及对数据的说明见表30。

表30　重力观测基础数据

代　码	名　称	说　明
D18110	重力观测基础数据	对于重力台站，指台站名称、代码与归属；GB/T 19531.3—2004中的各项观测环境技术指标；DB/T 7—2003中要求的资料归档内容；所用仪器类型及参数等；对产出数据的格式描述等 对于重力观测网，指重力观测网的布局、测点状况、所用仪器及校准数据、观测日志以及对产出数据的格式描述等 属性位代码：1——绝对重力观测；2——相对重力观测；3——流动重力观测；4——重力梯度测量；5——区域重力基准网观测；6——全国重力基准网观测；7——特种重力监测网观测

表30(续)

代码	名称	说明
D18120	航空重力测量基础数据	有关航空重力测量的航空器、重力仪参数、气象背景等基础数据以及对产出数据的格式描述
D18130	卫星重力测量基础数据	有关人造卫星重力测量的卫星、重力仪参数、空间环境背景等基础数据以及对产出数据的格式描述
D18140	海洋重力测量基础数据	有关海洋重力测量的重力仪参数、海洋环境背景、测量路线等基础数据以及对产出数据的格式描述

6.8.2 原始数据

重力测量原始数据分类、代码以及对数据的说明见表31。

表31 重力观测原始数据

代码	名称	说明
D18210	重力观测辅助数据	为校正重力观测原始数据所进行的辅助观测获得的数据 属性位代码：1——观测日志；2——仪器校准数据；3——气温；4——室温；5——湿度；6——气压；7——降雨量
D18310	重力观测原始数据	使用重力观测仪器对重力加速度进行观测获得的原始记录 属性位代码同D18110
D18220	航空重力测量辅助数据	对航空重力测量原始数据进行分析处理所需要的辅助观测数据
D18320	航空重力测量原始数据	在航空器上用重力仪观测得到的原始数据
D18230	卫星重力测量辅助数据	对人造卫星重力测量原始数据进行分析处理所需要的辅助观测数据
D18330	卫星重力测量原始数据	在人造卫星上用重力仪观测得到的原始数据
D18240	海洋重力测量辅助数据	对海洋重力测量原始数据进行分析处理所需要的辅助观测数据
D18340	海洋重力测量原始数据	在海洋上用重力仪观测得到的原始数据

6.8.3 加工数据

重力测量加工数据分类、代码以及对数据的说明见表32。

表32 重力观测加工数据

代码	名称	说明
D18410	重力观测预处理数据	对重力观测原始数据进行预处理后得到的数据 属性位代码同D18110
D18910	重力观测结果数据	对重力观测数据进行处理后得到的结果数据 属性位代码同D18110
D18420	航空重力测量预处理数据	对航空重力观测原始数据进行预处理后得到的数据
D18920	航空重力测量结果数据	对航空重力观测原始数据预处理数据进行处理后得到的结果数据

表 32(续)

代　码	名　称	说　明
D18430	卫星重力测量预处理数据	对人造卫星重力观测原始数据进行预处理后得到的数据
D18930	卫星重力测量结果数据	对人造卫星重力观测原始数据或预处理数据进行处理后得到的结果数据
D18440	海洋重力测量预处理数据	对海洋重力观测原始数据进行预处理后得到的数据
D18940	海洋重力测量结果数据	对海洋重力观测原始数据或预处理数据进行处理后得到的结果数据

6.9 地震遥感数据

6.9.1 基础数据

地震遥感基础数据分类、代码以及对数据的说明见表33。

表 33 地震遥感基础数据

代　码	名　称	说　明
D19110	卫星遥感基础数据	关于卫星遥感所用人造卫星、传感器参数、空间环境背景等基础数据；对产出数据的格式描述 属性位代码：1 —— 可见光遥感(波长 0.4 μm ~ 0.7 μm)；2 —— 反射红外遥感(波长 0.7 μm ~ 2.5 μm)；3 —— 热红外遥感(波长 8 μm ~ 14 μm)；4 —— 微波遥感(波长 1 mm ~ 1 000 mm)
D19120	航空遥感基础数据	关于航空遥感所用航空器、传感器参数、气象背景等基础数据；对产出数据的格式描述 属性位代码同 D19110
D19130	地面遥感基础数据	关于地面遥感测量的布局、测点状况、架设的仪器、仪器校准等基础数据；对产出数据的格式描述等 属性位代码同 D19110

6.9.2 原始数据

地震遥感原始数据分类、代码以及对数据的说明见表34。

表 34 地震遥感原始数据

代　码	名　称	说　明
D19210	卫星遥感辅助数据	为分析处理卫星遥感原始数据需要的辅助数据和其他辅助数据
D19310	卫星遥感原始数据	以人造地球卫星作为遥感平台，主要利用卫星对地球和低层大气进行光学和电子观测得到的原始数据 属性位代码同 D19110
D19220	航空遥感辅助数据	为分析处理航空遥感原始数据需要的辅助数据和其他辅助数据

表34(续)

代　码	名　称	说　明
D19320	航空遥感原始数据	利用飞机、飞艇、气球等空中平台对地观测的遥感技术系统进行的遥感测量得到的原始数据 属性位代码同D19110
D19230	地面遥感辅助数据	为分析处理地面遥感原始数据需要的辅助数据和其他辅助数据
D19330	地面遥感原始数据	以高塔、车、船为平台的遥感技术系统，地物波谱仪或传感器安装在这些地面平台上，进行各种地物波谱测量得到的原始数据 属性位代码同D19110

6.9.3 加工数据

地震遥感加工数据分类、代码以及对数据的说明见表35。

表35 地震遥感加工数据

代　码	名　称	说　明
D19910	卫星遥感结果数据	卫星遥感原始数据经处理后得到的结果数据 属性位代码同D19110
D19920	航空遥感结果数据	航空遥感原始数据经处理后得到的结果数据 属性位代码同D19110
D19930	地面遥感结果数据	地面遥感原始数据经处理后得到的结果数据 属性位代码同D19110

ICS 91.120.25
P 15
备案号：7397—2000

中华人民共和国地震行业标准

DB/T 12.1—2000

地震前兆观测仪器
第一部分：传感器接口与控制

Earthquake precursor observation instrument
Part 1: Interface and control of sensor

2000-06-09 发布　　2000-12-01 实施

中国地震局 发布

前　言

本标准是根据中国地震局现行地震台站观测规范和我国地震前兆观测技术系统使用现状及最新研究成果制定的。

制定本标准的目的是为了规范地震前兆观测传感器与观测系统的其他部分互连及控制。

本标准是《地震前兆观测仪器》系列行业标准中的第一部分。《地震前兆观测仪器》系列行业标准包括七部分：

第一部分：传感器接口与控制；

第二部分：通讯与控制；

第三部分：电源；

第四部分：电磁兼容性；

第五部分：可靠性设计；

第六部分：型号命名；

第七部分：技术指标。

本标准由中国地震局提出。

标准由全国地震标准化技术委员会归口。

本标准起草单位：中国地震局地壳应力研究所、中国地震局分析预报中心。

本标准主要起草人：付子忠、王子影、赵家骝、周振安、孙杰、宋彦云、宁立然。

地震前兆观测仪器
第一部分：传感器接口与控制

1 范围

本标准规定了地震前兆观测传感器的接口和控制命令。

地震前兆观测传感器接口适用于地震前兆观测传感器、地震前兆数据采集器和计数器（频率计）。

地震前兆观测传感器控制命令适用于智能化的地震前兆观测传感器和传感器与二次仪表一体化设计的地震前兆观测仪器。

2 引用标准

下列标准所包含的条文，通过在本标准中引用而构成为本标准的条文。本标准出版时，所示版本均为有效。所有标准都会被修订，使用本标准的各方应探讨使用下列标准最新版本的可能性。

GB 6107—1985 使用串行二进制数据交换的数据终端设备和数据电路终接设备之间的接口。

注：GB 6107—1985 等效引用美国电子工业协会（EIA）标准 RS－232C—1969《使用串行二进制数据交换的数据终端设备和数据通信设备之间的接口》。

3 定义

本标准采用下列定义。

3.1 地震前兆观测传感器 sensor for earthquake precursor observation

用于地震前兆观测台网以观测地震前兆和有关地球物理量、化学量和辅助观测量为目的的各类传感器。

3.2 地震前兆观测传感器接口 interface of sensor for earthquake precursor observation

地震前兆观测传感器与后续设备连接时的约定。地震前兆观测传感器接口分为输出信号接口和控制接口。

3.3 地震前兆观测传感器控制 control of sensor for earthquake precursor observation

对该传感器的标定和调零等动作命令的约定。

4 地震前兆观测传感器的输出信号接口

4.1 输出电压

输出电压的地震前兆观测传感器，对应被测量的观测范围，其输出电压范围为：$-2\ \mathrm{V} < V_{out} < +2\ \mathrm{V}$，传感器输出阻抗小于 100 Ω。

4.2 输出电流

输出电流的地震前兆观测传感器，对应被测量的观测范围，其输出电流范围为（0 ~ 20）mA 或（4 ~ 20）mA。

4.3 输出频率

输出频率或脉冲的地震前兆观测传感器，对应被测量的观测范围，其输出频率或脉冲重复频率范围为（1 ~ 500）kHz，传感器输出为 TTL 电平（负载电阻大于 200 Ω）。

4.4 输出脉冲间隔周期

输出脉冲间隔周期的地震前兆观测传感器，对应被测量的观测范围，其输出脉冲间隔周期为

(0.001～10) s。

5 地震前兆观测传感器的控制接口

地震前兆观测传感器的控制接口采用 GB 6107—1985。

6 地震前兆观测传感器的控制命令

6.1 启动标定动作

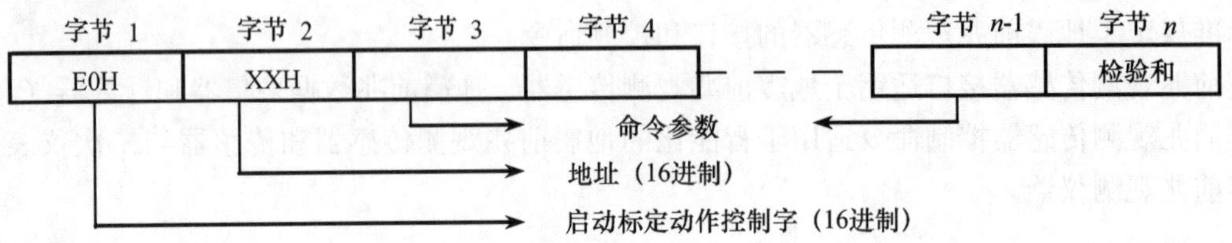

其中地址为 16 进制数。命令参数长度可为（0～128）字节，可携带标定参数，如方向（分量 NS、分量 EW 等）。若标定分多步进行，可由命令参数携带每步的标定参数。字节 n 为检验和，算法为：从字节 1 至字节 $n-1$，按字节作无符号二进制累加，保留低字节作为检验和。

响应：传感器从控制接口收到命令，执行约定的标定动作并返回命令参数和命令参数的检验和。

6.2 调回标定数据

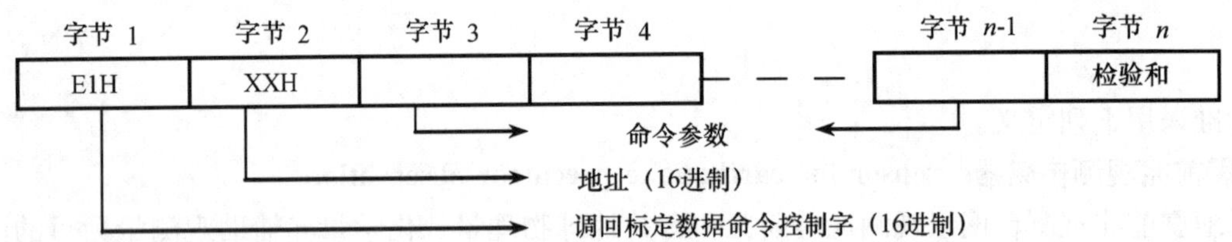

其中地址为 16 进制数。命令参数长度可为（0～128）字节，可携带欲调回的标定数据的分量、类型等参数。检验和算法按 6.1。

响应：传感器从控制接口收到命令后，按命令要求从 RS－232－C 口返回标定数据和标定数据的检验和。

6.3 停止标定动作

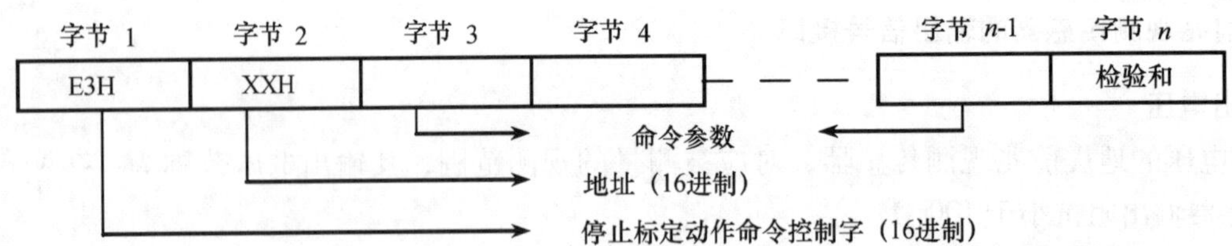

其中地址为 16 进制数。命令参数长度可为（0～128）字节，用于携带传感器标定动作停止时，传感器需要完成的各种操作的参数。检验和算法按 6.1。

响应：传感器从控制接口收到命令后，按命令要求停止标定动作，并返回命令参数和命令参数的检验和。

6.4 启动调零动作

其中地址为 16 进制数。命令参数长度可为（0～128）字节，可携带传感器调零方向、幅度等参数。检验和算法按 6.1。

响应：传感器从控制接口收到命令后，按要求执行调零动作，并返回命令参数和命令参数的检验和。

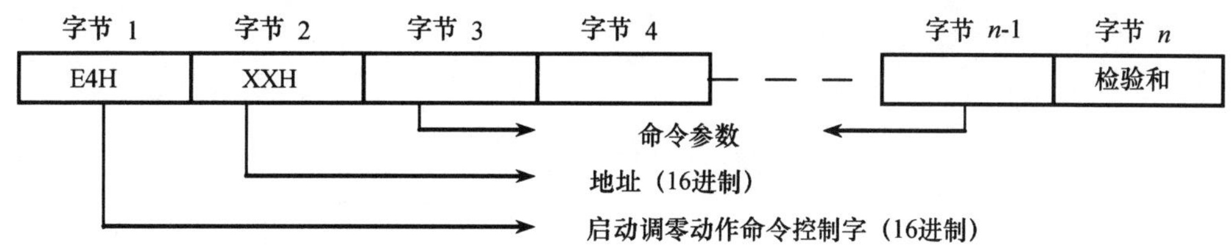

6.5 停止调零动作

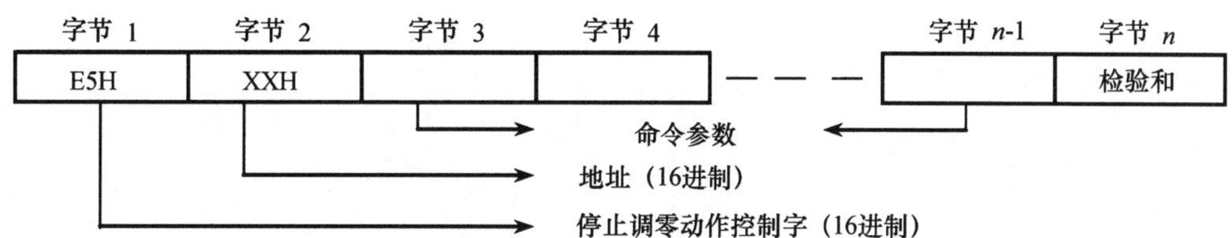

其中地址为16进制数。命令参数长度可为（0～128）字节，可携带停止传感器调零动作参数。检验和算法按6.1。

响应：传感器从控制接口收到命令后，按命令要求停止调零动作，并返回命令参数和命令参数的检验和。

ICS 91.120.25
P 15
备案号：12749—2003

DB

中华人民共和国地震行业标准

DB/T 12.2—2003

地震前兆观测仪器
第2部分：通信与控制

Earthquake precursor observation instrument
Part 2: Communication and control

2003-11-07 发布　　　　2004-05-01 实施

中国地震局 发布

前　言

DB/T 12《地震前兆观测仪器》分为七个部分：

——第1部分：传感器接口与控制；

——第2部分：通信与控制；

——第3部分：电源；

——第4部分：电磁兼容性；

——第5部分：可靠性设计；

——第6部分：型号命名；

——第7部分：技术指标。

本部分为DB/T 12的第2部分。

本部分的附录A为资料性附录。

本部分由中国地震局提出。

本部分由全国地震标准化技术委员会（CSBTS/TC 225）归口。

本部分起草单位：中国地震局地壳应力研究所、中国地震局分析预报中心、中国地震局地球物理研究所。

本部分主要起草人：付子忠、王子影、赵家骝、冯义钧、周振安、宁立然、滕云田。

引　言

由于本部分要用到地震前兆仪器数据记录格式，而目前还没有这方面的标准，因此在本部分的第4章中对地震前兆仪器数据记录格式作了有关约定。

地震前兆观测仪器
第2部分：通信与控制

1 范围

本部分规定了地震前兆观测仪器（以下简称仪器）通信与控制的约定与命令。

本部分适用于地震前兆观测仪器和地震前兆观测仪器通信控制软件的设计与生产。

2 规范性引用文件

下列文件中的条款通过本标准的引用而成为本标准的条款。凡是注日期的引用文件，其随后所有的修改单（不包括勘误的内容）或修订版均不适用于本部分，然而，鼓励根据本部分达成协议的各方研究是否可使用这些文件的最新版本。凡是不注日期的引用文件，其最新版本适用于本部分。

GB/T 5271.8 — 1993　数据处理词汇　08 部分　控制、完整性和安全性

GB/T 18207.1 — 2000　防震减灾术语　第一部分：基本术语

DB/T 3 — 2003　地震及地震前兆测项分类与代码

DB/T 4 — 2003　地震台站代码

3 术语和定义

GB/T 18207.1 — 2000 确立的以及下列术语和定义适用于本部分。

3.1

地震前兆观测仪器　earthquake precursor observation instrument

为提取地震前兆信息，用于观测不同学科的多种地球物理量和地球化学量的仪器或与台站监控相关的各类仪器。

3.2

地震前兆观测仪器通信　communication of earthquake precursor observation instrument

仪器接收命令并按约定输出观测数据或有关参数。

3.3

地震前兆观测仪器控制　control of earthquake precursor observation instrument

仪器接收命令并按约定进行相应操作。

3.4

仪器运行参数　instrument operation parameter

与仪器各通道采集工作相关的前兆测项分量的代码、采样率、闸门时间等参数。

3.5

循环冗余校验　cyclic redundancy check

CRC（缩写）

用循环算法生成附加数字或字符的一种冗余校验。

注：本标准采用的算法为：将待发送数据作为被除数 F，用衍生多项式 $G(X)=X^{16}+X^{12}+X^{5}+1$ 作为除数（其中 X 代表所采用的进制，在二进制系统 $X=2$），用二进制长除法进行运算，所得的余数（用两个字节表示）作为循环冗余校验码，简称 CRC 码。

4 地震前兆观测仪器数据记录格式约定

4.1 格式1

每个数据用3个字节表示（见图1），每字节分成二进制的高4位和低4位，构成双BCD码。高字节的低4位和次高字节、低字节是用BCD码表示的5位十进制测值，范围是 -99 999 ~ 99 999，支持 $4\frac{1}{2}$位和 $4\frac{3}{4}$位十进制数据，单位为伏（V），前兆量数据单位见附录A（下同）。高字节的高4位代表数据的符号和小数点的位置，约定见表1。对于电压量原始前兆数据，缺测数据用AAAAAA（十六进制）存储。

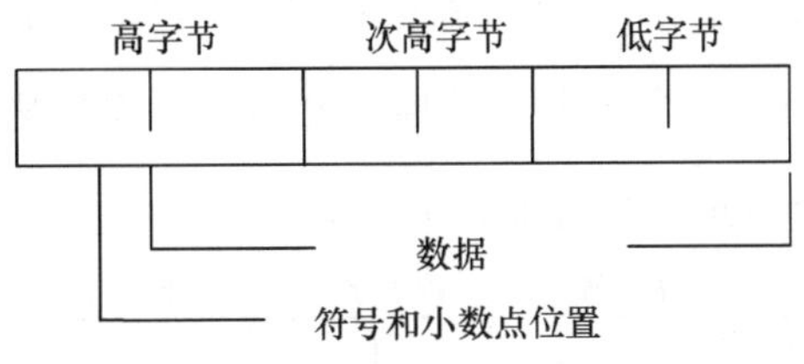

图1

表1

符号位	含　义	数据格式示例
0（0 0 0 0）	正数，小数点在右起1位后	#####.
1（0 0 0 1）	正数，小数点在右起3位前	##. ###
2（0 0 1 0）	正数，小数点在右起4位前	#. ####
4（0 1 0 0）	正数，小数点在右起5位前	. #####
6（0 1 1 0）	正数，小数点在右起1位前	####. #
7（0 1 1 1）	正数，小数点在右起2位前	###. ##
8（1 0 0 0）	负数，小数点在右起1位后	-#####.
9（1 0 0 1）	负数，小数点在右起3位前	-##. ###
a（1 0 1 0）	负数，小数点在右起4位前	-#. ####
c（1 1 0 0）	负数，小数点在右起5位前	-. #####
e（1 1 1 0）	负数，小数点在右起1位前	-####. #
f（1 1 1 1）	负数，小数点在右起2位前	-###. ##

4.2 格式2

每个数据用3个字节表示（见图2），每字节分成二进制的高4位和低4位，构成双BCD码。三个字节表示6位十进制无符号数，范围是0 ~ 999 999，支持 $5\frac{1}{2}$位和 $5\frac{3}{4}$位十进制数据，缺测数据用AAAAAA（十六进制）存储。用于输出为频率信号或单极性的情况。

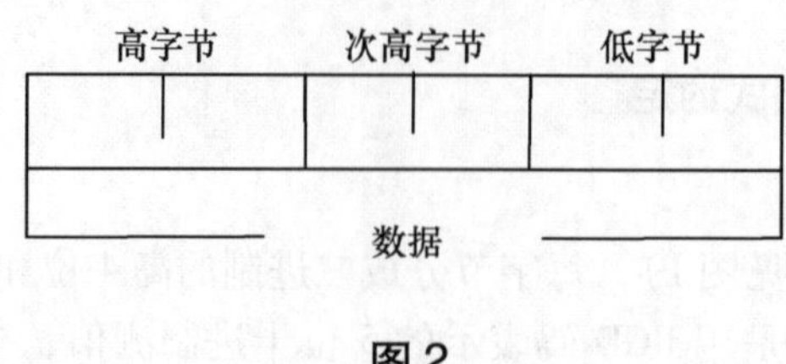

图2

4.3 格式3

每个数据用3个字节表示（见图3），每字节分成二进制的高4位和低4位，构成BCD码。高字节的最高（二进制）位为符号位（1代表正，0代表负），高字节的次高位（二进制）为溢出位（1表示溢出，0表示未溢出），其他位和另2个字节为数据，范围是-399 999～399 999，支持5 $\frac{1}{2}$位十进制数据，缺测数据用AAAAAA（十六进制）存储，见表2。

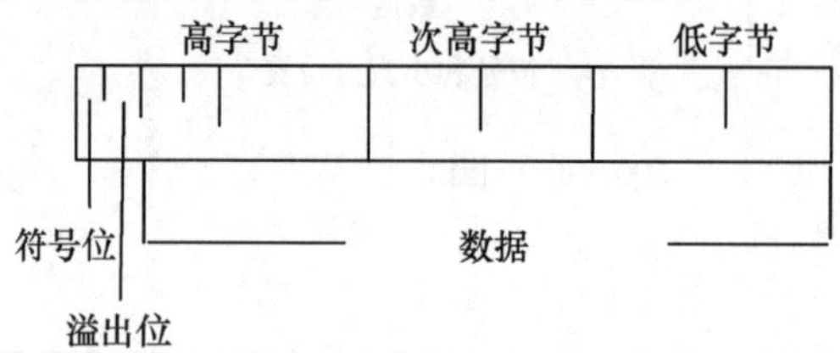

图3

表2

高字节（符号和数据）	次高字节（数据）	低字节（数据）	数据范围
10111001	10011001	10011001	+399999
00111001	10011001	10011001	-399999

4.4 格式4

每个数据用3个字节表示（见图2），使用24位2的补码，缺测数据用7FFFFF（十六进制）存储。双极性模拟输入/输出关系见表3。

表3

模拟输入				输出(24位2的补码)
±8.388 608 量程1	±10.000 00 量程2	±5.000 000 量程3	±2.000 000 量程4	
(+8.388 608 - 1 × 10^{-6})	(+10.000 00 - 1.19 × 10^{-6})	(+5.000 000 - 0.596 × 10^{-6})	(+2.000 000 - 0.238 × 10^{-6})	011111111111111111111111
+4.194 304	+5.000 00	+2.500 000	+1.000 000	010000000000000000000000
+0.000 000	+0.000 00	+0.000 000	+0.000 000	000000000000000000000000
-8.388 608	-10.000 00	-5.000 000	-2.000 000	100000000000000000000000

4.5 格式5

每个数据用3个字节表示（见图2），使用24位二进制偏移码，缺测数据用FFFFFF（十六进制）存储。双极性模拟输入/输出关系见表4。

表4

模拟输入				输出(24位二进制偏移码)
±8.388 608 量程1	±10.000 00 量程2	±5.000 000 量程3	±2.000 000 量程4	
$(+8.388\,608-1\times10^{-6})$	$(+10.000\,00-1.19\times10^{-6})$	$(+5.000\,000-0.596\times10^{-6})$	$(+2.000\,000-0.238\times10^{-6})$	111111111111111111111111
+4.194 304	+5.000 00	+2.500 000	+1.000 000	110000000000000000000000
+0.000 000	+0.000 00	+0.000 000	+0.000 000	100000000000000000000000
−8.388 608	−10.000 00	−5.000 000	−2.000 000	000000000000000000000000

4.6 格式6

每个数据用3个字节表示（见图2），使用24位无符号二进制数，缺测数据用FFFFFF（十六进制）存储。用于表示单极性输入/输出关系，见表5。

表5

模拟输入				输出(24位二进制偏移码)
+16.777 216 量程1	+10.000 00 量程2	+5.000 000 量程3	+2.000 000 量程4	
$(+16.777\,216-1\times10^{-6})$	$(+10.000\,00-0.596\times10^{-6})$	$(+5.000\,000-0.298\times10^{-6})$	$(+2.000\,000-0.119\times10^{-6})$	111111111111111111111111
+8.388 608	+5.000 00	+2.500 000	+1.000 000	110000000000000000000000
0000 000	+0.000 00	+0.000 000	+0.000 000	000000000000000000000000

4.7 格式7

每个数据用2个字节表示（见图4），使用16位2的补码，缺测数据用7FFF（十六进制）存储。双极性模拟输入/输出关系见表6。

表6

模拟输入				输出(16位2的补码)
±3.276 8 量程1	±10.000 00 量程2	±5.000 000 量程3	±2.000 000 量程4	
$(+3.276\,8-1\times10^{-4})$	$(+10.000\,00-3.05\times10^{-4})$	$(+5.000\,000-1.525\times10^{-4})$	$(+2.000\,000-0.61\times10^{-4})$	0111111111111111
+1.638 4	+5.000 00	+2.500 000	+1.000 000	0100000000000000
+0.000 0	+0.000 00	+0.000 000	+0.000 000	0000000000000000
−3.276 8	−10.000 00	−5.000 000	−2.000 000	1000000000000000

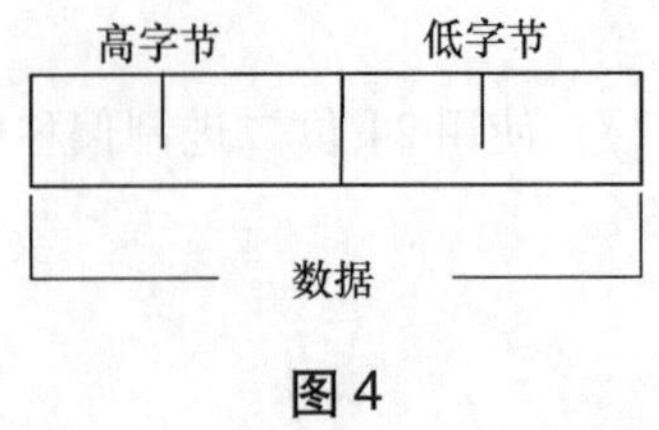

图4

4.8 格式8

每个数据用2个字节表示（见图4），使用16位二进制偏移码，缺测数据用FFFF（十六进制）存储。双极性模拟输入/输出关系见表7。

表7

模拟输入				输出(16位二进制偏移码)
±3.276 8 量程1	±10.000 00 量程2	±5.000 000 量程3	±2.000 000 量程4	
(+3.276 8 −1 × 10^{-4})	(+10.000 00 − 3.05 × 10^{-4})	(+5.000 000 − 1.525 × 10^{-4})	(+2.000 000 − 0.61 × 10^{-4})	1111111111111111
+1.638 4	+5.000 00	+2.500 000	+1.000 000	1100000000000000
+0.000 0	+0.000 00	+0.000 000	+0.000 000	1000000000000000
−3.276 8	−10.000 00	−5.000 000	−2.000 000	0000000000000000

4.9 格式9

每个数据用2个字节表示（见图4），使用16位无符号二进制数，缺测数据用FFFF（十六进制）存储。单极性模拟输入/输出关系见表8。

表8

模拟输入				输出(16位无符号二进制数)
+6.553 6 量程1	+10.000 00 量程2	±5.000 000 量程3	±2.000 000 量程4	
(+6.553 6 −1 × 10^{-4})	(+10.000 00 − 1.525 × 10^{-4})	(+5.000 000 − 0.7629 × 10^{-4})	(+2.000 000 − 0.305 × 10^{-4})	1111111111111111
+3.276 8	+5.000 00	+2.500 000	+1.000 000	1100000000000000
+0.000 0	+0.000 00	+0.000 000	+0.000 000	1000000000000000
−3.276 8	−10.000 00	−5.000 000	−2.000 000	0000000000000000

4.10 数据存储格式中数值的单位和量程的表示

以上9种数据记录格式约定以电压量伏特（V）为单位或以频率量赫兹（Hz）为单位。

若仪器已将电学量转换为前兆观测量，也可以使用上述数据格式中的一种，其单位由前兆仪器研制者和生产厂家确定。若转换后的量程与表中的量程不一致，可以选择其中一个量程，再乘以量程系数 10^n（n 为负整数、0或正整数）确定。

5 原始数据文件结构和原始数据文件名的约定

5.1 原始数据文件结构

原始数据文件存放于主控微机中，以4.1～4.9条中约定的格式之一存储前兆仪器测量数据的文件。原始数据文件由地震台站代码、地震前兆测项分量代码及数据顺序组成，数据之间无分隔符，最后为CRC码。

5.1.1 各种采样率的原始数据文件通用结构

1天1个测项分量的数据存储为1个原始数据文件。小时采样的原始数据从0 h开始至23 h结束；半小时采样的原始数据从0 h开始至23 h 30 min结束，分采样率的原始数据从0 h 0 min开始至23 h 59 min结束；秒采样率的原始数据从0 h 0 min 0 s开始至23 h 59 min 59 s结束，依次类推，其文件结构见图5。

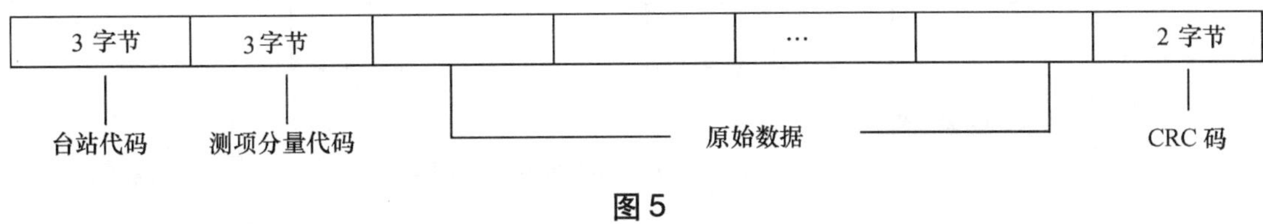

图5

5.1.2 小时采样率的原始数据文件结构

小时采样率的原始数据，也可以将每台仪器1天的所有测项分量的小时值数据存储为1个原始数据文件，其文件结构见图6。

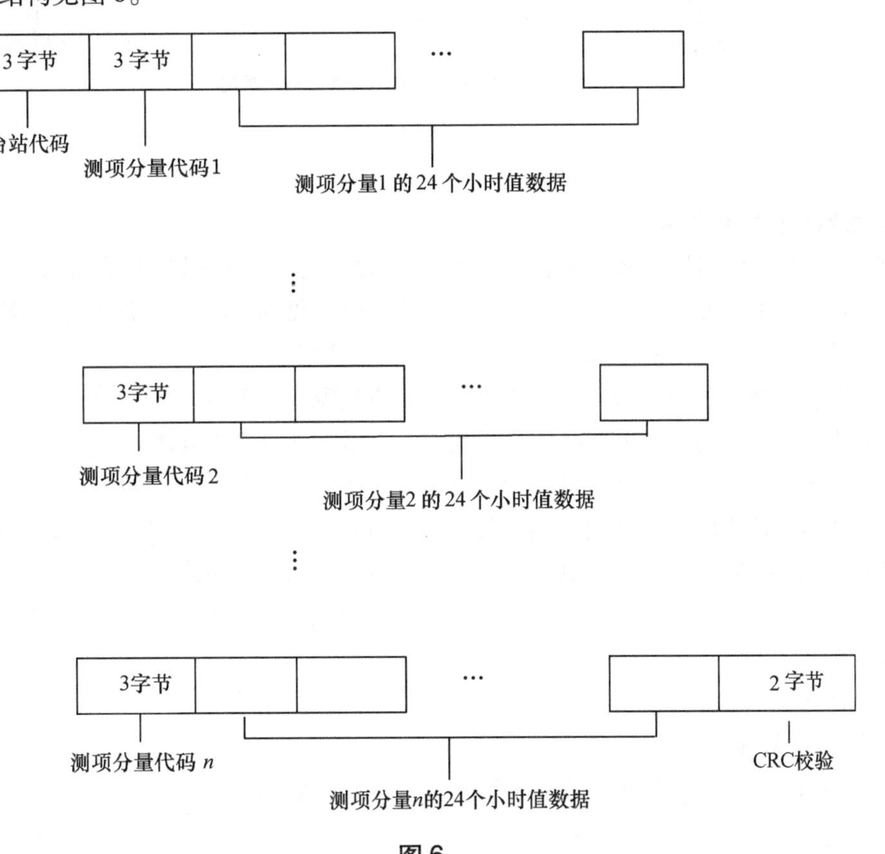

图6

5.1.3 半小时采样率的原始数据文件结构

半小时采样率的原始数据，也可以将每台仪器 1 天的所有测项分量的半小时值的数据存储为 1 个原始数据文件，其文件结构见图 7。

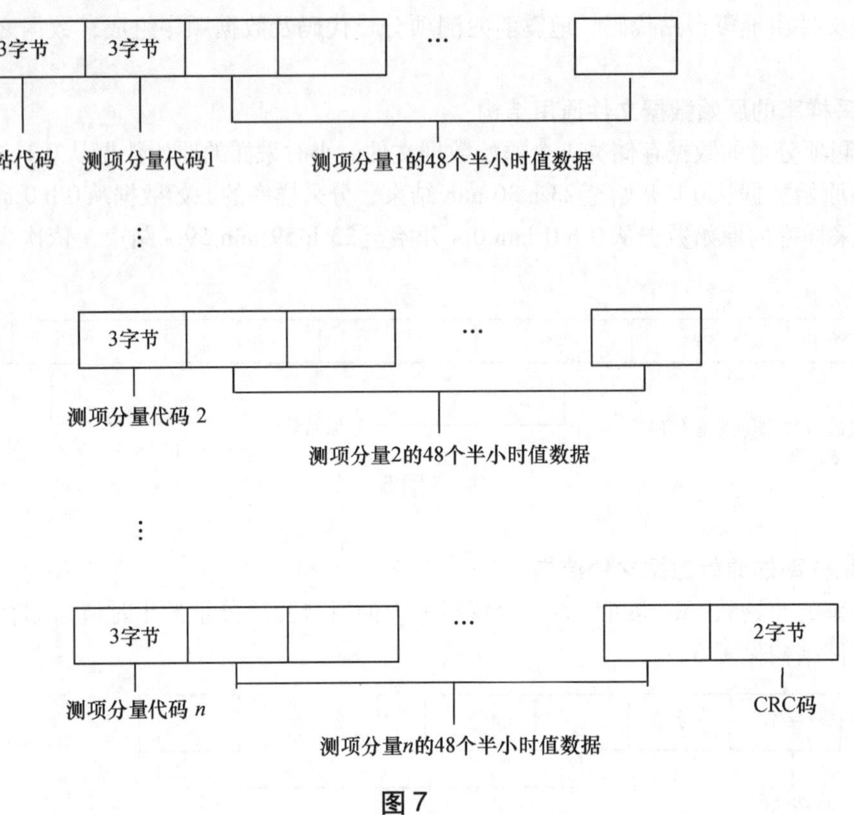

图 7

5.1.4 事件原始数据文件结构

事件原始数据文件存储某个测项分量的一个事件的波形数据，波形数据采用 4.1～4.9 条的数据存储格式中的一种，文件由头段、数据、CRC 码三部分组成（见图 8）。事件原始数据文件长度小于等于 256K 字节。数据按时间顺序排列，最后为 CRC 码。头段使用 64 个字节，包含以下内容：

—— 字节 1 至字节 3 为地震前兆台站代码，表示方法见 5.1.5 条。

—— 字节 4 至字节 6 为地震前兆测项分量代码，表示方法见 5.1.6 条。

—— 字节 7 至字节 8 为事件顺序号（由仪器生产厂家自行编号，1～9999，双 BCD 码）；

—— 字节 9 为事件判断算法（由仪器生产厂家自行编号，编号为 1～99，双 BCD 码）；

—— 字节 10 至字节 12 为阈值，数据格式与该仪器的数据存储格式相同；

—— 字节 13 至字节 19 为事件文件中第一个事件数据的时间（年、月、日、时、分、秒共 7 个字节，双 BCD 码）；

—— 字节 20 至字节 22 为格值，数据格式与该仪器的数据存储格式相同；

—— 字节 23 为采样率；

—— 字节 24 至字节 64 为备用字节，未用时用十六进制数 FF 填充。

头段	数据	CRC 码

图 8

5.1.5 原始数据文件中地震前兆台站代码的表示

原始数据文件中的地震前兆台站代码在原始数据文件中用3个字节表示。其中高字节的高4位用十六进制数A(1010_B)填充，高字节的低4位和后两个字节为地震前兆台站代码，见图9。

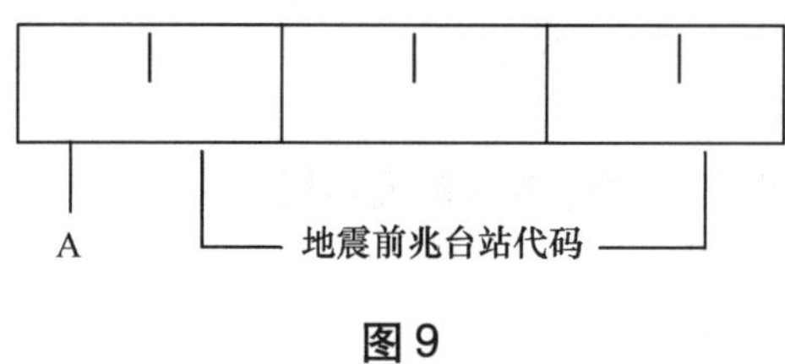

图9

5.1.6 原始数据文件中地震前兆测项分量代码的表示

原始数据文件中地震前兆测项分量代码在原始数据文件中用3个字节表示。其中高字节的高4位用十六进制数C(1100_B)填充，高字节的低4位用以区分同一台站具有相同测项分量代码的仪器，0至9顺序排列，后两个字节为地震前兆测项分量代码，见图10。

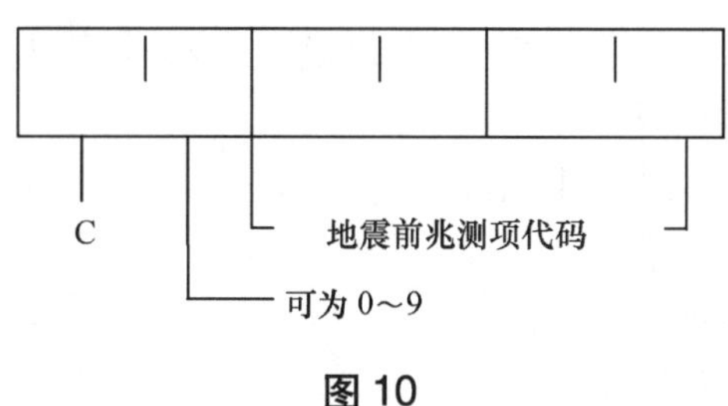

图10

5.2 原始数据文件名

主控微机收集仪器数据时，自动生成原始数据文件名并存盘。文件名中除特别指明外均为十进制数。

5.2.1 某日的原始数据文件名

某日的原始数据文件的文件名由文件名和扩展名组成，共23个字符，约定如下：

—— 字符1至字符5为台站代码（见5.1.5条，下同）；

—— 字符6至字符7为仪器地址（十六进制，见7.3条，下同）；

—— 字符8至字符9为仪器通道号（对于一台仪器所有小时值的数据，字符8为“x”，字符9为“0”；所有半小时值数据，字符8为“y”，字符9为“0”）；

—— 字符10至字符11为数据采样率（见7.1条，下同）；

—— 字符12至字符15为数据年份；

—— 字符16至字符17为数据月份；

—— 字符18至字符19为数据日期；

—— 文件扩展名用字符串“.org”表示。

5.2.2 当天的原始数据文件名

当天的原始数据文件的文件名由文件名和扩展名组成，共24个字符，约定如下：

—— 字符1至字符5为台站代码；

—— 字符6至字符7为仪器地址（十六进制）；

—— 字符8至字符9为仪器通道号（对于一台仪器所有小时值的数据，字符8为“x”，字符9为“0”；半小时值数据，字符8为“y”，字符9为“0”）；

——字符 10 至字符 11 为数据采样率；
——字符 12 至字符 15 为数据年份；
——字符 16 至字符 17 为数据月份；
——字符 18 至字符 19 为数据日期；
——文件扩展名用字符串“.torg”表示。

5.2.3 某时段的原始数据文件名

某时段的原始数据文件的文件名由文件名和扩展名组成，共 44 个字符，约定如下：
——字符 1 至字符 5 为台站代码；
——字符 6 至字符 7 为仪器地址（十六进制）；
——字符 8 至字符 9 为仪器通道号；
——字符 10 至字符 11 为数据采样率；
——字符 12 至字符 25 为数据起始的年、月、日、时、分、秒；
——字符 26 至字符 39 为数据结束的年、月、日、时、分、秒；
——文件扩展名用字符“.iorg”表示。

5.2.4 事件原始数据文件名

事件原始数据文件的文件名由文件名和扩展名组成，共 26 个字符，约定如下：
——字符 1 至字符 5 为台站代码；
——字符 6 至字符 7 为仪器地址（十六进制）；
——字符 8 至字符 9 为仪器通道号；
——字符 10 至字符 11 为数据采样率；
——字符 12 至字符 13 为事件顺序号；
——字符 14 至字符 17 为数据年份；
——字符 18 至字符 19 为数据月份；
——字符 20 至字符 21 为数据日期；
——文件扩展名用字符“.eorg”表示。

6 前兆数据文件结构和前兆数据文件名的约定

6.1 前兆数据文件结构

6.1.1 以日为单位存储的前兆数据文件结构

该文件中的数据用 ASCII 字符表示，缺测数据用 999999 表示。一个前兆测项分量的数据以天为单位组成一个前兆数据文件，数据在文件中按时间顺序排列，每个数据之间用空格或回车换行符分隔。

6.1.2 以事件为单位存储的事件前兆数据文件结构

该文件中的数据用 ASCII 字符表示，缺测数据用 999999 表示。某个测项分量的某采样率的某个事件的波形数据组成一个文件，文件由头段（见 5.1.4 条）和数据两部分组成。数据在文件中按时间顺序排列，每个数据之间用空格或回车换行符分隔。

6.1.3 以时段为单位存储的前兆数据文件结构

该文件中的数据用 ASCII 字符表示，缺测数据用 999999 表示。一个前兆测项分量的某采样率的数据以时段为单位组成一个前兆数据文件，数据在文件中按时间顺序排列，每个数据之间用空格或回车换行符分隔。

6.2 前兆数据文件名

主控微机收集仪器数据时，自动或人工将原始数据文件转换为前兆数据文件，并自动生成前兆数据文件名并存盘。文件名中除特别指明外均为十进制数。

6.2.1 某日的前兆数据文件名

该文件名由文件名和扩展名组成，共24个字符。约定如下：

—— 字符1至字符5为台站代码；

—— 字符6用以区分同一台站具有相同测项分量代码的仪器；

—— 字符7至字符8为采样率；

—— 字符9至字符12为地震前兆测项分量代码；

—— 字符13至字符16为数据年份；

—— 字符17至字符18为数据月份；

—— 字符19至字符20为数据日期；

—— 文件扩展名用字符“.epd”表示。

6.2.2 当天的前兆数据文件名

该文件名由文件名和扩展名组成，共25个字符。约定如下：

—— 字符1至字符5为台站代码；

—— 字符6用以区分同一台站具有相同测项分量代码的仪器；

—— 字符7至字符8为采样率；

—— 字符9至字符12为地震前兆测项分量代码；

—— 字符13至字符16为数据年份；

—— 字符17至字符18为数据月份；

—— 字符19至字符20为数据日期；

—— 文件扩展名用字符“.tepd”表示。

6.2.3 某时段的前兆数据文件名

该文件名由文件名和扩展名组成，共45个字符。约定如下：

—— 字符1至字符5为台站代码；

—— 字符6用以区分同一台站具有相同测项分量代码的仪器；

—— 字符7至字符8为采样率；

—— 字符9至字符12为地震前兆测项分量代码；

—— 字符13至字符26为数据起始的年、月、日、时、分、秒；

—— 字符27至字符40为数据结束的年、月、日、时、分、秒；

—— 文件扩展名用字符“.sepd”表示。

6.2.4 事件前兆数据文件名

该文件名由文件名和扩展名组成，共26个字符。约定如下：

—— 字符1至字符5为台站代码；

—— 字符6用以区分同一台站具有相同测项分量代码的仪器；

—— 字符7至字符8为采样率；

—— 字符9至字符12为地震前兆测项分量代码；

—— 字符13至字符14为事件顺序号；

—— 字符15至字符18为数据年份；

—— 字符19至字符20为数据月份；

—— 字符21至字符22为数据日期；

—— 文件扩展名用字符“.evt”表示。

7 其他约定

7.1 采样率的表示

采样率的表示见表9。

表9

采样率	采样率的表示	采样率	采样率的表示
1 样点/h	60	512 样点/s	15
1 样点/30min	30	1 000 样点/s	16
1 样点/min	01	1 024 样点/s	17
1 样点/s	02	2 000 样点/s	18
8 样点/s	03	2 048 样点/s	19
10 样点/s	04	4 096 样点/s	20
16 样点/s	05	5 000 样点/s	21
20 样点/s	06	8 192 样点/s	22
32 样点/s	07	10 000 样点/s	23
50 样点/s	08	16 384 样点/s	24
64 样点/s	09	20 000 样点/s	25
100 样点/s	10	32 768 样点/s	26
128 样点/s	11	50 000 样点/s	27
200 样点/s	12	65 536 样点/s	28
256 样点/s	13	100 000 样点/s	29
500 样点/s	14		

7.2 仪器运行参数表结构

7.2.1 结构1

该结构可对应有0~99个通道的仪器，通道数由仪器生产厂家确定，全部为电压信号，见表10。

表10

通道号	地震前兆测项分量代码	采样率
01	CXXXXX	XX
02	CXXXXX	XX
⋮	⋮	⋮
99	CXXXXX	XX

7.2.2 结构2

该结构可对应有0~99个通道的仪器，通道数由仪器生产厂家确定，在最后1个通道的参数后附加128个字节，用于存放各仪器自定义的特殊参数，见表11。

表 11

通道号	地震前兆测项分量代码	采样率
01	CXXXXX	XX
02	CXXXXX	XX
⋮	⋮	⋮
99	CXXXXX	XX
附加的 128 个字节		

7.2.3 仪器运行参数的含义

a）通道号：仪器的被测信号输入通道编号，用 1 个字节表示，通道号由双 BCD 码 01～99 顺序排列；

b）地震前兆测项分量代码：对应通道接入的测项分量，用 3 个字节表示，见 5.1.6 条，如果仪器的某通道未连接信号，则地震前兆测项分量代码用 C00000 表示；

c）采样率：对应通道的采样率，用 1 个字节表示，见 7.1 条；

d）仪器的运行参数表：在存储或传输时由运行参数表中第 2 行第一个字符开始，先行后列，顺序排列至表中最后一个字符止。

7.3 仪器地址

仪器地址在通信与控制命令中使用，占 1 个字节，用十六进制数（00H～FFH）表示。同一台站的各台仪器必须使用不同的仪器地址。

7.4 仪器密码

仪器密码在地震前兆观测仪器的通信与控制命令中使用，由 8 位十六进制数字组成，占 4 个字节。初始密码由生产厂家给定，必要时使用者可修改密码。

8 仪器通信与控制命令

通信与控制命令由控制字、仪器地址、参数、仪器密码和错误校验码（CRC 码）五部分组成，其中：控制字占用 1 个字节（十六进制），仪器地址占用 1 个字节（十六进制），参数占用 0 到 n 个字节（n 为整数），仪器密码占用 4 个字节（十六进制），错误校验码为 CRC 码，占用 2 个字节，结构见图 11。

控制字	仪器地址	参数	仪器密码	CRC 码

图 11

8.1 控制类命令

8.1.1 设定电源开关状态

该条命令的结构见图 12。

该命令的功能是接通或断开相应的电源控制开关。返回命令参数和 CRC 码。

8.1.2 回传电源开关状态

该条命令的结构见图 13。

该命令的功能是返回电源开关状态数据（返回的数据格式同 8.1.1 中的命令参数格式）和 CRC 码。

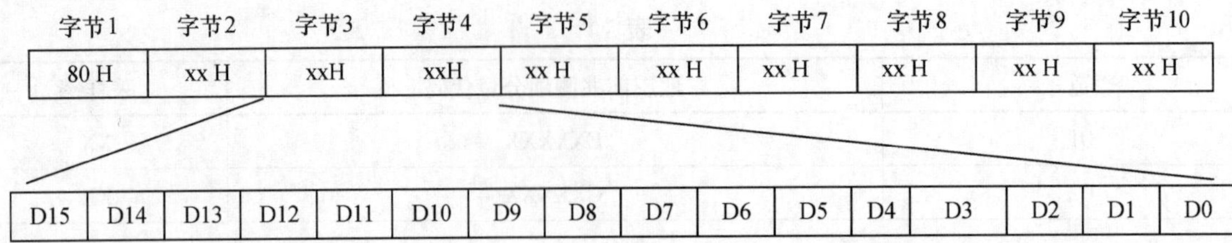

注：

字节1——控制字；

字节2——仪器地址；

字节3~4——电源开关状态，字节的每一个二进制位D15~D0表示一个电源开关，开关号分别为15~0，"1"表示接通，"0"表示断开；

字节5~8——仪器密码；

字节9~10——CRC码。

图12

字节1	字节2	字节3	字节4	字节5	字节6	字节7	字节8
81 H	xx H	xx H	xx H	xx H	xx H	xx H	xx H

注：

字节1——控制字；

字节2——仪器地址；

字节3~6——仪器密码；

字节7~8——CRC码。

图13

8.1.3 设定控制开关状态

该条命令的结构见图14。

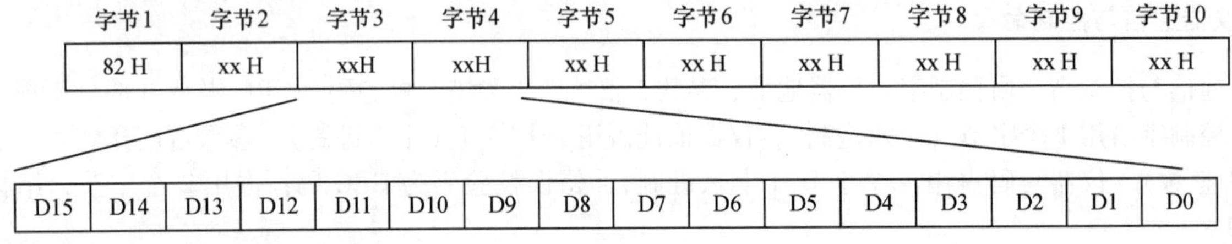

注：

字节1——控制字；

字节2——仪器地址；

字节3~4——控制开关状态，字节的每一个二进制位D15~D0表示一个控制开关，开关号分别为15~0，"1"表示接通，"0"表示断开；

字节5~8——仪器密码；

字节9~10——CRC码。

图14

该命令的功能是接通或断开相应的控制开关，返回命令参数和CRC码。

8.1.4 回传控制开关状态

该条命令的结构见图15。

字节1	字节2	字节3	字节4	字节5	字节6	字节7	字节8
83 H	xx H	xx H	xx H	xx H	xx H	xx H	xx H

注：

字节1 —— 控制字；

字节2 —— 仪器地址；

字节3～6 —— 仪器密码；

字节7～8 —— CRC码。

图15

该命令的功能是返回控制开关状态数据（返回的数据格式同8.1.3条中的命令参数格式）和CRC码。

8.1.5 设定呼叫状态

该条命令的结构见图16。

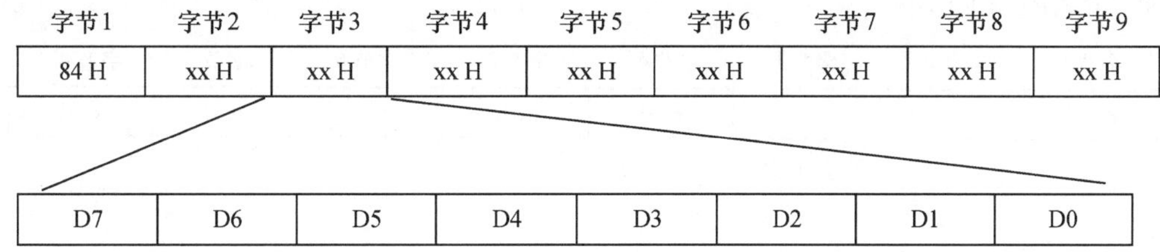

字节1	字节2	字节3	字节4	字节5	字节6	字节7	字节8	字节9
84 H	xx H	xx H	xx H	xx H	xx H	xx H	xx H	xx H

D7	D6	D5	D4	D3	D2	D1	D0

注：

字节1 —— 控制字；

字节2 —— 仪器地址；

字节3 —— 呼叫状态，字节的每一个二进制位D7～D0表示一个呼叫状态，“1”表示呼叫，“0”表示停止呼叫；

字节4～7 —— 仪器密码；

字节8～9 —— CRC码。

图16

该命令的功能是接通或断开各路呼叫开关，返回呼叫状态数据（返回的数据格式与命令参数格式相同）和CRC码。

8.1.6 回传呼叫状态

该条命令的结构见图17。

字节1	字节2	字节3	字节4	字节5	字节6	字节7	字节8
85 H	xx H	xx H	xx H	xx H	xx H	xx H	xx H

注：

字节1 —— 控制字；

字节2 —— 仪器地址；

字节3～6 —— 仪器密码；

字节7～8 —— CRC码。

图17

该命令的功能是返回呼叫状态和CRC码，返回的数据格式同8.1.5条中的命令参数格式。

8.1.7 复位

该条命令的结构见图18。

字节 1	字节 2	字节 3	字节 4	字节 5	字节 6	字节 7	字节 8
86 H	xx H	xx H	xx H	xx H	xx H	xx H	xx H

注：

字节 1 —— 控制字；

字节 2 —— 仪器地址；

字节 3 —— 被复位的仪器位置；

字节 4 ~ 7 —— 仪器密码；

字节 8 ~ 9 —— CRC 码。

图 18

该命令的功能是执行该仪器复位动作，返回被复位的仪器位置和 CRC 码。

8.1.8 回传监测开关状态数据

该条命令的结构见图 19。

字节 1	字节 2	字节 3	字节 4	字节 5	字节 6	字节 7	字节 8
8A H	xx H	xx H	xx H	xx H	xx H	xx H	xx H

注：

字节 1 —— 控制字；

字节 2 —— 仪器地址；

字节 3 ~ 6 —— 仪器密码；

字节 7 ~ 8 —— CRC 码。

图 19

该命令的功能是返回 5 个字节（即 40 个点的监测开关状态）的十六进制数据（字节的每一个二进制位表示一个监测位置的状态，“1” 表示接通，“0” 表示断开）和 CRC 码。

8.1.9 查询仪器

该条命令的结构见图 20。

字节 1	字节 2	字节 3	字节 4
8FH	xx H	xx H	xx H

注：

字节 1 —— 控制字；

字节 2 —— 仪器地址；

字节 3 ~ 4 —— CRC 码。

图 20

该命令的功能是以 ASCII 码格式返回仪器型号、出厂日期及生产厂家信息（每项之间以逗号分隔）和 CRC 码。

8.2 时钟类命令

8.2.1 校对仪器时钟

该条命令的结构见图 21。

字节1	字节2		字节10	字节11	字节12	字节13	字节14	字节15
90 H	xx H	…	xx H	xx H	xx H	xx H	xx H	xx H

注:

字节1——控制字;

字节2——仪器地址;

字节3~9——时间参数(年、月、日、时、分、秒,双BCD码);

字节10~13——仪器密码;

字节14~15——CRC码。

图21

该命令的功能是按命令参数修改仪器时钟。

8.2.2 调回仪器时钟的当前时间

该条命令的结构见图22。

字节1	字节2	字节3	字节4	字节5	字节6	字节7	字节8
91 H	xx H	xx H	xx H	xx H	xx H	xx H	xx H

注:

字节1——控制字;

字节2——仪器地址;

字节3~6——仪器密码;

字节7~8——CRC码。

图22

该命令的功能是返回仪器时钟数据和CRC码。返回的数据格式同8.2.1条中的命令参数格式。

8.2.3 设定电源开关的自动接通和自动断开时间

该条命令的结构见图23。

该命令的功能是修改电源自动开、关机时间并返回设定的自动开、关机时间和CRC码。返回的数据格式与命令参数格式相同。

8.2.4 调回电源开关的自动接通和自动断开时间

该条命令的结构见图24。

该命令的功能是返回电源自动开、关机时间和CRC码。返回的格式同8.2.3条中的命令参数格式。

8.2.5 设定控制开关的自动接通和自动断开时间

该条命令的结构见图25。

该命令的功能是修改控制开关自动接通和自动断开时间并返回设定的自动接通和自动断开时间和CRC码。返回的数据格式与命令参数格式相同。

8.2.6 调回控制开关的自动接通和自动断开时间

该条命令的结构见图26。

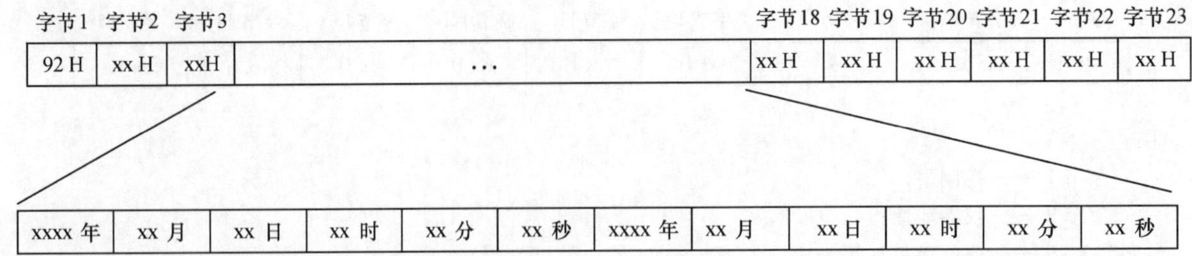

注：

字节 1 —— 控制字；

字节 2 —— 仪器地址；

字节 3 —— 电源开关号（与 8.1.1 条开关号对应）；

字节 4~10 —— 电源开机定时时间（年、月、日、时、分、秒占用 7 个字节，其中年占两个字节，双 BCD 码），用“FF”填充的字节视为对该字节所代表的时间不作要求，例如：年为 FFFFH，则每月动作一次；年为 FFFFH、月为 FFH，每天动作一次；依次类推，所有年、月、日、时、分、秒均为 FFH 时，表示该开关不作定时开机；

字节 11~17 —— 电源关机定时时间（年、月、日、时、分、秒占用 7 个字节，其中年占两个字节，双 BCD 码），用“FF”填充的字节约定与开机时间约定相同；

字节 18~21 —— 仪器密码；

字节 22~23 —— CRC 码。

图 23

字节 1	字节 2	字节 3	字节 4	字节 5	字节 6	字节 7	字节 8	字节 9
93 H	xx H	xx H	xx H	xx H	xx H	xx H	xx H	xx H

注：

字节 1 —— 控制字；

字节 2 —— 仪器地址；

字节 3 —— 电源开关号（与 8.1.1 条开关号对应）；

字节 4~7 —— 仪器密码；

字节 8~9 —— CRC 码。

图 24

该命令的功能是返回控制开关的自动接通和自动断开时间和 CRC 码。返回的格式同 8.2.5 条中的命令参数格式。

8.3 台站参数类命令

8.3.1 设定台站代码

该条命令的结构见图 27。

该命令的功能是按命令参数修改台站代码并返回命令参数和 CRC 码。

8.3.2 调回台站代码

该条命令的结构见图 28。

该命令的功能是返回仪器台站代码和 CRC 码。返回的数据格式同 8.3.1 条中的命令参数格式。

8.3.3 加载日志

该条命令的结构见图 29。

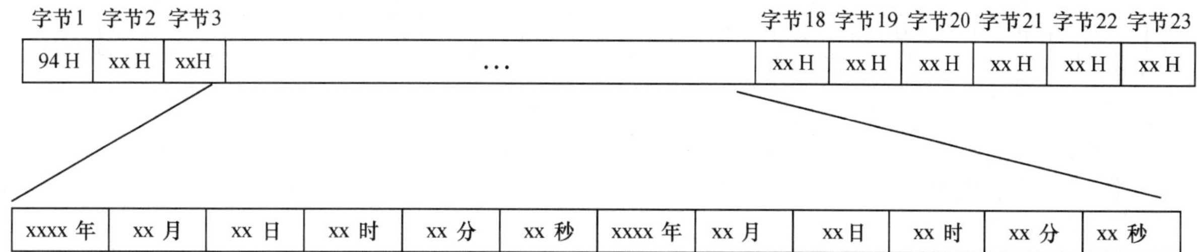

字节1	字节2	字节3		字节18	字节19	字节20	字节21	字节22	字节23
94 H	xx H	xxH	…	xx H	xx H	xx H	xx H	xx H	xx H

xxxx 年	xx 月	xx 日	xx 时	xx 分	xx 秒	xxxx 年	xx 月	xx日	xx 时	xx 分	xx 秒

注：

字节 1 —— 控制字；

字节 2 —— 仪器地址；

字节 3 —— 控制开关号（控制开关号与 8.1.3 条对应）；

字节 4 ~ 10 —— 控制开关自动接通定时时间（年、月、日、时、分、秒占用 7 个字节，其中年占两个字节，双 BCD 码），用“FF”填充的字节视为对该字节所代表的时间不做要求，例如：年为 FFFFH，则每月动作一次；年为 FFFFH、月为 FFH，每天动作一次；依次类推，所有年、月、日、时、分、秒均为 FFH 时，表示该开关不作定时接通；

字节 11 ~ 17 —— 电源关机定时时间（年、月、日、时、分、秒占用 7 个字节，其中年占两个字节，双 BCD 码），用“FF”填充的字节约定与接通时间约定相同；

字节 18 ~ 21 —— 仪器密码；

字节 22 ~ 23 —— CRC 码。

图 25

字节 1	字节 2	字节 3	字节 4	字节 5	字节 6	字节 7	字节 8	字节 9
95 H	xx H	xx H	xx H	xx H	xx H	xx H	xx H	xx H

注：

字节 1 —— 控制字；

字节 2 —— 仪器地址；

字节 3 —— 控制开关号（控制开关号与 8.1.3 条对应）；

字节 4 ~ 7 —— 仪器密码；

字节 8 ~ 9 —— CRC 码。

图 26

字节 1	字节 2	字节 3	字节 4	字节 5	字节 6	字节 7	字节 8	字节 9	字节 10	字节 11
B0 H	xx H	xx	xx H	xx	xx H	xx H	xx H	xx H	xx H	xx H

注：

字节 1 —— 控制字；

字节 2 —— 仪器地址；

字节 3 ~ 5 —— 台站代码，第 3 字节的高 4 位恒为十六进制的“A”，低 4 位和字节 4、字节 5 为地震前兆台站编码；

字节 6 ~ 9 —— 仪器密码；

字节 10 ~ 11 —— CRC 码。

图 27

字节1	字节2	字节3	字节4	字节5	字节6	字节7	字节8
B1 H	xx H	xx H	xx H	xx H	xx H	xx H	xx H

注：

字节1——控制字；

字节2——仪器地址；

字节3~6——仪器密码；

字节7~8——CRC码。

图28

字节1	字节2		字节 $n-5$	字节 $n-4$	字节 $n-3$	字节 $n-2$	字节 $n-1$	字节 n
B2 H	xx H	…	xx H	xx H	xx H	xx H	xx H	xx H

注：

字节1——控制字；

字节2——仪器地址；

字节3~$n-6$——日志，日志总长不超过2K个字节（ASCII码和汉字）；

字节 $n-5$~$n-2$——仪器密码；

字节 $n-1$~n——CRC码。

图29

该命令的功能是装入日志参数并返回命令参数和CRC码。返回的数据格式与命令参数格式相同。

8.3.4 调回日志

该条命令的结构见图30。

字节1	字节2	字节3	字节4	字节5	字节6	字节7	字节8
B3 H	xx H	xx H	xx H	xx H	xx H	xx H	xx H

注：

字节1——控制字；

字节2——仪器地址；

字节3~6——仪器密码；

字节7~8——CRC码。

图30

该命令的功能是返回日志数据和CRC码。返回的数据格式同8.3.3条中的命令参数格式。

8.3.5 设定观测室温度

该条命令的结构见图31。

该命令的功能是设定观测室温度数值并返回温度参数和CRC码。返回的数据格式与命令参数格式相同。

8.3.6 调回观测室温度

该条命令的结构见图32。

该命令的功能是返回观测室温度和CRC码。返回格式同8.3.5条中的命令参数格式。

字节1	字节2	字节3	字节4	字节5	字节6	字节7	字节8	字节9	字节10
B4 H	xx H	xx H	xx H	xx H	xx H	xx H	xx H	xx H	xx H

注：

字节1——控制字；

字节2——仪器地址；

字节3~4——温度参数（双BCD码），两位小数；

字节5~8——仪器密码；

字节9~10——CRC码。

图31

字节1	字节2	字节3	字节4	字节5	字节6	字节7	字节8
B5 H	xx H	xx H	xx H	xx H	xx H	xx H	xx H

注：

字节1——控制字；

字节2——仪器地址；

字节3~6——仪器密码；

字节7~8——CRC码。

图32

8.3.7 设定观测室相对湿度

该条命令的结构见图33。

字节1	字节2	字节3	字节4	字节5	字节6	字节7	字节8	字节9
B6 H	xx H	xx H	xx H	xx H	xx H	xx H	xx H	xx H

注：

字节1——控制字；

字节2——仪器地址；

字节3——相对湿度参数（百分数，不含百分号（%），双BCD码）；

字节4~7——仪器密码；

字节8~9——CRC码。

图33

该命令的功能是设定观测室相对湿度数值并返回湿度参数和CRC码。返回的数据格式与命令参数格式相同。

8.3.8 调回观测室相对湿度

该条命令的结构见图34。

该命令的功能是返回观测室的相对湿度和CRC码。返回格式同8.3.7条中的命令参数格式。

8.4 仪器参数类命令

8.4.1 修改仪器采集参数

该条命令的结构见图35。

该命令的功能是修改仪器采集参数并返回采集参数和CRC码。返回的数据格式与命令参数格式相同。

字节1	字节2	字节3	字节4	字节5	字节6	字节7	字节8
B7 H	xx H	xx H	xx H	xx H	xx H	xx H	xx H

注:

字节1 —— 控制字;

字节2 —— 仪器地址;

字节3~6 —— 仪器密码;

字节7~8 —— CRC码。

图34

字节1	字节2		字节 $n-5$	字节 $n-4$	字节 $n-3$	字节 $n-2$	字节 $n-1$	字节 n
C0 H	xx H	…	xx H	xx H	xx H	xx H	xx H	xx H

注:

字节1 —— 控制字;

字节2 —— 仪器地址;

字节3~$n-6$ —— 仪器工作参数，数据格式与该仪器的采集参数结构类型一致，见7.2条。

字节 $n-5$~$n-2$ —— 仪器密码;

字节 $n-1$~n —— CRC码。

图35

8.4.2 调回仪器采集参数

该条命令的结构见图36。

字节1	字节2	字节3	字节4	字节5	字节6	字节7	字节8
C1 H	xx H	xx H	xx H	xx H	xx H	xx H	xx H

注:

字节1 —— 控制字;

字节2 —— 仪器地址;

字节3~6 —— 仪器密码;

字节7~8 —— CRC码。

图36

该命令的功能是返回仪器工作参数和CRC码。返回的参数格式同8.4.1条中的命令参数格式。

8.4.3 调回仪器采集参数表结构类型

该条命令的结构见图37。

字节1	字节2	字节3	字节4	字节5	字节6	字节7	字节8
C2 H	xx H	xx H	xx H	xx H	xx H	xx H	xx H

注:

字节1 —— 控制字;

字节2 —— 仪器地址;

字节3~6 —— 仪器密码;

字节7~8 —— CRC码。

图37

该命令的功能是返回仪器工作参数类型（0 表示无工作参数表，1 表示类型 1，2 表示类型 2）和 CRC 码。

8.4.4 调回数据存储格式

该条命令的结构见图 38。

字节 1	字节 2	字节 3	字节 4	字节 5	字节 6	字节 7	字节 8
C3 H	xx H	xx H	xx H	xx H	xx H	xx H	xx H

注：

字节 1 —— 控制字；

字节 2 —— 仪器地址；

字节 3 ~ 6 —— 仪器密码；

字节 7 ~ 8 —— CRC 码。

图 38

该命令的功能是返回 3 个字节的仪器数据存储格式和 CRC 码（其中字节 1 用 BCD 码 01 ~ 09 表示 4.1 ~ 4.9 条中的一种数据存储格式；字节 2 用 BCD 码 01 ~ 04 表示 4.4 ~ 4.9 条中的量程 1 ~ 量程 4，用 00 表示 4.1 ~ 4.3 条中的量程；字节 3 用 BCD 码表示 4.10 条中的量程系数 10^n 中的 n，最高二进制位为 1 表示负，为 0 表示正）。

8.4.5 设定仪器通道格值

该条命令的结构见图 39。

字节 1	字节 2	字节 3	字节 4	字节 5	字节 6	字节 7	字节 8	字节 9	字节 10	字节 11	字节 12
C4 H	xx H	xx H	xx H	xx H	xx H	xx H	xx H	xx H	xx H	xx H	xx H

注：

字节 1 —— 控制字；

字节 2 —— 仪器地址；

字节 3 —— 通道号（双 BCD 码）；

字节 4 ~ 6 —— 格值参数，格值数据格式与仪器数据存储格式一致；

字节 7 ~ 10 —— 仪器密码；

字节 11 ~ 12 —— CRC 码。

图 39

该命令的功能是按命令参数修改格值并返回格值参数和 CRC 码。返回的数据格式与命令参数格式相同。

8.4.6 调回仪器通道格值

该条命令的结构见图 40。

该命令的功能是返回格值和 CRC 码。返回的数据格式同 8.4.5 条中的命令参数格式。

8.4.7 设定仪器通道改正值

该条命令的结构见图 41。

该命令的功能是修改改正值并返回改正值参数和 CRC 码。返回的数据格式与命令参数格式相同。

8.4.8 调回仪器通道改正值

该条命令的结构见图 42。

该命令的功能是返回改正值和 CRC 码。返回的数据格式同 8.4.7 条中的命令参数格式。

字节1	字节2	字节3	字节4	字节5	字节6	字节7	字节8	字节9
C5 H	xx H	xx H	xx H	xx H	xx H	xx H	xx H	xx H

注：

字节1——控制字；

字节2——仪器地址；

字节3——通道号（双BCD码）；

字节4~7——仪器密码；

字节8~9——CRC码。

图40

字节1	字节2	字节3	字节4	字节5	字节6	字节7	字节8	字节9	字节10	字节11	字节12
C6 H	xx H	xx H	xx H	xx H	xx H	xx H	xx H	xx H	xx H	xx H	xx H

注：

字节1——控制字；

字节2——仪器地址；

字节3——通道号（双BCD码）；

字节4~6——改正值参数，改正值数据格式与仪器数据存储格式一致；

字节7~10——仪器密码；

字节11~12——CRC码。

图41

字节1	字节2	字节3	字节4	字节5	字节6	字节7	字节8	字节9
C7 H	xx H	xx H	xx H	xx H	xx H	xx H	xx H	xx H

注：

字节1——控制字；

字节2——仪器地址；

字节3——通道号（双BCD码）；

字节4~7——仪器密码；

字节8~9——CRC码。

图42

8.4.9 预置仪器温度

该条命令的结构见图43。

该命令的功能是预置温度值并返回预置的温度值和CRC码。返回的数据格式与命令参数格式相同。

若仪器内有多处需进行温度控制，由设计者为其编号。

8.4.10 调回预置仪器温度

该条命令的结构见图44。

该命令的功能是返回预置温度值和CRC码。返回的数据格式同8.4.9条中的命令参数格式。

8.4.11 调回仪器温度

该条命令的结构见图45。

字节1	字节2	字节3	字节4	字节5	字节6	字节7	字节8	字节9	字节10	字节11	字节12
C8 H	xx H	xx H	xx H	xx H	xx H	xx H	xx H	xx H	xx H	xx H	xx H

注：

字节1——控制字；
字节2——仪器地址；
字节3——仪器内应预置温度的位置编号（双BCD码）；
字节4~6——温度参数（2位小数，双BCD码）；
字节7~10——仪器密码；
字节11~12——CRC码。

图43

字节1	字节2	字节3	字节4	字节5	字节6	字节7	字节8	字节9
C9 H	xx H	xx H	xx H	xx H	xx H	xx H	xx H	xx H

注：

字节1——控制字；
字节2——仪器地址；
字节3——仪器内应预置温度的位置编号（双BCD码）；
字节4~7——仪器密码；
字节8~9——CRC码。

图44

字节1	字节2	字节3	字节4	字节5	字节6	字节7	字节8	字节9
CA H	xx H	xx H	xx H	xx H	xx H	xx H	xx H	xx H

注：

字节1——控制字；
字节2——仪器地址；
字节3——仪器内应预置温度的位置编号（双BCD码）；
字节4~7——仪器密码；
字节8~9——CRC码。

图45

该命令的功能是返回实际温度值和CRC码。返回的数据格式同8.4.9条中的命令参数格式。

8.5 事件类命令

8.5.1 设定事件判定算法编号

该条命令的结构见图46。

该命令的功能是设定事件判定算法并返回事件判定算法编号和CRC码。返回的数据格式与命令参数格式相同。

8.5.2 调回事件判定算法编号

该条命令的结构见图47。

该命令的功能是返回通道号、事件判定算法编号和CRC码。返回的数据格式同8.5.1条中的命令参数格式。

字节1	字节2	字节3	字节4	字节5	字节6	字节7	字节8	字节9	字节10
71 H	xx H	xx H	xx H	xx H	xx H	xx H	xx H	xx H	xx H

注：

字节1——控制字；

字节2——仪器地址；

字节3——通道号（双BCD码）；

字节4——事件判定算法编号（双BCD码，当仪器中有多种事件判断算法时，由仪器研制者自行为其编号）；

字节5~8——仪器密码；

字节8~9——CRC码。

图46

字节1	字节2	字节3	字节4	字节5	字节6	字节7	字节8	字节9
72 H	xx H	xx H	xx H	xx H	xx H	xx H	xx H	xx H

注：

字节1——控制字；

字节2——仪器地址；

字节3——通道号（双BCD码）；

字节4~7——仪器密码；

字节8~9——CRC码。

图47

8.5.3 设定事件判断阈值

该条命令的结构见图48。

字节1	字节2	字节3	字节4	字节5	字节6	字节7	字节8	字节9	字节10	字节11	字节12
73 H	xx H	xx H	xx H	xx H	xx H	xx H	xx H	xx H	xx H	xx H	xx H

注：

字节1——控制字；

字节2——仪器地址；

字节3——通道号（双BCD码）；

字节4~6——阈值参数，与仪器数据存储格式相同；

字节7~10——仪器密码；

字节11~12——CRC码。

图48

该命令的功能是修改阈值并返回通道号、事件判断阈值和CRC码。返回的数据格式与命令参数格式相同。

8.5.4 调回事件判断阈值

该条命令的结构见图49。

该命令的功能是返回通道号、事件判断阈值和CRC码。返回的数据格式同8.5.3条中的命令参数格式。

字节1	字节2	字节3	字节4	字节5	字节6	字节7	字节8	字节9
74 H	xx H	xx H	xx H	xx H	xx H	xx H	xx H	xx H

注：

字节1——控制字；

字节2——仪器地址；

字节3——通道号（双BCD码）；

字节4~7——仪器密码；

字节8~9——CRC码。

图49

8.5.5 设定事件长度

该条命令的结构见图50。

字节1	字节2	字节3	字节4	字节5	字节6	字节7	字节8	字节9	字节10	字节11
75 H	xx H	xx H	xx H	xx H	xx H	xx H	xx H	xx H	xx H	xx H

注：

字节1——控制字；

字节2——仪器地址；

字节3——通道号（双BCD码）；

字节4~5——事件长度参数（双BCD码，以1K字节为单位）；

字节6~9——仪器密码；

字节10~11——CRC码。

图50

该命令的功能是修改事件长度并返回通道号、事件长度和CRC码。返回的数据格式与命令参数格式相同。

一个事件文件的长度，用该文件的采样点数表示。

8.5.6 调回事件长度

该条命令的结构见图51。

字节1	字节2	字节3	字节4	字节5	字节6	字节7	字节8	字节9
76 H	xx H	xx H	xx H	xx H	xx H	xx H	xx H	xx H

注：

字节1——控制字；

字节2——仪器地址；

字节3——通道号（双BCD码）；

字节4~7——仪器密码；

字节8~9——CRC码。

图51

该命令的功能是返回通道号、事件长度值和CRC码。返回的数据格式同8.5.5条中的命令参数格式。

8.5.7 设定事件采样率

该条命令的结构见图52。

字节1	字节2	字节3	字节4	字节5	字节6	字节7	字节8	字节9	字节10
77 H	xx H	xx H	xx H	xx H	xx H	xx H	xx H	xx H	xx H

注：

字节1 —— 控制字；

字节2 —— 仪器地址；

字节3 —— 通道号（十六进制）；

字节4 —— 采样率（双BCD码，见7.1条）；

字节5～8 —— 仪器密码；

字节9～10 —— CRC码。

图52

该命令的功能是按命令参数修改事件采样率并返回采样率参数和CRC码。返回的数据格式与命令参数格式相同。

8.5.8 调回事件采样率

该条命令的结构见图53。

字节1	字节2	字节3	字节4	字节5	字节6	字节7	字节8	字节9
78 H	xx H	xx H	xx H	xx H	xx H	xx H	xx H	xx H

注：

字节1 —— 控制字；

字节2 —— 仪器地址；

字节3 —— 通道号（双BCD码）；

字节4～7 —— 仪器密码；

字节8～9 —— CRC码。

图53

该命令的功能是返回通道号、事件采样率和CRC码。返回的数据格式同8.5.7条中的命令参数格式。

8.6 传感器类命令

8.6.1 设定偏置参数

该条命令的结构见图54。

字节1	字节2	字节3	字节4	字节5	字节6	字节7	字节8	字节9	字节10	字节11	字节12
61 H	xx H	xx H	xx H	xx H	xx H	xx H	xx H	xx H	xx H	xx H	xx H

注：

字节1 —— 控制字；

字节2 —— 仪器地址；

字节3 —— 通道号（双BCD码）；

字节4～6 —— 偏置参数（双BCD码）；

字节7～10 —— 仪器密码；

字节11～12 —— CRC码。

图54

该命令的功能是修改偏置参数并返回偏置参数和CRC码。返回的数据格式与命令参数格式相同。

偏置参数为叠加到传感器上的固定偏移。

8.6.2 调回偏置参数

该条命令的结构见图55。

字节1	字节2	字节3	字节4	字节5	字节6	字节7	字节8	字节9
62 H	xx H	xx H	xx H	xx H	xx H	xx H	xx H	xx H

注：

字节1——控制字；

字节2——仪器地址；

字节3——通道号（双BCD码）；

字节4~7——仪器密码；

字节8~9——CRC码。

图55

该命令的功能是返回通道号、偏置参数和CRC码。返回的数据格式同8.6.1条中的命令参数格式。

8.6.3 预置传感器方位

该条命令的结构见图56。

字节1	字节2	字节3	字节4	字节5	字节6	字节7	字节8	字节9	字节10	字节11	字节12	字节13
63 H	xx H	xx H	xx H	xx H	xx H	xx H	xx H	xx H	xx H	xx H	xx H	xx H

注：

字节1——控制字；

字节2——仪器地址；

字节3——通道号（双BCD码）；

字节4~7——预置的角度，角度值用度、分、秒表示（双BCD码），度数占用两字节，分占用1个字节，秒占用1个字节，正北方向为0°，顺时针方向为正；

字节8~11——仪器密码；

字节12~13——CRC码。

图56

该命令的功能是预置传感器方位并返回通道号、预置方位值和CRC码。返回的数据格式与命令参数格式相同。

传感器方位：传感器安装时指定的水平方向。

8.6.4 调回传感器预置方位

该条命令的结构见图57。

字节1	字节2	字节3	字节4	字节5	字节6	字节7	字节8	字节9
64 H	xx H	xx H	xx H	xx H	xx H	xx H	xx H	xx H

注：

字节1——控制字；

字节2——仪器地址；

字节3——通道号（双BCD码）；

字节4~7——仪器密码；

字节8~9——CRC码。

图57

该命令的功能是返回传感器通道号、预置方位值和 CRC 码。返回的数据格式同 8.6.3 条中的命令参数格式。

8.6.5 调回传感器实际方位

该条命令的结构见图 58。

字节 1	字节 2	字节 3	字节 4	字节 5	字节 6	字节 7	字节 8	字节 9
65 H	xx H	xx H	xx H	xx H	xx H	xx H	xx H	xx H

注：

字节 1 —— 控制字；

字节 2 —— 仪器地址；

字节 3 —— 通道号（双 BCD 码）；

字节 4 ~ 7 —— 仪器密码；

字节 8 ~ 9 —— CRC 码。

图 58

该命令的功能是返回传感器通道号、实际方位值和 CRC 码。返回的数据格式同 8.6.3 条中的命令参数格式。

8.6.6 预置传感器的垂直位置

该条命令的结构见图 59。

字节 1	字节 2	字节 3	字节 4	字节 5	字节 6	字节 7	字节 8	字节 9	字节 10	字节 11	字节 12	字节 13
66 H	xx H	xx H	xx H	xx H	xx H	xx H	xx H	xx H	xx H	xx H	xx H	xx H

注：

字节 1 —— 控制字；

字节 2 —— 仪器地址；

字节 3 —— 通道号（双 BCD 码）；

字节 4 ~ 7 —— 预置的垂直位置值，单位由设计者自定（双 BCD 码）；

字节 8 ~ 11 —— 仪器密码；

字节 12 ~ 13 —— CRC 码。

图 59

该命令的功能是预置传感器的垂直位置并返回通道号、预置位置值和 CRC 码。返回的数据格式与命令参数格式相同。

传感器垂直位置是指传感器安装时指定的垂直位置。

8.6.7 调回传感器预置的垂直位置

该条命令的结构见图 60。

字节 1	字节 2	字节 3	字节 4	字节 5	字节 6	字节 7	字节 8	字节 9
67 H	xx H	xx H	xx H	xx H	xx H	xx H	xx H	xx H

注：

字节 1 —— 控制字；

字节 2 —— 仪器地址；

字节 3 —— 通道号（双 BCD 码）；

字节 4 ~ 7 —— 仪器密码；

字节 8 ~ 9 —— CRC 码。

图 60

该命令的功能是返回传感器通道号、预置垂直位置值和 CRC 码。返回的数据格式同 8.6.6 条中的命令参数格式。

8.6.8 调回传感器的实际垂直位置

该条命令的结构见图 61。

字节 1	字节 2	字节 3	字节 4	字节 5	字节 6	字节 7	字节 8	字节 9
68 H	xx H	xx H	xx H	xx H	xx H	xx H	xx H	xx H

注：

字节 1 —— 控制字；

字节 2 —— 仪器地址；

字节 3 —— 通道号（双 BCD 码）；

字节 4 ~ 7 —— 仪器密码；

字节 8 ~ 9 —— CRC 码。

图 61

该命令的功能是返回传感器通道号、实际垂直位置值和 CRC 码。返回的数据格式同 8.6.6 条中的命令参数格式。

8.7 数据类命令

8.7.1 收昨天数据

该条命令的结构见图 62。

字节 1	字节 2	字节 3	字节 4	字节 5	字节 6	字节 7	字节 8	字节 9	字节 10
A0 H	xx H	11 H	xx H	xx H	xx H	xx H	xx H	xx H	xx H

注：

字节 1 —— 控制字；

字节 2 —— 仪器地址；

字节 3 —— 恒为“11”（十六进制）；

字节 4 —— 通道号（双 BCD 码）；

字节 5 ~ 8 —— 仪器密码；

字节 9 ~ 10 —— CRC 码。

图 62

该命令的功能是返回昨天 0 h 至 24 h（不含）的数据和 CRC 码。返回的数据格式与该仪器数据存储格式相同。

8.7.2 收指定日期数据

该条命令的结构见图 63。

该命令的功能是返回指定日期的数据和 CRC 码。返回的数据格式与该仪器的数据存储格式相同。

8.7.3 调回仪器今天 0 h 至当前时间的数据

该条命令的结构见图 64。

该命令的功能是返回当天零点至当前时间数据和 CRC 码。返回的数据格式与该仪器数据存储格式相同。

8.7.4 调回仪器当前采集的数据

该条命令的结构见图 65。

字节1	字节2	字节3	字节4	字节5	字节6	字节7	字节8	字节9	字节10	字节11	字节12	字节13
AA H	xx H	xx H	xx H	xx H	xx H	xx H	xx H	xx H	xx H	xx H	xx H	xx H

注：

字节1——控制字；

字节2——仪器地址；

字节3——通道号（双BCD码）；

字节4~7——时间参数年、月、日占用4个字节（双BCD码）；

字节8~11——仪器密码；

字节12~13——CRC码。

图63

字节1	字节2	字节3	字节4	字节5	字节6	字节7	字节8	字节9	字节10	字节11
A0 H	xx H	11 H	11 H	xx H	xx H	xx H	xx H	xx H	xx H	xx H

注：

字节1——控制字；

字节2——仪器地址；

字节3——恒为“11”（十六进制）；

字节4——恒为“11”（十六进制）；

字节5——通道号（双BCD码）；

字节6~9——仪器密码；

字节10~11——CRC码。

图64

字节1	字节2	字节3	字节4	字节5	字节6	字节7	字节8	字节9	字节10	字节11
A0 H	xx H	11 H	11 H	11 H	xx H	xx H	xx H	xx H	xx H	xx H

注：

字节1——控制字；

字节2——仪器地址；

字节3——恒为“11”（十六进制）；

字节4——恒为“11”（十六进制）；

字节5——恒为“11”（十六进制）；

字节6~9——仪器密码；

字节10~11——CRC码。

图65

该命令的功能是返回仪器各通道当前采集的一组数据（数据按通道顺序排列）和CRC码。返回的数据格式与该仪器数据存储格式相同。

8.7.5 收昨天事件数据

该条命令的结构见图66。

该命令的功能是返回事件数据和CRC码。返回的数据格式与该仪器的数据存储格式相同。

字节1	字节2	字节3	字节4	字节5	字节6	字节7	字节8	字节9	字节10
A1 H	xx H	xx H	xx H	xx H	xx H	xx H	xx H	xx H	xx H

注：

字节1 —— 控制字；
字节2 —— 仪器地址；
字节3 —— 通道号（双BCD码）；
字节4 —— 事件顺序号（十六进制）；
字节5～8 —— 仪器密码；
字节9～10 —— CRC码。

图66

8.7.6 收昨天事件个数

该条命令的结构见图67。

字节1	字节2	字节3	字节4	字节5	字节6	字节7	字节8	字节9
A2 H	xx H	xx H	xx H	xx H	xx H	xx H	xx H	xx H

注：

字节1 —— 控制字；
字节2 —— 仪器地址；
字节3 —— 通道号（双BCD码）；
字节4～7 —— 仪器密码；
字节8～9 —— CRC码。

图67

该命令的功能是返回事件个数和CRC码。

8.7.7 启动仪器某通道连续测量

该条命令的结构见图68。

字节1	字节2	字节3	字节4	字节5	字节6	字节7	字节8	字节9
A3 H	xx H	xx H	xx H	xx H	xx H	xx H	xx H	xx H

注：

字节1 —— 控制字；
字节2 —— 仪器地址；
字节3 —— 通道号（双BCD码）；
字节4～7 —— 仪器密码；
字节8～9 —— CRC码。

图68

该命令的功能是启动指定通道的连续测量，同时返回测量数据。返回的数据格式与该仪器使用的数据存储格式相同。

8.7.8 停止仪器某通道连续测量

该条命令的结构见图69。

该命令的功能是关闭指定通道的连续测量并返回通道号（返回的数据格式与命令参数格式相同）和CRC码。

字节1	字节2	字节3	字节4	字节5	字节6	字节7	字节8	字节9
A4 H	xx H	xx H	xx H	xx H	xx H	xx H	xx H	xx H

注：

字节1——控制字；

字节2——仪器地址；

字节3——通道号（双BCD码）；

字节4～7——仪器密码；

字节8～9——CRC码。

图69

8.7.9 随机分段调回仪器采集的数据

该条命令的结构见图70。

字节1	字节2	字节3	字节4	字节5	字节6	字节7	字节8	字节9
A5 H	xx H	xx H	xx H	xx H	xx H	xx H	xx H	xx H

注：

字节1——控制字；

字节2——仪器地址；

字节3——通道号（双BCD码）；

字节4～7——仪器密码；

字节8～9——CRC码。

图70

本命令可以与8.7.3条联合使用，当主控微机用8.7.3条命令收数后，本命令可以收取从8.7.3条命令后仪器新采集的数据和CRC码，被控仪器发出这段数据后，应能记住收到本命令的当前时间数据从00 h 00 min开始的顺序号，以便下次再使用本命令收取新采集的数据。如果本命令收取的数据时段跨过00 h 00 min 00 s，则被控仪器只发00 h 00 min 00 s以前的数据，并将数据顺序号清零。本命令可用于随机监控仪器产出的数据。

8.8 标定类命令

8.8.1 启动仪器标定

该条命令的结构见图71。

字节1	字节2		字节 $n-5$	字节 $n-4$	字节 $n-3$	字节 $n-2$	字节 $n-1$	字节 n
E0 H	Xx H	…	xx H	xx H	xx H	xx H	xx H	xx H

注：

字节1——控制字；

字节2——仪器地址；

字节3——通道号（双BCD码）；

字节4～$n-6$——标定参数，长度可为0至128个字节，参数的数据格式与仪器的数据存储格式相同；

字节$n-5$～$n-2$——仪器密码；

字节$n-1$～n——CRC码。

图71

该命令的功能是执行约定的标定动作并返回标定参数和 CRC 码。返回的数据格式与命令参数格式相同。

8.8.2 调回标定数据

该条命令的结构见图 72。

字节 1	字节 2	字节 3	字节 4	字节 5	字节 6	字节 7	字节 8	字节 9
E1 H	xx H	xx H	xx H	xx H	xx H	xx H	xx H	xx H

注：

字节 1 —— 控制字；

字节 2 —— 仪器地址；

字节 3 —— 通道号（双 BCD 码）；

字节 4 ~ 7 —— 仪器密码；

字节 8 ~ 9 —— CRC 码。

图 72

该命令的功能是返回标定参数和 CRC 码。返回的数据格式同 8.8.1 条中的命令参数格式。

8.8.3 停止标定动作

该条命令的结构见图 73。

字节 1	字节 2	字节 3	字节 4	字节 5	字节 6	字节 7	字节 8	字节 9
E3 H	xx H	xx H	xx H	xx H	xx H	xx H	xx H	xx H

注：

字节 1 —— 控制字；

字节 2 —— 仪器地址；

字节 3 —— 通道号（双 BCD 码）；

字节 4 ~ 7 —— 仪器密码；

字节 8 ~ 9 —— CRC 码。

图 73

该命令的功能是停止标定动作并返回标定参数和 CRC 码。返回的数据格式同 8.8.1 条中的命令参数格式。

8.8.4 启动调零动作

该条命令的结构见图 74。

字节 1	字节 2		字节 $n-5$	字节 $n-4$	字节 $n-3$	字节 $n-2$	字节 $n-1$	字节 n
E4 H	Xx H	…	xx H	xx H	xx H	xx H	xx H	xx H

注：

字节 1 —— 控制字；

字节 2 —— 仪器地址；

字节 3 —— 通道号（双 BCD 码）；

字节 4 ~ $n-6$ —— 调零参数，长度可为 0 至 128 个字节，参数的数据格式与仪器的数据存储格式相同；

字节 $n-5$ ~ $n-2$ —— 仪器密码；

字节 $n-1$ ~ n —— CRC 码。

图 74

该命令的功能是执行约定的标定动作并返回命令参数和CRC码。返回的数据格式与命令参数格式相同。

8.8.5 停止调零动作

该条命令的结构见图75。

字节1	字节2	字节3	字节4	字节5	字节6	字节7	字节8	字节9
E5 H	Xx H	xx H	xx H	xx H	xx H	xx H	xx H	xx H

注：

字节1——控制字；

字节2——仪器地址；

字节3——通道号（双BCD码）；

字节4~7——仪器密码；

字节8~9——CRC码。

图75

该命令的功能是停止调零动作并返回调零参数和CRC码。返回的数据格式同8.8.4条中的命令参数格式。

8.9 仪器工作软件类命令——升级仪器工作软件

该条命令的结构见图76。

字节1	字节2		字节 $n-5$	字节 $n-4$	字节 $n-3$	字节 $n-2$	字节 $n-1$	字节 n
D0 H	xx H	…	xx H	xx H	xx H	xx H	xx H	xx H

注：

字节1——控制字；

字节2——仪器地址；

字节3~$n-6$——仪器工作软件（含安装参数、软件口令等）；

字节 $n-5$~$n-2$——仪器密码；

字节 $n-1$~n——CRC码。

图76

该命令的功能是升级仪器工作软件。若仪器软件被正确安装，返回ASCII字符“OK”加CRC码，并启动新工作软件；否则返回ASCII字符“ERROR”加CRC码。

8.10 自定义类命令

该条命令的结构见图77。

字节1	字节2		字节 $n-5$	字节 $n-4$	字节 $n-3$	字节 $n-2$	字节 $n-1$	字节 n
Fx H	xx H	…	xx H	xx H	xx H	xx H	xx H	xx H

注：

字节1——自定义控制字，范围为F0 H~FE H（十六进制）；

字节2——仪器地址；

字节3~$n-6$——命令参数；

字节 $n-5$~$n-2$——仪器密码；

字节 $n-1$~n——CRC码；

返回格式自行规定。

图77

该命令用于自定义命令。

附　录　A
（资料性附录）
标准地震前兆测项代码与现行地震前兆测项代码对照表

表 A.1

序号	现行地震前兆测项代码				标准地震前兆测项代码		单位	数据格式
	测项分量名称	测项代码	代码缩写	代码缩写(2)	测项分量名称	测项代码		
1	重力	22221	21	G1	重力潮汐变化分量	2121	$ms^{-2} \times 10^{-8}$	#####
2	地磁 F	33330	30	H 0	绝对观测总强度	3117	nT	#####
3	地磁 Z	33331	31	H 1	绝对观测垂直分量	3113	nT	#####
4	地磁 H	33332	32	H 2	绝对观测水平分量	3114	nT	#####
5	偏角 D	33333	33	H 3	绝对观测磁偏角	3115	(′)	####. ##
6	倾角 I	33334	34	H 4	绝对观测磁倾角	3116	(′)	####. ##
7	磁通门 X	33339	39	H 9	变化记录北向分量	3121	nT	####. #
8	磁通门 Y	3333A	3A	H A	变化记录东向分量	3122	(′)	####. #
9	磁通门 Z	3333B	3B	H B	变化记录垂直分量	3123	nT	####. #
10	磁通门温度	3333C	3C	H C	辅助温度	3129	℃	##. #
11	电阻率 NS	44440	40	I 0	北南向单极距地电阻率	3211	Ω · m	###. ##
12	电阻率 EW	44441	41	I 1	东西向单极距地电阻率	3212	Ω · m	###. ##
13	电阻率 NE	44442	42	I 2	北东向单极距地电阻率	3213	Ω · m	###. ##
14	电阻率 NW	44443	43	I 3	北西向单极距地电阻率	3214	Ω · m	###. ##
15	电位 NS	44444	44	I 4	北南向长周期自然电位差	3311	mV	#####. #
16	电位 EW	44445	45	I 5	东西向长周期自然电位差	3312	mV	#####. #
17	电位 NE	44446	46	I 6	北东向长周期自然电位差	3313	mV	#####. #
18	电位 NW	44447	47	I 7	北西向长周期自然电位差	3314	mV	#####. #
19	电场 NS	44448	48	I 8	北南向长周期地电场	3411	mV/km	#####. #
20	电场 EW	44449	49	I 9	东西向长周期地电场	3412	mV/km	#####. #
21	电场 NE	4444A	4A	IA	北东向长周期地电场	3413	mV/km	#####. #
22	电场 NW	4444B	4B	IB	北西向长周期地电场	3414	mV/km	#####. #
23	电场短 NS	444AC	Y8	AC	北南向短周期地电场	3421	mV/km	#####. #
24	电场短 EW	444AD	Y9	AD	东西向短周期地电场	3422	mV/km	#####. #
25	电场短 NE	444AE	YA	AE	北东向短周期地电场	3423	mV/km	#####. #
26	电场短 NW	444AF	YB	AF	北西向短周期地电场	3424	mV/km	#####. #
27	电阻率 NS 向均方差	4444C	4C	IC	北南向观测值均方差	3215	Ω · m	###. ##

表 A.1（续）

序号	现行地震前兆测项代码				标准地震前兆测项代码		单位	数据格式
	测项分量名称	测项代码	代码缩写	代码缩写(2)	测项分量名称	测项代码		
28	电阻率 EW 向均方差	4444D	4D	I D	东西向观测值均方差	3216	Ω · m	###.##
29	电阻率 NE 向均方差	4444E	4E	I E	北东向观测值均方差	3217	Ω · m	###.##
30	电阻率 NW 向均方差	4444F	4 F	IF	北西向观测值均方差	3218	Ω · m	###.##
31	差应变仪 1	55531	55	J 5	钻孔应变观测北南分量	2321	10^{-8}	#####.#
32	差应变仪 2	55532	56	J 6	钻孔应变观测东西分量	2322	10^{-8}	#####.#
33	体应变	55541	57	J 7	体应变	2330	10^{-8}	#####.#
34	振弦 1	55559	59	J 9	钻孔应力观测北南分量	2341	10^{-9}	#####
35	振弦 2	5555A	5A	J A	钻孔应力观测东西分量	2342	10^{-9}	#####
36	振弦 3	5555B	5B	J B	钻孔应力观测第三分量	2346	10^{-9}	#####
37	钻孔辅助温度	5555C	5C	J C	钻孔温度	2329	℃	###.#
38	钻孔辅助水位	5555D	5D	J D			cm	###.#
39	钻孔辅助气压	5555E	5E	J E			hPa	####.#
40	水管 N 端	66621	61	K1	水管倾斜观测北端	2241	mV	#####.#
41	水管 S 端	66625	62	K2	水管倾斜观测南端	2242	mV	#####.#
42	水管 E 端	66623	63	K3	水管倾斜观测东端	2243	mV	#####.#
43	水管 W 端	66627	64	K4	水管倾斜观测西端	2244	mV	#####.#
44	水管 NE 端	66622	65	K5	水管倾斜观测北东端	2245	mV	#####.#
45	水管 SW 端	66626	66	K6	水管倾斜观测南西端	2246	mV	#####.#
46	水管 NW 端	66628	67	K7	水管倾斜观测北西端	2247	mV	#####.#
47	水管 SE 端	66624	68	K8	水管倾斜观测南东端	2248	mV	#####.#
48	水管 NS	66215	69	K9	水管倾斜观测北南分量	2231	10^{-3}	#####.#
49	水管 EW	66237	6A	KA	水管倾斜观测东西分量	2232	10^{-3}	#####.#
50	水管 NE	66226	6B	KB			10^{-3}	#####.#
51	水管 NW	66284	6C	KC			10^{-3}	#####.#
52	伸缩 NS	77315	71	L1	洞体应变观测北南分量	2311	10^{-10}	#####.#
53	伸缩 EW	77337	72	L2	洞体应变观测东西分量	2312	10^{-10}	#####.#
54	伸缩 NE	77326	73	L3	洞体应变观测北东分量	2313	10^{-10}	#####.#
55	伸缩 NW	77384	74	L4	洞体应变观测北西分量	2314	10^{-10}	#####.#
56	洞体温度	77775	75	L5	洞体温度	2319	℃	##.###
57	断层水平正交	773B1	B1	B7	蠕变仪记录跨断层正交	2472	mm	###.###
58	断层水平斜交	773B2	B2	B8	蠕变仪记录跨断层斜交	2471	mm	###.###
59	断层垂直上盘	777B3	B3	B9			mm	###.###
60	断层垂直下盘	777B4	B4	BA			mm	###.###

表 A.1（续）

序号	现行地震前兆测项代码				标准地震前兆测项代码		单位	数据格式
	测项分量名称	测项代码	代码缩写	代码缩写(2)	测项分量名称	测项代码		
61	断层洞体温度1	777B5	B5	BB			℃	###.###
62	断层洞体温度2	777B6	B6	BC			℃	###.###
63	断层垂直	777B7	B7	BD			mm	###.###
64	摆 NS	88881	81	M1	水平摆倾斜观测北南分量	2211	10^{-3}	#####.#
65	摆 EW	88882	82	M2	水平摆倾斜观测东西分量	2212	10^{-3}	#####.#
66	垂直摆 NS	88883	83	M3	垂直摆倾斜观测北南分量	2221	10^{-3}	#####.#
67	垂直摆 EW	88884	84	M4	垂直摆倾斜观测东西分量	2222	10^{-3}	#####.#
68	水位	99921	91	N1	静水位	4112	m	##.###
69	井口压力	99922	92	N2	井口压力	4121	kPa	##.###
70	地热	99931	93	N3	（地热）中层水温	4313	℃	##.####
71	地热1	99932	94	N4	（地热）深层水温	4314	℃	##.####
72	水温	99933	95	N5	表层水温	4311	℃	##.##
73	水温1	99935	9F	NF	浅层水温	4312	℃	##.##
74	水氡	99991	96	N6	溶解气氡	4211	Bq/L	####.#
75	气氡	99990	90	N0	逸出气氡	4212	Bq/L	####.#
76	二氧化碳	99993	97	N7	溶解气二氧化碳	4251	ng/L	#####
77	气体总量	99994	98	N8	逸出气气体总量	4262	mL/min	###.#
78	流量	99995	9A	NA	井水流量	4131	L/min	###.#
79	氢	99996	9B	NB	逸出气氢	4232	%	#.####
80	氦	99997	9C	NC	逸出气氦	4242	%	#.####
81	汞	99998	9D	ND	溶解气汞	4221	ng/L	###.###
82	气汞	99999	99	N9	逸出气汞	4222	ng/L	###.###
83	气温	99980	A1	P1	（大气）温度	9110	℃	###.#
84	气压	99981	A2	P2	气压	9130	hPa	#####.#
85	降雨量	99982	A3	P3	降水量	9140	mm	####.#
86	80 cm 地温	99983	A4	P4	0.8 m 地温	4331	℃	###.##
87	160 cm 地温	99984	A5	P5	1.6 m 地温	4332	℃	###.##
88	320 cm 地温	99985	A6	P6	3.2 m 地温	4333	℃	###.##
89	320 cm 以下地温	99986	A7	P7	3.2 m 以下地温	4334	℃	###.####
90	室温	99987	A8	P8			℃	###.#
91	室温1	99988	A9	P9			℃	###.#
92	动水位	99989	AA	PA	动水位	4111	m	##.###
93	基准台 DIF（D）	33338	36	H6	绝对观测磁偏角	3115	(′)	####.##

表 A.1（续）

序号	现行地震前兆测项代码				标准地震前兆测项代码		单位	数据格式
	测项分量名称	测项代码	代码缩写	代码缩写(2)	测项分量名称	测项代码		
94	基准台 DIF（I）	33338	37	H7	绝对观测磁倾角	3116	(′)	####.##
95	基准台 DIF（F）	33338	38	H8	绝对观测总强度	3117	nT	####.##
96	基准台 DHZ（D）	3333F	3D	HD	绝对观测磁偏角	3115	(′)	#####.#
97	基准台 DHZ（H）	3333F	3E	HE	绝对观测水平分量	3114	nT	#####.#
98	基准台 DHZ（Z）	3333F	3F	HF	绝对观测垂直分量	3113	nT	#####.#
99	实验 0	ffff0	f0					
100	实验 1	ffff1	f1					
101	实验 2	ffff2	f2					
102	实验 3	ffff3	f3					
103	实验 4	ffff4	f4					
104	实验 5	ffff5	f5					
105	实验 6	ffff6	f6					
106	实验 7	ffff7	f7					
107	实验 8	ffff8	f8					
108	实验 9	ffff9	f9					
109	实验 10	ffffa	fa					
110	实验 11	ffffb	fb					
111	实验 12	ffffc	fc					
112	实验 13	ffffd	fd					
113	实验 14	ffffe	fe					
114	实验 15	fffff	ff					

ICS 91.120.25
P 15
备案号:7398—2000

中华人民共和国地震行业标准

DB/T 13—2000

地震计接口

Interface of seismometer

2000-06-09 发布 2000-12-01 实施

中国地震局 发布

前　言

本标准对目前使用于数字化地震台站的各类地震计的接口进行规定。

制定本标准的目的是为了在地震仪器产品的生产、使用和标定等过程中，保证产品质量，并方便应用。

本标准由中国地震局提出。

本标准由全国地震标准化技术委员会归口。

本标准起草单位：中国地震局分析预报中心、中国地震局工程力学研究所、武汉地震研究所。

本标准主要起草人：庄灿涛、刘庆伟、蔡亚先、王家行、李淑谦。

地震计接口

1 范围

本标准规定了数字化地震台站中使用的地震计的接口，适用于地面或峒体中观测的地震计的生产。

2 引用标准

下列标准所包含的条文，通过在本标准中引用而构成为本标准的条文。本标准出版时，所示版本均为有效。所有标准都会被修订，使用本标准的各方应探讨使用下列标准最新版本的可能性。

GJB 101 – 1986 小圆形快速分离耐环境电连接器总规范

GJB 598 – 1988 耐环境快速分离圆形电连接器总规范

3 定义

本标准采用下列定义。

3.1 地震计接口 interface of seismometer

地震计与后续设备之间的连接器及电气规定。

3.2 短周期地震计 short period seismometer

观测地面运动频率范围为 1 Hz 以上的地震计。

注：有时也可略小于 1 Hz，如 0.5 Hz、0.6 Hz。

3.3 宽频带负反馈地震计 broadband feedback seismometer

观测地面运动频带的低频端的周期在 10 s 到 100 s 左右，高频在 5 Hz 以上，并带有输出信号负反馈的地震计。

3.4 甚宽频带负反馈地震计 very broadband feedback seismometer

观测地面运动频带的低频端的周期在 100 s 以上，并带有输出信号负反馈的地震计。

3.5 力平衡加速度计 force balance accelerometer

记录地面运动加速度，并将输出的信号反馈到线圈中，产生平衡力的地震计。

4 符号和缩略语

本标准采用下列符号和缩略语：

E-W	(East and West)	表示“东西方向”；
N-S	(North and South)	表示“北南方向”；
U-D	(Up and Down)	表示“竖直方向”；
p-p	(peak to peak)	表示“物理量的峰峰值”；
BB	(Broadband Channel)	表示“宽频带输出信道”；
LP	(Long Period Channel)	表示“长周期输出信道”。

5 接口要求

不同类型的地震计对输出接口有不同的要求。

5.1 短周期地震计的输出接口

5.1.1 输出端应使用 GJB 101—1986 和 GJB 598—1988 标准的 Y50X-1412 ZK10 型插座，如图 1 所示。插座的引线输出应包括以下内容：

	输出引线内容	符号标识	对应插孔
a)	E-W 分向输出正端	(+)	1
b)	E-W 分向输出负端	(-)	2
c)	N-S 分向输出正端	(+)	4
d)	N-S 分向输出负端	(-)	3
e)	U-D 分向输出正端	(+)	11
f)	U-D 分向输出负端	(-)	12
g)	E-W 分向标定线圈正端	(+)	7
h)	E-W 分向标定线圈负端	(-)	8
i)	N-S 分向标定线圈正端	(+)	6
j)	N-S 分向标定线圈负端	(-)	5
k)	U-D 分向标定线圈正端	(+)	10
l)	U-D 分向标定线圈负端	(-)	9

5.1.2 输出要求

输出阻抗：<4.5 kΩ

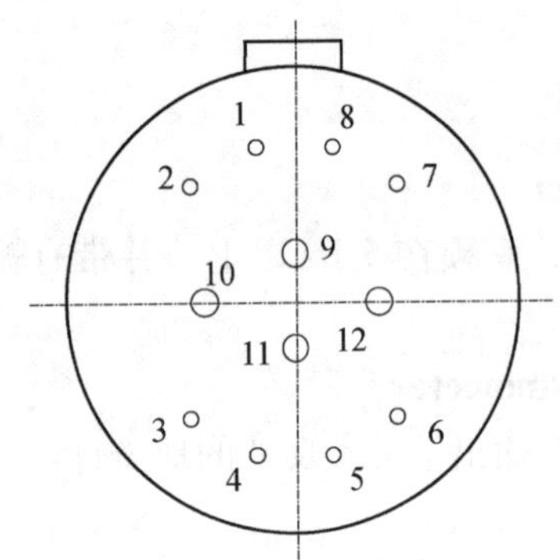

图1 Y50X－1412ZK10 插座示意图

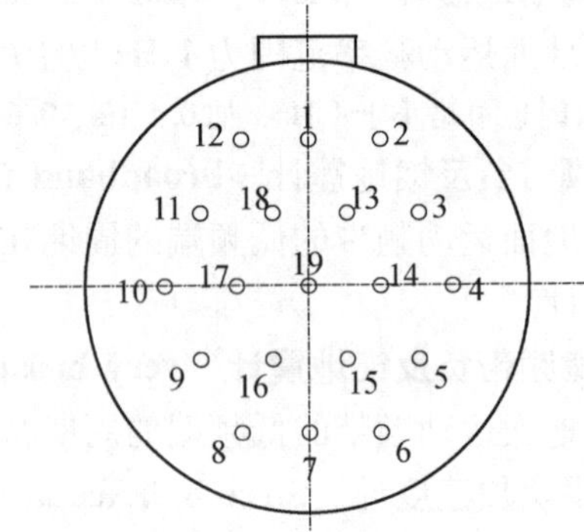

图2 Y50X－1419ZJ10 插座示意图

5.2 宽频带负反馈地震计输出接口

5.2.1 输出端应使用 GJB 101—1986 和 GJB 598—1988 标准的 Y50X-1419ZJ10 型插座，如图2所示。插座的引线输出应包括以下内容：

	输出引线内容	符号标识	对应插针
a)	E-W 分向输出正端	(+)	13
b)	E-W 分向输出负端	(-)	13
c)	N-S 分向输出正端	(+)	16
d)	N-S 分向输出负端	(-)	15
e)	U-D 分向输出正端	(+)	12
f)	U-D 分向输出负端	(-)	2
g)	E-W 分向标定线圈正端	(+)	11

续

	输出引线内容	符号标识	对应插针
h)	E-W 分向标定线圈负端	(-)	3
i)	N-S 分向标定线圈正端	(+)	9
j)	N-S 分向标定线圈负端	(-)	5
k)	U-D 分向标定线圈正端	(+)	6
l)	U-D 分向标定线圈负端	(-)	8
m)	电源正端	(+)	10, 17
n)	电源负端	(-)	4, 14
o)	信号地		1, 19
p)	保留端		7

宽频带负反馈地震计的电源也可以单独使用插头引出，这种情况下的信号输出端引线应包括以下内容：

	输出引线内容	符号标识	对应插针
a)	E-W 分向输出正端	(+)	18
b)	E-W 分向输出负端	(-)	13
c)	N-S 分向输出正端	(+)	16
d)	N-S 分向输出负端	(-)	15
e)	U-D 分向输出正端	(+)	12
f)	U-D 分向输出负端	(-)	2
g)	E-W 分向标定线圈正端	(+)	11
h)	E-W 分向标定线圈负端	(-)	3
i)	N-S 分向标定线圈正端	(+)	9
j)	N-S 分向标定线圈负端	(-)	5
k)	U-D 分向标定线圈正端	(+)	6
l)	U-D 分向标定线圈负端	(-)	8
m)	信号地		1, 19
n)	保留端		4, 7, 10, 14, 17

5.2.2　输入及输出要求：

额定输入电压：±12 V

允许输入电源电压变化范围：±1 V

最大输出电压范围：±10V（p-p）

输出阻抗：<1 Ω

5.3　甚宽频带负反馈地震计输出接口

5.3.1　输出端应使用 GJB 101—1986 和 GJB 598—1988 标准的 Y50X-1626ZJ10 型插座，如图 3 所示。

插座的引线输出应包括以下内容：

	输出引线内容	符号标识	对应插针
a)	E-W 分向 BB 输出正端	(+)	8
b)	E-W 分向 BB 输出负端	(-)	9
c)	E-W 分向 LP 输出正端	(+)	20
d)	E-W 分向 LP 输出负端	(-)	21
e)	N-S 分向 BB 输出正端	(+)	24
f)	N-S 分向 BB 输出负端	(-)	14
g)	N-S 分向 LP 输出正端	(+)	23
h)	N-S 分向 LP 输出负端	(-)	13
i)	U-D 分向 BB 输出正端	(+)	3
j)	U-D 分向 BB 输出负端	(-)	2
k)	U-D 分向 LP 输出正端	(+)	4
l)	U-D 分向 LP 输出负端	(-)	17
m)	E-W 分向标定线圈正端	(+)	19
n)	E-W 分向标定线圈负端	(-)	26
o)	N-S 分向标定线圈正端	(+)	22
p)	N-S 分向标定线圈负端	(-)	12
q)	U-D 分向标定线圈正端	(+)	5
r)	U-D 分向标定线圈负端	(-)	18
s)	E-W 分向信号地		10
t)	N-S 分向信号地		15
u)	U-D 分向信号地		1
v)	E-W 分向标定地		25
w)	N-S 分向标定地		11
x)	U-D 分向标定地		6
y)	保留端		7，16

5.3.2 输出要求：

最大输出电压范围：±10V（p－p）

输出阻抗：<1 Ω

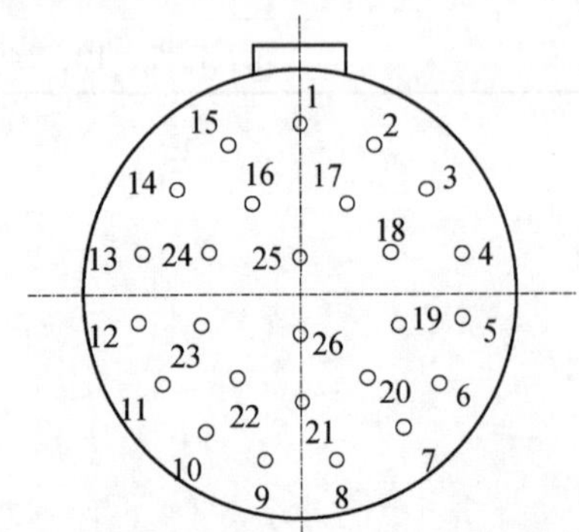

图 3 Y50X－1626ZJ10 插座示意图

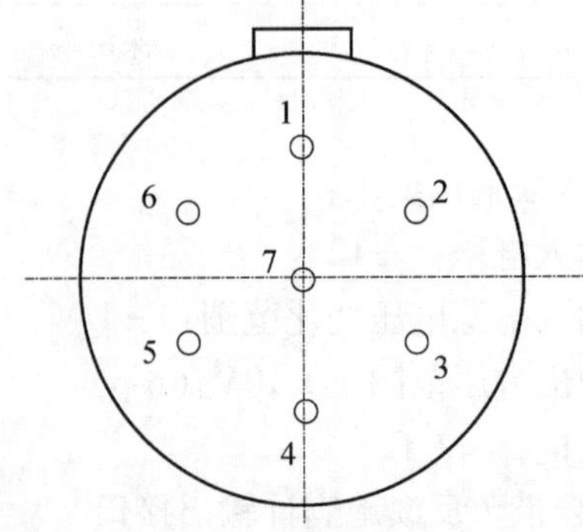

图 4 Y50X－1007ZJ10 插座示意图

5.4 力平衡加速度计的输出接口

5.4.1 输出端应使用 GJB 101—1986 和 GJB 598—1988 标准的 Y50X-1419ZJ10 型插座，如图 2 所示。插座的引线输出应包括以下内容：

	输出引线内容	符号标识	对应插针
a)	E-W 分向输出正端	(+)	4
b)	E-W 分向输出负端	(-)	8
c)	N-S 分向输出正端	(+)	6
d)	N-S 分向输出负端	(-)	7
e)	U-D 分向输出正端	(+)	15
f)	U-D 分向输出负端	(-)	16
g)	E-W 分向标定线圈正端	(+)	17
h)	E-W 分向标定线圈负端	(-)	13
i)	N-S 分向标定线圈正端	(+)	12
j)	N-S 分向标定线圈负端	(-)	11
k)	U-D 分向标定线圈正端	(+)	19
l)	U-D 分向标定线圈负端	(-)	18
m)	电源正端	(+)	1
n)	电源负端	(-)	2
o)	信号地		3
p)	保留端		5，9，10，14

5.4.2 输入及输出要求：

额定输入电压：±12 V

允许输入电源电压变化范围：±1 V

最大输出电压范围：±10V（p－p）

输出阻抗：<1 Ω

5.5 单分向力平衡加速度计的输出接口

5.5.1 输出端应使用 GJB 101—1986 和 GJB 598—1988 标准的 Y50X-1007ZJ10 型插座，如图 4 所示。插座的引线输出应包括以下内容：

	输出引线内容	符号标识	对应插针
a)	信号输出正端	(+)	6
b)	信号输出负端	(-)	7
c)	标定线圈正端	(+)	4
d)	标定线圈负端	(-)	5
e)	电源正端	(+)	1
f)	电源负端	(-)	3
g)	信号地		2

5.5.2 输入及输出要求：

额定输入电源电压：±12 V

允许输入电源电压变化范围：±1 V

最大输出电压范围：±10 V（p－p）

输出阻抗：<1 Ω

ICS 91.120.25
P 15
备案号：7888—2001

DB

中华人民共和国地震行业标准

DB/T 14—2000

原地应力测量 水压致裂法和套芯解除法 技术规范

Code of hydraulic fracturing and overcoring method for in-situ stress measurement

2000-11-29 发布 2001-05-01 实施

中国地震局 发布

前　言

本标准根据我国原地应力实测技术现状、参考国际岩石力学学会（ISBM）试验方法委员会确定岩石应力的建议方法、岩土工程试验监测手册以及国内外原地应力实测经验和成果制定。

本标准包括水压致裂法和套芯解除法两种测量方法。

本标准由中国地震局提出。

本标准由全国地震标准化技术委员会归口。

本标准起草单位：中国地震局地壳应力研究所。

本标准主要起草人：王建军、李方全、陈群策、苏恺之、杨树新。

原地应力测量水压致裂法和套芯解除法技术规范

1 范围

本标准规定了用水压致裂法和套芯解除法测量原地应力的技术方法和技术要求。

本标准适用于各类岩体工程需要原地应力资料场点的测量，水压致裂法适用于测量深度大于 50 m 的情况，套芯解除法适用于需要获知三维主应力大小和方向的情况。

2 定义

本标准采用下列定义。

2.1 原地应力 in-situ stress

未经人类活动扰动存在于地壳内部的应力。

2.2 封隔器 packer

用于封隔孔段的圆柱形器具。

2.3 封隔段 test interval

一对跨接式封隔器密封形成的测量孔段。

2.4 座封 packer setting

向一对跨接式封隔器注液加压（简称注压），使之膨胀，紧贴孔壁形成封隔段的过程。

2.5 水压致裂 hydraulic fracturing

向封隔段内注压致使封隔段孔壁产生破裂的过程。

2.6 初始破裂压力 initial breakdown pressure

使封隔段孔壁产生张性破裂的液压或泵压，即临界破坏压力（见图 1）。

2.7 瞬时关闭压力 instantaneous shut-in pressure

在孔壁破裂后停止注压并保持压裂回路密闭的情况下裂缝停止延伸趋于闭合时，封隔段内保持裂缝张开时的平衡压力（见图 1）。

2.8 破裂重张压力 fracture reopening pressure

再次对封隔段注压使破裂重新张开的压力（见图 1）。

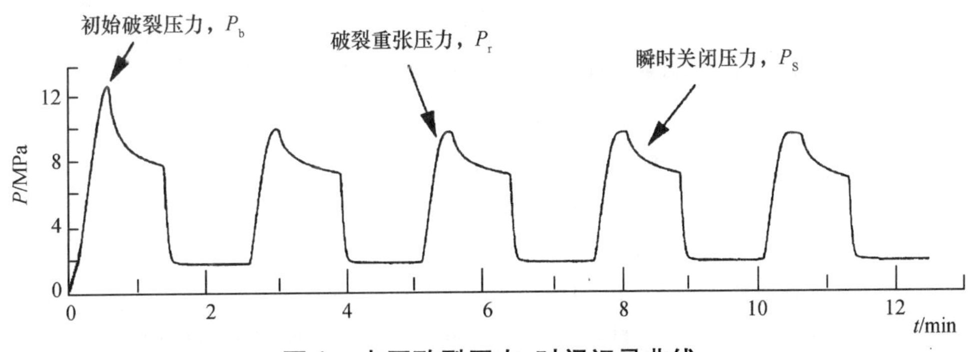

图 1 水压致裂压力-时间记录曲线

2.9 孔隙水压力 pore water pressure

存在于岩体孔隙中水的压力。

2.10　岩体抗张强度　**tension strength of rock**

封隔段围岩抵抗拉张破坏的强度。

2.11　单回路压裂系统　**single circuit hydraulic fracturing system**

由一个高压泵通过单一的管线（钻杆）向封隔器注压座封后，经井下转换开关转换为向封隔段注压压裂的测量系统。

2.12　双回路压裂系统　**double circuits hydraulic fracturing system**

由高压泵通过两条管线（钻杆和高压胶管），分别向封隔器注压座封及向封隔段注压压裂的测量系统。

2.13　印模　**impressing**

将带有定向装置的印模器置入已压裂的孔段，注压膨胀印模器使水压致裂产生的破裂在印模器上留下印痕的过程。

2.14　套芯解除　**overcoring**

将测量传感器安装在钻孔孔底的测量小钻孔中并观测读数，然后在测量小钻孔外同芯套钻钻取岩芯，使岩芯与围岩脱离的过程。

2.15　元件定向　**component orienting**

确定应力测量时传感器上各元件在钻孔中的方位和倾角。

2.16　钻孔孔径变形法　**borehole deformation method**

通过套钻钻进测量套芯解除前后小钻孔孔径变形，确定地应力的一种方法。

2.17　孔壁应变法　**borehole wall strain method**

借助粘贴在钻孔孔壁上的电阻应变片，根据套钻钻进测量套芯解除前后小钻孔孔壁表面应变变化，由弹性理论计算岩体中某点的地应力状态的方法。

3　符号

本标准采用下列符号。

H——地面下测段的深度或钻孔内测段的深度；

γ——岩体的容重；

P_0——孔隙水压力；

P_b——初始破裂压力；

P_s——瞬时关闭压力；

P_r——破裂重张压力；

T——岩石原地抗张强度；

σ_v——垂直向应力；

σ_H——最大水平主应力；

σ_h——最小水平主应力；

σ_1，σ_2，σ_3——三个主应力值；

α_1，α_2，α_3——三个主应力的倾角；

β_1，β_2，β_3——三个主应力的方位角；

σ_{s1}，σ_{s2}——垂直钻孔轴线平面内的最大、最小主应力；

σ_x，σ_y，σ_z，τ_{xy}，τ_{yz}，τ_{zx}——应力张量的六个独立分量；

E——岩石弹性模量；

μ——岩石泊松比；

t——时间；

K_b——孔径变形计标定系数；

ε_n——最终稳定应变值；

ε_0——初始应变值；

$\delta_{0°}$，$\delta_{45°}$，$\delta_{90°}$——钻孔变形计 0°，45°，90°三个方向的变形值；

s_i——压磁应力计内不同方向元件的记录应力值；

η_i——压磁应力计测量方向元件的标定曲线的斜率；

ξ_i——压磁元件记录应力值计算系数；

ΔV_i——解除前后压磁应力仪读数的变化值；

ε_k——第 k 电阻片解除应变测定值；

ε_{nk}——解除后第 k 电阻片应变仪读数；

ε_{0k}——解除前第 k 电阻片应变仪读数。

4 总则

4.1 原地应力测量的测点应按下列原则选择

——测点应根据项目的目的和要求进行选择；

——测点的位置应避开岩体破碎的地块；

——测点的位置应避开应力扰动区。

4.2 原地应力测量的测段应按下列原则选择

——地面钻孔第一测段深度应在基岩风化带以下；

——峒内钻孔第一测段深度应超过岩峒断面直径（或最大宽度或高度）的 2 ~ 3 倍；

——测段应选在岩石完整且无孔壁崩落孔段，应避开原生裂隙密布的孔段；

——测段设置应兼顾研究需要和工程布置设计。

4.3 原地应力测量的钻孔应满足以下要求

——地表钻孔表土段和易塌孔的基岩风化段应下套管；

——钻孔倾斜度每百米应不超过 1°，孔径变化应不超过设计孔径 3 mm；

——全钻孔取岩芯并进行准确编录，编录内容应包括钻进回次、深度、岩芯采取率、岩性描述等；

——应详细记录钻进过程中遇到的缩径、塌孔、涌水量突变及钻孔事故；

——测量前应进行钻孔检查，检出缩径、超径和孔壁崩落孔段，测定终孔深度。

4.4 现场测量技术人员应满足以下要求

现场测量工作应由地应力测量高级专业技术人员负责，确定专人记录测量数据，仪器设备操作人员应经专业技术培训和安全培训。

5 水压致裂法

5.1 水压致裂法现场测量技术要求

5.1.1 测量设备配置及要求

1）封隔器的长度宜为 1 m。两个跨接式封隔器相连构成的封隔段长度应不小于测量钻孔孔径的 5 倍；

2）压力泵的额定工作压力宜不小于 25 MPa。对于深部（深度大于 500 m）或高应力地区，其额定工作压力应大于 35 MPa。高压泵在额定工作压力下应保持不小于 4 L/min 的稳定流量；

3）压力传感器的精度应优于 0.5%，量程范围宜为 0MPa ~ 60MPa；

4）流量传感器的量程应不小于 20 L/min，记录精度优于 0.5 L/min；

5）印模器的胶筒长度应不小于 1 m。采用磁罗盘定向器，记录精度应优于 3°；

6）数据记录应采用 $X-Y$ 记录仪，宜配备数字式数据采集器。

5.1.2　测量设备的检查与标定

5.1.2.1　连接件、钻杆检查与试压及测量设备渗漏检查

在压裂试验之前，应对测量所用的压力泵、压力和流量传感器、钻杆及连接件进行渗漏试验。试验压力应大于12 MPa。合格的钻杆应进行编号并记下长度。

5.1.2.2　测量设备标定

1）压力传感器使用前应采用计量检定合格的标准压力表校准，在预定达到的压力范围内完成升压及降压两个循环的标定；

2）流量传感器使用前应采用计量检定合格的标准流量计校准，在预定流量范围进行两个回次的标定；

3）数据采集及记录系统使用前应连接压力及流量传感器，进行两次数据采集及记录系统的检查。

5.1.3　压裂系统选择及测段选定

1）钻孔孔径和测量深度适宜时，应优先选用双回路压裂系统；

2）应依据4.2和工程实际需求，结合钻孔检查结果和岩芯观察（或钻孔井下电视测量）确定各测段深度。每个钻孔宜不少于5个测段，或每100 m不少于2个测段，在重要的深度范围宜适当加密测段。

5.1.4　测量步骤及技术要求

5.1.4.1　测量系统连接检查

在进行测量操作之前，应检查测量设备、电路的连接是否正确，核对下入测量钻孔的钻杆编号。

5.1.4.2　座封

用一对封隔器（孔底可采用单封隔器）座封形成封隔段。座封压力视岩体条件和地应力大小而定，初始座封压力宜不小于6 MPa。压裂过程中应跟踪监测座封压力，测量精度宜优于0.2 MPa。

5.1.4.3　压裂操作

1）注压：在整个测量系统安装及检查完毕后开始注压，在注压过程中宜保持不小于4 L/min的恒定流量；

2）关泵：水压致裂过程中，依据现场记录的压力-时间曲线判断孔壁破裂产生或破裂重张后即可关泵，观测关闭压力；

3）卸压：在每个压裂回次完成后应完全卸压，使压力管路与大气连通。

5.1.4.4　破裂重张循环的操作

1）重张时刻的判断：压力-时间曲线上，压力上升速率减慢，压力开始降低、裂缝重张时即可关泵；

2）每个重张循环含注压、关泵和卸压三个步骤，每个循环时间宜不少于2 min；

3）每个测段重张循环应不少于3次，两个循环之间的时间间隔宜不少于1 min；

4）钻孔深度超过500 m时，每个循环时间、循环间隔时间、卸压时间应延长1 min。

5.1.4.5　测量破裂裂缝方位和倾角

采用印模器或钻孔电视测量破裂裂缝方位和倾角。印模器应准确安放到先前压裂位置，印模器膨胀的压力应接近破裂压力，印模器应紧贴井壁30 min以上。取出印模器后应立即描下其印出的破裂印模，在印模展开图上标注基线位置。使用钻孔电视时，在压裂测量前、后皆应进行观测，拍摄测段孔壁照片。

5.1.5　现场测量记录应包括以下内容：

——测量地点、钻孔坐标或经纬度、编号、方位、倾角及终孔深度；

——测段深度、注压压力-时间曲线、流量-时间曲线；

——印模形态素描、破裂倾角及方位定向记录；

——测量中遇到的异常情况和事故。

5.2 水压致裂法测量数据处理

5.2.1 压裂参数的确定

5.2.1.1 关闭压力 P_s 的确定

可根据测量曲线形态选用拐点法、单切线法、双切线法、流量压力法以及压力—时间的平方根法（$P-t^{1/2}$）、低流量泵进法等。对同一钻孔宜采用同一种确定关闭压力 P_s 的方法。

5.2.1.2 重张压力 P_r 的确定

压力-时间曲线上明显偏离线性关系处的压力值可定为重张压力 P_r，宜以第三次重张循环的重张压力值为准。

5.2.1.3 初始破裂压力 P_b 的确定

第一回次的峰值压力确定为初始破裂压力 P_b。

5.2.1.4 孔隙压力 P_0 的确定

宜以测段处的钻孔静水位压力代表其孔隙压力。

5.2.2 主应力计算

垂直主应力平行于钻孔轴时，主应力可按下式计算：

$$\sigma_h = P_s \tag{1}$$

$$\sigma_H = 3P_s - P_b - P_0 + T \tag{2}$$

$$\sigma_H = 3P_s - P_r - P_0 \tag{3}$$

$$\sigma_v = \gamma \cdot H \tag{4}$$

注：公式（2）用于初始压裂循环；公式（3）用于重张压裂循环。

5.3 水压致裂法原地应力测量报告内容

5.3.1 任务来源，工作内容和技术要求，测量结果的用途及测量完成情况。

5.3.2 测量方法。

5.3.3 测量地点描述。应详细描述测量地点的地理位置，测点附近的地形及主要地质构造，测点周围坑道、洞室布置及断面尺寸，测点钻孔布置及附近工程施工背景。应附图件说明。

5.3.4 钻孔孔径测量和钻孔检查结果。应提供全部已取得的相关资料，包括记录下来的不连续面的特性和钻孔孔壁条件。

5.3.5 测段岩石的地质描述。应包括岩性，胶结情况，岩芯采取率。应附钻孔柱状图。

5.3.6 各测段深度和封隔段长度。

5.3.7 测量步骤及所用设备描述，宜配以图表和照片说明。

5.3.8 测量数据与结果描述

1）用图给出各测段流量、压力随时间的变化，用文字准确描述选定 P_b、P_s 和 P_r 的方法；

2）用表格列出各测段 H、P_0、P_b、P_s、P_r 的数值，最大和最小水平主应力 σ_H、σ_h 的大小和方向，以及由公式（4）计算得到的垂直应力大小；

3）应给出孔壁压裂印模展开图，并标注印模段深度、基线和破裂方位、破裂倾角等参数。用钻孔电视进行破裂定向的，应给出破裂段照片及孔壁崩落段照片，照片中应标注深度、破裂方位和破裂倾角；

4）应分别描述各测段测量完成情况，测量中遇到的问题。简述各测段测量结果并对测量结果进行简要评价和判别。

5.3.9 对全部测量结果归纳总结，一个垂直钻孔内完成3个以上测段的测量时应给出三个主应力大小随深度变化图示。测量区域有两个以上测点时应给出主应力大小量级和方向范围及规律性分析。

5.3.10 应将本次测量结果与本次测量区域内其他途径获取的地应力资料进行比较，分析存在的差异和原因。

6 套芯解除法

6.1 套芯解除法现场测量技术要求

6.1.1 测量设备配置及要求

——应变计应设有温度补偿应变片；

——应力（或应变）仪应采用数字式应力（变）仪；

——围压标定机额定工作压力宜不小于60 MPa；

——手动油压泵额定工作压力宜不小于80 MPa；

——压力表量程宜为0 MPa~60 MPa，灵敏度0.2 MPa；

——定向设备的定向误差应在±3°以内；

——测量小钻孔造孔钻头直径宜用φ26 mm和φ36 mm两种规格，视套芯钻孔的直径大小确定（套芯钻孔直径应为小钻孔直径的2.5倍以上），钻头直径误差应不超过1.5 mm。

6.1.2 测量设备检查与标定技术要求

——读取传感器各元件的电阻和仪器初始读数及检查绝缘状况；

——压力表在使用前应采用计量检定合格的标准压力表校准；

——定向器在使用前应采用计量检定合格的罗盘标定定向器的测量误差。

6.1.3 测量步骤及技术要求

6.1.3.1 测量小钻孔造孔

在测点的预定方向上打直径为φ（75~130）mm的钻孔到预定测段的深度后应磨平孔底，孔底应无残留岩芯；再用锥形尖钻头钻一漏斗状起导正作用深50 mm的喇叭口；取小钻头钻出测量小钻孔，深度为350 mm~500 mm，钻孔应为正圆形，孔壁光滑、孔位不偏斜。

6.1.3.2 地应力测量传感器的安装要求

地应力测量传感器应准确进入测量小钻孔至预定深度并位于小钻孔的中心。装有触头的传感器，触头应与孔壁紧密接触。采用粘结剂安装的传感器应与孔壁胶结紧密。

6.1.4 套芯解除操作及要求

1）钻进准备：宜使用金刚石钻头，岩芯管长度应大于1 m，孔口应安装钻杆导向装置；

2）测量电缆连接：套芯钻进前将测量电缆穿过钻具引出钻机，与跟踪监测的仪器相连；不进行跟踪监测的，在提出信号电缆前应有5 min~10 min的稳定读数；

3）仪器准备：在套芯钻进前仪器应预热15 min以上至仪器读数稳定；

4）冲水：套芯钻进前应向钻孔内冲水至仪器读数稳定后开始钻进；

5）钻进：以匀速钻进400 mm~500 mm后，采出包含传感器的完整岩芯；

6）数据记录：每钻进10 mm~20 mm记录一次传感器各元件的仪器读数，宜采用自动记录。

6.1.5 现场围压标定

应在现场将含有传感器的完整岩芯放入围压标定机中进行标定。标定最大压力宜不低于6 MPa，可视岩性及岩芯情况增大标定压力。标定宜采用升压和降压两个循环，除记录压力为0时传感器各元件的读数外，压力每变化1 MPa记录一次各元件的仪器读数。

6.1.6 现场数据记录内容及要求

——测量地点、钻孔坐标或经纬度、编号、方向、倾角及每次套芯解除深度；

——传感器上各元件方位、倾角测定记录；

——测量中遇到的异常情况和事故。

6.1.7 用于地应力计算的有效实测数据个数应满足以下要求：

——用于计算二维地应力的有效实测数据应不少于5个；

——用于计算三维地应力的有效实测数据应不少于9个。

6.2 套芯解除法测量数据处理

6.2.1 有效数据筛选

负责现场测量的高级技术人员应严格审查根据现场记录数据绘制的仪器读数——钻进进尺曲线即应力解除曲线及仪器读数——压力标定曲线，剔除曲线异常的数据和受裂隙及其他因素干扰的不可靠数据（即无效数据），确定参与地应力计算的有效数据。

6.2.2 地应力计算

由现场实测数据计算原地应力的建议方法见附录 A。

6.3 套芯解除法原地应力测量报告内容

6.3.1 基本内容

——任务来源、测点地理位置、测点附近地形和地质构造、工程施工背景、测点所在巷道或洞室的尺寸；

——测量方法；

——测量中遇到的问题、完成套芯解除次数和测量成功次数。

6.3.2 测量数据处理

测量数据参与计算的取舍及说明，各个测点（段）原始测量数据的描述和数据质量分析。

6.3.3 测量结果的描述

1）各个测点、孔、段的位置，钻孔方位和倾角，岩性及解除次数，宜列表说明；

2）各次解除数据列表，图示解除及标定曲线；

3）各个测段的应力计算结果，应给出 6 个应力分量大小及 3 个主应力的大小、方向和倾角。

6.3.4 测量结果的综合分析

1）测量区域有两个以上测点时应给出主应力大小量级和方向范围及规律性分析；

2）应将本次测量结果与本次测量区域内由其他途径获取的地应力资料进行比较，分析存在的差异和原因。

附 录 A
（标准的附录）
套芯解除法地应力计算建议方法

A1 钻孔孔径变形计法（径向变形元件相互交角为45°）

A1.1 计算孔径变形

$$\delta = \frac{\varepsilon_n - \varepsilon_0}{K_b} \tag{5}$$

A1.2 计算与钻孔轴垂直的平面内的大、小主应力及其方向：

$$\sigma_{s1} = \frac{E}{4d}\left[(\delta_{0^\circ} + \delta_{90^\circ}) + \frac{1}{\sqrt{2}}\sqrt{(\delta_{0^\circ} + \delta_{45^\circ})^2 + (\delta_{45^\circ} - \delta_{90^\circ})^2}\right] \tag{6}$$

$$\sigma_{s2} = \frac{E}{4d}\left[(\delta_{0^\circ} + \delta_{90^\circ}) - \frac{1}{\sqrt{2}}\sqrt{(\delta_{0^\circ} + \delta_{45^\circ})^2 + (\delta_{45^\circ} - \delta_{90^\circ})^2}\right] \tag{7}$$

$$\tan 2\alpha = \frac{2\delta_{45^\circ} - \delta_{0^\circ} - \delta_{90^\circ}}{\delta_{0^\circ} - \delta_{90^\circ}} \qquad \frac{\cos 2\alpha}{\delta_{0^\circ} - \delta_{90^\circ}} > 0 \text{（判别式）} \tag{8}$$

如果进行多组测量，可进行组合计算，求出σ_{s1}、σ_{s2}的平均值。

A1.3 计算测点的六个应力分量

用三孔交汇法测量三维地应力的观测方程组为

$$E(\delta_k/d) = A_{k1}\sigma_x + A_{k2}\sigma_y + A_{k3}\sigma_z + A_{k4}\tau_{xy} + A_{k5}\tau_{yz} + A_{k6}\tau_{zx} \tag{9}$$

$$K = v(i-1) + j,\ i = 1 \sim w,\ j = 1 \sim v$$

式中：

k ——观测值方程序号；

i ——交汇测量钻孔序号；

j ——变形计内触头序号；

w ——交汇测量钻孔个数，一般 $w=3$；

v ——变形计内触头对数，一般 $v=4$；

δ_k——第 k 对触头孔径变形观测值；

$A_{k1} \sim A_{k6}$为应力系数，具体表达如下：

$$A_{k1} = 1 - (1+\mu)\cos^2 a_i \cos^2(\beta_0 - b_i) + 2(1-\mu^2)\cos 2\theta_j [1 - (1+\sin^2 a_i)\cos^2(\beta_0 - b_i)] + 2(1-\mu^2)\sin 2\theta_j \sin a_i \sin 2(\beta_0 - b_i)$$

$$A_{k2} = 1 - (1+\mu)\cos^2 a_i \sin^2(\beta_0 - b_i) + 2(1-\mu^2)\cos 2\theta_j [1 - (1+\sin^2 a_i)\sin^2(\beta_0 - b_i)] - 2(1-\mu^2)\sin 2\theta_j \sin a_i \sin 2(\beta_0 - b_i)$$

$$A_{k3} = (1+\mu)[1 - 2(1-\mu)\cos 2\theta_j]\cos^2 a_i - \mu$$

$$A_{k4} = -(1+\mu)[\cos^2 a_i + 2(1-\mu)(1+\sin^2 a_i)\cos 2\theta_j]\sin 2(\beta_0 - b_i) - 4(1-\mu^2)\sin 2\theta_j \sin a_i \cos 2(\beta_0 - b_i)$$

$$A_{k5} = -(1+\mu)[1 - 2(1-\mu)\cos 2\theta_j]\sin 2a_i \sin(\beta_0 - b_i) + 4(1-\mu^2)\sin 2\theta_j \cos a_i \cos 2(\beta_0 - b_i)$$

$$A_{k6} = -(1+\mu)[1 - 2(1-\mu)\cos 2\theta_j]\sin 2a_i \cos(\beta_0 - b_i) - 4(1-\mu^2)\sin 2\theta_j \cos a_i \sin 2(\beta_0 - b_i)$$

式中：

a_i——交汇测量钻孔的倾角；

b_i——交汇测量钻孔的方位角；

θ_j——变形计内触头的布置角；

β_0——大地坐标系轴 X 的方位角。

A2 三分量压磁应力计法（三组压磁元件相互交角为 60°）

A2.1 确定传感器每一元件的记录应力值

$$s_i = \eta_i \xi_i \Delta V_i \quad (i = 1 \sim 3) \tag{10}$$

A2.2 计算与钻孔轴垂直平面内的最大、最小主应力及其方向

$$\sigma_{s_1} = \frac{1}{2}\left\{s_1 + s_2 + s_3 + \sqrt{\frac{1}{2}[(s_1 - s_2)^2 + (s_2 - s_3)^2 + (s_3 - s_1)^2]}\right\} \tag{11}$$

$$\sigma_{s_2} = \frac{1}{2}\left\{s_1 + s_2 + s_3 - \sqrt{\frac{1}{2}[(s_1 - s_2)^2 + (s_2 - s_3)^2 + (s_3 - s_1)^2]}\right\} \tag{12}$$

$$\tan 2\alpha = -\sqrt{3}\frac{s_2 - s_3}{2s_1 - s_2 - s_3} \quad \frac{s_2 - s_3}{\sin 2\alpha} < 0 (\text{判别式}) \tag{13}$$

式中：

α——s_1 与 σ_1 的夹角。当判别式大于 0 时，α 则为 s_1 与 σ_2 的夹角。

A2.3 计算三维地应力（用三孔交汇法进行测量时）：

$$\begin{aligned} s_i = \frac{1}{3}\{ & (f_1 l_1^2 + f_2 l_2^2 + f_3 l_3^2 + f_4 l_1 l_3)\sigma_x \\ & + (f_1 m_1^2 + f_2 m_2^2 + f_3 m_3^2 + f_4 m_1 m_3)\sigma_y \\ & + (f_1 n_1^2 + f_2 n_2^2 + f_3 n_3^2 + f_4 n_1 n_3)\sigma_z \\ & + [2f_1 l_1 m_1 + 2f_2 l_2 m_2 + 2f_3 l_3 m_3 + f_4(l_1 m_3 + l_3 m_1)]\tau_{xy} \\ & + [2f_1 m_1 n_1 + 2f_2 m_2 n_2 + 2f_3 m_3 n_3 + f_4(m_1 n_3 + m_3 n_1)]\tau_{yz} \\ & + [2f_1 n_1 l_1 + 2f_2 n_2 l_2 + 2f_3 n_3 l_3 + f_4(n_1 l_3 + n_3 l_1)]\tau_{zx}\} \end{aligned} \tag{14}$$

式中：

$f_1 = 1 + 2\cos 2\theta$;

$f_2 = -\mu$;

$f_3 = 1 - 2\cos 2\theta$;

$f_4 = 4\sin 2\theta$。

(l_1, m_1, n_1)、(l_2, m_2, n_2)、(l_3, m_3, n_3) ——三个测量钻孔坐标分别对大地坐标 X、Y、Z 的方向余弦；

θ——测量直径与位于 $X-Y$ 平面内的钻孔坐标轴的夹角。

A3 八分量压磁应力计法（元件相互交角为 45°，斜向元件与应力计轴线夹角 45°）

A3.1 确定每一测量方向元件的记录应力值

$$s_i = \eta_i \xi_i \Delta V_i \quad (i = 1 \sim 8) \tag{15}$$

A3.2 计算六个应力分量

$$s_1 = \frac{Eu_1}{3r} = f_1\sigma_x + f_2\sigma_y + f_3\sigma_z + f_4\tau_{xy} + f_5\tau_{yz} + f_6\tau_{zx} \tag{16}$$

$$s_{45} = \frac{Eu_{45}}{3r} = h_1\sigma_x + h_2\sigma_y + h_3\sigma_z + h_4\tau_{xy} + h_5\tau_{yz} + h_6\tau_{zx} \tag{17}$$

式中：

s_1、s_{45}——压磁应力计径向、45°斜向元件的“记录应力值”，单位为兆帕（MPa）；

u_1、u_{45} ——压磁应力计径向、45°斜向元件的变形值，单位为毫米（mm）；

r ——钻孔半径，单位为毫米（mm）。

$$f_1 = \frac{1}{3}(1 + 2\cos 2\theta),\ f_2 = \frac{1}{3}(1 - 2\cos 2\theta),\ f_3 = -\frac{\mu}{3};$$

$$f_4 = \frac{4}{3}\sin 2\theta,\ f_5 = f_6 = 0;$$

$$h_1 = \frac{\sqrt{2}}{6}(1 - 2\mu + 2\cos 2\theta),\ h_2 = \frac{\sqrt{2}}{6}(1 - 2\mu - 2\cos 2\theta);$$

$$h_3 = \frac{\sqrt{2}}{6}(2 - \mu),\ h_4 = \frac{2\sqrt{2}}{3}\sin 2\theta;$$

$$h_5 = \frac{2\sqrt{2}}{3}(1 + \mu)\sin\theta,\ h_6 = \frac{2\sqrt{2}}{3}(1 + \mu)\cos\theta.$$

如果得到一组径向和斜向的测量数据（“记录应力值”），利用最小二乘法可建立求解应力分量的正态方程组：

$$A\ \{\sigma\}\ = G \tag{18}$$

式中：

$A = [a_{ij}]$ ——方程组的系数矩阵；

$G = [g_i]$ ——观测向量。

求解该正态方程组可确定 6 个应力分量大小，由此计算测段三维主应力的大小、方向及倾角。

A4 钻孔孔壁应变法

三叉式应变计和空腔包体式应变计的应变丛布置及应变丛内应变片的位置如图 2 和图 3 所示。

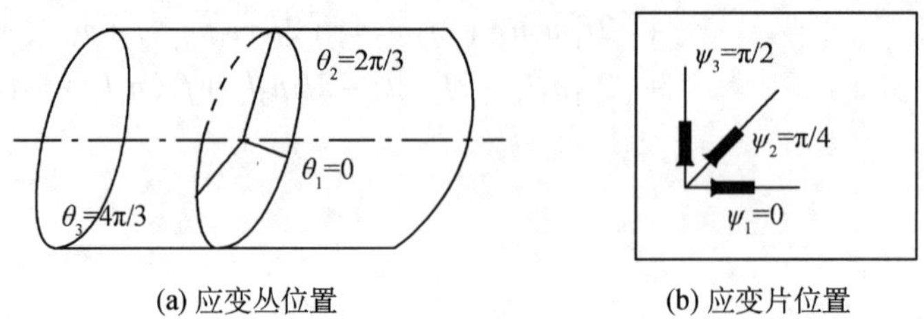

(a) 应变丛位置　　(b) 应变片位置

图 2　三叉式应变计应变丛布置示意图

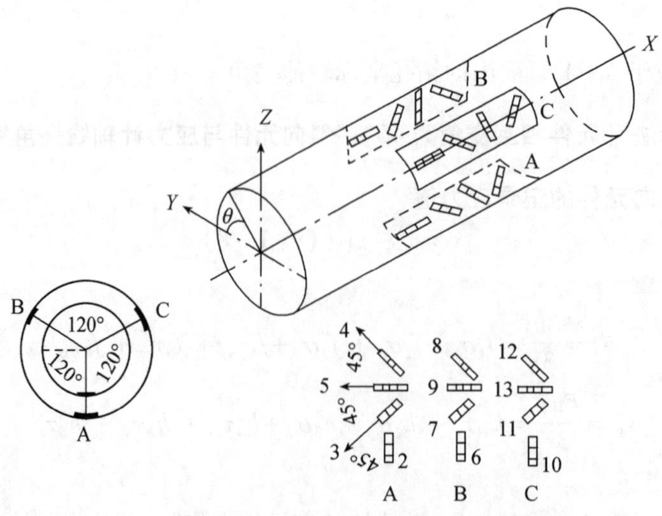

图 3　空腔包体应变计应变丛布置示意图

A4.1 计算各应变片解除应变测定值

$$\varepsilon_k = \varepsilon_{nk} - \varepsilon_{0k} \tag{19}$$

A4.2 确定地应力分量

采用最小二乘法原理计算，地应力分量的最佳值由下列方程组求解得到：

$$\begin{Bmatrix} \sum_{k=1}^{n} A_{k_1}^2 & \sum_{k=1}^{n} A_{k_2}A_{k_1} & \cdots & \sum_{k=1}^{n} A_{k_6}A_{k_1} \\ \sum_{k=1}^{n} A_{k_1}A_{k_2} & \sum_{k=1}^{n} A_{k_2}^2 & \cdots & \sum_{k=1}^{n} A_{k_6}A_{k_2} \\ \vdots & \vdots & \vdots & \vdots \\ \sum_{k=1}^{n} A_{k_1}A_{k6} & \sum_{k=1}^{n} A_{k_2}A_{k_6} & \cdots & \sum_{k=1}^{n} A_{k_6}^2 \end{Bmatrix} \begin{Bmatrix} \sigma_x \\ \sigma_y \\ \vdots \\ \vdots \\ \tau_{zx} \end{Bmatrix} = E \begin{Bmatrix} \sum_{k=1}^{n} A_{k_1}\varepsilon_k \\ \sum_{k=1}^{n} A_{k_2}\varepsilon_k \\ \vdots \\ \sum_{k=1}^{n} A_{k_6}\varepsilon_k \end{Bmatrix} \tag{20}$$

钻孔孔壁应变测量法三维地应力测量的观测方程组为

$$E\varepsilon_k = A_{k_1}\sigma_x + A_{k_2}\sigma_y + A_{k_3}\sigma_z + A_{k_4}\tau_{xy} + A_{k_5}\tau_{yz} + A_{k_6}\tau_{zx} \tag{21}$$

$$k = v(i-1) + j, i = 1 \sim q \ , j = 1 \sim v$$

式中：

k ——观测值方程序号；

i ——应变丛序号；

j ——每一应变丛中应变片序号；

q ——应变丛个数，一般 $q=3$；

v ——每一应变丛中应变片个数，一般 $v=3$ 或 4；

ε_k——第 k 应变片观测值（解除应变值）；

$A_{k_1} \sim A_{k_6}$为应力系数，具体表达如下：

$$A_{k_1} = [k_1 + \mu - 2(1-\mu^2)k_2 \cos 2\theta_i]\sin^2\psi_{ij} - \mu$$

$$A_{k_2} = [k_1 + \mu + 2(1-\mu^2)k_2 \cos 2\theta_i]\sin^2\psi_{ij} - \mu$$

$$A_{k_3} = 1 - (1 + \mu k_4)\sin^2\psi_{ij}$$

$$A_{k_4} = -4(1-\mu^2)k_2 \sin 2\theta_i \sin^2\psi_{ij}$$

$$A_{k_5} = 2(1+\mu)k_3 \cos\theta_i \sin 2\psi_{ij}$$

$$A_{k_6} = -2(1+\mu)k_3 \sin\theta_i \sin 2\psi_{ij}$$

式中：

θ_i——应变丛位置与钻孔坐标轴 x 的夹角；

ψ_{ij}——应变丛上应变片与应变计轴线的夹角；

k_1，k_2，k_3，k_4——应变片是否直接粘贴在钻孔壁上的修正系数。对于三叉式应变计，$k_1 = k_2 = k_3 = k_4 = 1$；对空腔包体式应变计，修正系数 k_i（$i = 1 \sim 4$）由钻孔半径、应变计内半径、应变丛嵌固部位半径和围岩以及环氧树脂层的弹性模量和泊松比计算确定或查表插值得到。

A4.3 计算主应力

$$\sigma_1 = 2\sqrt{-\frac{P}{3}}\cos\frac{W}{3} + \frac{1}{3}J_1$$

$$\sigma_2 = 2\sqrt{-\frac{P}{3}}\cos\frac{W+2\pi}{3} + \frac{1}{3}J_1 \tag{22}$$

$$\sigma_3 = 2\sqrt{-\frac{P}{3}}\cos\frac{W+4\pi}{3} + \frac{1}{3}J_1$$

式中：

$$W = \arccos\left(-\frac{Q}{2\sqrt{-\left(\frac{P}{3}\right)^3}}\right)$$

$$P = -\frac{1}{3}J_1^2 + J_2$$

$$Q = -\frac{2}{27}J_1^3 + \frac{1}{3}J_1J_2 - J_3$$

$$J_1 = \sigma_x + \sigma_y + \sigma_z$$

$$J_2 = \sigma_x\sigma_y + \sigma_y\sigma_z + \sigma_z\sigma_x - \tau_{xy}^2 - \tau_{yz}^2 - \tau_{zx}^2$$

$$J_3 = \sigma_x\sigma_y\sigma_z - \sigma_x\tau_{yz}^2 - \sigma_y\tau_{zx}^2 - \sigma_z\tau_{xy}^2 + 2\tau_{xy}\tau_{yz}\tau_{zx}$$

A4.4 计算主应力 σ_i 的倾角 α_i 和方位角 β_i

$$\alpha_i = \arcsin n_i \tag{23}$$

$$\beta_i = \beta_0 \arcsin\frac{m_i}{\sqrt{1-n_i^2}} \tag{24}$$

式中：

β_0——大地坐标系轴 X 的方位角；

m_i，n_i——主应力矢量相对大地坐标系轴 Y、轴 Z 的方向余弦，其表达式为：

$$m_i = B/\sqrt{A^2 + B^2 + C^2}$$

$$n_i = C/\sqrt{A^2 + B^2 + C^2}$$

式中

$$A = \tau_{xy}\tau_{yz} - (\sigma_y - \sigma_i)\tau_{zx}$$

$$B = \tau_{xy}\tau_{zx} - (\sigma_x - \sigma_i)\tau_{yz}$$

$$C = (\sigma_x - \sigma_i)(\sigma_y - \sigma_i) - \tau_{xy}^2$$

ICS 91.120.25
P 15
备案号：16428—2005

中华人民共和国地震行业标准

DB/T 15—2005

活动断层探测方法

Method for surveying and prospecting of active fault

2005-07-26 发布　　　　2005-11-01 实施

中国地震局 发布

前　言

本标准由中国地震局提出。

本标准由全国地震标准化技术委员会（SAC/TC 225）归口。

本标准起草单位：中国地震局地质研究所、中国地震局地球物理勘探中心、中国地震局地球物理研究所。

本标准主要起草人：徐锡伟、张先康、冉勇康、刘保金、郑荣章、何正勤、尤惠川、王广才、于贵华、单新建、李自红。

引　言

本标准是为满足城市减灾与国土规划、重大工程场址“避让”活动断层或减轻活动断层相关地震与地质灾害的需求，根据国内外活动断层探测现状的调研以及活动断层试验探测的实践而制订的。其目的是规范我国活动断层探测的基本方法、探测内容与技术要求。

本标准选择的是活动断层探测中比较成熟的主要技术方法，规定了它们在活动断层鉴定和定位过程中的基本探测内容和需要满足的技术要求。对于出露地表的活动断层，宜采用高分辨率遥感解译、条带状地质地貌填图和探槽开挖等技术手段进行鉴定和定位；对于隐伏活动断层，宜采用高分辨率遥感解译、气体地球化学探测、钻孔探测和浅层地震勘探等技术手段进行鉴定和定位。

活动断层鉴定和定位的技术流程和操作步骤将在后续的《活动断层探测技术规程》中另行规定。

活动断层探测方法

1 范围

本标准规定了活动断层探测的基本方法及每一种基本方法的适用范围、探测内容和技术要求。

本标准适用于地震监测预报、震害防御、城市减灾、国土规划、重大工程选址、工程抗震设计等方面的活动断层定位与活动性鉴定工作。

2 规范性引用文件

下列文件中的条款通过本标准的引用而成为本标准的条款。凡是注日期的引用文件，其随后所有的修改单（不包括勘误的内容）或修订版均不适用于本标准，然而，鼓励根据本标准达成协议的各方研究是否可使用这些文件的最新版本。凡是不注日期的引用文件，其最新版本适用于本标准。

GB/T 958 — 1989 区域地质图图例（1∶50 000）

DZ/T 0170 — 1997 浅层地震勘查技术规范

DZ/T 0175 — 1997 煤田地质填图规程（1∶50 000，1∶25 000，1∶10 000，1∶5 000）

SY/T 5330 — 1995 陆上二维地震勘探资料采集技术规范

3 术语和定义

下列术语和定义适用于本标准。

3.1

活动断层 active fault

晚第四纪以来有活动的断层。

[GB 17741 — 2005，定义 3.5]

注：晚第四纪指距今 10 万年 ~ 12 万年以来的时段。

3.2

隐伏活动断层 buried active fault

平原或盆地区被第四纪松散沉积物覆盖的，在地表没有醒目迹线的活动断层。

3.3

全新世断层 Holocene fault

距今 1 万年以来在地表或近地表发生过位移的活动断层。

3.4

发震断层 seismogenic fault

在空间上控制地震发生的，或有历史地震地表破裂的，或存在古地震遗迹的活动断层。一般指能产生震级大于或等于 5 级地震的活动断层。

3.5

地震活动断层 seismo - active fault

曾发生和可能再发生地震的活动断层。

3.6

活动断层探测 surveying and prospecting of active fault

确定活动断层位置和产状，获取其晚第四纪活动性质、幅度、时代、速率及地震复发间隔等参数的技术过程。

3.7

断层位移　fault displacement，fault offset

活动断层两侧同一地质体或地貌面（线）的相对错动量，包括水平位移和垂直位移两种基本类型。

3.8

滑动速率　slip rate

活动断层两盘块体在包含发生数次地震时段内的年平均位移值。

注：单位为毫米每年（mm/a）。

3.9

地震地表破裂带　earthquake surface rupture zone

震源断层错动在地表产生的破裂和形变的总称，由地震断层、地震鼓包、地震裂缝、地震沟槽等组成。

[GB/T 18208.3 — 2000，定义 3.12]

3.10

古地震　paleo - earthquake

没有文字记载、采用地质学方法或考古学方法发现的地震事件。

4　高分辨率遥感解译

4.1　适用范围

适用于已知或未知活动断层的普查和控制性定位工作。

4.2　解译范围

工作区或目标断层两侧 2 km ~ 4 km。

4.3　解译步骤

4.3.1　图像数据收集

4.3.1.1　应选用分辨率优于 15 m 多类型、多时相的图像数据。

4.3.1.2　图像数据应无云层覆盖、影像清晰，内部无显著偏光、偏色现象。

4.3.2　图像数据处理

4.3.2.1　应对图像数据进行几何校正、地理编码等预处理。

4.3.2.2　宜选择不同波段的遥感图像数据，进行四则运算、逻辑运算、假彩色合成、HIS 变换、主成分变换、纹理分析等技术处理，突出活动断层的线性影像特征和色调异常特征。

4.3.3　遥感解译

4.3.3.1　应通过非线性增强、影像融合、密度分割、滤波、彩色平衡、亮度与对比度调整等处理，根据活动断层特有的线性影像纹理结构特征及彩色变化，结合地形、地貌与地质资料，或实地验证，初步确定活动断层及其附近断错地质体或断错地貌单元的平面展布、断层性质和位移值。

4.3.3.2　宜采用高分辨率的多光谱陆地资源卫星影像、雷达卫星影像或航空照片，通过正射校正、滤波、增强等处理，根据影像色调变化特征，识别可能存在的隐伏活动断层。

4.3.4　遥感制图

4.3.4.1　应根据活动断层遥感影像特征，编绘工作区 1∶50 000 活动断层解译图，或比例尺更大的目标区活动断层分布解译图、晚第四纪断错地貌图和断错地质解译图。

4.3.4.2　第四纪堆积物应按统、组为填图单元，前第四纪地质体宜按界、系为填图单元，地貌面应按成因类型为填图单元。

4.3.5　解译参考标志

4.3.5.1　具有一定宽度、明显区别于两侧正常地貌单元和地层单元的线性色调异常带，或两种不同色调区的分界线。

4.3.5.2 有规律横切山脊、水系、冲沟、阶地、洪积扇等各种地貌面（线）的雁列或羽列状线性影像。

4.3.5.3 线性排列的鼓包、挤压脊、拉分盆地、断层陡坎等微地貌，以及峡谷、湖盆、沼泽等负地形和地下水溢出点等有规则的排列现象。

4.3.5.4 一系列河流或冲沟在跨越线性影像处有规律地扭动、折线状拐弯、湖岸线或海岸线的非正常转折等现象。

4.4 技术要求

4.4.1 图像数据格式

4.4.1.1 应采用 GEO – TIF 格式，全色影像应采用 8 bit 通道，256 级灰度；多光谱各个通道宜采用 8 bit 通道。

4.4.1.2 解译成果宜以 GIS 数据库存储，数据文件应采用 shp 或 tab 格式。

4.4.2 图像数据投影方式

遥感影像与同名点的配准精度应在 1 ~2 个像元以内，坐标采用投影平面直角，宜采用高斯 – 克吕格（横切椭圆柱等角）投影。

注：坐标单位为米（m），比例尺为 1:1。

4.4.3 编图要求

4.4.3.1 活动断层分布解译图比例尺应大于或等于 1:50 000，标注地理基本要素、第四纪盆地边界、第四系和前第四系地层单元；最小制图单元应包括尺度大于或等于 500 m 的地质、地貌单元和断层迹线或线性构造，以及位移值大于或等于 100 m 的断错地貌单元。

4.4.3.2 活动断层条带状解译图比例尺应为 1:25 000 ~1:10 000，最小制图单元应包括尺度大于或等于 100 m 的地质地貌单元和断层迹线或线性构造，以及位移值大于或等于 30 m 的断错地貌单元。

4.4.3.3 断错地貌现象明显地段应编制 1:5 000 ~1:1 000 活动断层断错地貌解译图，应标注地理要素、活动断层迹线位置、几何结构、断错地貌单元、位移值等内容。

5 气体地球化学探测

5.1 适用范围

适用于未受严重化学污染场地的隐伏活动断层探测工作。

5.2 测项

分为主要测项和辅助测项，包括汞、氡、二氧化碳、氦、氢气，应进行现场试验选取测项并合理搭配，并以断层土壤气测量为主，有条件的地区可配合进行地下热水气体测量。

5.3 仪器设备

用于隐伏活动断层探测的地球化学仪器主要性能指标应满足表 1 要求。

表 1 气体地球化学仪器性能指标要求

仪器名称	测项	检出限	重复测量误差	零漂移
测汞仪	汞	≤0.01 ng	≤ ±10%	0.004A/h
快速测氡仪	氡	≤0.37 Bq/L	≤ ±10%	
气相色谱仪	二氧化碳	≤0.01%	≤ ±15%	
气相色谱仪	氢、氦	≤0.001%	≤ ±15%	

5.4 技术要求

5.4.1 测线布设与测点密度

测线应跨越推测隐伏活动断层，垂直其走向布设；测点间距宜为 20 m，异常段测点应加密布设，间距宜为 5 m ~ 10 m。

5.4.2 样品采集

5.4.2.1 采样前应进行现场条件试验，确定采样深度、采样量和抽气速率。

5.4.2.2 断层土壤气样品采集深度应大于或等于 0.6 m，并高出潜水面不少于 0.2 m，冬季采集深度应大于冻土层厚度。

5.4.2.3 气汞测量抽气量为 2 000 cm^3 ~ 3 000 cm^3；其他气体样品量为 1 000 cm^3 ~ 1 500 cm^3，土壤样品量大于或等于 200 g。

5.4.2.4 气汞样品采集前应净化捕汞管，然后对捕汞管进行漏汞与释汞试验，对不合格者用热稀硝酸清洗法进行处理，仍不合格者应剔除。

5.4.2.5 应在相同或相似的气象条件下采集同一条测线上的样品。

5.4.2.6 如采用 α 卡或活性炭吸附器进行氡样品采集，α 卡在地下埋藏时间应在 4 h 以上；活性炭吸附器在地下埋藏时间应在 48 h 以上。

5.4.3 样品测试

5.4.3.1 应使用测汞仪、测氡仪、气相色谱仪对样品进行测定。

5.4.3.2 样品测试前应对测汞仪、测氡仪、气相色谱仪进行标定。

5.4.4 质量控制

5.4.4.1 应进行样品重复采集与测定，重复采样点宜位于原采样点 1 m ~ 2 m 范围内。

5.4.4.2 重复采样与测定点数应不少于总测点数的 5%。

5.4.4.3 重复测量结果中有 50% 以上与正常测量结果或趋势形态基本一致，其测量工作为合格。

5.5 异常判定

各测项异常下限值应为该测项的均值与 2 ~ 4 倍均方差之和，超出此下限值推测为可能存在活动断层的地球化学异常。

6 条带状地质地貌填图

6.1 适用范围

适用于确定裸露地表的活动断层或埋藏较浅的隐伏活动断层位置，获取其活动性参数工作。

6.2 填图内容

6.2.1 填图要素

6.2.1.1 构造要素：活动正断层、活动逆断层、活动走滑断层和活动斜滑断层。

6.2.1.2 几何要素：活动断层迹线，几何分叉、拐弯、尖灭和错列阶区等不连续结构，劈理带、断展褶皱、挤压隆起、拉分盆地等各种次级构造，以及雁列式、羽列式、阶梯式、地垒、地堑、叠瓦状等组合样式。

6.2.1.3 地貌要素：断层谷地、断层陡坎、断塞塘、闸门脊、堆积阶地、宽谷阶地、冲积扇、洪积扇、断头扇、断头沟、弃沟等。

6.2.1.4 断层产状：走向、倾向、倾角。

6.2.1.5 地层要素：岩类、岩性、产状、时代符号、接触关系等。

6.2.1.6 位移标志和位移值：同一地质体、地貌面、地貌线的错断，活动断层两侧对应地质体、地貌面或地貌线之间的距离为位移值。地质体包括胶结或未胶结的沉积体、岩浆岩体和火山岩体；地貌面包括夷平面、阶地面、冲洪积扇面、地层面和地表面；地貌线包括冲沟、河流等水系，阶地前缘陡坎、各种地质体、地貌面之间的分界线等。

6.2.2 填图单元划分

6.2.2.1 多手段综合划分：应运用古生物化石法、沉积岩相与构造地貌分析法、古地磁法、古气候法和各种绝对年龄测定法对填图区内典型地段的第四纪地层和地貌面（线）进行实测，划定填图单元。

6.2.2.2 沉积地层单元划分：第四系应至少划分到统或组，区分沉积物的成因类型，并建立第四纪沉积物的相对层序；前第四纪地层宜划分到系或统。

6.2.2.3 地貌单元划分：应利用测年数据或微地貌结构对晚第四纪以来形成的各种地貌面（线），特别是活动断层两侧均存在且被错断的各种地貌进行单元划分。

6.2.2.4 岩浆岩单元划分：新生代岩浆岩应按形成年代、侵入或喷发期次和岩类划分；喷出岩应按6.2.2.2条进行单元划分。

6.2.2.5 古文化层：应划分为原地堆积、异地搬运堆积、原始成层堆积或古坑洞堆积。

6.2.3 年代样品选取与测年

6.2.3.1 宜取堆积物中的含炭物质，用放射性同位素^{14}C测定其年龄值，对距今1万年以来的^{14}C年龄值应做树轮年龄校正。

6.2.3.2 对没有含炭物质的堆积物，宜采集风成黄土、粉砂、细砂、烘烤层、古陶器等物质样品，用释光方法测定其堆积年龄值。

6.2.4 地质地貌填图

6.2.4.1 应标绘活动断层几何结构和晚更新世、全新世或更细时段的地质体、地貌面（线）。

6.2.4.2 应标绘被错断的地质体、构造线或地貌面（线）的位置，可添加辅助线表示相关位移值。

6.2.4.3 应区分并标绘活动断层沿线附近的第四系，上更新统和全新统应按年代和成因类型划分、标绘。

6.2.4.4 应详细测量和记录活动断层错动形成的局部特殊堆积体，如断层陡坎下部崩积楔，并取得能够测定其堆积年龄的样品。

6.2.4.5 应测量并绘制典型断错地貌图，包括倾滑断层形成的断层陡坎、走滑断层错动水系、阶地缘陡坎、冲洪积扇和山脊等形成的断错地貌，以及线性排列的典型断层陡坎、断层谷、坡中槽和断塞塘等，确定倾滑断层的垂直位移值和走滑断层的水平位移值。

6.2.4.6 垂直位移发生的起始时间应以被断错地质体或地貌面最终形成的年龄为准；阶地前缘陡坎（线）水平位移的起始时间应为低一级阶地下部物质的堆积年龄；冲洪积扇体水平位移的起始时间应为扇体的终积年龄。

6.2.5 地震地表破裂带填图

6.2.5.1 应标绘地震裂缝、地震陡坎、地震沟槽、地震鼓包、同震水平或垂直位移测量标志点（线）及其位移值。

6.2.5.2 在现象集中、单个现象尺寸大小不足以表达在条带状地质地貌图上的典型地段，应进行更大比例尺的实地测绘，并附详细的说明报告。

6.2.5.3 应参考历史资料或相关年龄数据，确定地震地表破裂带可能发生年代的上限和下限。

6.3 技术要求

6.3.1 活动断层条带状地质地貌图比例尺应为1:25 000～1:10 000；填图范围应为活动断层迹线两侧各500 m～2 000 m；最小填图单元视成图比例尺和实际需要宜在50 m～100 m之间选择。

6.3.2 填图区段内至少应有一条实测第四纪地层剖面，比例尺大于或等于1:2 000，测量应按DZ/T 0175 — 1997中4.2条要求进行。

6.3.3 活动断层条带状地质地貌填图图例应符合GB/T 958 — 1989规定。

6.3.4 各种实测断错地貌图比例尺应为1:2 000～1:500。

6.3.5 至少应有两个年龄数据用于限定活动断层位移发生的起始时间。

6.3.6 各类测年样品的采样点应标绘在活断层条带状地质地貌图上，并附采样点地质剖面和年龄测试报告；年龄样品应由相应资质的实验室测定；古文化层和古生物化石的鉴定应由专业对口的专家来完成，依据专家鉴定报告使用其鉴定结论。

7 槽探

7.1 适用范围

适用于探查裸露地表的活动断层，或上断点埋藏很浅的隐伏活动断层位置及其发震危险性鉴定工作。

7.2 基本内容

7.2.1 探查要素

活动断层产状、几何结构、位移值、滑动方向、错动遗迹、古地震事件标志。

7.2.2 探槽位置

7.2.2.1 走滑断层应选在断层束窄、结构简单、次级断层和褶皱可忽略不计及晚更新世晚期以来有连续堆积的局部沉降地段。

7.2.2.2 倾滑断层应选在单一的断层迹线且断层陡坎前有连续堆积物充填的构造部位。

7.2.3 探槽类型

7.2.3.1 横跨倾滑断层的探槽应垂直其走向，视需要开挖单一或组合探槽。

7.2.3.2 横跨走滑断层的探槽宜有垂直断层走向，又有平行其走向的探槽，构成三维组合探槽。

7.2.4 探槽规模

探槽深度宜为 2 m ~6 m，长度应保证跨过活动断层地表破裂带，探槽底宽应大于 1 m。

7.2.5 探槽编录

7.2.5.1 应建立编录参考坐标网，基本网格宜为 1 m×1 m，重点部位可建立 0.5 m×0.5 m 或 0.2 m×0.2 m 的网格，对于组合探槽或三维探槽，应建立统一的三维坐标系。

7.2.5.2 应采取图形与文字并用的方式进行编录，图形的原始记录宜采用写实方式。

7.2.5.3 应根据断层形迹、地层岩性与沉积结构、沉积界面或间断面等划分基本编录单元，进行图文描述。内容应包括：

—— 颜色；
—— 粒度等级（砾石、砂、粉砂、黏土）及其百分比；
—— 碎屑成分、形态、磨圆度、粒径；
—— 细粒物质的结构、硬度与胶结程度；
—— 分层厚度和沉积界面特征；
—— 堆积结构（沉积层理和分选性）；
—— 化石、矿物结核；
—— 古土壤层及其发育程度；
—— 变形构造（显性断层、隐性断层、裂缝、褶皱、崩积楔、充填楔、液化体或砂脉）。

7.2.5.4 应根据平衡剖面原理和局部断错地貌填图获得的位移值，恢复探槽剖面上错动事件（古地震）的变形过程，检验探槽编录及初步解释的可靠性。

7.2.6 样品采集

应采集地震层上覆和下伏地层样品做年龄测定或古文化层考古，分析古地震事件发生年代。

7.3 古地震识别参考标志

7.3.1 构造地貌标志

断层陡坎及陡坎的明显坡折、鼓包、地裂缝等；不同类型、不同级别地貌线的水平错动及其位移量值成倍差异。

7.3.2 构造地层标志

切割不同地层层位的断层，断错地层或断层束被更新的地层覆盖；构造楔、崩积楔、充填楔、断塞塘等快速堆积体；未固结堆积物中的褶皱和弯曲；不同地层单元沿断层走向或倾向位移值的突然增加或减少。

7.3.3 其他标志

砂土液化、软泥物质的揉皱或破碎、滑坡与崩塌、地面裂缝与塌陷、海岸地带的异常隆起和沉降。

7.4 技术要求

7.4.1 探槽数量

一个独立地震破裂段上至少应有两个可对比或相互验证的探槽，探槽位置应标绘在活动断层条带状地质地貌图上。

7.4.2 技术方法

应对每次古地震事件的构造、地貌、沉积等识别标志进行说明，并采用断层窗方法或逐次限定方法厘定古地震事件及其序列。

7.4.3 年龄数据

每次古地震事件至少应有采自断层上断点所在微地层单元及其上覆微地层单元的两个有效年龄数据确定其发生年代的上限、下限。

7.4.4 剖面比例尺

探槽剖面图比例尺宜为1:20；视需要可在1:50～1:10范围内变动。

7.4.5 其他

每个探槽应提供完整的地质剖面图及详细说明，包括：地层单元和事件层划分、古地震事件期次、单个事件发生年代和同震位移、事件序列、复发间隔和最新一次事件的离逝时间等参数。

8 钻孔探测

8.1 适用范围

适用于探测第四纪沉积物覆盖区隐伏活动断层的位置、上断点埋深及其活动性鉴定等工作。

8.2 钻孔布设

8.2.1 钻孔位置

钻孔应在具有明显垂直位移的活动断层两侧、沿地球物理测线布设，钻孔连线应横跨活动断层。

8.2.2 组合方式

活动断层两侧至少应各有两个钻孔，相邻两个钻孔间距宜为10 m～30 m。

8.2.3 终孔深度

终孔深度应穿透上更新统底界至中更新统内2 m～5 m，对特殊地段可加大终孔深度。

8.3 岩芯编录

8.3.1 编录原则

应进行地层单元划分和岩芯编录：编录不应遗漏厚度大于或等于20 cm的地层单元。

8.3.2 编录要素

应根据钻孔岩芯反映的岩性、颜色、物质组成、沉积结构和接触界面形态等确定基本编录单元，进行图文描述。内容应包括：

—— 分层层序、厚度、深度；

—— 颜色；

—— 粒度及不同粒度成分的百分比含量；

—— 碎屑成分、形态与磨圆度；

—— 地层胶结程度；

—— 层理结构特征；

—— 矿物结核和动植物化石；

—— 分层接触关系；

—— 快速异常堆积层（地震事件层），如松散团块结构层、物质组成与上下不协调突变层等；

—— 年龄样品采集的位置、类型及其编号。

8.4 样品采集

8.4.1 采集原则

—— 应满足地层划分、对比和断代的需要；

—— 应能确定活动断层最新一次错动的年代；

—— 不应漏掉垂直位移大于或等于 1 m 的地表破裂型错动事件（古地震）。

8.4.2 样品类型

应包括用于年龄测定的碳十四（^{14}C）、热释光（TL）、光释光（OSL）、电子核磁共振（ESR）、古地磁和用于确定相对年龄的微体古生物和孢粉等样品。

8.4.2.1 测年样品应以地层单元为单位系统采集，每层至少应有 1 个样品，采样间隔应为 0.1 m ~ 2 m，宜以含碳样品为主。

8.4.2.2 微体古生物、孢粉和古地磁样品的采样间隔应小于或等于 0.5 m。

8.5 综合分析

8.5.1 钻孔柱状图

8.5.1.1 每一个钻孔应编录钻孔岩芯柱状图，厘定其详细的地层层序，宜标出具有断代意义的化石位置、孢粉图谱和古地磁磁性曲线、年龄数据和各种测井曲线。

8.5.1.2 应在钻孔柱状图上标明孔口地理坐标、海拔高程和终孔深度、采芯率，以及施工单位、人员和钻探日期。

8.5.2 地层对比标志

应结合具有断代意义的化石、孢粉和古地磁分析、各种年龄数据或地层岩性标志层等，确定相邻钻孔间地层对比标志。

8.5.3 联合地质剖面图编制

应结合地球物理探测剖面，编制跨断层钻孔联合地质剖面图，确定断层上断点位置、同层位地层或等时面的垂直位移值和平均垂直滑动速率。

8.5.4 活动性鉴定

应利用联合地质剖面图提供的各种信息，确定上断点埋深、上断点上覆地层年代和不同地层层位的垂直位移值。

8.6 活动断层识别标志

8.6.1 直接标志

同层位地层或等时面在两个或更多个钻孔间的系统落差，以及相邻两个钻孔之间地层层序、分层厚度、埋藏深度、沉积结构、岩性特征与颜色等差异；直接钻遇到的断层面、断层破碎带与断层变动带。

8.6.2 间接标志

下降盘细粒沉积层增厚与上升盘同层位地层减薄或缺失、相邻两个钻孔间古土壤层不等同发育、古液化结构等。

8.7 技术要求

8.7.1 施工资料

应在钻孔柱状图上标明孔口经纬度、海拔高程和终孔深度，以及施工单位、人员和日期。

8.7.2 施工要求

8.7.2.1 钻孔斜度应小于或等于 1.5°，回次进尺 1 m ~ 2 m，孔深误差小于或等于 0.2%。

8.7.2.2 黏土及粉砂芯采取率应达到 90%，中细砂达到 80%，松散粗砂不应小于 40%；厚层砾石应采取定深取样法，取样间隔 1 m ~ 2 m。

8.7.2.3　钻进时应保持稳定的钻具压力，避免泥浆等杂物渗入造成岩芯污染。

8.7.3　成图比例尺

钻孔岩芯柱状图比例尺应为 1∶500 ~ 1∶100，标准层厚度较薄时，可适当放大表示；跨断层钻孔联合地质剖面图比例尺应为 1∶1 000 ~ 1∶200。

8.7.4　其他

对单个钻孔岩性、地层层序、年龄数据、标志层等应作必要说明，并详细描述钻孔岩性对比标志，活动断层上断点埋深及其活动性。

9　浅层地震勘探

9.1　适用范围

适用于具有一定波阻抗差异的层状和似层状介质条件下，上断点埋深数十米至数百米的隐伏活动断层探测工作。

9.2　仪器设备

9.2.1　浅层地震仪

应采用具有实时噪音监视、垂直叠加和相关叠加处理等功能的数字浅层地震仪，性能指标应满足表 2 要求。

表 2　浅层地震仪性能指标

项目	动态范围	入口噪音	采样间隔	频带范围	记录道数
性能指标	≥120 dB	≤0.2 μV	50 μs ~ 2 ms	3 Hz ~ 2000 Hz	≥48 道

9.2.2　检波器

反射波勘探宜选用固有频率 40 Hz ~ 100 Hz 的检波器；折射波勘探宜选用固有频率 10 Hz ~ 40 Hz 的检波器；横波勘探宜采用固有频率 28 Hz ~ 40 Hz 的水平检波器。

9.3　数据采集

9.3.1　现场试验

9.3.1.1　检波器应满足如下要求：固有频率漂移不大于 10%；灵敏度变化不大于 10%；绝缘电阻大于 10 MΩ。

9.3.1.2　勘探前应进行现场试验，了解测区有效波、干扰波的发育情况，选择最佳激发、接收方式和条件，确定最佳观测系统参数，并按 SY/T 5330 — 1995 要求进行。

9.3.1.3　应采用扩展排列法了解有效波和干扰波的发育情况，扩展排列长度应大于实际记录排列长度的 1.5 倍，道间距应小于或等于实际工作的道间距。

9.3.2　测线布设与定位

9.3.2.1　测线宜为直线，应尽量减少因遇障碍物出现剖面空白地段，如遇较大障碍物无法连续布设，测线可平移或分段。

9.3.2.2　测线宜垂直跨越目标断层，长度应以能够控制被探测的断层位置为准。

9.3.2.3　应给出高程测量误差、测线和检波器间距平面误差。

9.3.3　观测系统

9.3.3.1　地质环境复杂、干扰背景大时的反射波勘探宜采用多次覆盖观测系统，道间距应满足空间采样定理，覆盖次数不应小于 6 次，最小和最大偏移距应通过现场试验选定。干扰背景小、激发和接收条件好时，可采用简单连续观测系统或间隔连续观测系统，道间距的确定应保证相邻道的反射波能进行相位对比，记录信噪比应不小于 3。

9.3.3.2 折射波法宜采用追踪相遇观测系统，在相遇段内至少应有 4 个检波点接收来自被追踪界面的折射波。

9.3.3.3 非纵地震勘探时，观测排列长度一般不应大于垂向偏移距，选择的垂向偏移距应能使观测排列接收到来自目标层的折射波。

9.3.4 地震波激发

9.3.4.1 城区宜选用无破坏、无污染的振动源。

9.3.4.2 干扰较强时宜采用可控源或伪随机编码震源，连续变频扫描时应使扫描起始频率和终了频率之比大于或等于 2.5 个倍频程，扫描频带中心频率大于或等于 100 Hz。

9.3.4.3 使用炸药震源时，激发药量、激发孔深应通过试验选定，使目标层反射波信噪比和激发频率符合设计规定要求；井中激发深度一般应在潜水面以下或井中注满水、泥浆，尽可能选择在黏土或砂质黏土等激发条件好的层位上。

9.3.5 地震波接收

9.3.5.1 检波器不能安置在原设计点位时，沿线偏移不应大于道间距的 1/10，垂线偏移不应大于道间距的 1/5。

9.3.5.2 应根据测区地质条件和干扰波情况选择数据采集参数，依据探测目标深度要求选定记录长度，采样率应满足采样定理。

9.4 数据处理

9.4.1 反射波数据处理

9.4.1.1 应根据测区地质特点、探测要求和原始数据特征制订处理流程，做好资料处理前的准备工作和必要的试验预处理，通过对比试验按 DZ/T 0170 — 1997 要求确定处理参数。

9.4.1.2 应做好下列处理，提高信噪比和分辨率：

—— 删除不正常的炮记录和不正常的道记录，校正反极性的记录道；
—— 进行球面扩散校正和增益控制；
—— 采用反褶积和谱白化滤波处理提高资料分辨率；
—— 动校正、静校正和共反射点（CDP）叠加处理；
—— 针对地质环境的复杂程度，可采用速度谱或速度扫描法获取叠加速度、层速度和平均速度；有条件时应利用已有钻孔柱状图的地层分层深度标定地震反射界面，以及利用速度测井或其他波速测量结果，提高时深转换精度；
—— 为防止模糊剖面特征、削弱地质构造引起的波场变化，不宜采用较强的修饰性处理。

9.4.2 折射波数据处理

9.4.2.1 应做好资料处理前的准备工作和必要的试验预处理，依据下列特征进行折射波的对比：

—— 各记录道的波形、振幅和振动延续度的相似性；
—— 波的相位一致性和同相轴的延伸长度；
—— 追逐炮记录同相轴的平行性。

9.4.2.2 应依据下列特征确定折射波的置换位置：

—— 视速度变化；
—— 波形和振幅变化；
—— 两组波相交波形叠加。

9.4.2.3 折射波的初至拾取可采用人工方式，也可采用人机联作方式，并按下列规定绘制时距曲线：

—— 横向比例尺取 1:5 000 ~ 1:500，纵向比例用 10 mm 表示 5 ms ~ 20 ms；
—— 沿横轴应标明测线桩号、激发点位置和炮序号；
—— 不同方向的时距曲线应采用不同的颜色或符号来区分，两相邻点之间用直线段连接。

9.4.2.4 应根据时间互换相等性、追逐时距曲线平行性、截距时间相等性原则进行检查，必要时可对照地震记录初至读取情况进行修正。

9.5 资料解释

9.5.1 反射波资料解释

9.5.1.1 应依据反射波组特征，结合地质和钻孔资料进行对比分析，确定地震波组和地质层位关系，进行速度资料的分析与解释工作。

9.5.1.2 应依据下列反射波组特征识别推测活动断层及其位置：

—— 反射波同相轴或波组的错断；

—— 反射波同相轴数目明显增加或减少；

—— 反射波同相轴产状突变，反射零乱或出现空白区域；

—— 反射波同相轴的强相位反转。

9.5.1.3 确定第四系内部的沉积构造和活动断层时应注意上、下地层反射波组的相互依赖关系，并有地质或钻孔资料佐证。

9.5.1.4 时间剖面应通过时深转换将时间剖面转换成深度解释剖面，横向比例尺 1:5 000 ~ 1:500，纵向比例尺 1:2 000 ~ 1:500。

9.5.2 折射波资料解释

9.5.2.1 应由相遇时距曲线求取界面深度和速度：地表较平坦、折射界面起伏大或界面速度变化大时，应采用时间项法或哈莱斯法；对于多层不均匀地层或具有特殊结构的地层，宜采用折射波前成像或有限差分正反演拟合计算方法综合求解。

9.5.2.2 折射波资料经解释后，应在分析测区地质、钻孔及其他物探资料的基础上做出符合下列要求的地质解释剖面图：

—— 标明测线桩号、测线方向、界面深度、界面速度和解释的构造线；

—— 测线上有钻孔时应给出相应的钻孔柱状图、钻孔位置及编号；

—— 横向比例尺 1:5 000 ~ 1:500，纵向比例尺 1:2 000 ~ 1:500。

9.6 技术要求

9.6.1 探测深度与相应的技术参数宜满足表 3 要求。

表 3 探测深度与技术参数

项目	技术参数	探测深度范围		
		1 000 m ~ 300 m	300 m ~ 100 m	≤100 m
检波器	固有频率	40 Hz ~ 60 Hz	60 Hz ~ 100 Hz	60 Hz ~ 100 Hz
观测系统参数	道间距 最大偏移距 炮间距	5 m ~ 10 m 0.5 km ~ 1 km 10 m ~ 20 m	2 m ~ 5 m 100 m ~ 300 m 4 m ~ 10 m	1 m ~ 2 m 50 m ~ 100 m 3 m ~ 4 m
仪器记录参数	道数 采样率 高截频率	96 ~ 120 2 ms 180 Hz ~ 200 Hz	48 ~ 96 0.5 ms ~ 1.0 ms 360 Hz ~ 400 Hz	48 ~ 60 0.5 ms ~ 1.0 ms 360 Hz ~ 400 Hz

9.6.2 质量控制要求

反射波法的野外原始记录合格率应大于或等于 95%；折射波法的野外记录初至波起跳应清楚，其能量应大于噪音的 3 倍以上。

9.6.3 探测精度要求

9.6.3.1 深度误差应小于目标层埋深的10%。

9.6.3.2 折射波法测定的岩土纵波速度误差应小于10%。

参 考 文 献

DZ/T 0017 — 1991《工程地质钻探规程》

DZ/T 0141 — 1994《地质勘查坑探规程》

DZ/T 0151 — 1995《区域地质调查中遥感技术规定（1∶50 000）》

DZ/T 0189 — 1997《同位素地质年龄数据文件格式》

邓起东，城市活动断裂探测与地震危险性评价问题，地震地质，24（4），2002

GB 17741 — 2005《工程场地地震安全性评价》

GB/T 18208.3 — 2000《地震现场工作 第三部分：调查规范》

GB 12950 — 1991《地震勘探爆破安全规程》

国家地震局，活动断裂地质填图工作规范（1∶50 000），1991

国家地震局，地震水文地球化学观测技术规范，1985

国家核安全局，核电厂厂址选择中的地震问题（HAD101/01），1994

国家地震局科技监测司，地震地下流体观测技术，地震出版社，1995

刘保金，张先康，方盛明等，城市活断层探测的高分辨率浅层地震数据采集技术，地震地质，24（4），2002

潘纪顺，刘保金，朱金芳等，城市活断层高分辨率地震勘探震源对比实验研究，地震地质，24（4），2002

王庆海，徐明才，抗干扰高分辨率浅层地震勘探，地震出版社，1991

徐锡伟，于贵华，马文涛等，活动断层地震地表破裂"避让带"宽度确定的依据与方法，地震地质，24（4），2002

中国地震局，城市活动断层探测与地震危险性评价工作大纲（试行），2004

Tanio Ito，Hiroshi Sato，Takeshi Ikawa，New scope for the study of structural geology added by the seismic reflection method. The Memoirs of the Geological Society of Japan，No. 50，1998

Yeats R. S.，K. Sieh，C. R. Allen，The Geology of Earthquake，1997

International Atomic Energy Agency，VIENNA，Evaluation of Seismic Hazards for Nuclear Power Plants，SAFETY GUIDE No. NS－G－3.3，2002